"十二五"国家重点图书出版规划项目

防灾减灾技术丛书

火灾及防火减灾对策

丛书主编 宋波

主编 李引擎 张靖岩

中国水利水电出版社
www.waterpub.com.cn

内 容 提 要

　　本书为"防灾减灾技术丛书"分册之一，该丛书由国内防灾减灾领域科研一线的中青年专家学者编写。本书全面总结了火灾防灾减灾领域的最新理论研究与技术实践，共分为7章，包括：绪论、城市火灾风险评估与消防规划、建筑防火设计规范发展沿革、建筑防火设计、建筑性能化防火设计理论与工程应用、多层综合交通枢纽防火设计、消防管理及新技术应用。本书适合防灾减灾专业相关科研、工程人员参考借鉴，也可为政府管理人员作出相关合理决策提供支持，亦可供相关专业院校师生作为教辅使用。

图书在版编目（CIP）数据

火灾及防火减灾对策 / 李引擎，张靖岩主编. -- 北京 ： 中国水利水电出版社，2015.12
（防灾减灾技术丛书）
ISBN 978-7-5170-4022-4

Ⅰ.①火… Ⅱ.①李… ②张… Ⅲ.①火灾－灾害防治 Ⅳ.①TU998.12

中国版本图书馆CIP数据核字(2015)第321568号

书　　名	防灾减灾技术丛书 **火灾及防火减灾对策**
作　　者	丛书主编　宋　波 主　　编　李引擎　张靖岩
出版发行	中国水利水电出版社 （北京市海淀区玉渊潭南路1号D座　100038） 网址：www. waterpub. com. cn E - mail：sales@waterpub. com. cn 电话：(010) 68367658（发行部）
经　　售	北京科水图书销售中心（零售） 电话：(010) 88383994、63202643、68545874 全国各地新华书店和相关出版物销售网点
排　　版	中国水利水电出版社微机排版中心
印　　刷	北京嘉恒彩色印刷有限责任公司
规　　格	203mm×253mm　16开本　26印张　608千字
版　　次	2015年12月第1版　2015年12月第1次印刷
印　　数	0001—2000册
定　　价	**58.00元**

凡购买我社图书，如有缺页、倒页、脱页的，本社发行部负责调换

现代化城市具有生产集中、人口集中、建筑集中、财富集中等基本特点，现代化建筑也向城市立体化、综合化、多功能复合型方向发展：一是将地下商城、地铁交通与地面商业和居住层联合成一个整体；二是在同一建筑的同一水平楼层内集社会公众活动、办公事务、餐饮服务为一体的复合使用。这给消防安全带来了一系列负面效应，一方面增大了火灾发生的可能性，另一方面大大增加了灾害的破坏性，严重威胁城市和居民生命的安全，甚至影响经济快速稳步发展。

建筑防火研究经过20多年的发展，已经形成了一门综合性很强的新型交叉学科，涉及建筑、规划、结构、材料、电子、给排水和暖通等专业，并逐渐在公共安全、防灾减灾等领域发挥越来越重要的作用。如何合理解决现代化城市所带来的消防安全问题，需要在建筑防火基本理论研究的基础上，进一步从以下几方面细致考虑：一是要转变建筑防火设计理念，采用主动式及被动式防火相结合的结构和系统，来实现平衡式建筑防火理念；二是运用现代科技信息手段，着重考虑人与建筑、消防设施互动所带来的防灾效果；三是对城市进行统一合理科学的规划，提高个体建筑防灾安全水准，充分降低灾害发生的概率；四是对既有建筑的火灾危险性进行科学评估，并通过合理的消防投资加以改造，提高建筑消防水平。

本书基于以上四点考虑，向读者介绍了目前我国防火安全现状和最新的科研成果，使读者能够了解和掌握有效的火灾防治手段，促进全社会对防火工作的广泛参与。本书吸收了"十二五"国家科技支撑计划课题"城镇重要功能节点和脆弱区灾害承载力评估与处置技术"（2015BAK14B02）和国家重点基础研究发展计划（973计划）课题"高层建筑立体火蔓延行为及其阻隔机制"（2012CB719702）等项目的部分研究成果，并结合了作者多年来参与的多项建筑防火工程实际案例，对城市火灾风险评估与消防规划、建筑防火设计规范发展沿革、建筑防火设计、建筑性能化防火设计理论与工程应用、多层综合交通枢纽防火设计、高新技术在消防管理中的应用等进行了深入阐述。本书可供建筑设计和安全技术专业工作人员以及消防管理人员使用，也可作为高等院校相关专业的研究生辅助教材。

本书由李引擎和张靖岩主编并统稿。第1章由张靖岩、付佳佳执笔，第2章由刘松涛、欧宸、刘诗瑶、苏乃特执笔，第3章由刘文利、李引擎执笔，第4章由孙旋、朱春玲、王广勇、唐海、彭华、陈一洲、袁沙沙、周欣鑫执笔，第5章由肖泽南执笔，第6章由刘栋栋、张先来、李磊执笔，第7章由张向阳、王佳、王大鹏、张玮执笔。本书编写过程中，参考了大量国内外科技工作者的相关研究和技术成果，在此表示衷心感谢。本书还得到住房和城乡建设部防灾研究中心和中国建筑科学研究院的大力支持，在此一并表示感谢。

由于编者水平有限，书中难免存在疏漏或不当之处，敬请读者批评指正。

作　者
2015 年 9 月

目录 Contents

第1章 绪　　论

在人类发展的历史长河中，火，燃尽了茹毛饮血的历史；火，点燃了现代社会的辉煌。正如传说中所说的那样，火是具备双重性格的"神"。火给人类带来文明进步、光明和温暖。但是，它有时是人类的朋友，有时却是人类的敌人。失去控制的火，就会给人类带来灾难。

1.1　火灾的基本概念与危害

火灾是在时间和空间上失去控制的燃烧所造成的危害，是各种社会灾害中最危险、最常见也最具毁灭性的灾种之一。它可以是天灾，也可以是人祸。因此火灾既是自然现象，又是社会现象。

按照发生的场合，火灾大体可分为野外火灾、城镇火灾和厂矿火灾等。野外火灾包括森林火灾、草原火灾等，这类火灾虽然也有人为因素的影响，但主要与自然条件有关，一般将其按自然灾害对待。城镇火灾包括民用建筑火灾、工厂仓库火灾、交通工具火灾等。各类建筑物是人们生产和生活的场所，也是财产极为集中的地方，因此建筑火灾造成的损失十分严重，且直接影响人们的各种活动。厂矿火灾有着与具体生产过程相关的特殊性，与普通民用建筑火灾有较大的差别。由于使用或存储的易燃、易爆物品较多，厂矿火灾往往会造成十分严重的后果。

1.1.1　火灾的相关概念

近几十年来，火灾科学发展快速，世界上许多国家相继建立了一批重点研究火灾防治的科研机构，大批科研人员纷纷进入这一研究行列，在火灾物理、火灾化学、人与火灾的相互影响、火灾研究的工程应用、火灾探测、统计与火险分析系统、烟气毒性和灭火技术等领域开展科研活动，这些工作极大地推动了火灾防护机理和防火灭火技术工程的迅速发展。随着火灾研究工作的深入，人们能够更加深入地认识火灾、了解火灾、控制火灾，逐渐减少火灾造成的人员伤亡与经济损失，为建立和谐社会保驾护航。

下面介绍火灾科学研究中的常用术语。熟悉术语，可对火灾有个初步的概念性认识。

1. 燃烧（Combustion）

燃烧是可燃物与氧化剂在空间内发生的一种化学反应。在反应过程中，可燃物内所储存的化学能转变为热能释放出来，因此放热是燃烧的基本特征。此外由于反应比较剧烈，燃烧过程中往往伴随有发光现象。

2. 可燃物 (Fuel)

在火灾中发生燃烧放出热量的物质，可分为气相、液相和固相三种形态，它们具有不同的燃烧特点。可燃气体容易与空气混合，因而容易发生燃烧。液体和固体可燃物是凝聚态物质，难以与空气充分接触，它们通常需要在受到外界加热的条件发生蒸发或热分解，析出可燃气体，进而发生气相扩散燃烧。

3. 火灾 (Fire)

火灾是失去控制的燃烧所造成的灾害。火灾具有燃烧的一般特征，存在发热、发光以及发出噪声等现象。但由于人们在时间和空间上失去了对火灾控制，因此燃烧释放的热能往往会对自然和社会造成某种程度的损害。

4. 火灾载荷 (Fire Load)

在某建筑物内，用当量标准木材的质量来表示的所有可燃物的质量，即为火灾载荷。也有人使用热量（当量标准木材的发热量）来表示火灾载荷。

建筑物内单位地板面积上的火灾载荷称为火灾载荷密度 (Fire Load Density)。

5. 着火 (Ignition)

在某些外界和内部因素的作用下，可燃物由正常状态转变为可发生持续燃烧的现象称为着火。着火是一个过程，一般说，可燃物本身的热量正在发生一定的变化。若可燃物所损失的热量小于它获得的热量，则当其达到一定温度，便发生着火。可燃物着火有点燃 (Pilot Ignition) 和自燃 (Self Ignition) 两种形式。点燃是用外部热源使可燃物着火。小火焰、电火花、炽热物体都是典型的外部热源。在某些特定空间内，可燃物自身的热解会释放一定的热量，并且热量不会迅速散失，同时热解也会产生若干可燃气体，当可燃气体与氧气的混合物达到一定温度时，也可发生着火，这就是自燃。自燃不需要外部热源加热即可发生。

6. 火灾类别 (Classification of Fires)

根据国家标准《火灾分类》(GB/T 4968—2008)，按照物质的燃烧特性，火灾可分为以下六类。

A 类火灾：固体物质火灾。这种物质通常具有有机物性质，一般在燃烧时能产生灼热的余烬。

B 类火灾：液体或可熔化的固体物质火灾。

C 类火灾：气体火灾。

D 类火灾：金属火灾。

E 类火灾：带电火灾。物体带电燃烧的火灾。

F 类火灾：烹饪器具内的烹饪物（如动植物油脂）火灾。

此外在建筑灭火器配置设计中还专门提出 E 类火灾，它指的是电器、计算机、发电机、变压器、配电盘等电气设备或仪表及其电线电缆在燃烧时仍带电的火灾。一般来说，E 类火灾与 A 类或 B 类火灾共存。

7. 火灾分级 (Fire Rating)

根据 1996 年我国发布的《火灾统计管理规定》，国家将火灾分为特大火灾、重大火灾和一般火灾三级，见表1.1。只要达到其中一项就认为达到该级火灾。

表 1.1 火灾等级的划分标准

火灾等级	死亡人数	重伤人数	死亡重伤总人数	受灾户数	直接财产损失/万元
特大火灾	≥10	≥20	≥20	≥50	≥100
重大火灾	≥3	≥10	≥10	≥30	≥30
一般火灾	<3	<10	<10	<10	<30

1.1.2 火灾的危害

正确、合理地使用火可以造福人类；不正确、不合理地使用则可能引发火灾，给人类带来灾难。正如古人所说："善用之则为福，不能用之则为祸。"

1. 火灾的直接危害——破坏

火灾一直与人类相伴，对人类的文明造成了重大破坏。世界上许多著名的建筑都毁于火灾。例如，在我国南宋时期，杭州先后发生火灾20起，其中5起火灾使全城为之一空。尤为严重的是1210年3月，大火烧了数天，蔓延到杭州城内外10余里，烧毁宫室、军营、仓库、民宅等58000余处，受灾达186300余人。受灾面积之大、损失之重，是我国历史上城市火灾之最。再如，1666年9月2日，英国伦敦普丁巷一间面包铺失火，一阵大风使火焰很快蔓延至几条全是木屋的狭窄街道，随后火苗又蹿入泰晤士河北岸的一些仓库里，全城被大火烧了整整5天，市内448英亩的地域有373英亩成为瓦砾，占伦敦面积的83.26%。古老的圣保罗大教堂在这场大火中毁于一旦。这场火灾还造成13200户住宅被毁，财产损失达1200多万英镑，20多万人流离失所，无家可归。根据世界火灾统计中心的统计，近年来在全球范围内，每年发生的火灾有600万～700万起，死亡人数为65000～75000人。

2. 火灾的间接危害——二次灾害

火灾发生时，会释放有毒有害气体、污染环境、毁坏资源，对生态环境的良性运行造成无法预测的影响。此外，当人们采取一系列的措施来预防控制火灾时，如果处理不当，也会带来一些其他附加损失。总而言之，火灾不仅造成了直接和间接的经济损失，造成人员伤亡，破坏生态环境，同时还可能对人类造成精神创伤，影响社会的和谐稳定。

水是最常见的灭火剂，但水导电且在现场能留下痕迹，因此当文物、电子设备、图书档案等发生火灾，使用水灭火将可能造成不可修复的破坏。扑救有毒物质或者能够与水发生反应生成毒性物质的火灾时，如果采用水灭火剂，由于水具有流动性，在火灾现场地表往往会有一定量的水流动，此时这些有毒物质会随水的流动造成新的污染，如果这些有毒液体流入河流，则将造成更大区域的危害。1986年11月1日，瑞士巴塞尔市一家存放化学危险品的仓库发生火灾，消防人员灭火时注入了约1万gal水，结果约30吨的农药和化工原料随着灭火用水流入西欧著名的莱茵河，大量的硫、磷和异物使240多公里的河道变成毒流，河面漂起大量死鱼和生物，人畜无法饮用。莱茵河沿岸的

3

法国、联邦德国、荷兰等 5 个国家深受其害。这起事故不仅造成了巨大的物质损失，而且造成了大气污染和莱茵河的严重污染，是有史以来造成环境污染最严重的火灾。

与巴塞尔市火灾相对应，美国俄亥俄州的一个汽车喷漆厂发生火灾后，消防总指挥指示只用少量的水灭火，因为该厂位于市政供水系统的分水岭上。火势得以控制后，消防总指挥立即命令停止用水灭火，任火焰自然熄灭，这种处理方式保证了城市水源免遭污染。

1.2 我国的火灾形势

1.2.1 近年来我国火灾事故的基本情况

随着我国经济迅速发展，人民的生活水平大大改善，但火灾事故的次数和损失却呈上升趋势。20 世纪 90 年代至今，我国发生了多起特大和重大的火灾爆炸事故。例如，1994 年 12 月 8 日，新疆克拉玛依友谊馆发生火灾，造成了 323 人死亡、130 人受伤；1994 年 11 月 27 日，辽宁阜新艺苑歌舞厅发生火灾，死亡 233 人，伤 20 人（其中重伤 4 人），直接财产损失 12.8 万元；2000 年 12 月 25 日，河南洛阳东都商厦火灾造成 309 人死亡、7 人受伤；2008 年 9 月 20 日，广东深圳舞王俱乐部发生火灾，43 人遇难，88 人受伤；2010 年 11 月 15 日，上海市静安区胶州路 707 弄 1 号的一栋 28 层住宅楼发生火灾，造成特别重大火灾事故，经对遇难者遗骸的 DNA 检测，遇难 58 人，其中男性 22 人，女性 36 人；2013 年 6 月 3 日，吉林省长春德惠市宝源丰禽业有限公司主厂房发生特别重大火灾爆炸事故，造成 121 人死亡、76 人受伤，直接经济损失 1.82 亿元；2014 年 8 月 2 日，江苏昆山市昆山经济技术开发区的昆山中荣金属制品有限公司发生重大铝粉尘爆炸事故，造成 97 人死亡、163 人受伤，直接经济损失 3.51 亿元。

图 1.1 给出了 1950—2013 年间我国火灾概况。新中国刚刚成立时，百废待兴，社会和经济还没有得到全面发展，火灾直接损失相应也比较低。20 世纪 50 年代，火灾直接损失平均每年约 0.6 亿元（统计数据中不包括香港、澳门特别行政区和台湾地区的火灾数据，也不包括森林、草原、军队和矿井地下火灾。全书同）。随着社会和经济的发展，火灾损失也相应增加。60 年代，年均火灾损失为 1.4 亿元；70 年代，年均火灾损失近 2.4 亿元；80 年代，年均火灾损失为 3.2 亿元。到了 90 年代，改革开放的成效逐渐显现出来，社会和经济得到了迅速发展，社会财富不断增加，火灾次数与直接损失也急速上升。90 年代，火灾直接损失平均每年为 9.16 亿元。21 世纪前 13 年的年均火灾损失则达到了 18.27 亿元，几乎是 20 世纪 90 年代年均火灾损失的 2 倍。

图 1.2 给出了我国 1987—2013 年间的火灾直接损失情况，并与我国的经济发展状况作了比较。1978 年至今，正是我国国民经济迅速发展的时期，1986 年我国国内生产总值（GDP）超过万亿元，达到 10309 亿元；2001 年 GDP 超过 10 万亿元，达到 110270 亿元；2013 年 GDP 超过 50 万亿元，达到 538522 亿元，约为 1986 年的 50 多倍。连续多年来，我国的国民生产总值以平均每年 7.9% 的速度增长，我国成为世界上经济增长最快的国家之一。从 2009 年开始，我国 GDP 排名跃升为世界

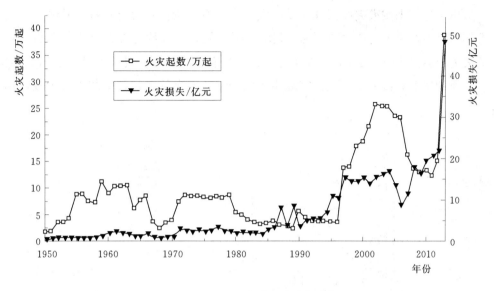

图 1.1　1950—2013 年我国火灾损失概况

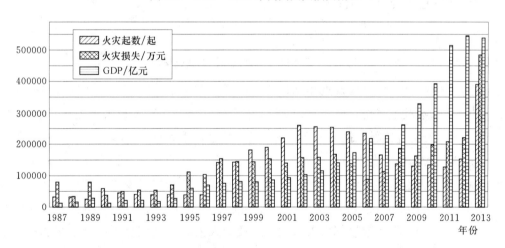

图 1.2　火灾总量随经济的增长而变化的情况

第二位。但火灾灾害却与经济总量扩大和城市就业人员的增加呈正比例增长态势。从图 1.2 中可以看出，1990 年我国火灾超过了 5 万起；火灾损失的绝对值也呈现迅速上升的趋势，1995 年达到 11.2 亿元，1999 年以后大多在 15 亿元以上，2010 年后达到 20 亿以上；2013 年火灾的直接损失甚至达到 48.5 亿元，是 1990 年的近 10 倍。这些数据表明，随着经济的快速发展，火灾损失也在不断增加，这反映出火灾爆炸事故与经济发展存在密切联系。

　　实际上，这种情况在其他国家同样存在。例如根据美国消防协会的资料，1880—2000 年的 120 年里，美国的 GDP 增长了约 880 倍，而火灾损失则增长了近 150 倍，由 1880 年的 7500 万美元增长为 2000 年的 112 亿美元。日本的火灾损失变化趋势也与美国相似，1956—1991 年的 35 年里，日本的 GDP 增长了约 46 倍，而火灾直接财产损失增长了 4 倍以上。

图 1.3 给出了近年来按火灾原因分类及所发生火灾次数所占百分比情况,从图中可看出,电气和生活用火不慎是引发火灾的最主要原因。因电气引发的火灾起数在火灾总数中占 28% 以上,生活用火引发的火灾起数占火灾总数的 15% 以上。实际上这与生产的发展和人民生活的改善密切相关。现代工厂、企业的用电规模都相当大,家庭中的电器设备也大量增加,安装不合理或使用不当就会引起火灾。

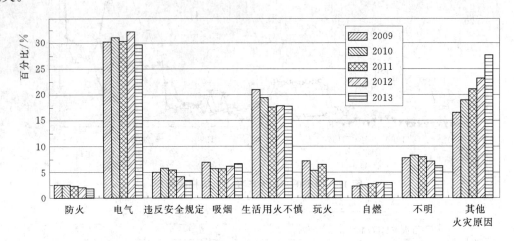

图 1.3　近年来我国火灾原因的变化情况

按火灾发生场合统计,可以发现近年来住宅、商场、歌舞厅、宾馆、饭店等人员密集的公共活动场所发生的火灾起数及人员伤亡较多。以 2013 年为例,全年共发生较大火灾 117 起(其中 23 起为防火),死亡 449 人,直接财产损失 3.7 亿元,其中住宅发生火灾 55 起,死亡 215 人,直接财产损失 0.34 亿元;人员密集场所发生较大火灾 22 起,死亡 70 人,直接财产损失 0.8 亿元。

交通运输工具火灾也呈迅速增多的趋势,这与交通运输事业快速发展有关。近年来,我国的汽车数量比 10 年前增加几倍,民航运输、大型船舶运输也有很大发展。交通运输工具使用和运送可燃、易燃和易爆物品的种类和数量都大大增加,这便为火灾的发生创造了条件。车船火灾还往往与石油基物品有关,这种火灾蔓延迅速、燃烧猛烈,容易造成严重损失。

1.2.2　火灾主要原因分析

现在,火灾问题已在我国社会上引起很大的震动。迅速采取有效措施,抑制这类灾害的上升势头,已成为党、政府和全国人民普遍关心的问题。科学、客观地分析火灾发生的原因及规律,对制定合理、有针对性的预防控制对策具有重要作用。

研究认为,当前我国火灾事故频发有着深刻的客观原因和主观原因。

主要的客观原因之一是现在的可燃物与点火源的状况发生了巨大改变。

随着经济的快速发展,建筑物的结构形式和可燃物的组成方式均发生了很大的改变。在我国各地,尤其是在人口密集的城市,高层建筑、地下建筑和其他大型复杂建筑大量涌现,多种高聚合物材料制造的建筑构件及生活用品的广泛使用,大大增加了人们工作和居住场所的燃料载荷,从而大大增加了这些区域的火灾严重性。同时多种电力和热力系统被直接连接入建筑物内，它们不仅量大，而且分散，这就大大增加了起火的可能性。统计表明，许多火灾是由电气故障引发的。

主要的主观原因是我国当前的火灾安全保障体系不完善、人们的安全观念不强。

现在不少建筑还存在防火设计方案不合理的现象，消防设施不足、消防水源缺乏的问题也较为普遍。有些建筑虽然设有消防设施，但长期不能正常工作。这些建筑一旦失火，就容易造成火灾扩大与烟气的蔓延。有些城镇缺乏有效的总体消防规划，房屋密集、道路狭窄、人员拥挤，但灭火力量不强、消防通道不畅，一处失火后，很容易演化为火烧联营的大范围灾难。近年来，虽然我国的消防力量增长，安全保障体系已有很大进步，但仍不能适应新形势的需要。

人们的安全观念和意识不强也是屡屡发生事故的重要原因。在一些单位和企业中，领导人或负责人严重忽视安全工作，片面地抓生产、追求利润，对如何保证安全想得较少。安全管理制度通常很不健全，即使有也往往是形同虚设，灾害发生时根本起不了作用。

此外，相当多的人缺乏必要的灭火和逃生技能，一旦遇到灾害，就会惊慌失措，非常容易造成重大伤亡。

1.3　火灾的发展过程与防治对策

1.3.1　火灾的发生

发生火灾必须具有可燃物、氧气（氧化剂）及一定的外加热量（点火能）三个要素，三者缺一不可。这三个要素通常以火灾三角来表示，如图1.4所示。其中可燃物的数量是火灾严重性与持续时间的决定性因素。氧气主要由室内空间的大小、通风口的面积及通风形式决定。发生火灾前，引燃可燃物的热量必须由某个热源供给，例如炉具、电加热器、电火花、点着的香烟等。不过一旦起火，热量便可由火焰供给，这时火灾可以自我维持与发展。

图1.4　火灾要素
三角示意图

在研究燃烧的条件时，还应当注意，上述三个要素在数量上的变化也会直接影响燃烧能否发生和持续进行。例如，氧气在空气中的含量降低到15%以下时，燃烧一般就很难进行；着火源如果不具备一定的温度和足够的热量，燃烧也不会发生。因此，燃烧的充分条件有以下几个方面。

（1）一定的可燃物含量。可燃气体或蒸气只有达到一定的含量时才会发生燃烧。

（2）一定的含氧量。

（3）一定量的着火源能量，即能引起可燃物质燃烧的最小着火能量。

（4）相互作用。燃烧的三个要素必须相互作用，燃烧才能发生和持续进行。

1.3.2 火灾的发展

对于通常的可燃固体火灾，室内平均温度的上升曲线可用图1.5中的A线表示。现结合此曲线说明火灾的发展过程。

室内火灾大体分成三个主要阶段，即火灾初始阶段、火灾全面发展阶段和火灾减弱阶段。各阶段特点简述如下。

1. 初始阶段

室内发生火灾后，最初只是起火部位及其周围可燃物着火燃烧。这时火灾好像在敞开的空间里进行一样。在火灾局部燃烧形成后，可能会出现下列三种情况之一：

(1) 最初着火的可燃物质燃烧完，而未延及其他的可燃物质。尤其是初始着火的可燃物在隔离的情况下。

(2) 如果通风不足，则火灾可能自行熄灭，或受到通风供氧条件的支配，以很慢的速度继续燃烧。

(3) 如果存在足够的可燃物质，而且具有良好的通风条件，则火灾迅速发展到整个房间，使房间中的所有可燃物（家具、衣物、可燃装修材料等）卷入燃烧之中，从而使室内火灾进入全面发展的猛烈燃烧阶段。

初始阶段的特点是：①火灾燃烧范围不大，火灾仅限于初始起火点附近；②室内温度差别大，在燃烧区域及其附近存在高温，室内平均温度低；③火灾发展速度较慢，在发展过程中，火势不稳定；④火灾发展时间因点火源、可燃物质性质和分布、通风条件影响长短差别很大。

根据初始阶段的特点可见，该阶段是灭火的最有利时机，应设法争取尽早发现火灾，把火灾及时控制和消灭。

2. 全面发展阶段

在火灾初始阶段后期，火灾范围迅速扩大，当火灾房间温度达到一定值时，积聚在房间内的可燃气体突然起火，整个房间都充满了火焰，房间内所有可燃物表面部分都卷入燃烧之中，燃烧猛烈，温度升高很快。这种房间内局部燃烧向全室性燃烧过渡的现象称为轰燃。轰燃是室内火灾最显著的特征之一，它标志着火灾全面发展阶段的开始。人们若在轰燃之前还没有从室内逃出，则很难幸存。

轰燃发生后，房间内所有可燃物都猛烈燃烧，放热速度很快，因而房间内的温度升高很快，并出现持续性高温，最高温度可达1100℃左右。火焰、高温烟气从房间的开口大量喷出，火灾蔓延到建筑物的其他部分。室内高温还对建筑构件产生热作用，使建筑构件的承载能力下降，甚至造成建筑物局部或整体倒塌破坏。

耐火建筑的房间通常在起火后，由于其四周墙壁和顶棚、地面坚固，不会烧穿，因此发生火灾时房间通风开口的大小没有什么变化。当火灾发展到全面燃烧阶段，室内燃烧大多由通风控制着，室内火灾保持着稳定的燃烧状态。火灾全面发展阶段的持续时间取决于室内可燃物的性质、数量和通风条件等。

3. 减弱阶段

在火灾全面发展阶段后期，随着室内可燃物的挥发物质不断减少以及可燃物数量减少，火灾燃烧速度递减，温度逐渐下降。当室内平均温度降到温度最高值的80%时，则认为火灾进入减弱阶段。随后，房间温度下降明显。直到房间内的全部可燃物被烧光，室内外温度趋于一致，火灾即告结束。

图1.5中曲线B是可燃液体（及热融塑料）火灾的温升曲线，其主要特点是火灾初期的温升速率很快，在很短的时间内，温度可达到1000℃左右，火灾基本上按定常速率燃烧。若形成流淌火，燃烧强度将迅速增大。这种火灾几乎没有多少探测时间，加上室内迅速出现高温，极易对人和建筑物造成严重危害。因此防止和扑救这类火灾还应当采取一些特别的措施。

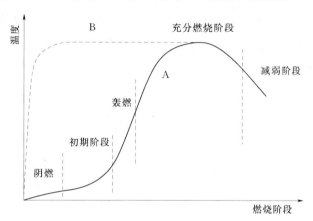

图1.5 室内火灾中的温升曲线

1.3.3 火灾的防治对策

在建筑火灾中，防治火灾的各种对策的应用都应当参照火灾的发生发展过程加以考虑。下面结合图1.6所示的火灾发展时间线加以说明。

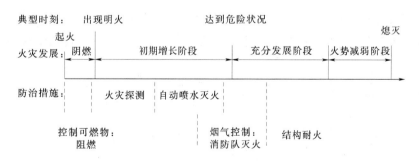

图1.6 火灾发展时间线以及相应消防对策

控制起火是防止或减少火灾损失的第一个环节，为此应当了解各类可燃材料的起火性能，将其控制在危险范围之外；应当足够重视材料的合理选用，对那些容易着火的场所或部位采用难燃材料或不燃材料。通过阻燃技术改变某些可燃或易燃材料的性能是基本的阻燃手段。

火灾自动探测报警系统是在火灾初期阶段发挥作用的。在发生火灾的早期，准确地探测到火情并迅速报警,不仅可为人员的安全疏散提供宝贵的报警信息,而且可通过联动方式启动有关的消防设施来扑灭或控制早期火灾。自动喷水灭火系统是一种当前广泛应用的自动灭火设施,它可及时将火灾扑灭在早期阶段或将火灾的影响控制在限定范围内,并能有效保护室内的某些设施免受损坏。对于某些使用功能或存储物品比较特殊的场合,还应依据具体情况选择其他适用的灭火系统。

对于大型建筑、高层建筑和地下建筑等现代建筑来说,使用自动消防系统对控制火灾的增长具有特别重要的意义。这些建筑中往往都有较大的火灾载荷,且火灾发展迅速,单纯依靠外来消防队扑灭火灾,往往会延误时机,因此加强建筑物的火灾自防自救能力已成为现代消防的基本理念。自动火灾探测和灭火系统是实现这种功能的两种基本手段。由于火灾的类型不同,扑灭火灾的技术也有较大的差别。在一些特定的场合应当选用其他与该场合相适应的灭火系统。

在建筑火灾中,防止烟气蔓延是极为重要的,这是因为烟气可对室内人员构成严重威胁。因此,必须在人员受到烟气威胁之前就将他们撤离到安全地带。有效控制烟气的蔓延还是迅速灭火的基本条件,对于保护财产也具有重要意义。建筑物内的许多设施(如电子仪器、通信设备、生化材料等)受到烟熏后,它们的起火性能也会受到极大的影响。

火灾常可发展到轰燃阶段,因此保住建筑物整体结构的安全便成了火灾防治的主要目标。为此应当保证建筑物构件具有足够强的耐火性能,认真核算相关构件的耐火极限是防火安全工程的又一重要方面。

还应指出,建立良好的消防监控中心或通信指挥中心是实现综合集成的关键一环,缺乏强有力的统一管理和控制,难以保证各类消防系统的有效运作。此外,消防队的快速反应也具有重要意义,对于轰燃后的大火,一般需要专门的消防队来扑救。他们越早到达,就越有利于控制火灾。因此,加强消防通信和指挥系统、提高消防队伍的快速反应能力是增强城市防火安全的重要方面。

各种消防设施对于控制和扑救火灾都有着重要的作用,它们分别以不同的方式、在火灾的不同阶段,对火灾的发展进程产生影响。例如在火灾早期,启动洒水喷头灭火,对控制室内温度的升高很有效,可有效预防轰燃的发生,并且火灾也会较快被熄灭。图 1.7 简要说明了这一过程。

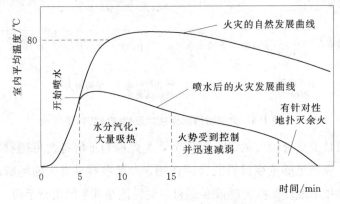

图 1.7 喷水对火灾过程的影响

1.4 火灾科学与城市发展

新型、大型与特殊建筑防火实践中所反映的问题要求人们更加深入地了解火灾的发生、发展规律和特点，并能够对火灾的发展过程给以定量的描述。这种重大的社会需求大大推动了火灾科学与消防技术研究的发展。从 20 世纪中叶起，发达国家越来越重视依靠科技防治火灾，有些国家还成立了国家级的火灾防治研究机构，在众多企业和大学中也建立了不同形式的火灾科研组织，大批与火灾防治相关学科领域的科技人员纷纷加入到火灾研究的行列。火灾防治也逐渐开始从单纯着眼于火灾扑救向系统探讨火灾机理和规律并根据科学理论指导火灾防治工作的转变。通过系统而深入的实验研究和理论研究，目前已经取得了大量新成果。

1.4.1 火灾工程学的发展

1985 年，第一次国际火灾安全科学学术讨论会（The First Symposium of Fire Safety Science）在美国召开，并成立了国际火灾安全科学学会（International Association for Fire Safety Science，IAFSS）。在这次会议上正式提出了火灾学（Fire Safety Science）和火灾安全工程学（Fire Safety Engineering）的概念。与会的许多科学家对于火灾研究的一些重要的概念取得了一致意见。目前人们一般认为，这次会议标志着火灾科学和火灾安全工程学的诞生。

火灾安全工程学是在火灾学、消防工程和系统安全工程密切结合的基础上形成的一门应用性很强的交叉分支学科，它运用工程学的原理和方法，对火灾的形成与发展过程及其影响进行科学的决策分析。火灾安全工程学强调从系统安全的高度出发，综合考虑各种因素的影响，研究如何实现建筑物（及构筑物）的总体安全，也是建筑物性能化防火设计的基本依据。火灾安全工程学的主要目标是：在进行建筑物的设计、使用和管理时，应优先保证人员在火灾中的安全，同时考虑如何减少火灾的发生和火灾造成的损失，防止火灾大面积蔓延，最大限度地降低火灾对财产、环境和文化遗产的破坏等。从一定意义上说，火灾安全工程学重在研究如何运用火灾科学的理论知识来解决火灾防治工程中遇到的实际问题，该交叉分支学科是"火灾科学与消防工程"的应用基础理论学科。火灾安全工程学虽然是为适应建筑防火设计规范改革的需求而发展起来的，但其原理和方法不仅为建筑防火安全设计及相应规范的制定提供了理论依据，而且可以用于火因调查、消防新产品的研制、防火安全教育、消防训练等方面，因而具有非常广阔的应用前景。

基于这种研究的需要，火灾安全工程学将充分利用火灾学的基础研究成果，但是并不过细地探究某些火灾现象的机理；它也讨论火灾防治技术，但并不具体考虑某些产品的材料、结构或加工细节，而重在了解这些技术在特定火灾场合下的适用性。进行建筑物的火灾危险分析时需要了解火灾发生与发展的规律、火灾燃烧产物的性质与烟气的蔓延规律、火灾中人员的行为与安全疏散、主动与被动防灭火对策的作用、火灾的特征数据、火灾的统计与调查、火灾危险性的评估方法、火灾防治的有效性和经济性等方面的问题。自然，人们亦应依据不同的应用对象及层次来确定某一次火灾危险分析的重点。

自 20 世纪 80 年代提出以后，火灾安全工程学很快成为国际火灾科学界研究和讨论的重点，多年来一直是国际著名火灾科学学术组织及其学术会议的主要议题。例如，国际火灾安全科学学会（IAFSS）、国际建筑协会（CIB）、国际标准化组织（ISO）、国际火灾科研合作论坛（Forum for International Corporation on Fire Research）等莫不如此。可以说，火灾安全工程学的形成和发展带动了火灾科学其他领域的研究和发展，是"火灾科学与消防工程"学科日臻成熟的重要标志之一。

1.4.2　城市面临的火灾威胁

现代化城市具有生产集中、人口集中、建筑集中、财富集中等基本特点，同时伴有可燃易燃物品多、火灾危险源多等现象，这就导致了城市火灾损失呈增长趋势这一世界性的共同规律。

由于人口和各种生产力要素逐步高度集中于城镇，各种自然灾害对城镇侵袭所造成的经济损失日趋严重。但长期以来，我国对于城镇抗御灾害的问题常局限在个别的自然灾害上，而没有从整个城镇的规划、建设和发展的各个环节与不同方面进行系统的技术研究和技术与经济的综合研究。因此，城镇综合防御自然灾害的能力较差，已经构成了对国民经济和社会发展潜在的严重威胁。

由于社会、土地和人口诸多因素的影响，高层与超高层建筑将不可避免地成为我国大城市的主要建筑形式。这些建筑的出现，革新了传统的施工工艺，推动了社会生产力的发展，但同时也对建筑防火设计和消防灭火工作提出了更高的要求。纵观世界发达国家大城市的发展过程，可以发现现代建筑的基本发展方向是：①向高层发展，即在节约城市用地的同时，将城市立体化了；②向大规模、复合型方向发展，即将地下的商场、地铁交通与地面的商业和居住层联合成一个整体；③向多用途、多功能复合型方向发展，即在同一建筑的同一水平楼层内集社会公众活动、办公事务、饮食服务为一体的复合使用功能型；④向大跨度、大容量的建筑方向发展。

从城市防火角度看，我国绝大部分城市普遍存在着以下一些共性的问题：

（1）城市基础设施差，建筑物本身耐火能力低。我国大部分的城市都是在旧城市的基础上兴建、发展的，历史遗留下来的简陋的棚区，手工作坊，各色民居和各类工业、商业建筑高度混杂在一起，立体地展现出这些城市几百甚至上千年的历史风貌。这些城市及其老式建筑物普遍没有或很少有整体防火能力。有人曾形象地描述说某些城市犹如坐落在"火山"上。而相当一部分城市的消防管网设施是几十年以前建造的，其中一部分已无法正常使用。

（2）建筑密集，规划布局混乱。城市旧区的建筑密度大，房屋大多是低矮破旧的，几十栋甚至几百栋连成一体，建筑之间的通道狭窄，一旦发生火灾，消防扑救和人员疏散都是严重的问题。城市中的新建筑或是穿插在旧区中，或是相对集中建设，但总是由于各种各样现实条件的制约而无法保证合理、规范的防火规划真正得以实施。

（3）管理渠道不畅，全民防火意识差。城市防火规划管理涉及的单位和部门众多，现实中所暴露出来的矛盾常常无法找到权威、统一的管理部门予以解决。而在城市中，绝大多数居民的防火意识很差，缺乏最基本的防火、灭火知识和应急处理能力。

（4）生活和生产用燃料成分多种多样。我国的城市生产和生活用燃料的成分比较复杂地交叉在一起，形成了一种独特的社会现象。如有用柴草、木炭、煤、液化石油气、天然气、油、电等作为基本燃料的，这种无规则的混杂加大了管理工作的困难，增大了火灾危险性和控制火灾的难度。

（5）建筑电气火灾危险性加大。城市中的老区建筑密集，建筑原有的电线布置本来就不规范，而随后不断出现的乱拉乱接现象更把这种混乱推向了极端。许多线路敷设的时间已十分长久，线路绝缘早已老化损坏。而现代家庭电器又不断地增大用电量，电线超设计负荷现象十分普遍。所以，电气火灾已成为建筑火灾的第一成灾原因。

（6）城市缺少整体防火体系。到目前为止，国家还没有系统的可具体操作的综合防御火灾的对策。各部门只能尽其有限能力开展一些局部的研究工作。全国在城市综合防火能力及防御体系和政策的研究方面还几乎是空白。

（7）高层建筑带来新的防火问题。高层建筑内容纳的人数很多，垂直撤离距离大，加之火灾中人员的恐慌心理，都使安全疏散成为人们首先关注的问题。另外，高层建筑给消防灭火带来了特殊的困难。当火沿着建筑内空间发展时，消防人员会因烟雾的阻碍和垂直攀登距离过长而延误时机；当火沿建筑外墙向上蔓延时，消防人员往往会因云梯高度不够和供水不足而无法扑灭升腾的火焰。

（8）大空间和地下建筑增多。高大空间的公共建筑和地下建筑对防火安全系统提出了特殊的要求。现行的一些常规消防设施基本不能适用这一类建筑的安全要求。而大空间和地下公共建筑一旦出现火灾，极易产生群死群伤的严重后果。

1.4.3 应重点解决的问题

消防是一项具有永恒性的为全社会服务的工作，它将伴随着火的存在而永远存在。随着社会的发展、人类的进步和城市的变迁，传统的消防概念和技术被不断地赋予新的内涵。

新兴的高技术使社会日新月异，使城市更加综合化和立体化。就城市消防而言，应逐步实现以下各点：

（1）建立统一的城市防灾救援机制。目前我国城市管理千头万绪，所面临的灾难也多种多样，但基本上各城市都没有统一的永久性的防灾指挥调度中心和集中的机动性很强的专门救灾队伍。根据国外的经验和国内的实际情况，目前最有可能实现的就是以消防部队为主体，建立起城市防灾统一指挥和救援中心。即现在的消防部队要实现多专业技能、高人员素质、优厚的生活待遇、精良的救灾设备和终身的社会职业化。

（2）建立义务消防救灾组织。在自愿的前提下，义务消防队由适龄青壮年组成。他们要接受专门的灭火救灾训练，并根据居住范围被编成相应的班、队。平时他们协助专业消防队进行宣传教育和预防灾害的工作，如遇火灾或其他灾害发生时招之即来，并马上投入抢救、救助等第一线活动中。为了确保义务消防队的长久性和有效性，国家应在相关的法令中明确其地位，并通过保险和其他社会基金方式为义务消防员建立伤残保障。

（3）消防灭火指挥高智能化。从防御灾害的角度看，现代化的城市又是脆弱的。因为城市联系的某一链环一旦出事，就可能导致全城性的灾难后果。因此对火灾的扑救指挥就不再是"单点"式的处理了。现代化的消防灭火指挥系统应该具有更多的宏观性、全面性和多维性考虑。也就是实现高智能化的指挥管理。21世纪的消防控制中心应更多地采用电子工业的最新技术。计算机智能技术的应用将改变和取代传统的消防思想与做法。各种消防设施和装备将会被更新的技术所完善。例如，在消防控制中心将装备大型三维空间的图像监控设施，以便更准确地了解火灾现场及周围环境；而卫星系统将会及时采集火灾现场的资料并指挥扑救工作；红外观测仪及有关温度测量仪将用来远距离的探测火灾现场温度状况。

（4）消防装备现代化。消防装备的现代化将主要解决两大问题：一是如何使消防车辆在与火场有一定距离的安全地带便可高效灭火；二是亲临现场救护的人员装备有极高安全度的防护设施。例如，人们可设计遥控式的固定灭火导弹，轻便、防毒、耐高温的消防救护服等。

为了实现迅速、有效抢救的目标，在灾害发生时，实施地面和空中结合的立体救灾是十分必要的。因此现代消防必须配备空中快速救助系统。

（5）消防队伍的职业化。消防是一门技术，而且是内涵极广的一门较高技术。高智力的脑力训练将在相当程度上取代高强度的体能训练。因此必须要很好地研究消防体制的问题。世界先进国家的消防队伍是较为稳定的，一般来说，已实现了消防队伍的职业化。职业化的体制有利于人才的培养和稳定，有利于高新技术的采用。

（6）救火、救生一体化。由于消防队特有的准军事的组织形式和配有的一些专门的设施，所以在国外，消防队已将火灾发生时的救火、救人和平时的救生工作一体化了。即消防队同时兼有救灾救生和帮助市民排忧解难等多项功能。消防队都配有一般性的救护车辆和器具，并且消防队员都具有一定的紧急救护知识。救火、救生工作的一体化有助于群众对消防工作的理解和支持。在我国的一些大城市，市民对消防队的期盼已经不再仅仅是救火了。

（7）完善社会安全的管理制度。社会安全构成的主要因素为人和物，安全的目标分为宏观和微观，安全实现的方法有行政的和经济的。从现实暴露的问题看，我们常常看重物质条件而忽略人的影响和人的高质量管理。比如我们装备了现代化的防火设施，但很多人根本不知道它们的用途，而且因缺少有效的日常管理，防火设施在关键时刻无法发挥作用。另外，我们的管理主体表现在官方的行政行为上。比如各类消防设施的设计、安装和保养基本上是政府部门负责。这种管理是必要的，但是单一化的行政管理也导致了消防安全手段在永久性、科学性、有效性方面存在较大的弊端。保险公司用经济的手段涉入消防安全管理，并在一定的范围内成为主体，这在世界上是一个通用、有效的做法。随着我国保险业的发展，我国的社会安全管理体制势必要走向以经济维护为主、以行政调整为辅的轨道。

1.4.4 城市防火展望

受各种技术和经济条件的制约，我国现行的防火规范在科学性和实用性上还有很大的改进与完善空间。

21 世纪，城市的防火设计方法和标准、规范应体现出以下特点和内容。

1. 统一城市规划，合理建筑布局

防火规划应列为城市整体规划的一部分，对城市旧区采取控制密度、局部拆除、连片改造、迁移危险建筑等做法，使建筑布局的危险性降到最低点。

从发生战争、发生地震和火灾的综合角度看，城市防火规划应充分考虑火灾中人员的疏散和避难问题，即在城市街区内和周围地带设置若干绿地、广场及公园以供紧急状态时人们暂时避难。同时以宽阔、快捷的多条道路与其连成有机的整体，以利于大量人员沿这些路线安全撤离并确保消防道路的通畅。

2. 建筑防火设计理念的变革

如果说 20 世纪的建筑设计主要竞争于造型和功能方面的话，则 21 世纪建筑设计行业的核心竞争力将体现在预防灾害发生上。事实证明，一个精心构思的建筑设计，可以大大降低突发灾害对建筑本身和社会造成的经济损失和危害。新的防灾设计理念应体现以下内容。

（1）目标的确定性和方法的多样性。建筑防灾的安全水准和目标应该是明确的和高水平的，即发生灾害的概率十分小。但确保安全水准实现的方法则是多种多样，人们可以运用所有的现代科技手段进行有机的创造性的组合。

（2）人与建筑的互为支撑。建筑的平面构图和设备为防止灾害提供了一个基本条件，但是传统的设计理念没有或极少考虑人与这些设施的互动所导致的防灾效果。新的设计理念应首先考虑人是否会受益或实现这些防灾设计的目标，以及灾害发生时，人对各种防灾设施的使用、利用的可靠程度。当然也要估计人员错误操作的行为对建筑防灾体系带来的严重后果。

（3）灾害过程的虚拟模拟设计。计算机模化设计就是以数学分析和数理统计方法构成一系列的描述灾害过程的数学模型，并利用计算机求解灾难全过程所涉及的各种物理参数，进而预言灾害所产生的各种环境条件。

虚拟现实是由计算机模拟的建筑三维空间环境，建筑师可以通过计算机进入该场景并能操纵被设计的对象与之交互。人们将最终突破人与人之间、人机之间的语言文字障碍，实现人与机器之间、机器与生物体之间的直接信息交互。

这一综合技术的最大好处是，设计师和审查部门无需对模化的原理和方法有太多的了解，就能通过虚拟建筑提供的现场感觉，依据有关的建筑知识、技术法规和安全防范设施对建筑物进行有效、合理、经济的防灾安全系统设计。

（4）设计概念和信息将共享。全球经济的发展可以使人类统一规定一个具体的概念方法，它包括了对建筑设计师及其客户进行项目设计指导的全部概念和理论。当社会建立了一套有效的沟通机制后，全人类就可以高效、灵活地分享所有的知识、数据和市场信息。从这个意义讲，各国各地区的建筑都将同时兼有民族性和国际性的特征。以通信卫星、计算机与宽带通讯网络技术为核心的信息技术将在容量带宽、速度、智能化等方面不断取得新的进展，这种进展必将为建筑设计理念的革

第 1 章 绪论

新提供更加坚实的工作平台。

3. 防御城市燃气爆炸

随着我国城市建设的发展，燃气的应用范围加大，其导致的爆炸火灾也随之增多。因此燃气防爆应成为城市防火标准和设计的重要内容之一。由于燃气灾害所具有的随机性特征，因此对这种灾害的发生概率的统计和有可能导致的损失状况进行预测是一件十分重要的工作。就城市燃气灾害防御而言，今后应加强以下工作：

（1）综合考虑燃气灾害致灾因子和承灾因子的作用，进行动态评估，真正保障城市燃气的安全性，为城市燃气工程的建设提供有效的安全评估与安全咨询的手段、方法与程序。

（2）把燃气灾害信息输入城市防灾综合信息系统，继而扩建成 GIS 模式的燃气防灾决策支持系统，利用强大的地理信息系统进行燃气生产、运输、储配和使用的管理，提高各个环节的安全性，一旦出现险情，迅速作出反应，努力控制灾害损失在最低限度之内。

4. 城市生命线工程的设计与监控

现代化的城市是一个复杂的系统工程，各种灾害造成的损失大小及对人类生产、生活影响的程度，将主要取决于电、水、气等生命线和设备系统的抗灾能力。我们可以运用 GIS 和人工智能等现代技术，综合研究生命线系统的日常管理、工程监控及减灾对策，建立和完善适合于区域发展的实用系统，包括成灾模型、经济损失评估模型、日常信息管理系统，提出减轻区域经济损失的工程手段及对策，为城市建设和经济的可持续发展提供现代化的管理和决策方法。

城市生命线的安全水准主要依赖于防御水准的级别、综合设计方法的优劣，以及对生命线工程的检测、加固修复及应急处理综合技术的水平。这套技术包括：设计理论的正确、设计方法的优化；管线运行工况的监测与维护；地下管线的防腐处理；地下管线非开挖原位更换及修复等。

1.5 本书的主要内容

本书论述的内容按照从城市到建筑、从常规到特殊、从传统到高新的脉络，体现了不同对象的火灾发展特点及防治对策，主要为技术方面的阐述，对防治原理部分不展开讨论，以便于更好地指导实际应用。

第 1 章简要介绍了火的使用以及可能造成的危害，分析了我国当前城市火灾形势以及防控重点，对火灾的发生发展进行了概述，并简要阐述了火灾作为一门学科的定位以及发展。

规范是进行一切防火设计的主要依据，第 2 章介绍了我国防火规范的现状以及发展方向，并提出性能化防火设计的所能弥补的规范发展不足之处。

第 3 章介绍了在城市进行火灾风险评估的必要性，并在此基础上讨论城市消防规划的编制，最后举典型案例介绍风险评估以及消防规划的整个过程。

第 4 章介绍了建筑的常规防火设计，包括建筑平面防火设计、火灾自动报警系统设计、消火栓系统和自动灭火系统设计、防排烟系统设计、电气防火设计人员疏散设计、建筑材料防火设计以及结构防火设计。

第 5 章讨论了性能化防火设计与应用，包括火灾场景设计、烟气控制系统设计和人员安全疏散设计几方面，介绍了一些实体火灾试验验证方法，并对两种特殊建筑的消防性能化设计方案进行了分析。

多层综合交通枢纽集不同的交通方式于一体，是大城市公共交通发展的方向。该类枢纽人员密集，其安全性便成为社会安全的重点。本书在第 6 章吸纳了一些最新的研究成果，对其防排烟设计与疏散设计进行了介绍。

第 7 章从消防管理角度介绍了一些最新技术。主要为虚拟现实以及 BIM 技术的引入，以提高消防安全管理的信息化水平。

第 2 章 城市火灾风险评估与消防规划

2.1 火灾风险与城市安全

城市是人口集聚形成的较大居民点，城市的行政管辖功能可能涉及较其本身更广泛的区域，其中有居民区、街道、医院、学校、写字楼、商业卖场、广场、公园等公共设施。

城市作为政治、经济、文化、科技的中心，作为社会经济发展的龙头，强有力地推动了整个社会的发展，创造了大量的物质、精神财富。

全球范围的城市化过程不仅为城市发展提供了巨大动力和机遇，也不断给城市安全保障带来挑战。

由于城市人员大量聚集，用火、用电、用气频繁，火灾事故频发，给人类带来了严重的灾害。城市不但火灾多发，而且极易造成群死群伤或财产损失巨大的恶性事故。据统计，城市火灾往往占火灾总起数的一半，不但造成了严重财产损失和人员伤亡，而且影响了经济建设和社会稳定，教训极为深刻。

快速城市化和社会转型使得当前我国的城市火灾问题更加突出，对于现代城市规划而言，我们不仅要重视城市形态的优美和舒适，还必须强调城市功能的完备、系统的安全可靠，即城市必须具备与社会经济发展相适应的防灾、抗灾、救灾能力，必须建立和完善城市消防安全体系。

从城市管理的角度，降低城市火灾风险必须要了解城市消防安全现状、发现问题并有针对性地从城市消防规划的宏观层面探索解决问题的根本途径。

本章论述城市区域火灾风险评估和消防规划的内在联系以及开展相关工作的流程和技术手段，并通过实际应用案例阐释城市火灾风险评估和城市消防规范的基本流程。

2.1.1 城市消防安全与风险评估

由于城市具有人口密度大、经济集中等特点，因此一旦发生火灾往往造成巨大的经济损失和人员伤亡。城市火灾风险评估是衡量城市防火减灾能力的重要技术手段。

研究并建立科学的评估城市区域火灾风险的指标体系，不仅能为评估城市的消防安全状况提供客观的衡量标准，而且可以找出城市防火减灾工作中的不足之处，指导城市合理进行防火减灾规划建设。

火灾风险评估是对评估对象所面临的火灾威胁、防灾弱点、火灾后果以及对三者综合作用所带来风险可能性的评估。

　　1. 城市火灾风险评估的作用

城市区域火灾风险评估的作用主要体现在以下几个方面：

（1）了解当前系统的安全状态和风险隐患。

（2）减少火灾事故的发生，特别是防止重特大火灾事故的发生。

（3）确定采取控制措施的程度以及如何制定消防安全决策。

（4）为城市消防规划提供依据，以便制定合理的规划。

　　2. 火灾风险评估的内容

火灾风险评估的内容包括以下几个方面：

（1）识别评估对象面临的各种风险。

（2）评估火灾风险概率和可能带来的负面影响。

（3）确定评估对象承受火灾风险的能力。

（4）确定火灾风险消减和控制的优先等级。

（5）制定风险消减对策。

火灾风险评估的操作范围可以是整个城市，也可以是城市中的某一区域，或者是某一方面。

在火灾风险评估过程中，可以采用多种操作方法，包括基于知识的分析方法、基于模型的分析方法、定性分析和定量分析。无论何种方法，共同的目标都是找出评估对象所面临的风险及其影响，以及目前安全水平与安全需求之间的差距。

2.1.2　城市消防安全与消防规划

　　城市消防规划工作是城市消防工作的一个重要组成部分，是指导城市公共消防设施建设、构建城市消防安全体系、提高城市预防和抵御火灾的主要途径。通过编制城市消防规划，以消防规划为依据实施消防管理工作，消除当前城市面临的诸多消防问题，为城市的发展营造良好的消防安全环境。

　　城市消防规划是对城市消防安全布局和城市消防基础设施建设所做的专业规划。城市消防规划经批准后应纳入城市规划，城市消防建设应在城市消防规划的引导和控制下实施。

　　城市消防规划任务是对城市总体消防安全布局和消防站、消防给水、消防通信、消防车通道等城市公共消防设施和消防装备进行统筹规划并提出实施意见和措施，为城市消防安全布局和公共消防设施、消防装备的建设提供依据。

　　城市消防规划的基本任务包括以下几个方面：

（1）结合城市建设的规模和性质，在城市功能布局上满足消防安全布局的要求。

（2）结合城市的各项市政建设，安排各项公共消防设施的建设，逐步完善消防站、消防给水、消防通信等的建设。确保消防车通道畅通无阻。

（3）合理确定重要公共建筑，高层建筑，易燃，易爆工厂、仓库等的位置。

（4）制定城市旧区改造方案。

（5）结合市政建设，综合考虑城市防火、抗震和人防工程规划建设。

城市消防规划是城市消防工作的纲领，是城市总体规划的重要组成部分。在很长一个时期内，城市消防规划在我国没有得到应有的重视，城市消防基础设施建设严重滞后于城市的建设发展，消防工作未能与城市建设同步发展，城市抗御火灾的能力不强，以致火灾不断，且每年都呈上升的趋势，严重阻碍了社会经济发展。

2.2　城市区域火灾风险评估与案例分析

2.2.1　火灾风险评估发展现状

2.2.1.1　风险评估方法的发展

火灾风险评估是安全评价技术领域的重要分支，火灾风险评估方法和系统安全评价方法联系密切。安全评价早期也起源于保险业，其发展不但为保险公司提供了收取费用的依据，也使客户企业事故风险得到降低，从而促使政府加强了对安全评价理论和技术的研究，开发风险评价方法。

20 世纪 60 年代，系统安全工程的发展大大推动了安全评价技术的发展。1961 年，美国贝尔电话研究所的维森（H. A. Watson）在研究导弹发射控制系统的安全性评价时提出"事故树"分析（FTA）方法，对以后的安全评价发展推动很大。英国在 20 世纪 60 年代中期建立了故障数据库，可靠性服务咨询机构也对企业开展了概率风险评价工作。1964 年，道（DOW）化学公司开发了"火灾、爆炸危险指数评价法"，并先后修订了七版，使该方法趋于成熟。1967 年，法默（F. R. Farmer）针对核电站安全性提出了定量风险评价方法（QRA）。1972 年，美国原子能委员会委托麻省理工学院的专家组对商用核电站进行安全评价。1974 年，美国原子能委员会发表了"WHSH‑1400"评价报告书，采用"事件树"和"事故树"分析方法，对"核反应堆堆芯熔化"事故的概率、危险后果进行了定量评价，引起了各国的关注和重视。1974 年，英国帝国化学公司（ICI）蒙德（Mond）部在道化学公司评价方法的基础上提出了"蒙德火灾、爆炸、毒性危险指标评价法"。日本劳动省在 1976 年也提出了化学工厂六阶段评价方法。1976 年，荷兰劳动安全总局根据道化学公司火灾爆炸指数法第四版也提出了化学工厂危险评价法。

20 世纪 70 年代以后，世界范围内发生了许多重大安全事故，造成严重的人员伤亡和财产损失，促使各国政府、议会立法或颁布规定，规定工程项目、技术开发项目都必须进行安全评价，并对安全设计提出了明确要求。

对于如核电站、化工厂等复杂系统、动态系统，在系统安全工程的指导下发展了概率风险（PRA）评价法。1975 年，拉斯马森（J. Rusmusen）利用概率风险评价法对核电站安全性进行危险评价，取得了令人满意的结果。随着人类社会对安全要求的提高，各国已相继开展了危险评价的进一步研究工作，欧盟在 1982 年颁布的《塞维索法案》中列出了 180 种物质及其临界量标准，并对正在运行的 180 多个危险装置进行了概率危险评价。荷兰应用科学研究院（TNO）、英国健康安全执委会（HSE）、日本安全工学学会、加拿大安大略大学等机构相继开展了危险评价的研究，并提出了一些危险评价方法。美国 K. J. 格雷尼姆和 G. F. 金妮提出"多因子评分法"（即 LEC 法），半定量地评价人们在具有潜在危险的环境中作业时的危险程度。由此可见，发达国家对安全评价工作非常重视。

2. 2. 1. 2　火灾风险评估方法的发展

在火灾风险评价研究领域，国外研究工作开始于 20 世纪 70 年代。第二次世界大战结束后，西方各国经济相继全面复苏，国家重建大规模实施，城市建设也日新月异，消防安全问题逐渐引起人们的重视，火灾风险评估研究工作就是在这样的背景下开始的。

英国、美国、澳大利亚、加拿大、法国、荷兰、新西兰、瑞典和西班牙等国以及国际标准组织（ISO）都纷纷开展研发火灾风险评估工具和方法的工作，开发了多种建筑火灾风险评估方法和模型，如 20 世纪 70 年代美国国家标准局火灾研究中心和公共健康事务局合作开发的火灾安全评估系统（FSES），加拿大国家建筑研究院（NRC）研究的火灾风险与成本评估模型 FIRECAM，澳大利亚消防规范发展中心（FCRC）开发的 CESARE‐Risk 模型等。

与国外发达国家相比，我国关于火灾风险评估的研究起步较晚，但随着近年来与国外相关研究机构的交流，我国也已开始火灾风险评估方面的研究。目前天津、上海、成都、沈阳四个消防科学研究所，中国建筑科学研究院，中国科学技术大学，同济大学，东北大学，中国人民武装警察部队学院等科研单位和高校都在开展火灾风险评估以及在保险行业的应用等方面的研究。

公安部交通管理局、国家统计局和中国社科院在评价体系的方法研究方面，江苏省无锡市和山东省青岛市在火灾风险评价体系试点方面做了大量工作。这些研究成果、调查资料、试点实验为进一步开展研究工作提供了基础资料。

目前，我国在火灾风险评价方面的研究，大部分是以某一企业或某一特定建筑物为对象的小系统。与上述小系统的消防安全评估不同，城市区域的火灾风险评估的目的是根据不同的火灾风险级别，配置消防救援力量，指导城市消防系统改造，指导城市消防规划。对已建成的城市区域的火灾风险评估必须考虑许多因素，即城市火灾危险性评价指标体系，包括区域内存在的对生命安全造成危险的情况、火灾频率、气候条件、人口统计等因素，进而评价社区的消防部署和消防能力等抵御风险的因素。除此之外，在评估过程中，另一个重要的情况是要关注社区从财政及其他方面为消防提供支持的能力和意愿。随着城市规模扩大、综合功能增强，居住区的商贸中心、医院、学校和护理场所增多，评估方法还会相应地改变。

目前，英国、日本、美国等许多国家就如何评估城市消防安全水平、减轻城市火灾损失等方面进行了研究。英国火灾风险评估研究主要应用于如何科学部署城市消防力量，以达到减轻城市火灾损失的目的。英国将城市的典型区域划分成 A、B、C、D 四个风险等级，每种风险等级代表具有某类典型特征的区域。对应不同火灾风险等级，消防队接警后的第一出动力量和到场时间都有不同的要求。

日本在 20 世纪 80 年代对所有城市进行城市火灾风险评估、划分城市等级，从城市防灾的角度加强行政管理。通过计算城市内的烧损面积和烧损率，用烧损率量化城市的火灾风险。不同的烧损率对应不同的城市等级，烧损率越低，表示城市等级越高，火灾风险越小；烧损率越高，表示城市等级越低，火灾风险越大，从而采取相应行政管理措施，增大或减小消防投入。

美国保险业务事务所采用城市公共消防等级划分方法。该方法通过一套统一的指标体系，从消防接出警、消防部门、供水三个方面对社区灭火能力进行评估。城市公共消防等级分为 10 级，1 级表明社区灭火能力最强，10 级则社区灭火能力最差。该方法在世界各地很多保险公司中得到广泛应用，用于确定各社区基本保险费率。由于该方法稳定且便于操作，促进了当地政府提高消防力量水平。

目前我国对城市火灾风险评估的实践有多种，在这方面做了有益的探索，并取得了一定的成绩，但也存在着一定的不足：一是从消防管理的角度出发，不能体现整个火灾系统存在的主要矛盾，不能给消防工作予以具体的指导；二是各子指标的可操作性较差，要求有大量的实际数据和资料做基础，应用于实际工作有一定难度。政府基于我国火灾灾害的严峻形势，提出开展城市公共安全评价的研究，国内很多学者都开展了城市火灾风险评估的研究。

易立新在对火灾危险和火灾风险两个概念进行定义的基础上，运用德尔非专家调查法和层次分析法，提出了城市火灾危险指数、城市火灾抗灾指数、城市火灾风险指数的概念，设计了定量和定性相结合的城市火灾风险评价指标体系。杨瑞、侯遵泽提出两种不同的分类方法，确定了城市区域消防安全体系的组成要素，采用层次分析法确定了各要素的权重，应用多层次多目标系统模糊优选理论，建立了城市区域消防安全评价模型，对城市区域消防安全评估进行了方法研究和具体计算。张一先等采用指数法对苏州古城区的火灾危险性进行分级，该方法的指标体系考虑了数量危险性着火危险性、人员财产损失严重度以及消防能力四个因素。李杰等在建立火灾平均发生率与城市人口密度、城区面积、建筑面积间的统计关系基础上选取建筑面积为主导参量，建立了以建筑面积为单一因子的城市火灾危险评价公式。李华军等提出了城市火灾危险性评价指标体系。该体系中城市火灾危险性评价由危害度、危险度和安全度三个指标组成，用以评价现实的风险，不能用来指导城市消防规划。2004 年，中国人民武装警察部队学院的研究报告采用人均 GDP、人口密度、大专以上文化程度的人口比例以及外来人口比例等指标和数据用以定量地评估该城市区域的社会经济活动的火灾危险性，反映了城市火灾风险的深层次因素。朱力平、董希琳等人对城市区域火灾风险评估方法进行了研究，并分别针对基于单体对象的城市区域火灾风险、城市居住区火灾风险、城市商业区火灾风险评价进行了论述。

2.2.2　火灾风险评估流程

火灾风险评估流程如下：

（1）前期准备。明确火灾风险评价的范围，收集所需的各种资料（重点收集与城市运行状况有关的各种资料与数据）。评价机构依据经营单位提供的资料，按照确定的评价范围进行评价。

（2）火灾风险隐患的识别。针对评价对象的特点，采用科学、合理的评价方法，进行消防隐患识别和危险性分析，确定主要消防隐患部位。

（3）定性、定量评价。根据评价对象的特点，确定消防评价的模式及采用的评价方法。消防安全评价在系统生命周期内的运行阶段，应尽可能地采用定量化的安全评价方法、定性与定量相结合的综合性评价模式，进行科学、全面、系统的分析评价。

（4）城市消防管理现状评价。包括消防管理制度评价、火灾应急救援预案的评价和消防演练计划。

（5）确定对策、措施及建议。根据火灾风险评价结果，提出相应的对策措施及建议，并按照火灾风险程度的高低进行解决方案的排序，列出存在的消防隐患及整改紧迫程度，针对消防隐患提出改进措施及改善火灾风险状态水平的建议。

（6）确定评价结论。根据评价结果明确指出评估对象当前的火灾风险状态水平，提出火灾风险可接受程度的意见。

2.2.3　城市区域火灾风险系统评估方法

2.2.3.1　系统评估的基本概念

按照系统科学的理论，城市火灾的发生风险是城市中存在的危险源、消防系统和受灾对象以及其他一些相关城市功能特性共同作用的结果。因此，城市区域火灾风险评估必须按照系统评估的方法来进行。

根据目的与用途不同，评估可以分为总结性评估与形成性评估两大类型。总结性评估针对评估对象的活动结果进行评价分析，基本上不涉及评估对象内部的活动过程，主要考虑结果对全局的影响，是一种事后评估。形成性评估是在系统活动过程中，通过对结果产生影响的因素进行分析，发现决策、计划中的薄弱环节和问题，并进行适当地改进与优化，以保证决策的正确性。由于它是事先进行的评估，对提高系统效能、优化系统结构有重大作用，因而成为评估的主要形式，同时，也使得评估成为一种实现优化的主要方法。

评估是系统工程中的一个重要环节，但同时也是一项非常困难的工作。人们都希望通过评估找到所需要的最优方案。然而，确定一个最优方案却是十分不容易的。因为对于复杂系统而言，"最优"这个词的含义并不是十分明确，而且评价是否为"最优"的标准也将随着时间变化而变化，所有的"最优"都是在一定的限制条件下相对而言的。

2.2.3.2　系统评估常用理论

归纳起来，系统评估中应用较广泛且比较成熟的理论有"五大论"，即效能论、优化论、量化论、模糊论和综合论。

（1）效能论。效能论有时又称为效用论，其核心就是要建立效能概念与效能函数。评估主体或决策主体，为了对各个被评估的系统方案进行比较，以便排出被评估方案的顺序供决策者选择，要利用效能分析计算的结果，将各被评估方案的效能数据，按大小表示成选择顺序的数量函数，这种函数就叫做效能函数。

（2）优化论。系统评估过程中，首先建立描述系统参数的数学模型，并将这些数学模型作为评价函数，再通过优化方法解数学模型，求得系统的优化参数，依照优化参数对系统进行评估。优化理论在武器系统评估过程中应用极为广泛，具有理论严密、评估结果客观的特点。

（3）量化论。量化论就是通常所说的数量化理论。在系统评估过程中，经常需要用统计分析方法将评价项目数量化。这时需要收集足够数量的结构、属性相同或相近的其他系统的相关数据，必要时还需对被评价系统方案的某些没有尺度的属性通过试验、考核、观察，将其结果按照人们的反映进行量化。由于人的感觉带有主观性，没有严格的客观尺度，所以在量化过程中，必须具有看透事物本质的敏锐眼力，持有客观公正的立场。同样，统计数据的方法也会随着统计者的愿望有所差别，得到的统计数据谁都能用，站在不同的立场，用不同的观点去利用，可以引出不同的结论。

（4）模糊论。在进行系统评估过程中，常常会碰到许多不确定因素的决策问题，反映了人的认识有一定的模糊性，系统属性或评价项目中各因素的特征量具有不确定性。这样就需要评价主体将不确定性的属性与特征通过分析处理，由定性描述变为定量描述，常用的方法就是应用模糊数学中的模糊集（fuzzy set）理论。

（5）综合论。在系统评估中，应用最多的就是综合论。所谓综合论就是系统方案采用定性和定量相结合，各系统属性评价与全系统综合性能评价相结合。以综合论为理论基础，对系统进行综合评价，可以使评价结果做到客观、公正，可信赖度高。以综合论为基础的综合评价，其评价方法常采用数种方法相结合的综合分析法，如模糊综合评价与层次分析法相结合，费效分析法与相关矩阵分析法和总体性能的综合分析相结合等。

2.2.3.3　城市火灾风险模糊综合评估方法

1. 评估方法

城市区域火灾风险评估在所构建的指标体系中，其中有些是定量指标，有些是定性指标。定量指标反映出对火灾的认识的确定性，定性指标性则反映出对火灾认识的不确定性。如果要取得一个定量的结果，则需要对这些定性指标进行处理，使其以量化的形式参与到评估计算之中。可采用模糊综合评估、模糊集值统计、专家赋分等方法进行风险评估。

2. 风险分级

按照应急办方案将风险分为四级，设定一个量化范围，并在此基础上与公安部消防局关于火灾等级的标准相结合，见表 2.1。

表 2.1　　　　　　　　　　　　风险分级量化和特征描述

风险等级	名　称	量化范围	风险等级特征描述
Ⅰ级	低风险	(85, 100]	几乎不发生火灾，火灾风险性低，火灾风险处于可接受的水平，风险控制重在维护和管理
Ⅱ级	中风险	(65, 85]	可能发生一般火灾，火灾风险中等，火灾风险处于可控制的水平，在适当采取措施后可达到接受水平，风险控制重在局部整改和加强管理

风险等级	名 称	量化范围	风险等级特征描述
Ⅲ级	高风险	(25，65]	可能发生较大火灾，火灾风险性较高，火灾风险处于较难控制的水平，应采取措施加强消防基础设施和消防管理水平
Ⅳ级	极高风险	[0，25]	可能发生重大或特大火灾，火灾风险性极高，火灾风险处于很难控制的水平，应当采取全面的措施对建筑的设计、主动防火、危险源、消防管理和救援力量全面加强

（1）极高风险/特别重大火灾。是指造成 30 人以上死亡，或者 100 人以上重伤，或者 1 亿元以上直接财产损失的火灾。

（2）极高风险/重大火灾。是指造成 10 人以上 30 人以下死亡，或者 50 人以上 100 人以下重伤，或者 5000 万元以上 1 亿元以下直接财产损失的火灾。

（3）高风险/较大火灾。是指造成 3 人以上 10 人以下死亡，或者 10 人以上 50 人以下重伤，或者 1000 万元以上 5000 万元以下直接财产损失的火灾。

（4）中风险/一般火灾。是指造成 3 人以下死亡，或者 10 人以下重伤，或者 1000 万元以下直接财产损失的火灾。

3. 风险计算

（1）风险因素量化及处理。考虑到人的判断的不确定性和个体的认识差异，运用集体决策的思想，评分值的设计采用一个分值范围，并分别请总队领导、总队司令部、战训、特勤、火查、防火、宣传、重点二处等多位专家，根据所建立的指标体系，按照对安全有利的情况，越有利得分越高，进行了评分，从而降低不确定性和认识差异对结果准确性的影响。然后根据模糊集值统计方法，通过计算得出一个统一的结果。

（2）模糊集值统计。对于指标 u_i，专家 p_j 依据其评估标准和对该指标有关情况的了解给出一个特征值区间 $[a_{ij}，b_{ij}]$，由此构成一集值统计系列：$[a_{i1}，b_{i1}]$，$[a_{i2}，b_{i2}]$，…，$[a_{ij}，b_{ij}]$，…，$[a_{mq}，b_{mq}]$，见表 2.2。

表 2.2 评估指标特征值的估计区间

评估专家	评 估 指 标					
	u_1	u_2	…	u_i	…	u_m
p_1	$[a_{11}，b_{11}]$	$[a_{21}，b_{21}]$	…	$[a_{i1}，b_{i1}]$	…	$[a_{m1}，b_{m2}]$
p_2	$[a_{12}，b_{12}]$	$[a_{22}，b_{22}]$	…	$[a_{i2}，b_{i2}]$	…	$[a_{m2}，b_{m2}]$
⋮	⋮	⋮	⋮	⋮	⋮	⋮
p_j	$[a_{1j}，b_{1j}]$	$[a_{2j}，b_{2j}]$	…	$[a_{ij}，b_{ij}]$	…	$[a_{mj}，b_{mj}]$
⋮	⋮	⋮	⋮	⋮	⋮	⋮
p_q	$[a_{1q}，b_{1q}]$	$[a_{2q}，b_{2q}]$	…	$[a_{iq}，b_{iq}]$	…	$[a_{mq}，b_{mq}]$

则评估指标 u_i 的特征值可按下式进行计算，即

$$x_i = \frac{\frac{1}{2}\sum\limits_{j=1}^{q}\left[b_{ij}^2 - a_{ij}^2\right]}{\sum\limits_{j=1}^{q}\left[b_{ij} - a_{ij}\right]}$$

式中　$i=1,2,\cdots,m$；$j=1,2,\cdots,q$。

　　（3）指标权重确定。目前国内外常用评估指标权重的方法主要有专家调查法（即 Delphi 法）、集值统计迭代法、层次分析法等、模糊集值统计法。本课题采用专家打分法确定指标权重，这种方法是分别向若干专家（一般以 10～15 名为宜）咨询并征求意见，来确定各评估指标的权重系数。

　　设第 j 个专家给出的权重系数为

$$(\lambda_{1j},\lambda_{2j},\cdots\lambda_{ij},\cdots,\lambda_{mj})$$

　　若其平方和误差在其允许误差 ε 范围内，即

$$\max_{1 \leqslant j \leqslant n}\left[\sum_{i=1}^{m}\left(\lambda_{ij} - \frac{1}{n}\sum_{j=1}^{n}\lambda_{ij}\right)^2\right] \leqslant \varepsilon$$

则

$$\bar{\lambda} = \left(\frac{1}{n}\sum_{j=1}^{n}\lambda_{1j},\cdots,\frac{1}{n}\sum_{j=1}^{n}\lambda_{ij},\cdots,\frac{1}{n}\sum_{j=1}^{n}\lambda_{mj}\right)$$

为满意的权重系数集，否则，对一些偏差大的 λ_i 再征求有关专家意见进行修改，直到满意为止。

　　（4）风险等级判断。根据基本指标的分值范围，可以通过下述公式计算上层指标的风险分值。

$$x_i = \frac{\frac{1}{2}\sum\limits_{j=1}^{q}\left[b_{ij}^2 - a_{ij}^2\right]}{\sum\limits_{j=1}^{q}\left[b_{ij} - a_{ij}\right]}$$

式中　$i=1,2,\cdots,m$；$j=1,2,\cdots,q$。

　　最终应用线性加权方法计算火灾风险度：

$$R = \sum_{i-1}^{n}W_iF_i$$

式中　R——上层指标火灾风险；

　　　　W_i——下层指标权重；

　　　　F_i——下层指标评估得分。

　　根据 R 值的大小可以确定评估目标所处的风险等级。

2.2.4　某市火灾风险评估案例分析

　　某中心城市社会经济发展迅速，而配套的城市建设、公共设施、政府服务、行政管理存在薄弱之处，火灾风险增大，城市安全成为人们关注的焦点。

2.2.4.1　火灾风险因素辨识

　　2007—2009 年全年各月火灾起数如图 2.1 所示，每年 1 月、2 月火灾处于高发期。

从图 2.2 中可以看出，2007—2009 年该市发生火灾的原因主要集中在电气、用火不慎、吸烟上，这三种原因引起的火灾占火灾总数的 63%。其他原因引起的火灾数量占 13%，相对较多。玩火、放火、生产作业等比例相对较少。

从图 2.3 中可以看出，致死原因最多的是吸烟、放火和电气火灾。其中用火不慎占 11%，不容忽视。

从图 2.4 所示火灾发生 24h 分布情况看，早晨 6：00 开始，火灾呈上升趋势。之后，火灾维持高位平稳运行，18：00—20：00 出现小高峰。随后，火灾呈下降趋势，凌晨 3：00 火灾出现最低值。

图 2.1 2007—2009 年该市各月火灾起数统计

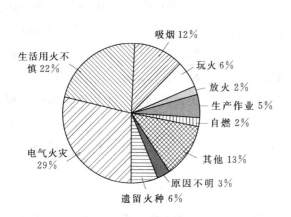

图 2.2 2007—2009 年该市火灾起火原因统计

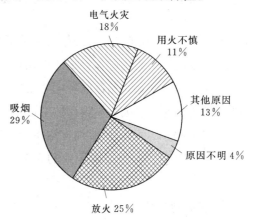

图 2.3 2007—2009 年该市火灾致死原因分布

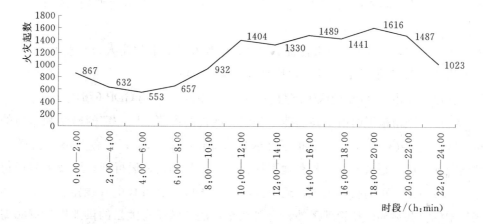

图 2.4 2007（9—12 月）—2009 年该市火灾各时段起火次数

从图 2.5 中可以看到，火灾高发场所为住宅、宿舍、交通工具等。此外，垃圾废弃物着火也不容忽视。

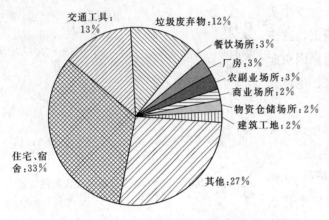

图 2.5　2007（9—12 月）—2009 年该市起火场所统计

2.2.4.2　火灾风险评估指标体系

火灾风险评估体系分为火灾危险源评估系统、城市基础信息评估系统、消防力水平评估系统、火灾预警防控评估系统和社会面防控能力评估系统评估五部分，如图 2.6 所示。

1. 火灾危险源

火灾危险源评估单元分为重大危险因素和人为因素二类。

（1）重大危险因素。《重大危险源辨识》（GB 18218—2000）和《中华人民共和国安全生产法》第 96 条中规定：重大危险源是指长期地或临时地生产、搬运、使用或者储存危险物品，且危险品的数量等于或超过临界量的单元；《危险化学品安全管理条例》第 10 条规定：重大危险源是指生产、运输、使用、储存危险化学品或者处置废弃危险化学品，且危险化学品的数量等于或者超过临界量的单元。在火灾风险评估中，主要考虑可能导致发生火灾的物质，主要考虑易燃易爆化学品生产销售贮存场所和加油/加气站几个影响因素。

（2）人为因素。人为因素导致的火灾主要包括电气火灾、用火不慎、放火致灾、吸烟不慎等方面。

2. 城市基础信息

基础信息评估单元包括建筑密度、人口密度、经济密度、路网密度、重点保护单位密度五个方面。

（1）建筑密度。本市城镇居民人均住宅建筑面积 28.81m²，人均住宅使用面积 21.61m²，农村居民人均住房面积 39.42m²。

（2）人口密度。本市 2010 年全市常住人口 2200 万人，全市常住人口出生率 8.06‰，死亡率 4.56‰，自然增长率 3.5‰。全市常住人口密度为 1341 人/km²。

（3）经济密度。本市 2009 年地区生产总值 11865.9 亿元，人均 GDP 67612 元。

（4）路网密度。城市范围内由不同功能、等级、区位的道路，以一定的密度和适当的形式组成的网络结构。2009 年年底，本市公路总里程已达 20755km，每 100km² 就有 125km 公路。

（5）轨道交通密度。地铁系统主要有地下铁路线、车站建筑、运行列车以及为其运行服务配套的控制中心、主变电站、车辆段等组成。地下区间隧道内敷设有各种电气线路、牵引电缆；地下车站除了乘客集散的公共活动区和管理区外，一般在车站的两端设有大量的供地铁运行必需的变配电设备、空调机组、通信设备、信号设备、环控系统、给排水系统等设备；运行列车上设有电机电器、高压电缆、润滑油料等。

2010 年，本市地铁客流超过 1000 万人次，居亚洲第二，已建成地铁和轻轨共 14 条，运营线路

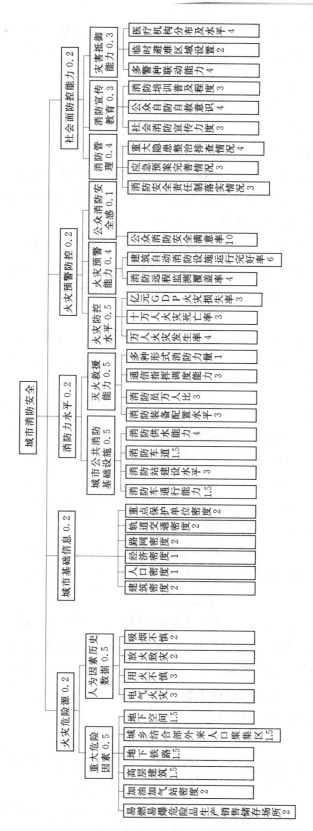

图 2.6 火灾风险评估指标体系

总长度 336km，车站总计 198 座。至 2020 年，本市地铁轻轨线路将达到 30 条，总长约 1050km，车站近 450 个，形成"中心城棋盘式＋新城放射式"的线网格局。四环路内站点覆盖率达 95%，线网密度每平方公里为 1.4km。

(6) 重点保护单位密度。重点保护单位密度指每平方公里拥有的重点保护单位个数。

3．消防力水平

(1) 城市公共消防基础设施：

1) 道路。市内道路桥梁的通行能力较好，对灭火救援工作没有负面影响，可以通过各种大型消防车辆；居民胡同均能通车，但是由于部分胡同较窄，辖区中队消防车辆进入该胡同时行驶速度较缓慢，给灭火救援工作带来了一定的困难。

2) 水源。消防水源包括市政消火栓、人工水源及天然水源等。本市属于消防水源薄弱地区，一旦发生较大的火灾，需要调集大量运水车辆进行运水供水，不能满足灭火救援需要。针对这种情况，应制定缺水地区的供水方案，确保各地区的灭火救援工作能够顺利进行。

(2) 灭火救援能力：

1) 万人拥有消防车。指常住人口每万人拥有的消防车数量（市辖区内公安消防队、政府专职消防队的消防车辆，不包括超期服役或评价时不能使用的消防车辆）。从城市规模（以人口划分）的角度反映消防车辆的配备情况。

2) 消防队员空气呼吸器配备率。指消防队员（市辖区内公安消防队、政府专职消防队的消防人员，不包括单位专职消防队的人员和城市公安消防支队、总队机关的人员）配备空气呼吸器（包括氧气呼吸器）的平均数量。反映消防队员基本防护装备的配备情况。

3) 抢险救援主战器材配备率。指消防站配备典型抢险救援器材（液压破拆工具、气体探测仪、生命探测仪）的平均数量。反映公安消防部队配备应对化学、毒气、爆炸、辐射、建筑倒塌及交通事故等特殊灾害事故的抢险救援器材的情况。

4) 消防站与人员配备。万人拥有消防站指常住人口每万人拥有的消防站（市辖区内的公安消防队、政府专职消防队，不包括单位专职消防队，下同）数量。从城市规模（以人口划分）的角度反映消防站的建设情况。

5) 通信调度能力。消防无线通信一级网可靠通信覆盖率，指在城市市辖区内，消防通信指挥中心与消防站配备的固定电台和消防车配备的车载电台实现可靠通信的区域占城市市辖区总面积的比例。

消防无线通信三级组网通信设备配备率，指城市市辖区内消防站的消防队员（包括指挥员、战斗员）配备手持无线电台（包括无线通信头盔）以及消防车辆配备车载电台的比例。反映火灾扑救及抢险救援现场无线通信保障的物质水平。

4．火灾预警防控

(1) 火灾防控水平。万人火灾发生率，指年度内火灾起数与常住人口的比值，反映火灾防控水平与人口数量的关系。

10 万人火灾死亡率，指年度内火灾死亡人数与常住人口的比值，反映火灾防控水平与人口规模的关系。

亿元 GDP 火灾损失率，指年度内火灾直接财产损失与 GDP 的比值，反映火灾防控水平与经济发展水平的关系。

（2）火灾预警能力。消防远程监测覆盖率，指市辖区内能够将火灾报警信息、建筑消防设施运行状态信息和消防安全管理信息传送到城市消防安全远程监测系统的消防控制室数量占消防控制室总数的比例。通过城市消防安全远程监测系统实现火灾的早期报警和建筑消防设施运行状态的集中监测，有利于促进单位提高消防安全管理水平和快速处置火灾事故，是评价城市火灾防控能力的一个重要指标。

建筑自动消防设施运行完好率，指运行完好的建筑自动消防设施占建筑自动消防设施总数的比例。反映城市及时发现和扑救建筑火灾的基础性保障水平。

（3）公众消防安全感。公众消防安全满意度指公众对所处生活、工作环境的消防安全状况的满意程度。消防安全满意度是公民对社会消防安全状况的主观感受和自我评价，是在一定时期内的社会生活中对人身、财产消防安全权益受到或可能受到火灾侵害及保护程度的综合判断，也体现了公众对社会消防状况的认知，对社会消防发展的信心水平。

5. 社会面防控能力评估

社会面防控能力评估单元分为消防管理、消防宣传教育和灾害抵御能力等三个方面。

（1）消防管理。包括安全责任制落实情况、应急预案完善情况和重大隐患排查整治情况等。目前上述各项工作完成情况较好。

（2）消防宣传教育。包括社会消防宣传力度、公众自防自救意识和消防培训普及程度等方面。

（3）灾害抵御能力。包括多警种联动，临时避难区域设置，医疗机构分布及水平等。

为了提高火灾灾害的抵御能力，本市制定了各级的责任制度，以及各部门分工协作、临时避难和医疗救援的应急预案。

2.2.4.3 评估过程

（1）基本指标专家打分统计表见表 2.3。

表 2.3 　　　　　　　　　　　　　　　**专 家 打 分 统 计 表**

评价指标	专家1		专家2		专家3		专家4		专家5		专家6		专家7		专家8		专家9		专家10	
	下限	上限	下限	上限	下限	上限	下限	上限	下限	上限	下限	上限	下限	上限	下限	上限	下限	上限	下限	上限
易燃易爆化学品	55	70	60	65	60	65	55	70	60	65	55	70	55	70	60	70	55	70	60	70
加油/加气站密度	80	95	80	95	80	95	80	90	80	95	85	90	80	90	80	95	80	95	80	90
高层建筑	55	65	55	65	55	70	60	65	55	65	55	70	55	65	55	65	60	65	55	70
地下铁路	55	65	55	65	55	70	55	65	55	65	55	70	55	65	55	70	55	65	55	70
城乡结合部外来人口聚集区	60	65	55	65	55	65	55	70	60	65	55	65	55	65	60	65	60	65	55	65
地下空间	55	70	60	65	60	65	55	65	60	70	60	65	55	65	60	65	55	65	60	65
电气火灾	60	65	60	70	60	70	60	65	60	70	60	65	55	70	55	70	55	70	60	65

续表

评价指标	专家1 下限	上限	专家2 下限	上限	专家3 下限	上限	专家4 下限	上限	专家5 下限	上限	专家6 下限	上限	专家7 下限	上限	专家8 下限	上限	专家9 下限	上限	专家10 下限	上限
用火不慎	85	90	80	90	85	90	85	90	80	95	85	90	80	95	85	90	80	90	80	90
放火致灾	85	90	85	90	85	90	80	95	80	90	80	90	85	90	80	95	80	95	80	90
吸烟不慎	85	90	85	90	85	90	85	90	85	90	80	90	80	90	85	90	85	90	80	95
建筑密度	85	90	80	95	80	95	85	90	85	90	85	90	80	95	80	90	85	90	80	90
人口密度	80	90	85	90	85	90	80	95	80	95	85	90	80	90	80	95	80	90	80	95
经济密度	85	90	85	90	85	90	80	90	80	95	85	90	80	90	80	90	85	90	80	95
路网密度	85	90	80	95	80	90	85	90	85	90	80	90	85	90	80	90	85	90	85	90
轨道交通密度	65	80	70	80	65	80	70	80	70	80	70	75	70	75	70	80	70	75	65	80
重点保护单位密度	80	90	80	90	85	95	80	95	85	90	80	90	80	95	80	90	85	90	80	90
消防车通行能力	80	90	85	90	80	90	80	90	80	95	80	90	80	90	80	95	80	90	85	90
消防站建设水平	60	70	60	70	60	75	60	70	65	70	60	75	65	70	65	70	60	70	65	70
消防车道	70	75	70	75	65	80	70	75	65	80	70	75	65	80	65	80	70	75	70	75
消防供水能力	60	75	65	70	65	70	65	70	60	70	60	70	60	70	65	70	65	70	60	75
消防装备配置水平	85	90	80	90	85	90	80	90	85	90	85	90	85	90	85	90	85	90	85	90
消防员万人比	85	90	80	90	85	90	80	90	80	90	80	90	80	90	80	95	80	90	80	90
通信指挥调度能力	85	90	80	95	80	95	85	90	85	90	85	90	80	90	80	95	85	90	85	90
多种形式消防力量	85	90	80	95	80	95	85	90	85	90	85	90	80	90	80	95	85	90	85	90
万人火灾发生率	80	90	80	90	85	90	80	95	85	90	80	90	85	90	85	90	80	90	80	90
10万人火灾死亡率	85	90	80	95	85	90	85	90	85	90	80	90	80	90	85	90	85	90	80	90
亿元 GDP 火灾损失率	85	90	80	90	85	90	80	90	85	90	80	90	85	90	85	90	85	95	85	90
消防远程监测覆盖率	85	90	80	90	85	90	85	90	85	90	85	90	80	95	85	90	85	95	85	95
建筑自动消防设施完好率	80	95	85	95	85	95	85	90	85	95	85	95	80	90	80	95	80	95	80	95
公众消防安全满意率	85	90	85	90	85	90	85	90	80	90	80	90	80	90	85	90	80	95	80	90
消防安全责任制落实情况	80	85	80	85	75	90	80	85	80	85	75	90	80	85	75	85	80	85	75	85
应急预案完善情况	80	95	80	95	85	90	80	95	80	95	80	95	85	90	85	90	85	90	85	90
重大隐患排查整治情况	85	90	85	90	80	90	85	90	80	95	85	90	80	90	85	90	80	90	85	90
社会消防宣传力度	85	90	80	90	85	90	85	90	80	90	80	95	80	95	80	95	80	90	85	90
公众自防自救意识	65	75	70	75	70	75	70	75	65	75	65	75	70	75	70	75	65	80	65	75
消防培训普及程度	85	90	80	95	85	90	85	90	85	90	80	90	80	90	85	90	80	90	80	90
多警种联动能力	85	90	80	95	85	90	85	90	85	90	80	90	85	90	85	90	80	95	80	95
临时避难区域设置	80	95	80	95	80	90	85	90	85	90	85	90	80	90	85	90	80	90	80	95
医疗机构分布及水平	80	90	80	95	85	90	80	90	85	90	80	90	80	90	80	90	80	90	80	90

（2）基本指标评估结果见表2.4。

表2.4　　　　　　　　　　　　　　基本指标评估结果汇总

一级指标	二级指标	三级指标	四级指标	权重	分值	贡献值
城市消防安全	火灾危险源	重大危险因素	易燃易爆化学品	0.2	63.0	12.6
			加油/加气站密度	0.2	86.7	17.3
			高层建筑	0.15	61.3	9.2
			地下铁路	0.15	61.9	9.3
			城乡结合部外来人口聚居区	0.15	61.2	9.2
			地下空间	0.15	63.2	9.5
		人为因素历史数据	电气火灾	0.3	63.4	19.0
			用火不慎	0.3	86.6	26.0
			放火致灾	0.2	86.7	17.3
			吸烟不慎	0.2	86.8	17.4
	城市基础信息		建筑密度	0.2	86.9	17.4
			人口密度	0.1	86.8	8.7
			经济密度	0.1	86.9	8.7
			路网密度	0.2	86.5	17.3
			轨道交通密度	0.2	73.5	14.7
			重点保护单位密度	0.2	86.9	17.4
	消防力水平	城市公共消防基础设施	消防车通行能力	0.15	86.4	13.0
			消防站建设水平	0.3	66.4	19.9
			消防车道	0.15	72.5	10.9
			消防供水能力	0.4	66.6	26.6
		灭火救援能力	消防装备配置水平	0.3	87.0	26.1
			消防员万人比	0.3	86.2	25.9
			通信指挥调度能力	0.3	87.2	26.2
			多种形式消防力量	0.1	87.2	8.7
	火灾预警防控	火灾防控水平	万人火灾发生率	0.4	86.9	34.8
			10万人火灾死亡率	0.3	86.5	26.0
			亿元GDP火灾损失率	0.3	86.5	26.0
		火灾预警能力	消防远程监测覆盖率	0.4	88.8	35.5
			建筑自动消防设施运行完好率	0.6	88.4	53.0
		公众消防安全感	公众消防安全满意率	1.0	86.5	86.5
	社会面防控能力	消防管理	消防安全责任制落实	0.3	81.9	24.6
			应急预案完善情况	0.3	87.5	26.3
			重大隐患排查整治情况	0.4	86.3	34.5
		消防宣传教育	社会消防宣传力度	0.3	86.7	26.0
			公众自防自救意识	0.4	71.3	28.5
			消防培训普及程度	0.3	87.2	26.2
		灾害抵御能力	多警种联动能力	0.4	87.5	35.0
			临时避难区域设置	0.2	87.2	17.4
			医疗机构分布及水平	0.4	85.8	34.3

（3）三级指标评估结果见表2.5。

表2.5　　　　　　　　　　　　　三级指标评估结果汇总

指　　　标	权　重	分　值	贡献值
重大危险因素	0.5	67.1	33.5
人为因素历史数据	0.5	79.7	39.8
城市公共消防基础设施	0.5	70.4	35.2
灭火救援能力	0.5	86.8	43.4
火灾防控水平	0.5	86.7	43.3
火灾预警能力	0.4	34.9	13.9
公众消防安全感	0.1	86.5	8.7
消防管理	0.4	85.3	34.1
消防宣传教育	0.3	80.7	24.2
灾害抵御能力	0.3	86.8	26.0

（4）二级指标评估结果见表2.6。

表2.6　　　　　　　　　　　　　二级指标评估结果汇总

二级指标	权　重	分　值	对上级指标贡献
火灾危险源	0.2	73.4	14.7
城市基础信息	0.2	84.2	16.8
消防力水平	0.2	78.6	15.7
火灾预警防控	0.2	65.9	13.2
社会面防控能力	0.2	84.4	16.9

（5）总体火灾风险评估结果。本市消防安全水平得分 R 为77.3。根据风险等级判定标准，本市消防安全等级为Ⅱ级，即火灾风险为中风险级。

（6）各风险因素排序见表2.7。

表2.7　　　　　　　　　　　　　风　险　因　素　排　序

风　险　因　素	评　估　得　分	风　险　级　别
城乡结合部外来人口聚居区	61.2	高风险
高层建筑	61.3	高风险
地下铁路	61.9	高风险
易燃易爆化学品	63.0	高风险
地下空间	63.2	高风险
电气火灾	63.4	中风险
消防站建设水平	66.4	中风险
消防供水能力	66.6	中风险

续表

风 险 因 素	评 估 得 分	风 险 级 别
公众自防自救意识	71.3	中风险
消防车道	72.5	中风险
轨道交通密度	73.5	中风险
消防安全责任制落实情况	81.9	中风险
医疗机构分布及水平	85.8	低风险
消防员万人比	86.2	低风险
重大隐患排查整治情况	86.3	低风险
消防车通行能力	86.4	低风险
路网密度	86.5	低风险
10 万人火灾死亡率	86.5	低风险
亿元 GDP 火灾损失率	86.5	低风险
公众消防安全满意率	86.5	低风险
用火不慎	86.6	低风险
加油/加气站密度	86.7	低风险
放火致灾	86.7	低风险
社会消防宣传力度	86.7	低风险
吸烟不慎	86.8	低风险
人口密度	86.8	低风险
建筑密度	86.9	低风险
经济密度	86.9	低风险
重点保护单位密度	86.9	低风险
万人火灾发生率	86.9	低风险
消防装备配置水平	87.0	低风险
消防员万人比	87.2	低风险
通信指挥调度能力	87.2	低风险
多种形式消防力量	87.2	低风险
消防培训普及程度	87.2	低风险
多警种联动能力	87.5	低风险
应急预案完善情况	87.5	低风险
建筑自动消防设施运行完好率	88.4	低风险
消防远程监测覆盖率	88.8	低风险

2.2.4.4 结论及建议

1. 结论

本市的整体火灾风险分值为 77.3，等级为 Ⅱ 级，风险处于可控制的水平，在适当采取措施后达到可接受水平。

由计算结果可知风险值位居前 10 位的基本指标为：城乡结合部外来人口聚居区、高层建筑、地下铁路、易燃易爆化学品、地下空间、电气火灾、消防站建设水平、消防供水能力、公众自防自救意识、消防车道。

本市目前的火灾风险主要来自于上述风险值较高的指标。

2. 建议

（1）高风险控制措施及工作建议：

1）高层建筑。

风险级别：高风险。

控制措施建议：

a. 严格高层建筑消防工程审核、验收，加强消防监督检查。

b. 建设消防远程监控系统，加强对高层超高层建筑消防设施运行情况的监控。

c. 督促高层建筑的使用、管理单位，明确消防工作管理部门，健全消防安全管理制度，落实各级消防管理责任。

d. 完善城市高点监控系统建设，加快航空消防队建设。

2）地下铁路。

风险级别：高风险。

控制措施建议：

a. 增强消防安全设施。

b. 建立轨道交通消防支队。

c. 制定和演练事故应急预案。

d. 加强地铁系统快速反应机制和装备建设，提升地铁灭火救援综合能力。

3）城乡结合部外来人口聚居区。

风险级别：高风险。

控制措施建议：

a. 加快城乡一体化进程，加强规划工作。

b. 加强公共消防基础设施建设。

c. 落实乡镇政府消防安全主体责任，加强乡镇防火安全委员会建设。

d. 定期维修保养建筑消防设施，保证正常运行。

e. 定期开展消防演练。

f. 完善消防安全管理，建立全员消防安全责任制度。

4）地下空间。

风险级别：高风险。

控制措施建议：

a. 地下空间产权单位、管理部门必须按照规定配备消防设施和器材，安装配置应急疏散照明及应急疏散指示照明灯、标志牌，确保安全疏散。

b. 地下空间不得擅自改变使用性质用于住宿、出租、经营。

c. 必须按照规定配备、配齐灭火器材，设置报警、喷淋等消防设施的。

d. 全面清查地下空间违规生产、储存、使用易燃、易爆化学危险物品问题。

5）电气火灾。

风险级别：高风险。

控制措施建议：

a. 督促电气使用、管理单位，明确消防工作管理部门，健全消防安全管理制度，落实各级消防管理责任。

b. 加强对电器防火常识的宣传。

c. 加强对管理人员和员工的消防安全教育。对重点工种、重点岗位的人员及义务消防队员进行消防安全培训。

6）易燃易爆危险化学品生产企业、储存仓库。

风险级别：高风险。

控制措施建议：

a. 严格落实消防安全责任制。

b. 生产、储存、销售、使用易燃易爆化学物品的场所设置位置要符合工程建设消防技术标准要求。对于相互发生化学反应或者灭火方法不同的物品不得混存、混放，危险品存放要符合国家标准规定要求。

c. 在仓库或堆场处设立表明化学危险物品性能及灭火方法的说明牌。

d. 在仓库或储藏室设置相应的通风、降温、防汛、避雷、消防、防护等安全措施。

e. 在禁火区域和安全区域设立明显标志，严禁吸烟、动用明火，进入库区、储罐区、禁火区域内的机动车辆，采取消除火花、电气防爆措施。

f. 促危险品单位按照存储类别（一类、二类、三类）配备相应数量的专业技术人员。保管人员要经专项培训并取得证书后方可上岗。

（2）中风险控制措施及工作建议：

1）消防站建设、消防水源可用性对火灾发生的影响。

风险级别：中风险。

控制措施建议：

a. 进一步加强消防规划编制和落实，全力推进消防站、车辆装备、水源、道路、指挥系统、战勤保障基地建设。

b. 加强消防公共消防基础设施建设工作，加快消防站建设步伐，提高城市抗御灾害能力，缩小同世界性城市差距。

c. 在城市总体规划建设进程中，各单位、各部门间加强协调配合，简化审批手续。

d. 在城市建设发展、房地产成片开发（特别是开发高层建筑群）中过程中，预留消防队站建设用地。

e. 加大消防专用车辆和装备投入。针对高层建筑、地下空间等火灾日益突出的现实，立足于改善常规装备、增加特种装备，进一步加强特勤消防站车辆装备建设。

2）公众自防自救意识。

风险级别：中风险。

控制措施建议：

a. 依托城市消防站、防灾馆、科技馆等场所建设空间布局合理、覆盖全市的消防宣传站点网络。

b. 建立消防宣传教育政府协同机制和消防宣传社会协同机制。推动消防安全知识纳入义务教育、素质教育、学历教育、就业培训教育、领导干部和国家公务员培训教育。

c. 开展"消防志愿者行动"，扩大消防志愿者队伍。

3）交通道路、消防车道对火灾扑救的影响。

风险级别：中风险。

控制措施建议：

a. 加强城市道路交通建设进程，加大改造力度。

b. 实施城市公共交通优先战略，优化公交路网，大力发展轨道交通。

c. 各相关部门加强对小区道路监督的管理。

4）消防责任制落实。

风险级别：中风险。

控制措施建议：

a. 落实政府、企业、事业、机关、团体消防安全责任制。

b. 建设市、区县、乡镇三级防火安全委员会实体机构建设。

c. 建立政府责任追踪检查制度，加强消防安全工作绩效考评。

3. 消防部门风险控制措施

通过构筑社会安全"防火墙"，以提高社会单位消防安全"四个能力"、落实政府部门消防工作"四项责任"、夯实农村社区火灾防控"四个基础"、提高公安机关消防监督管理"四个水平"等四项工作为着力点，推动建设以政府为主体，整合各职能部门的力量，广泛发动企、事业单位和群众，落实消防安全责任制，深入开展火灾隐患排查整改，加大消防宣传教育力度，增强消防工作的群众基础，以形成政府统一领导、部门依法监管、单位全面负责、公众积极参与的社会消防防控网络，从而提高全市整体的火灾防控能力。

通过本市消防科研基地、消防教育培训基地、合同制消防员、多种形式消防队伍建设、综合应急救援体系、消防战勤保障基地等建设措施，大力提升公安消防部队处置极难险重火灾事故的能力水平，缩小万人消防站、万人消防员、消防经费占 GDP 比例等硬性指标同世界性城市的差距，推动建立立体化火灾扑救网络，专业化应急救援网络，全方位消防工作综合保障支撑网络。

2.3　城市消防规划与案例分析

2.3.1　消防规划发展现状

国外对城市消防规划的研究较早，1666年英国就制定了一部法规，规定了城市主干道上的建筑物间的最小间距、建筑材料的燃烧性能，这可看作是消防规划的雏形。

消防站布局是消防规划的关键问题，国外将消防车出动、巡警服务、救护车出动等题归类为"应急服务"问题。对此问题的研究始于20世纪60年代，集中发展于八九十年代。在70年代，美国的有关机构已提出了相关理论，后来加拿大也建立了相关的警车应急系统。

美国纽约的兰德公司通过"兰德火灾项目"研究城市消防站规划、城市灭火调度分析、仿真等方面，其理论已在城市消防规划中得到应用。

1975年，海利·沃尔特（Helly Walter）对城市系统模型进行了研究，把应急响应时间最小作为消防站选址的首要目标，提出了消防站选址的平面模型。

我国对城市消防规划的研究比较晚，公安部在1962年编制了消防科学技术发展十年规划，这是我国第一个消防科学技术发展规划。1998年4月29日第九届全国人民代表大会委员会第二次会议通过了《中华人民共和国消防法》，成立了中国的第一部消防法律，具体规定了消防规划的内容和组织实施部门。

重庆大学的陈军详细介绍了编制消防规划的基本任务、内容、编制原则，归纳总结了编制城市消防规划程序和要点，并对实施消防规划提出了建设性意见。潘京通过对城市消防安全的消防现状进行科学的调查和分析，建立城市消防发展综合评价指标体系并确定了评价方法，然后再用评价体系和方法来分析确定城市消防安全目标，为城市消防规划提供参考。

我国对城市应急管理的研究开始于20世纪90年代，目前已形成了多种方法，按选择的离散程度大致可分为连续选址模型和离散选址模型两类。连续选址模型认为可以考察一个连续空间内所有的可能的点，并选择其中最优的一个，代表性的方法是绝对中心法。离散选址模型则是指在一系列可能方案中做出选择，这些方案事先已经过了合理性分析，代表性的模型有整数规划模型和多目标线形规划模型。

除此之外，随着地理信息系统（GIS）技术的发展，利用GIS技术进行消防站选址已成为非常有意义的研究领域。

在消防供水方面，研究主要体现在给水设施供水能力分析和建筑消防给水系统设计。

2.3.2　消防规划原则及基本内容

消防规划是城市规划的一个组成部分，它包括城市的消防安全布局、消防站、消防供水、消防通信、消防车通道、消防装备等内容。城市消防规划实际上是城市消防建设计划，它是一项方针、政策性很强的综合性技术工作。城市消防规划管理是市政建设和市政管理的重要组成部分。

1. 消防规划的原则

消防规划的原则包括以下方面：

（1）规范性。严格按照国家有关规划和消防的法律、法规以及规范、标准的规定编制消防规划，维护法制统一。

（2）协调性。依据城市总体规划，并与城市其他专业规划相协调。

（3）兼容性。既要立足当前，又要着眼长远，尊重现实，科学预测，处理好近期建设和长远发展的关系，做到安全实用、技术先进、经济合理。

（4）综合性。统筹考虑城市和小城市的安全布局、消防站、消防供水、消防车通道和消防通信等内容，确保城市和小城市消防规划的完整统一。

2. 城市消防规划的内容

城市消防规划涉及的内容十分广泛，主要包括：

（1）调查搜集和研究城市消防规划工作所必须的基础资料。

（2）根据城市长远发展设想及区域规划等，拟定城市消防安全布局，确定城市消防站、消防道路等布置方案。

（3）结合城市新区开发和旧城区改造，拟定消防给水管网、消防通信、消防装备等设施的建设利用、改造的原则、步骤和办法。

（4）确定城市各项消防基础设施和工程措施的原则和技术方案。

（5）根据城市总体规划和城市基本建设计划，安排城市各项近期项目，同时安排市政消防设施近期建设项目，保障两者同步进行，为城市建设项目单项工程设计提供依据。

（6）其他根据各地城市自然条件、现状条件、性质、规模和建设速度等需要规划的内容。

2.3.3 城市消防规划的编制

2.3.3.1 城市总体消防规划

1. 城市总体布局与消防规划

（1）在城市总体布局中，必须将生产、储存易燃易爆化学物品的工厂、仓库设在城市边缘的独立安全地区，并与人员密集的公共建筑保持规定的防火安全距离。对布局不合理的旧城区影响城市消防安全的工厂、仓库，必须纳入近期改造规划，有计划、有步骤地采取限期迁移或改变生产使用性质等措施，消除不安全因素。

（2）在城市规划中，应合理选择液化石油气供应站的瓶库、汽车加油站和煤气、天然气调压站的位置，使之符合防火规范要求，并采取有效的消防措施，确保安全。合理选择城市输送甲类、乙类、丙类液体和可燃气体管道位置，严禁在输油、输送可燃气体的干管上修建任何建筑物、构筑物或堆放物资。管道和阀门井盖应当有标志。

（3）装运易燃易爆化学物品的专用车站、码头，必须布置在城市或港区的独立安全地段。装运液化石油气和其他易燃易爆化学物品的专用码头,与其他物品码头之间的距离不应小于最大装运船舶长度的两倍,距主航道的距离不应小于最大装运船舶长度的一倍。

(4) 城区内建的各种建筑,应建造一级、二级耐火等级的建筑,控制三级建筑,严格限制四级建筑。

(5) 城市中原有耐火等级低或相互毗连的建筑密集区或大面积棚户区,必须纳入城市近期改造规划,并采取防火分隔、提高耐火性能、开辟防火间距和消防车通道等措施。

(6) 地下铁道。地下交通隧道、地下街,地下停车场的规划建设与城市其他建设,应有机地结合起来,合理设置防火分隔、疏散通道、安全出口和报警、灭火、排烟等设施。安全出口必须满足紧急疏散的需要,并应直接通到地面安全地点。

(7) 在城市设置集市贸易市场或营业摊点时,城市规划部门应会同公安交通管理部门、公安消防监督机构、工商行政管理部门,确定其设置地点和范围,不得堵塞消防车通道和影响消火栓的使用。

2. 城市组成要素布局与消防规划

(1) 工业布局:

1) 在布置上应满足运输、水源、动力、劳动力、环境和工程地质等条件,综合考虑风向、地形、周围环境等多方面的影响因素,同时根据工业生产火灾危险程度和卫生类别、货运量及用地规模等,合理地进行布局、以保障其消防安全。

2) 按照经济、消防安全、卫生的要求,应将石油化工、化学肥料、钢铁、水泥、石灰等污染较大的工业以及易燃易爆的企业远离城市布置。将协作密切、占地多、货运量大、火灾危险性大、有一定污染的工业企业,按其不同性质组成工业区,一般布置在城市的边缘,毗邻居住区。

3) 对易燃易爆和能散发可燃性气体、蒸汽或粉尘的工厂,要布置在当地常年主导风向的下风侧,并且是人烟稀少的安全地带。

4) 工业区与居民区之间要设置一定的安全距离地带,可起到阻止火灾蔓延的分隔作用。

5) 布置工业区应注意靠近水源并能满足消防用水量的需要;应注意交通便捷,消防车沿途必须经过的公路建筑物及桥涵应能满足其通过的可能,且尽量避免公路与铁路交叉。

(2) 仓库布局:

1) 应根据仓库的类型和用途、火灾危险性、城市的性质和规模,结合工业、对外交通、生活居住等的布局,综合考虑确定。

2) 火灾危险性大的仓库应布置在单独的地段,与周围建。构筑物要有一定的安全距离。石油库宜布置在城市郊区的独立地段,并应布置在港口码头、船舶所、水电站、水利工程、船厂以及桥梁的下游,如果必须布置在上游时,则距离要增大。

3) 化学危险品库应布置在城市远郊的独立地段,但要注意与使用单位所在位置方向一致,避免运输时穿越城市。

4) 燃料及易燃材料仓库(煤炭、木材堆场)应满足防火要求,布置在独立地段,在气候干燥、风速较大的城市，还必须布置在大风季节城市主导风向的厂风向或侧风向。

5）仓库应靠近水源，并能满足消防用水量的需要。

（3）公共建筑布局：

1）公共建筑的消防布置应考虑分期建设、远近期结合、留有发展余地的要求。

2）对于旧城区原有布置不均衡、消防条件差的公共建筑，应结合规划作适当调整，并考虑对原有设施充分利用和逐步改善消防条件的可能性。

（4）居住区布局：

1）居住区消防规划的目的在于按照消防要求，结合城市规划，合理布置居住区和各项市政工程设施，满足居民购物、文化生活的需要，提供消防安全条件。

2）在综合居住区及工业企业居住区，可布置市政管理机构或无污染、噪声小、占地少、运输量不大的中小型生产企业，但最好安排在居住区边缘的独立地段上。

3）居住区住宅组之间要有适当的分隔，一般可采用绿地分隔、用公共建筑分隔、用道路分隔和利用自然地形分隔等。

4）居住区的道路应分级布置，要能保证消防车驶进区内。单元级的道路路面宽不小于 4~6m；居住区级道路，车行宽度为 9m，尽头式道路长不宜大于 200m，在尽端处应设回车场。在居住区内必须设置室外消火栓。

5）液化石油气的储配站要设在城市边缘。液化石油气供应站可设在居民区内，每个站的供应范围一般不超过 1 万户。供应站如未处于市政消火栓的保护半径时，应设消火栓。

2.3.3.2 城市消防设施规划

1. 消防站

消防站是城市的重要公共设施。消防站设置以适应迅速扑救火灾的需要、保卫社会主义现代化建设和人民生命财产的安全为目标。

（1）消防站的位置和用地应在城市总体规划中，按照 1980 年国家建设委员会颁发的《城市规划定额指标暂行规定》和公安部颁发的《消防站建筑设计标准》（GNJ 1—81）的有关规定确定。已确定的消防站位置和用地，由城市规划部门进行控制，任何个人和单位不得占用。如其他工程建设确需占用，必须经当地城市规划部门和公安消防监督机构同意，并应按照规划另行确定适当地点。

（2）消防站的布局，应以消防队尽快到达火场，即从接警起 5min 内到达责任区最远一点为一般原则设立，每个消防站责任区面积宜为 4~7km²。

（3）高层建筑、地下工程、易燃易爆化学物品企业、古建筑比较多的城市，应当建设特种消防站，以适应扑救特殊火灾的需要。

（4）对于物资集中、运输量大、火灾危险性大的沿海、内河城市，应当建立水上消防站。

（5）对于基本抗震烈度在 6 度及 6 度以上的城市、消防站建筑应当按该城市的基本抗震烈度提高一度进行设计和施工，确保在发生地震灾害时，不会影响消防站正常工作。

（6）设置消防站，可以合理地利用高层建筑或电视发射塔等高度大的建（构）筑物，建设消防瞭望台，并应配备相应的监视和通讯报警设备，便于及时、准确发现着火目标。

2. 消防给水

城市消防给水工程是城市消防规划管理中的重要组成部分，是迅速、有效地扑灭火灾的重要保证。

（1）城市消防规划建设与供水部门应当根据城市的具体条件，建设合用的或单独的消防给水管道、消防水池、水井或加水柱。

（2）消防供水应当充分利用江河、湖泊、水塘等天然水源，并应修建联通天然水源的消防车通道和取水设施。未经规划部门批准，任何部门都不得破坏天然水源。

（3）城市、城镇、居住区、工厂、仓库室外消防用水量，应按同一时间内的火灾次数和一次灭火用水量确定。同一时间内的火灾次数和一次灭火用水量应按照《建筑设计防火规范》的规定确定。

（4）城市消防给水管道应敷设成环状，其管径、消火栓间距应当符合《建筑设计防火规范》的规定。市政消火栓规格必须统一，拆除或移动市政消火栓时，必须征得当地公安消防监督机构同意。

（5）对于城市原有消防给水管道陈旧或水压、水量不足的，供水部门应当结合供水管道进行扩建、改建和更新，以满足城市消防供水要求。

（6）城市中大面积棚户区或建筑耐火等级低的建筑密集区，无市政消火栓或消防给水不足或无消防车通道的，应由城市建设部门根据具体条件修建消防专用蓄水池，其容量以 $100\sim200m^3$ 为宜。水池的保护半径为150m。

（7）城市消火栓被损坏时，应由供水部门及时修复，确保消防队灭火时的供水需要。

3. 消防车通道

（1）街区内应当合理规划建设和改造消防车通道。消防车通道的宽度、间距和转弯半径等均应符合有关的规范要求，保证消防车辆畅通无阻。

（2）对于有河流、铁路通过的城市，应当采取增设桥梁等措施，保证消防车道的畅通。

（3）在规划城市桥梁、地下通道、涵洞时，应考虑消防车最大载重量和特种车辆的通过高度。

（4）消防车通道建成后，任何单位或个人，不准挖掘或占用。由于城建需要，必须临时挖掘或占用时，批准单位必须及时通知公安消防监督机构。

4. 消防通信

（1）100万人口以上的城市和有条件的其他城市，应当规划和逐步建成由电子计算机控制的火灾报警和消防通信调度指挥的自动化系统。

（2）小城市的电话局和大、中城市的电话分局至城市火警总调度台，应当设置不少于两对的火警专线。建制镇、独立工矿区的电话分局至消防队火警接警室的火警专线，不宜少于两对。

（3）一级消防重点保卫单位至城市火警总调度台或责任区消防队，应当设有线或无线火灾报警设备。

（4）城市火警总调度台与城市供水、供电、供气、急救、交通、环保等部门之间应当设有专线通信联络。

5. 消防设施建设和维护资金

（1）消防站、消防给水、消防车通道、消防通信的基本建设和消防部队的装备，属于固定资产投资范围之内的，由地方审批后，其经费应当列入地方固定资产投资计划。

（2）与城市市政公用设施直接关联经由公安部门使用的城市公共消防设施的维修费用，在城市维护费列支。

（3）城市公用消防建设和维护资金的预算管理办法，由公安部会同有关部委制订。

（4）城市企业、事业、机关、学校等单位内的消防设施建设和维护资金，由各单位自行解决。因工程建设等原因损坏或拆迁的市政消火栓，其修复费用全部由损坏、拆迁单位负担。

2.3.3.3　旧城改造消防规划

1. 旧城工业区改造消防规划

（1）把那些消防条件较好，生产设备好，产品有发展前途，运输、动力、供水等市政设施条件齐备，消防布局比较合理的工业地段，组织成工业街，进一步完善消防设施。

（2）对于火灾危险性不大、生产性质相近、车间分散的工厂，可适当合并。

（3）有些工厂生产规模大，设备条件好，产品价值高，但存在火灾危险性，对周围环境又有一定的污染危害，而迁出又有困难，可采取改革工艺或改变生产性质的措施。

（4）在生产过程中，火灾危险性大，对周围环境有严重污染，又不易治理，或易燃、易爆、火险隐患严重的工厂，应根据不同情况，有计划的限期迁到远郊。

2. 旧城居住区消防规划

（1）维修旧住房，提高耐火等级。一般应根据住房的不同结构类型、损坏程度、日照通风条件等决定维修或翻建方式，使居住区建筑耐火等级得到提高。

（2）改善居住环境，增加防火间距。应拆除旧居住区中搭建的杂乱棚屋或其他简陋的临时建筑，通过一定的分割和清理障碍，调整院落和户外空间，增加防火间距，同时也可改善居住区的环境卫生和日照、通风条件。

（3）整顿道路，满足消防要求。旧居住区的道路往往简陋、狭窄、弯曲而不畅通，应有计划地进行疏通和铺设；同时在控制规划道路红线的前提下，通过裁弯取直、扩宽打通、封闭废弃、改变道路性质等方法来调整和改善道路系统，满足消防要求。

（4）结合调整、增设公共设施，解决消防用水。在旧居住区逐步建设完善的给水系统，保护或改造原有水井，调整增设公共消火栓、路灯、公厕、垃圾箱等，采取适当新建或利用旧房加以改建的办法，调整充实商业服务、文化教育、医疗卫生等设施。

（5）调整用地布局，减少火灾危险程度。旧居住区的工厂、仓库等单位用地应作适当调整，可根据其火灾危险程度和污染程度、生产发展情况等，按城市或地区用地的调整规划，采取保留、合并、迁移等办法，统筹安排。

2.3.3.4　交通运输消防规划

1. 铁路消防规划

(1) 铁路线路的消防安全规划布局：

1) 应满足铁路运营技术经济条件，但必须避免铁路分割或包围城市。

2) 处理好铁路与城市道路的关系，应尽可能使铁路线路不和城市主要干道相交，减少铁路线路与城市道路的交叉点。在方格形道路系统的大城市中，铁路线路宜与城市主干道平行；对于放射形道路系统的大城市，铁路线路应沿放射干道平行引入城市。

3) 铁路正线的布置要避开城市的主要发展方向。当城市的发展不得不跨越正线时，要在被分割的城市两侧设置相对独立完善的消防设施，尽量使消防车辆赶赴火场不穿越铁路。

4) 铁路线路不要在城市与河湖海岸间平行通过。

5) 穿行城市的铁路线，最好布置在有一定宽度的绿带中。

6) 当线路引入客运站时，应使主要方向的旅客列车不改变运行方向。当线路引入编组站时，主要货车车流方向应有顺直的路径。

(2) 铁路车站消防安全规划布局：

1) 客运站的布置。考虑旅客乘车方便、减少城市公共交通负担，旅客站一般要尽可能布置在市区、中、小城市的旅客站可布置在城市边缘；在大城市，由于列车到发密集，每日乘车人次多，为了使旅客能就近乘车，避免客流过分集中，还应增设旅客站。特别是受地形限制或河流影响，形成分散而狭长的带状大城市，以及被河流分割的大城市，要考虑设置 3 个以上的旅客站。

2) 货运站的布置。综合性货运站是办理多种品类货物作业的车站。以到发为主的综合性货运站，宜伸入市区适当地段，特别零担货物，在市区便于货物集散。如以某几种大宗货物为主的货运站应靠近所服务的工业区和仓库区。主要不是为本城市服务的中转货物的装卸站，应设在市区以外，并靠近编组站和水陆联运码头。

专业性货运站是办理单一品类货物作业的车站，如煤炭、木材、矿石、石油、矿物性建筑材料的货运站。专业性的货运站要靠近货流集散地点布置。危险品及有严重污染环境的货物装卸站，应设在市郊下风向和河流下游地带。

货运站应均匀分布：根据有关部门对一些城市货运站的现状调查分析结果，货运站分布半径以不大于 6km 比较适宜，在 10km 左右或超过 10km，则不能满足城市需要。

(3) 工业站的消防安全规划布局：

1) 工业站要设在有大量货流、出入便捷和对外运输顺直的地点，尽量避免车流在铁路路网上或企业内的折角和迂回运输。

2) 工业站不要设在铁路主要干线上，以减少出入企业车流和铁路干线车流的交叉干扰。对于大型企业或集中的工业区，根据需要可设置枢纽外环线，并将工业站设在主要车流必经之地或原料、燃料的入口处。对于分散的工业区，可分别设置工业站。

3) 设在枢纽内的工业站，与编组站间要有便捷的通路，并要为企业将来发展留有余地，避免由于企业扩展带来工业站的消防问题。

4）工业站的布置，要与专用线的建设、工业区的建设结合起来，把消防安全、土地利用、防洪排洪、交通运输等方面统一规划。

2. 公路消防规划

（1）公路线路的消防安全规划：

1）要合理地解决公路线路的走向及其站场等运输设施的位置，避免分割、干扰城市。

2）公路一般应与城市呈切线方式通过，离城市也要有一定距离，线路布置能满足消防安全要求。但一些旧城区，由于公路对外交通穿越城市、居住区，把居住区分割，不利于消防和交通安全，也影响居民生活安宁，必须认真注意解决。

3）对于旧城区布置不合理的公路，应尽可能使过境公路改道，避开城市生活居住区，规划中还应尽可能使公路便捷，缩短公路里程。公路线路在城市的布置，主要有公路穿越或者绕过（切线或环线绕过）城市两种情况。

4）为了充分发挥汽车运输的特点，规划建设高速公路。高速公路的断面组成应在中央设分隔带，使车辆分向安全行驶；与其他线路交叉时采用立体交叉，并控制出入口；有完善的安全防护措施，专供高速（一般为 80～120km/h）车辆行驶。高速公路线路的布置应远离城市，与城市的联系必须采用专用的支线，并采用有控制的互通式立体交叉。

5）公路线路的布置，为了减少过境交通进入市区，应在对外公路交汇的地点或城市入口处设置一些公共服务设施，为暂时停留的过境车辆的司机与旅客创造一些便利条件，既方便车辆检修停放以及旅客休息、换乘，又可避免不必要的车辆和人流进入市区。

（2）公路运输设施的消防安全规划：

1）客运站的布置。大城市的客运站位置可适当伸入市区，布置在市中心区边沿地段。并根据旅客进出方向和流量大小决定设置客运站的数量。中、小城市的客运站宜设在城市边沿或城市与过境公路相连接的支线上，不要紧靠过境公路布置。客运站周围应有足够的车辆停放场地，并应考虑有方便的车辆维修和保养条件，还要避免与学校、医院、住宅区相距过近。

2）货运站的布置。货运站（场）的位置选择与货主的位置和货物的性质有关。对于供应城市人民的日常生活用品，宜布置在市中心区边缘，与市内仓库有直接的联系；若货物的性质对居住区有影响或系中转货物为主，则应布置在仓库区、工业区货物较为集中的地区，又要尽可能与铁路车站、水运码头有便捷的联系。中、小城市由于客货运量较小，也可将客货合并，设混合站，但要加强消防安全管理，保障安全。

3）加油站的布置。城市公路对外交通的加油站，一般有两种布置形式。一种是布置在道路旁凹入的专门用地上，称为港湾式加油站。其特点是加油站的出入口均设置在一条道路上，对交通影响较小，加油较方便。另一种是设置在 Y 形交叉线）布置调车站场，并要最大限度地减少对城市的干扰。

4）港区若有大型造船厂，应划定专门的水域和陆域，安排专门的码头。

3. 机场消防规划

（1）机场与城市的距离。机场的消防安全规划布局，必须从地形、地貌、工程地质和水文地质、气象条件、噪声干扰、净空限制以及城市布局等诸方面因素，加以综合分析，恰当地解决好机场与城市的距离这一矛盾。

（2）机场与城市的交通联系。根据航空运输的快速特点，要求地面交通越快越好。一般应在机场位置确定的同时，安排好机场与城市之间直接、高速、通畅的道路交通系统，安排好停车场等交通设施。

（3）合理确定机场消防站的位置。按照国际民航组织的规定，机场消防站要在最适当的能见度条件和地面条件下，保证对发生在机场活动地区任何部分的飞机火灾事故的驰救时间不大于 3min，最好不大于 2min。

2.3.3.5 城市园林消防规划

城市园林绿地有保护环境、调节气候等多种功能，还有防灾的功能，绿地在火灾发生时，是良好的防火分隔地带，能阻止火势的蔓延。园林绿地系统在消防规划中如能加以利用，不仅对减少城市的火灾危害、防止火势蔓延引起大面积火灾有重要意义，而且对于保护环境、调节气候、防震和战备防空、自然保护等都有十分重要的意义。

（1）均衡分布，连成完整的为消防利用的园林绿地系统。

1）应将公共绿地在城市中均衡分布，并连成系统，做到点（公园、花园、小游园）、线（街道绿化、江畔滨湖绿带、林荫道）、面（分布面广的小块绿地）相结合，使各类绿地连接成为一个完整的系统，以发挥园林绿地为消防利用的最大效果。

2）多搞一些小游园，特别是分散在居住区内的小游园，比全市集中搞一两个大公园效果更好。有火灾发生时，它是居住区内良好的防火分隔地带；有地震临震预报时，它便于居民就近疏散。

（2）因地制宜，与河、湖、山川自然环境相结合。

1）北方城市要以防风砂、水土保持为主；南方城市要以遮阳降温为主。

2）工业城市要结合卫生防护绿地为主；风景城市要结合广泛的绿地系统内容。规划布局要充分利用名胜古迹、河湖山川自然环境。

3）小城市一般便于与周围的自然环境连接，郊区的农田、山林、果园等可契入市内。

2.3.4 某开发区消防规划案例分析

某市经济技术开发区，筹建于 1991 年，1992 年开始建设并对外招商，总体规划面积为 46.8km² ，由科学规划的产业区、高配置的商务区及高品质的生活区构成，是城市重点发展的新城之一，定位为区域高新技术产业和先进制造业基地，并承担疏解中心城人口的功能、聚集新的产业、带动区域发展的重任。

为了建立开发区消防安全保障体系，提高开发区整体防灾抗灾能力，防止和减少火灾的发生，适应开发区经济建设发展需要，使开发区的消防管理达到国内领先水平，特编制开发区消防专项规划。

　　规划坚持重点防范与均衡布局相结合的原则，提高城市灭火救灾能力，保障社会经济发展和人民生命财产安全；坚持近远期相结合原则，有步骤、分阶段推进消防设施建设；坚持科学性与可操作性相结合原则，从开发区实际情况出发，使消防专项规划切合实际，对开发区消防事业的发展具有普遍的指导意义。规划范围包括开发区及与开发区联系密切的周边区域。

2.3.4.1　开发区消防安全布局规划

　　根据开发区的用地分类、布局结构、现状建设情况、火灾危险性和消防安全重点保护的需要对开发区各类用地进行消防分类，将开发区建设用地划分为三类，作为开发区消防设施规划建设的依据之一。

　　一类消防重点保护区域，主要指政府机构、重要的工厂企业、重点科研单位、交通通讯枢纽、生产或储存易燃易爆危险化学品的企业和单位、城市金融、贸易、商业中心区、高层建筑地区。

　　二类消防重点保护区域，主要指工厂企业、办公区、职业教育学校、科研单位等人流密集的地区。

　　开发区消防重点保护区域以外的开发区建设用地为三类消防安全区域。

　　根据《机关、团体、企业、事业单位消防安全管理规定》（公安部第 61 号令）及开发区具体项目建设情况，逐年确定消防安全重点单位。

　　应将生产、储存易燃易爆危险品的企业、仓库布置在开发区边缘远离居住区的独立安全地区，其具体选址定点和建设过程必须严格执行国家有关消防技术规范的规定。

　　开发区目前有加油站 4 座，新建、改造的加油站应严格按照已编制完成的控制性详细规划进行。

　　应确保开发区内燃气管线、调压站与建筑物、构筑物和交通轨道间的水平和垂直净距满足有关安全规范的要求。

　　开发区内规划有 5 条轨道交通线路通过，应确保轨道交通沿线无易燃易爆危险品的生产、储存和堆放场所，轨道线路及轨道站点的选址和建设应满足相关安全规范的要求。

　　产业区内的电子信息及配套企业、生物新医药和印刷企业，考虑到其火灾危险性，应远离居住区和人口密集区，集中布置时应保证足够的防火间距。

　　重要公共建筑所在的区域应加强消防设施的建设和监督管理，保证充足的消防水源。

　　地下建筑禁止用作生产和储存易燃易爆危险品的车间或仓库。设有采光窗和排烟竖井的地下建筑与相邻地面建筑之间按规范确保防火间距。地下建筑耐火等级应为一级。

　　加大未拆迁村庄的消防监督力度，并依照规划将未拆迁村庄分步骤、分阶段纳入亦庄新城的建设中。

　　开发区内的新建建筑应以一级、二级耐火等级建筑为主，控制三级耐火等级的建筑，严格限制四级耐火等级的建筑。

　　规范施工工地的用火和用电，加强对施工工地消防器材的监管力度，火灾危险性大的施工工地应设置临时火灾自动报警系统或利用高空摄像等技术手段进行火灾探测，确保施工工地临时消防水源的供给。

开发区内结合公共绿地、防护绿带、广场、学校操场等形成避难、疏散场地，利用道路、广场、绿化带、河流等作为消防安全分隔。

火灾危险性大的产业区域应完善自身的安全建设，利用道路、绿化形成防火分隔，并与居住区和人口密集区保持安全间距。

2.3.4.2　消防站布局规划

消防站的总体布局应遵循均衡布局与重点保护相结合的原则，具体布局应以消防队接到火警后 5min 内可以到达责任区最边缘为原则。

开发区的消防站均为一级普通消防站，每个消防站责任区面积应为 4~7km²，个别消防站结合责任区的交通及周边状况，责任区面积可超过 7km²，但不应大于 15km²。

消防站的选址：

（1）应设在责任区内的适中位置和便于车辆迅速出动的临街地段。

（2）应考虑到责任区内的消防安全重点单位以及工业园区电子工业、生物新医药以及印刷企业。

（3）主体建筑距医院、学校、幼儿园、托儿所、影剧院、商场等容纳人员较多的公共建筑的主要疏散出口不应小于 50m。

（4）与贮存易燃易爆化学危险品的建筑物、装置和仓库等保持足够的安全距离，一般不小于 200m，应设置在该地区常年主导风向的上风或侧风方向。

（5）消防站车库门应朝向城市道路，距开发区规划道路红线的距离宜为 10~15m。

（6）消防站一般不应设在综合性建筑物中。特殊情况下，设在综合性建筑物中的消防站应有独立功能分区。

开发区位于抗震设防烈度 8 度地区，消防站建筑物应按乙类建筑进行抗震设计，并应按开发区设防烈度提高 1 度采取防震构造措施。对消防车库的框架、门框、大门等影响消防车出动的重点部位，按照有关设计规范要求进行验算，限制其地震移位。

开发区目前有消防站 1 处，位于核心区 44 号地，规划新增消防站 5 处，均为一级普通消防站。

消防安全重点单位应按国家有关规定建立企业专职消防队。

2.3.4.3　消防装备规划

消防站应根据《城市消防站建设标准》（建标 152—2011）、《消防员个人防护装备配备标准》（GA 621—2013）中的要求，配备相应的消防车辆、灭火器材、抢险救援器材、消防人员防护器材、通信器材、训练器材等。

特勤消防站应根据《消防特勤队（站）装备配备标准》（GA 622—2013）中的要求，重点配备化学毒气侦检器材、警戒器材、救生器材、破拆器材、堵漏器材、输转器材、洗消器材和照明、排烟等器材。

消防装备的配备应保证消防装备的数量和功能能够满足灭火救援的需要，并能最大限度地保护消防员免受火灾和其他灾害事故的伤害。

责任区内有电子信息及配套企业、生物新医药和印刷企业的消防站，应该根据这类企业的火灾危险性特点，配备能够可靠处理此类危险的特种装备，同时给消防队员配备相应的个人防护装备。

根据开发区内电子信息及配套企业、生物新医药和印刷企业的火灾危险性特点，制定针对性的灭火预案，并进行实地演练。

开发区消防站建设应按有关规定和抗震的需要，配备必要的抢险救灾装备，并强化训练工作。

2.3.4.4　消防通道规划

开发区消防通道分为三级：主干道为一级消防通道，次干道为二级消防通道，支路为三级消防通道，担负消防站责任区内部及临近责任区的消防出动任务。

应满足消防车通行对净空和净宽的要求，一般消防车通道的宽度不应小于 4m，净空高度不应小于 4m，与建筑外墙之间的距离宜大于 5m，一级消防通道应满足抗灾救灾和疏散要求，其宽度应保证干道两侧房屋受灾倒塌后消防车仍能通行。

消防车通道的回车场地面积不应小于 12m×12m，供大型车使用时，不宜小于 18m×18m。

消防车通道的坡度不应影响消防车的安全行事、停靠、作业等。

消防通道应尽量顺直、畅通，与高速公路、河流、交通轨道等交叉时的桥梁和涵洞等应满足消防车对净高、净宽的要求，保证消防通道的畅通。

消防通道的地下管道和暗沟等应能承受大型消防车的压力。

消防通道建成后不得随意挖掘和占用，必须临时挖掘和占用时，应及时向开发区公安消防管理部门告知。

加强公安、交警、消防等多警协同作战，做好消防出动路线上的交通疏导和管制工作，为消防出动提供快速交通环境。

开发区主干道、次干道、支路的中央隔栏应为紧急状况下可开启的中央分隔栏。

开发区内占地面积超过 30000m² 的企业内部应设贯穿整个厂区的消防通道，其宽度不应低于市政次干道，贯穿厂区的消防通道与周边市政道路应有至少 2 个相连的出入口。

（1）为确保危险化学品的安全性，运输车辆应避开人流和车流量集中的高峰时段，规定危险品运输时间为 0：00—6：00。

（2）遵照《中华人民共和国消防法》和《危险化学品安全监督管理条例》等有关规定，严格执行城市危险品运输的审批、监督和管理。

2.3.4.5　消防给水规划

规划中应充分考虑消防用水量的要求，适度超前地采用消防用水标准，满足不断发展的开发建设需要。

充分利用市政给水管网供给消防用水。保证至少 2 路独立的输水管路向开发区市政给水管网供水，并修建相应的加压供水设施。消防水池水源可取自市政给水管网，消防水池宜与生产、生活水池合用，实现水体循环，制定并切实执行消防水池管理清扫制度，防止消防用水因各种因素淤积，水质恶化。

在开发区内天然水体沿岸合理选址修建天然水源取水点，供消防车取水使用。取水点应设消防取水口，并设置消防车通道与开发区道路连通。取水设施防洪标准不低于 25 年，消防车取水深度不大于 6m。

开发区内的消防水池、人工湖、喷水池、景观池等人工水源可以作为市政消防给水的补充水源。人工水源周围应设置消防车道、取水口和取水码头，为消防取水提供有利条件。

随着开发区中水利用系统的建设，中水管网也可以作为消防水源之一。

在一些消防车辆难以到达取用的天然水源、人工水源处可建设供水泵房，并通过供水管网向周边地区供应应急消防用水。

市政消防供水标准按同一时间火灾次数不少于 2 次，一次消防用水量为 90L/s 计，市政消防用水量不应小于 180L/s。配水管网水压应保证灭火时最不利点市政消火栓的压力不小于 10m 水柱（从地面算起）。

开发区应采用环状管网供水方式，应对原有给水管网进行合理的技术改造，优化管路网络结构。对管网的水量、水压进行实时监控，提高自动化监管水平，同时加强管道的检漏工作。

管道管径的确定必须符合生活、生产、消防等各方面的综合要求，保证消防供水的水量和水压。开发区主干道路下敷设的消防给水管道，管径不得小于 DN300mm，生产、生活区内部道路下敷设的消防给水管道，管径不宜小于 DN200mm。

市政消火栓应沿道路设置，尽量靠近十字路口，间距不应大于 120m，保护半径不应大于 150m。道路宽度超过 60m 时，道路两侧均应设置消火栓，且必须满足间距不超过 120m 的要求。对一些高层建筑、工业厂房和重要建筑，应按规范要求设置专用室外消火栓及水泵接合器。新修、翻修道路必须按规范要求设置消火栓。

市政消火栓的规格必须统一，拆除或移动市政消火栓必须征得当地公安消防监督机构的同意。

消防、供水部门等部门应联合做好市政消火栓的日常维护工作，并组织定期检查，保证消火栓在火灾时能够可靠使用。

2.3.4.6 消防通信规划

以计算机网络和计算机通信技术为基础，建立集有线通信、无线通信、计算机网络通信、控制与信息综合决策、计算机辅助决策、视听多媒体、地理信息系统（GIS）、全球卫星定位系统（GPS）和数据库处理技术为一体的现代化消防通信指挥系统。

为了保证消防系统的可靠性，消防支队指挥中心和各中队间的联网应采用主、备两条通信线路。

火警受理台、火警终端台的数量应考虑系统的可扩充性。

交警 122、医救 120 等其他救助系统的信息数据共享应不影响系统正常工作流程和系统工作的独立性。

支队指挥中心的地理信息系统应随着开发区的发展建设不断更新，补充相应的燃气、消防给水、电力等有关信息数据；补充完善各类火灾特性数据库、易燃易爆危险物品数据库、灭火救援战术技术数据库、灭火救援作战数据库的内容。

根据开发区的建筑物密度、高层建筑的分布情况设置高空监控摄像站点，并通过宽带网络或无线数据传输通道，共用交警支队在各路口上的摄像信号，将图像传送至消防支队和总队指挥中心。

消防通信指挥系统应符合《消防通信指挥系统设计规范》（GB 50313—2000）的要求。

建立消防训练模拟系统。

2.3.4.7 消防与其他专项规划

开发区消防供电规划应满足消防用电的要求，确保消防负荷的供电可靠性，市政电网不能满足消防用电要求的单位应设自备电源。

避难场所应满足避难人员在食品、饮水、电力和医疗方面的要求。

开发区消防安全工作应与人防等防灾工作相结合，争取将地震或战争灾害及其引起的二次灾害控制和减小到最低程度。

2.3.4.8 消防安全环境建设

在消防站内设置对公众开放的宣传栏、多媒体消防知识浏览室、消防书籍阅览室等，形成以消防站为宣传辐射中心的开发区消防宣传体系。面向公众、面向学生，开展全方位的消防培训教育，推进消防社会化进程。

以学校、社区和企业为开发区消防安全工作的基本单位，同时把公共场所作为消防宣传的重点对象，通过宣传栏、宣传画和网络等形式普及消防安全法律、法规和科普知识。

消防培训和教育深入学校、社区和企业，通过专业人员的现场讲解和模拟火灾逃生演习，提高普通大众处理火灾紧急情况的能力。

建立健全消防安全责任人、消防安全管理人员、专兼职消防管理人员、特殊工种和外来务工人员的消防教育培训制度。

加强对社区弱势群体的重点关注和监护，对鳏寡孤独以及生活不能自理人员配备必要的报警防护设施。

2.3.4.9 近期建设规划与投资估算

加大消防站的建设，至 2010 年，在河西区、路东区各建一座一级普通消防站，以满足开发区内火灾扑救、抢险救援以及消防保卫工作的需要。

依据《城市消防站建设标准》（建标 152—2011），逐步完善现有核心区亦庄消防中队消防车辆、消防灭火器材、抢险救援器材和消防员防护装备，同步配建河西区、路东区消防站所需的消防车辆、消防灭火器材、抢险救援器材和消防员防护装备。

近期消防通道的建设结合开发区道路建设，逐步完善核心区道路网络，加强生活居住区内消防通道建设，清理违章占道经营摊点和路边停车点，拆除侵占消防通道的违章设施；加快推动河西区、路东区道路骨架建设，保障消防车的正常通行。

核心区按规定补齐空缺消防栓和更换已破损或无法使用的消防栓；完成开发区内市政消火栓的布置，每年新增消防栓 100 个，结合开发区消防通道建设同步铺设市政管网，保障消防供水的压力和流量。充分利用凉水河、新凤河等天然河流，治理河道污染，有计划地建设消防车取水点，确保天然水源作为消防第二水源的可利用度。

完善消防通信系统，使报警、接警、调度指挥三个环节达到规范规定要求。近期建设开发区消防指挥分中心，接入公安信息网、政府信息专网、互联网，接受市消防指挥中心、开发区管委会和有关应急指挥中心统一调度指挥；在开发区内设立消防高点监控点，建立开发区消防安全远程监控系统。

近期建设投资估算。根据《城市消防站建设标准》（建标152—2011），一级普通消防站建筑工程投资约为900万元，车辆投资约为600万～1500万元，装备器材、通信调度系统投资约为600万元，合计约为2100万～3000万元。按照开发区消防站近期建设规划，到2010年消防站建设共需投资约6000万元。市政消防火栓按每个3000元造价计算，2010年共需投资90万元。

2.3.4.10　规划实施保障措施

提高对消防工作的认识，加强对发展消防事业的领导。将消防规划分段实施的内容，纳入政府任期的目标责任。由开发区管委会负责组织计划、建设、财政、规划、公用事业、电信、供水及消防机构等部门实施。

消防规划经审查批准后，各部门按照各自的职能分别负责公共消防设施的建设，由开发区公安消防机构监督、验收和使用，保证消防专项规划全面实施。

加强消防规划的实施立法，逐步完善保障消防规划实施的行政规章和行政措施；对于违反消防规划的行为，应按照有关法律法规进行处理。

加强开发区消防监督管理机构同开发区供水、供电、通信、燃气、城建等部门之间的协调工作。

开发区市政、自来水、电信等部门和单位要加强对开发区公共消防设施的建设、管理和维护，保证其有效好用。

每年度城市公共消防设施建设规划应纳入开发区基础设施建设计划，开发区消防规划建设与其他市政设施统一规划、统一建设。

本 章 参 考 文 献

［1］　张景林，崔国璋. 安全系统工程［M］. 北京：煤炭工业出版社，2002.
［2］　刘铁民，张兴凯，刘功智. 安全评价方法应用指南［M］. 北京：化学工业出版社，2005.
［3］　范维澄，孙金华，陆守香，等. 火灾风险评估方法学［M］. 北京：科学出版社，2004.
［4］　陈国良，胡锐，卫广昭. 北京市火灾风险综合评估指标体系研究［J］. 中国安全科学学报，2007，17（4）：119‑124.
［5］　中华人民共和国住房和城乡建设部. GB 51080—2015 城市消防规划规范［S］. 北京：中国建筑工业出版社，2015.
［6］　吴志强，李德华. 城市规划原理［M］. 北京：中国建筑工业出版社，2010.
［7］　连旦军，董希琳，吴立志. 城市区域火灾风险评估综述［J］. 消防科学与技术，2004，23（3）：240‑242.
［8］　潘京. 我国城市消防安全存在的问题与对策研究［D］. 重庆：重庆大学，2005.
［9］　屈波. 城市区域火灾风险评估研究［D］. 重庆：重庆大学，2005.

［10］　王梦超．城市区域火灾风险评估与对策研究［D］．北京：中国地质大学，2010.

［11］　姜宝莉．城市消防体系下的防火策略研究［D］．上海：同济大学，2008.

［12］　伍爱友．城市区域火灾风险评估理论及应用［D］．湘潭：湖南科技大学，2008.

［13］　罗翔．编制《城市消防规划规范》的思考［J］．消防管理研究，2009，28（7）：522－524.

［14］　张琴鹏．城市消防规划若干问题探讨［J］．武警学院学报，2011，27（4）：67－69.

［15］　雷海英．城市消防规划中存在的问题及对策［J］．消防技术与产品信息，2009，12：14－19.

［16］　丁显孔．基于火灾动力学理论的城市消防规划［J］．消防技术与产品信息，2007，6：19－23.

［17］　白海波．浅谈城市消防规划［J］．林业科技情报，2010，42（1）：74－75.

［18］　刘婧．浅谈城市总体规划中的消防规范［J］．消防技术与产品信息，2008，7：52－53.

［19］　郭峻青．浅析城市消防规划现状与对策［J］．消防技术与产品信息，2008，1：64－67.

［20］　仝艳时，任伟，王建凯．城市消防规划状况探讨［J］．科技创新导报，2012，33：231.

［21］　李峰，许传升，焦宏刚．城市消防规划中线性优化模型的探讨［J］．中国安全科学学报，2007，17（6）：98－102.

［22］　赵伟刚，周太江．城镇消防规划编制中应注意的问题［J］．消防管理研究，2011，30（9）：854－856.

第3章　建筑防火设计规范发展沿革

建筑防火规范是指用以规范建筑工程在建造和使用过程中涉及消防安全的各类技术与行为的准则。建筑防火规范是消防法规体系的重要组成部分，属消防技术标准范畴，同时也是工程建设标准的重要组成部分。

火的利用是人类跨入文明社会的重要标志，而火失去控制则为火灾，人类的生活与生产活动没有离开过火，也从来没有离开过火灾。要保障人类生产、生活的消防安全，就必须对火加以控制，而约束人们合理用火，有效控火、灭火的行为准则即为消防法规。

3.1　建筑防火规范的历史与现状

建筑防火规范则伴随着城市建筑的产生而产生，也随着城市建筑的快速发展而快速发展。现代城市的体现是大量建筑的集中建造和使用，而城市建筑内往往可燃荷载高、人员集中，其火灾往往带来较大损失。制定建筑防火规范成为城市建设发展过程中保证人员生命安全、减少财产损失的重要举措。

各国建筑防火规范的制定和体现有不同的形式，如美国有关建筑防火的规范大部分由协会或标准组织制定，这些机构多属于独立的非营利机构，不受任何组织和机构管理，如美国消防协会（NF-PA），其成立于1896年，属非营利性国际民间组织，一直是消防界的先导，其宗旨是推行科学的消防规范和标准，开展消防研究、教育和培训；减少火灾和其他灾害，保护人类生命财产和环境安全，提高人们的生活质量。美国各联邦政府自主采标，并经一定程序将采纳的标准颁布作为本地区的技术标准。

日本涉及建筑防火标准的法律文件为《建筑基准法》，其下包含《建筑基准法施行令》、《建筑基准法施行规则》和告示等层级，如《避难安全见证法》、《耐火性能检证法等》，以上文件共同构成了建筑防火法规体系。日本《建筑基准法》第一版于1950年5月24日颁布，实施以来历经60余次修订，2000年6月进行了全面修订，导入了性能化的理念。《建筑基准法施行令》为政令，由内阁会议审议批准，而《建筑基准法施行规则》及一系列告示则由国土交通省发布实施。

我国的建筑防火规范已有几十年的历史。1954年，在借鉴英国和苏联防火标准基础上，结合我国国情，由公安部组织专家着手编制我国第一部《建筑设计防火规范》。1956年4月，国家基本建设委员会批准颁布了《工业企业和居住区建筑设计暂行防火标准》；1960年8月，国家基本建设委员会和公安部批准颁布《关于建筑设计防火的原则规定》及所附《建筑设计防火技术资料》；1974 年 10 月，《建筑设计防火规范》（TJ 16—74）批准颁布，该标准奠定了我国建筑防火标准的基础，此后于 1987 年进行了系统的修订，2006 年再次修订形成《建筑设计防火规范》（GB 50016—2006）。

随着我国高层建筑的大量兴起和快速发展，1982 年，国家经济委员会和公安部联合发布了《高层民用建筑设计防火规范》（GBJ 45—82），并分别于 1995 年、1997 年、1999 年、2001 年和 2005 年进行了局部修订，形成了《高层民用建筑设计防火规范》（GB 50045—95）（2005 年版）。

根据住房和城乡建设部《关于印发〈2007 年工程建设标准规范制订、修订计划（第一批）〉的通知》（建标〔2007〕125 号）和《关于调整〈建筑设计防火规范〉、〈高层民用建筑设计防火规范〉修订项目计划的函》（建标〔2009〕94 号），由公安部天津消防研究所、四川消防研究所会同有关单位，在《建筑设计防火规范》（GB 50016—2006）和《高层民用建筑设计防火规范》（GB 50045—95）（2005 年版）的基础上，经整合修订形成了国家标准《建筑设计防火规范》（GB 50016—2014）。

GB 50016—2014 共分 12 章和 3 个附录，主要内容有：生产和储存的火灾危险性分类，高层建筑的分类要求，厂房、仓库、住宅建筑和公共建筑等工业与民用建筑的建筑耐火等级分级及其建筑构件的耐火极限、平面布置、防火分区、防火分隔、建筑防火构造、防火间距和消防设施设置的基本要求，工业建筑防爆的基本措施与要求；工业与民用建筑的疏散距离、疏散宽度、疏散楼梯设置形式、应急照明和疏散指示标志以及安全出口和疏散门设置的基本要求；甲类、乙类、丙类液体、气体储罐（区）和可燃材料堆场的防火间距、成组布置和储量的基本要求；木结构建筑和城市交通隧道工程防火设计的基本要求；满足灭火救援要求设置的救援场地、消防车道、消防电梯等设施的基本要求；建筑供暖、通风、空气调节和电气等方面的防火要求以及消防用电设备的电源与配电线路等基本要求。

与《建筑设计防火规范》（GB 50016—2006）和《高层民用建筑设计防火规范》（GB 50045—95）（2005 年版）相比，GB 50016—2014 主要有以下变化：

（1）合并了《建筑设计防火规范》和《高层民用建筑设计防火规范》，调整了两项标准间不协调的要求，将住宅建筑统一按照建筑高度进行分类。

（2）增加了灭火救援设施和木结构建筑两章，完善了有关灭火救援的要求，系统规定了木结构建筑的防火要求。

（3）补充了建筑保温系统的防火要求。

（4）对消防设施的设置作出明确规定并完善了有关内容；有关消防给水系统、室内外消火栓系统和防烟排烟系统设计的要求分别由相应的国家标准作出规定。

（5）适当提高了高层住宅建筑和建筑高度大于 100m 的高层民用建筑的防火要求。

（6）补充了有顶商业步行街两侧的建筑利用该步行街进行安全疏散时的防火要求；调整、补充了建材、家具、灯饰商店营业厅和展览厅的设计疏散人员密度。

（7）补充了地下仓库、物流建筑、大型可燃气体储罐（区）、液氨储罐、液化天然气储罐的防火要求，调整了液氧储罐等的防火间距。

(8) 完善了防止建筑火灾竖向或水平蔓延的相关要求。

我国除上述建筑防火的基本规范，针对特定场所和工程也形成了部分专门的防火设计规范，如《汽车库、修车库、停车场设计防火规范》（GB 50067）、《人民防空工程设计防火规范》（GB 50098）等；另一类建筑防火标准为消防系统及设施设计、施工及验收规范，如《自动喷水灭火系统设计规范》（GB 50084）、《建筑灭火器配置设计规范》（GB 50140）等；此外，在特定的建筑设计规范中也包含有相应防火标准，如《铁路旅客车站建筑设计规范》（GB 50226）、《医院洁净手术部建筑技术规范》（GB 50333）等。

这些标准和规范中的大部分是针对城市建设和建筑工程而设计的，针对农村建筑防火要求，我国制定了专门的规范——《农村防火规范》（GB 50039—2010）。我国建筑消防工程标准发生巨大量变和质变是在近 20 年里。20 世纪 80 年代初期时的建筑标准，总体表现为数量少、技术含量较低、操作性较差，随着中国建筑业的迅速发展、城市化步伐的不断加快，各种流派的建筑以及高层和超高层建筑不断涌现，极大地促进了建筑防火标准规范的发展。

目前，我国在建筑防火领域已基本实现了标准配套使用的局面。综合来看，我国建筑防火标准规范体系已基本实现了与国际先进标准的接轨；标准所采纳的基本技术指标和方法具有较强的科学性和可操作性。初步建立了包容和跟进新技术、新产品、新作法的标准管理机制。

建筑防火规范对促进消防技术进步、保证建筑工程的消防安全、保障人民群众的生命财产安全发挥着重要作用。特别是工程建设强制性标准，为建设工程实施消防安全防范措施、消除消防安全隐患提供统一的技术要求，以确保在现有的技术、管理条件下尽可能地保障建设工程消防安全，实现最佳社会效益、经济效益的统一具有重要意义。

3.2 我国现行防火法规框架体系

建筑防火规范是消防法规体系的重要组成部分，属消防技术标准范畴，同时也是工程建设标准的重要组成部分。

3.2.1 消防法规体系

我国现行消防法规体系由消防法律、消防法规、消防规章和消防技术标准几部分构成，如图 3.1 所示。

（1）消防法律。法律是全国人大或其常委会经一定立法程序制定或批准施行的规范性文件。《中华人民共和国消防法》是我国目前唯一一部正在实施的具有国家法律效力的专门消防法律。此外，《中华人民共和国行政处罚法》《中华人民共和国治安管理处罚条例》《中华人民共和国行政诉讼法》《中华人民共和国刑法》《中华人民共和国国家赔偿法》等法律中有关消防行为的条款，也是消防法律规范的基本法源。

（2）行政法规、行政规章。国务院有权根据宪法和法律，规定行政措施，制定行政法规，发布

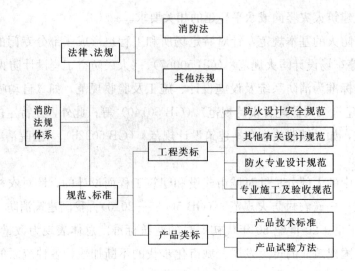

图 3.1　消防法规体系框图

决定和命令。国务院各部、委员会有权根据法律和行政法规，在本部门的权限内，发布命令、指示和规章。

　　在这些行政法规，规章中的有关规范，也是消防法规的基本法源。如 2002 年 2 月 1 日国务院发布的《危险化学品安全管理条例》就属于行政法规。2012 年 8 月 13 日公安部、国家工商行政管理总局、国家质量监督检验检疫总局联合发布的《消防产品监督管理规定》，以及 2012 年 7 月 17 日公安部以第 119 号令发布的《公安部关于修改〈建设工程消防监督管理规定〉的决定》，2001 年 11 月 14 日公安部发布的《机关、团体、企业、事业单位消防安全管理规定》就属于行政规章。

　　（3）地方性法规、政府规章。我国宪法规定，省、自治区、直辖市的人大及其常委会，在不同宪法、法律、行政法规相抵触的前提下，有权制定和颁布地方性法规。省、自治区人民政府所在地的市和经国务院批准的较大的市的人大，在不同宪法、法律、行政法规和本省、自治区的地方性法规相抵触的前提下，可以制定地方性法规；省、自治区、直辖市的人民政府，省会城市，以及经国务院批准的较大的市人民政府，根据法律和国务院的行政法规的规定有权制定、发布政府规章。上述地方性法规和政府规章中有关消防的规定，也是消防法规的法源。

　　（4）消防技术标准。消防技术标准是由国务院有关主管部门单独或联合发布的，用以规范消防技术领域中人与自然、科学、技术关系的准则和标准。它的实施主要以法律、法规和规章的实施作为保障。我国现行的消防技术标准主要包括两大体系：一是消防产品的标准体系，如《自动喷水系统用玻璃球》《火灾报警控制器》《通风管道的耐火试验方法》等；二是工程建筑消防技术规范，如《建筑设计防火规范》《汽车库、修车库、停车场设计防火规范》和《火灾自动报警系统施工验收规范》等。

　　此外，民族自治地方的自治条例和单行条例中有关消防工作的规定也是消防法规的法源。

　　消防法规是消防法制的重要组成部分，是对消防工作依法实施管理的基本依据。加强消防法制建设，完善我国消防法规体系，依法管理消防工作，使消防工作逐步走上法制化、正规化、科学化的轨道，有利于促进各项消防安全措施的完善和落实，使消防工作适应我国社会主义现代化建设的要求。

3.2.2 工程建设标准体系

工程建设标准指对基本建设中各类工程的勘察、规划、设计、施工、安装、验收等需要协调统一的事项所制定的标准。工程建设标准根据工程建设活动的类别、范围和特点，涉及工程建设的各个行业领域、各个工程类别和各个环节。

工程建设标准按行业领域可划分为房屋建筑、城镇建设、城乡规划、公路、铁路、水运、航空、水利、电力、电子、通信、煤炭、石油、石化、冶金、有色、机械、纺织等；按照工程类别，可分为土木工程、建筑工程、线路管道和设备安装工程、装修工程、拆除工程等；按照建设环节可划分为勘察、规划、设计、施工、安装、验收、运行维护、鉴定、加固改造、拆除等环节。

工程建设标准按标准的约束性可划分为强制性标准、推荐性标准。保障人体健康、人身、财产安全的标准和法律、行政法规规定强制执行的标准是强制性标准，其他标准是推荐性标准。

工程建设标准按内容可划分为设计标准、施工及验收标准、建设定额；按属性可分为技术标准、管理标准、工作标准。

我国标准的分级方式为：国家标准→行业标准→地方标准→企业标准。国家标准指在全国范围内需要统一或国家需要控制的工程建设技术要求所制定的标准，如《住宅建筑规范》（GB 50368—2005）；行业标准指没有国家标准，而又需要在全国某个行业内统一的技术要求所制定的标准，如《外墙外保温工程技术规程》（JGJ 144—2004）等；地方标准是对没有国家标准和行业标准而又需要在该地区范围内统一的技术要求所制定的标准，如北京市地方标准《自然排烟系统设计、施工及验收规范》（DBJ 01-623—2006）；企业标准是对企业范围内需要协调、统一的技术要求、管理事项和工作事项所制定的标准。

目前我国工程建设标准体系分为综合标准、专业基础标准、通用标准和专用标准四个层次。层次表示标准间的主从关系，上层标准的内容是下层标准内容的共性提升，上层标准制约下层标准。工程建设标准体系如图 3.2 所示。

综合标准是指涉及安全、卫生、环保和公众利益等强制性要求的标准，相当于目前城乡规划、城市建设、房屋建筑等部分的强制性条文。

专业基础标准是指在某一专业范围内作为其他标准的基础、具有广泛指导意义的标准，如术语、符号、计量单位、图形、模数、通用的分类等。

通用标准是指针对某一类标准化对象制订的共性标准。它的覆盖面一般较大，可作为制订专用标准的依据。如通用的质量要求，通用的安全、卫生与环保要求，通用的设计要求、试验方法以及通用的管理技术等。

专用标准是指针对某一具体标准化对象制订的个性标准，它的覆盖面一般不大。如某种工程的

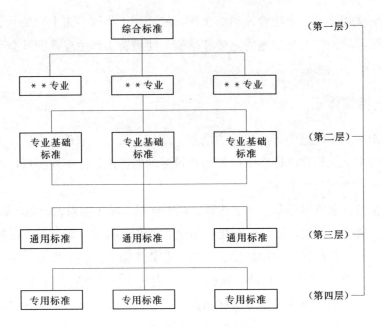

图 3.2 工程建设标准体系框图

勘察、规划、设计、施工、安装及质量验收的要求和方法，某个范围的安全、卫生、环保要求，某项试验方法，某类产品的应用技术以及管理技术等。

规划、城建、房建领域的技术标准主要列入第二、第三、第四层次。

工程建设标准是为在工程建设领域内获得最佳秩序，对建设工程的勘察、规划、设计、施工、安装、验收、运营维护及管理等活动和结果需要协调统一的事项所制定的共同的、重复使用的技术依据和准则，对促进技术进步，保证工程的安全、质量、环境和公众利益，实现最佳社会效益、经济效益、环境效益和最佳效率等，具有直接作用和重要意义。

工程建设标准在保障建设工程质量安全、人民群众的生命财产与人身健康安全以及其他社会公共利益方面一直发挥着重要作用。具体就是通过行之有效的标准规范，特别是工程建设强制性标准，为建设工程实施安全防范措施、消除安全隐患提供统一的技术要求，以确保在现有的技术、管理条件下尽可能地保障建设工程安全，从而最大限度地保障建设工程的建造者、使用者和所有者的生命财产安全以及人身健康安全。

工程建设标准还与我们工作、生活健康的方方面面息息相关。严格执行这些标准的规定，必将会进一步提高我国建设工程的安全水平，增强建设工程抵御自然灾害的能力，减少和防止建设工程安全事故的发生，使人们更加放心地工作、生活在一个安全的环境当中。

3.2.3 工程建设标准强制性条文

工程建设强制性标准是指直接涉及工程质量、安全、卫生及环境保护等方面的工程建设标准强制性条文。

改革开放以来，我国工程建设发展迅猛，基本建设投资规模加大。同时在发展过程中也出现了一些不容忽视的问题。特别是有些地方建设市场秩序比较混乱，有章不循、有法不依的现象突出，严重危及了工程质量和安全生产，给国家财产和人民群众的生命财产安全构成了巨大威胁。

2000年1月30日，国务院令第279号发布《建设工程质量管理条例》，该条例首次对执行国家强制性标准做出了比较严格的规定。该条例的发布实施，为保证工程质量，提供了必要和关键的工作依据和条件。

根据《建设工程质量建筑管理条例》(国务院令第279号)和《实施工程建设强制性标准监督规定》(原建设部令第81号)，原建设部自2000年以来相继批准了15部《工程建设标准强制性条文》，包括城乡规划、城市建设、房屋建筑、工业建筑、水利工程、电力工程、信息工程、水运工程、公路工程、铁道工程、石油和化工建设工程、矿山工程、人防工程、广播电影电视工程和民航机场工程，覆盖了工程建设的各主要领域。

2002年8月30日，原建设部以建标〔2002〕219号文件发布2002年版《工程建设标准强制性条文》(房屋建筑部分)，自2003年1月1日起施行；2009年10月，住房和城乡建设部组织《工程建设标准强制性条文》(房屋建筑部分)咨询委员会等有关单位，对2002年版强制性条文房屋建筑部分进行了修订，发布了2009年版《工程建设标准强制性条文》(房屋建筑部分)；2013年6月，城乡和住房建设部发布了2013年版《工程建设标准强制性条文》(房屋建筑部分)，2013年5月31日前新发布的房屋建筑国家标准和行业标准中涉及人民生命财产安全、人身健康、节能、节地、节水、节材、环境保护和公众利益方面的强制性条文被纳入其中。其中，建筑防火篇共收录标准规范40个，见表3.1。

表3.1 《工程建设强制性条文》(房屋建筑部分) (2013年版) 收录的防火相关规范

序号	标 准 名 称	标准号	类 别
1	《建筑设计防火规范》	GB 50016—2006	防火基础规范
2	《高层民用建筑设计防火规范》	GB 50045—95 (2005年版)	防火基础规范
3	《汽车库、修车库、停车场设计防火规范》	GB 50067—97	防火规范
4	《人民防空工程设计防火规范》	GB 50098—2009	防火规范
5	《自动喷水灭火系统设计规范》	GB 50084—2001 (2005年版)	防火规范
6	《泡沫灭火系统设计规范》	GB 50151—2010	防火规范
7	《建筑内部装修设计防火规范》	GB 50222—95 (2001年局部修订版)	防火规范
8	《建筑内部装修防火施工及验收规范》	GB 50354—2005	防火规范
9	《自动喷水灭火系统施工及验收规范》	GB 50261—2005	防火规范
10	《气体灭火系统施工及验收规范》	GB 50263—2007	防火规范
11	《泡沫灭火系统施工及验收规范》	GB 50281—2006	防火规范

续表

序号	标 准 名 称	标 准 号	类 别
12	《干粉灭火系统设计规范》	GB 50347—2004	防火规范
13	《气体灭火系统设计规范》	GB 50370—2005	防火规范
14	《固定消防炮灭火系统设计规范》	GB 50338—2003	防火规范
15	《固定消防炮灭火系统施工与验收规范》	GB 50498—2009	防火规范
16	《建筑灭火器配置设计规范》	GB 50140—2005	防火规范
17	《建筑灭火器配置验收及检查规范》	GB 50444—2008	防火规范
18	《建筑外墙外保温防火隔离带技术规程》	JGJ 289—2012	防火规范
19	《住宅设计规范》	GB 50096—2011	其他设计规范
20	《铁路旅客车站建筑设计规范》	GB 50226—2007	其他设计规范
21	《医院洁净手术部建筑技术规范》	GB 50333—2002	其他设计规范
22	《生物安全实验室建筑技术规范》	GB 50346—2004	其他设计规范
23	《实验动物设施建筑技术规范》	GB 50447—2008	其他设计规范
24	《光伏发电站设计规范》	GB 50797—2012	其他设计规范
25	《档案馆建筑设计规范》	JGJ 25—2010	其他设计规范
26	《图书馆建筑设计规范》	JGJ 38—99	其他设计规范
27	《托儿所、幼儿园建筑设计规范》	JGJ 39—87	其他设计规范
28	《文化馆建筑设计规范》	JGJ 41—87	其他设计规范
29	《商店建筑设计规范》	JGJ 48—88	其他设计规范
30	《综合医院建筑设计规范》	JGJ 49—88	其他设计规范
31	《电影院建筑设计规范》	JGJ 58—2008	其他设计规范
32	《旅馆建筑设计规范》	JGJ 62—90	其他设计规范
33	《博物馆建筑设计规范》	JGJ 66—91	其他设计规范
34	《办公建筑设计规范》	JGJ 67—2006	其他设计规范
35	《展览建筑设计规范》	JGJ 218—2010	其他设计规范
36	《港口客运站建筑设计规范》	JGJ 86—92	其他设计规范
37	《科学实验建筑设计规范》	JGJ 91—93	其他设计规范
38	《殡仪馆建筑设计规范》	JGJ 124—99	其他设计规范
39	《镇（乡）村文化中心建筑设计规范》	JGJ 156—2008	其他设计规范
40	《智能建筑工程施工规范》	GB 50606—2010	其他设计规范

注 本表所列部分规范已进行了修订或整合，如《建筑设计防火规范》(GB 50016—2006)和《高层民用建筑设计防火规范》(GB 50045—95)(2005年版)两规范已整合为《建筑设计防火规范》(GB 50016—2014)。

强制性条文在工程建设活动中发挥的作用日显重要，具体表现在以下几个方面：

(1) 实施《工程建设标准强制性条文》是贯彻《建设工程质量管理条例》的一项重大举措。

(2) 编制《工程建设标准强制性条文》是推进工程建设标准体制改革所迈出的关键性的一步。

(3) 强制性条文对保证工程质量、安全、规范建筑市场具有重要的作用。

（4）制定和严格执行强制性标准是应对加入世界贸易组织的重要举措。

3.3 我国建筑防火规范的发展展望

3.3.1 建筑防火规范发展的方向

建筑防火规范体系的建立与发展，是为建筑寿命周期内保证建筑防火安全提供运行规则的一项基础性工作。我国的建筑防火规范经历了起步、快速发展和现今的细化完善等阶段。伴随着我国城市化进程的加快和科技的进步，大量新、特、奇建筑不断涌现，出现了一些超规范或规范未能涵盖的设计，这就对建筑防火规范提出了更高的要求。建筑防火规范体系急待完善，以实现建筑防火规范体系的科学化、系统化、实用化。

世界上大多数国家对建设活动的技术控制，采取的是技术法规与技术标准相结合的管理体制。技术法规是强制性的，是把建设领域中的技术要求法治化，并严格贯彻在工程建设实际工作中，未被技术法规引用的技术标准则可自愿采用。这套管理体制，由于技术法规的数量比较少、重点内容比较突出，执行起来也就比较明确、方便，不仅能够满足建设和运行管理的需要，而且有利于新技术的及时推广和应用，应当说，这对我国工程建设标准体制的改革具有现实的借鉴作用。

我国的建筑防火规范在规范的体系、管理机构以及具体要求等方面与国外发达国家有所不同。例如，日本涉及建筑防火的法规体系包括了法律、政令、告示和规则等多个层次，每个层次关联紧密，系统性较强；而美国的建筑防火规范大部分由协会或标准组织制定，各联邦政府自主采标，并经一定程序将采纳的标准颁布后作为本地区的技术标准。我国尚未形成系统性强的法规体系，各个规范在统一的平台上，因规范的主编单位由不同机构担任，所以法规之间不同步、条文冲突时有发生，作为加强法规实施的一项有效措施，目前实行工程建设标准强制性条文制度。

在有关建筑防火的具体要求上，世界各国规范均有所不同和侧重。例如，高层建筑的划分界限，日本为31m，德国为22m，新西兰为28m；对建筑防火分区的要求，各国的差异也较大，其考虑的因素包括消防救援条件影响、建筑体积、火灾荷载大小及类别等，我国则根据不同建筑类型确定防火分区面积；在疏散和避难的要求方面，我国有关安全疏散楼梯、安全出口、疏散距离及宽度的规定与国外相当，但疏散照明的照度偏低；有关自动喷水灭火系统的设置范围，我国与发达国家还有差距。

建筑防火规范作为工程建设标准体系的一部分，同样需要不断完善和发展。我国正努力向技术法规和技术标准相结合的体制转化，但这需要有一个法律的准备过程，还有许多工作要做。随着消防性能化设计评估理论和技术的不断发展和完善，建筑防火相关领域研究和实践取得的大量新成果，以及现代信息技术，从技术层面为上述体制的转化创造了条件。

现行防火规范是以传统的建筑形式或建筑构造为对象提出的建筑规则，对于不断涌现的大型化、形式多样化的建筑需求，建筑规范与建筑功能需求之间便出现了矛盾，给设计者、业主及消防监督管理者带来了困惑。为适应建筑发展的需求，并确保建筑防火安全性能，必须加强建筑性能化体系的研究，逐步建立性能法规制度，努力提高建筑防火安全性能，并兼顾合理性与经济性。

2015 年 3 月，国务院印发了《关于印发深化标准化工作改革方案的通知》（国发〔2015〕13号），通知指出通过改革，把政府单一供给的现行标准体系，转变为由政府主导制定的标准和市场自主制定的标准共同构成的新型标准体系。政府主导制定的标准由 6 类整合精简为 4 类，分别是强制性国家标准和推荐性国家标准、推荐性行业标准、推荐性地方标准；市场自主制定的标准分为团体标准和企业标准。政府主导制定的标准侧重于保基本，市场自主制定的标准侧重于提高竞争力。同时建立完善与新型标准体系配套的标准化管理体制。

在标准体系上，逐步将现行强制性国家标准、行业标准和地方标准整合为强制性国家标准。进一步优化推荐性国家标准、行业标准、地方标准体系结构，推动向政府职责范围内的公益类标准过渡，逐步缩减现有推荐性标准的数量和规模。

在标准制定主体上，鼓励具备相应能力的学会、协会、商会、联合会等社会组织和产业技术联盟协调相关市场主体共同制定满足市场和创新需要的标准，供市场自愿选用，增加标准的有效供给。企业根据需要自主制定、实施企业标准。鼓励企业制定高于国家标准、行业标准、地方标准，具有竞争力的企业标准。鼓励社会组织和产业技术联盟、企业积极参与国际标准化活动。

3.3.2　建筑性能化防火设计规范的兴起

英国、新西兰等国家从 20 世纪 80 年代开始相继以建筑规范和建筑消防安全为研究对象，对其规范模式和规定内容进行了革新或修改，初步建立起性能化防火规范体系，并开发了相关的设计指南和评估方法，以适应经济、技术和社会发展的需要，提高本国产品和技术在世界上的竞争力。

目前国际上已经制定完成的性能设计规范或性能法规，主要是新西兰、澳大利亚及英国的消防安全工程设计原则，日本修正的建筑基准法中的性能法规也于 2000 年 6 月 1 日施行。美国和加拿大的法规与标准目前已完成全面修订，其目标也将设定在采用性能法规，以逐渐取代长期沿用的指令性规范。

相对于基于性能的防火规范而言，传统的设计规范被称为指令性规范。指令性规范是建立在部分火灾案例的经验和局部小比例模拟实验基础上的。从历史的角度来看，指令性规范的出现和发展有其相关的社会背景，当时的科学技术尚不能帮助人们透彻、系统地认识所处的客观社会，人类的技术行为呈现出多样性和不确定性，但为了保证工程最基本的安全性，有关社会组织便通过总结一些成功的经验并加以理论描述，制定出相应的标准化的条文来规范相关工作人员的技术行为，这就是指令性规范。

指令性规范对设计过程的各个方面都有具体的规定，然而对设计方案所能达到的性能水准则不甚明了。应该说，指令性规范为社会的发展和进步做出了十分巨大的贡献，但从社会进步的角度看，现行的指令性规范也存在着一些致命的弱点：

（1）由于历史和其他原因，指令性规范之间以及规范中有关条文之间常常出现互不衔接、相互矛盾的现象。即设计方法之间无法形成一个完整的闭环系统，无法实现系统性。

（2）无法给出统一、清晰的整体安全度水准。指令性规范适用于各类建筑，但建筑风格、类型和使用功能的差异，则无法在指令性规范中给予明确的区别。因此，指令性规范给出的设计结果无法告诉人们各建筑所达到的安全水准是否一致，当然也无法回答一幢建筑内各种安全设施之间是否能协调工作以及综合作用的安全程度如何。

（3）跟不上新技术、新工艺和新材料的发展。指令性规范严格的定量规定妨碍设计人员采用新的研究成果进行设计，尽管新的设计可能将提高系统安全程度、使投入减少，但若不符合现行规范的要求，则难以实施。指令性规范的局限性还在于，大多数指令性规范的条款来源于对历次火灾经验教训的总结，这种经验总结不可能涵盖所有的影响因素，尤其是随着建筑形式的发展而出现的新问题，更不可能是规范编写者在几年甚至十几年前编写规范时就能全部考虑到的。

（4）限制了设计人员主观创造力的发展。具体的规范条文，常常限制了设计人员的想象力，无形中僵化了人们的思维。与此同时，设计者对规范中未规定或规定不具体的地方，也会因盲目性而导致设计结果的失误。比如人们可以这样认为：符合规范条文要求的设计就是合格的，那么对于规范没有规定的因素，设计人员就可以任意处置了。然而对任何小的细节考虑不周都可能导致系统失效，完全背离设计的宗旨。

（5）无法充分体现人的因素对整体安全度的影响。建筑是为人类的生产和生活服务的，人的素质无疑在很大程度上影响着建筑防火安全的水平。比如人的生产、生活习惯，楼宇物业管理水平，人在火灾中的心理状态等都在事实上成为安全设计的主要考虑因素之一。然而指令性规范中无法充分体现该类因素的作用。

性能化防火设计规范的主要优点体现在以下几个方面：

（1）加速技术革新。性能规范体系对设计方案不做具体规定，只要能达到性能目标，任何方法都可以使用，而不必顾虑应用新型设计方法后不符合规范的问题，这就加快了新技术在实际工程中的应用。性能规范给防火领域的新思想、新技术提供了更为广阔的应用空间。

（2）提高设计的经济性。性能设计的灵活性和技术的多样化给设计人员提供更多的选择，在保证安全性能的前提下，通过设计方案的选择可以采用投入效益比最优化的系统。

（3）加强设计人员的责任感。性能设计以系统的实际工作效果为目标，要求设计人员通盘考虑系统的各个环节，减小对规范的依赖，不能以规范规定不足为理由忽视一些重要因素。这对于提高建筑防火系统的可靠性和提高设计人员技术水平都是很重要的。

性能化规范的优点也正是指令性规范的不足之处。指令性规范不可变通的规定阻碍了新技术的应用、限制了方案的选择，设计人员只要遵循指令性规范即可迅速完成设计，容易形成对规范过分依赖，设计思维趋于简化的问题，不利于技术水平的提高。这些问题在性能规范的体系中将迎刃而解。

性能化规范只确定建筑要达到的总体目标和设计性能水平，规定一系列性能目标和可以量化的性能准则及设计准则，一般还附有指导设计的技术文件，使用者可根据设计对象的具体情况，按规范要求，采用性能化设计和评估方法来完成满足规范要求的最低安全水平的设计。在大多数情况下，规范不明确规定某项解决方案，而是确定采取技术措施能达到总体目标和规范要求的安全水平。显然，这类规范可以针对不同的建筑物确定不同的安全水平，给设计人员留有很大的弹性。但它同时要求使用者经过专门的严格训练，掌握不同建筑物的火灾数据，并以大量建筑材料的燃烧特性数据、专门的设计和评估工具等作为设计支撑。

20 世纪八九十年代，人们逐渐形成一种新的认识：应该以明确的性能目标为基础进行设计，并用评估手段对所设计的系统的性能水准进行评价，以此保证系统的安全性能。这显然需要对现行规范进行质的改变。这样在英国、美国、加拿大、澳大利亚等国家相继开展了性能规范的制定工作。目前国际上正在修订或制定的建筑防火规范多多少少都带有性能规范的倾向，这将是今后一段时期内防火规范发展的潮流。

3.3.3　国外建筑性能化防火设计规范简介

虽然世界各国在发展基于性能的防火规范体系的进度和一些具体问题的处理上不尽相同，但总体思想是相通的。下面分别简述各发达国家性能化防火规范的发展历程，以供借鉴。

3.3.3.1　英国

英国从 1985 年起两次对原指令性建筑防火规范进行修订，形成新的建筑防火规范。新的规范规定"设计建造的建筑必须是安全的"，只要建筑设计者能够证明其建筑设计在各项性能上达到了原有指令性规范的安全水平要求，就可以自行确定各项具体设计指标和采用的方法。为了促进性能规范的发展、方便设计者掌握，英国于 1997 年正式推出了《火灾安全工程原理应用指南》（BS DD240），为消防工程的应用结构提供了统一的框架。

该指南分为两部分：第一部分为"建筑中的消防安全工程学"，即对如何运用消防安全工程学原理进行"性能化"的建筑防火设计进行了详细说明，为设计人员提供从设计步骤到设计方法的指导；第二部分为"建筑中的消防安全工程学"，即对如何正确地使用标准第一部分中给出的计算公式以及这些公式的局限性等进行了详细说明。BS DD240 引入了风险分析方法，并将其作为评估总体火灾危险的重要技术手段。

英国皇家屋宇装备工程师学会还发布了《建筑环境设计指南》（CIBSE Guide E），该指南对火灾预防和大多数常见的火灾场景设计作了指令性的规定。为了更好地实施性能设计规范，英国还组织编写了一些基础教育教材，并在大学和研究生中施教。

3.3.3.2　澳大利亚

澳大利亚对性能化规范和消防安全工程学的研究始于 20 世纪 80 年代末，当时共有 70 多位专家参与了研究工作。进入 90 年代，澳大利亚开始用性能设计的概念修改建筑规范，并很快配套出台了澳大利亚消防工程的设计指南。

1996 年 10 月，澳大利亚发布了新的建筑规范——《澳大利亚性能化建筑规范》（BCA96）。目前该项规范还不能替代已有的条文式的规范体系，但它为设计者提供了一种可以选择的满足现行规范要求的设计方法。BCA96 中的性能分级为：

（1）目标：通常指保护人类生命和相邻建筑或其他财产安全的需要。

（2）功能要求：指如何期望建筑达到目标的要求（或社会的期望）。

（3）性能要求：给出了一个合理的性能水平。建筑材料、组件、设计和施工方法等都必须达到这个水平，从而使建筑既能够满足相关的功能要求，又能达到相关的目标。

（4）建筑方案：指满足性能要求所采用的方法和手段。

另外，澳大利亚为执行性能化规范，开发出了风险评估模式，它可量化建筑物消防安全系统的危险度。随着性能化规范的实行，澳大利亚面临许多关于消防安全工程师的教育和考核问题，以及进行消防安全工程评估所需的时间和花费问题。目前澳大利亚建筑规范委员、澳大利亚消防管理委员会和澳大利亚建筑测量员协会已认可了为消防安全工程评估提供指导的《消防工程指南》，该指南可针对上述问题提供较好的解答。

该指南提出，设计过程的一个重要部分是制定一个"消防工程设计大纲"，在制定大纲时，应对建筑总体方案进行分析，确定潜在火灾危害以便提出使项目组、消防安全工程师、消防部门和审批机关均满意的消防系统设计方案。

3.3.3.3 新西兰

新西兰从 20 世纪 80 年代末开始性能化规范的研究工作，并于 1992 年颁布了第一部基于性能化的建筑安全法规——《新西兰建筑规范》，该规范规定了性能化设计的目标、功能要求和具体性能要求。

此外，新西兰有关机构制订了与建筑规范配套使用的《消防安全设计指南》，以指导性能设计的分析计算步骤。自 1991 年 10 月开始，性能化设计方法便已成为建筑设计者的一种选择，在新西兰得到应用。《新西兰建筑规范》要求设计人员在进行建筑防火设计时，必须从四个方面予以综合考虑，即火灾发生、逃生通道、火灾蔓延以及火灾中的结构稳定性。规范还针对上述四个方面具体给出了"目标""功能要求"和"性能"三个层次的要求。

3.3.3.4 日本

日本于 1982 年开始实施为期 5 年的研究计划，开发可用于替代已有建筑规范的性能化设计体系"建筑物综合消防安全设计体系"。该体系具体涉及综合消防安全、预防火灾的发生和蔓延、烟气控制与疏散、住宅的消防安全设计等。

1990 年，日本又启动了"建筑构件耐火性能评估方法的开发"的研究工作，为性能设计体系提供科学和工程上的支持。1993 年，为了进一步奠定性能设计法规的理论和计算基础，日本再次启动了一个以研究消防安全工程为重点的"综合技术开发项目"的 5 年计划，制定了性能化建筑消防安全框架。其中功能要求包括防止火灾的发生、安全疏散措施、防止倒塌、消防基础设施和通道要求以及防止火灾相互蔓延 5 个部分。每一功能要求都需要评估方法和标准。日本《建筑基准法》中提供了疏散安全和结构耐火评估法两种验证方法。

1996 年，日本开始修改《建筑基准法》，使之向性能化规范转变。新基准法于 2000 年 6 月发布实施，其中既有性能化方法，也有指令性方法。

3.3.3.5　美国

美国消防工程师学会于 1996 年开始开展性能化规范、标准、消防安全工程与设计方法的研究工作。此后，美国消防协会、美国标准技术研究院和美国的模式规范制定组织、马里兰州大学等机构在这方面相继开展了大量研究工作，并成立了国际规范理事会，专门负责规范制定的组织工作。

美国国际规范理事会（ICC）于 1999 年 8 月提出了美国防火性能设计规范的草案。该草案内容由三大部分组成。

（1）管理部分。管理部分主要出现在规范第一和第二章中，它标明了该规范的整个目的和涉及的范围。在管理程序中标明了职责、建议、评论、文件、设计观念以及可采用的方法等内容。可采用的方法是指特定的已被证实的方法，即可以被使用以达到性能要求的技术方法。使用者采用下述三种方法的任一种都是允许的：①性能方法（试验、模型、计算、工程方法等）；② 现行方法；③性能方法与现行方法的结合。

（2）性能设计水准。这部分内容提出了建筑物及消防设施适用的确定性的性能框架。确切地说，规范的使用者能够更容易地确定其所设计的建筑物在火灾中应达到的防火性能水平。而现行规范对防火性能水平仅是一种简单的描述，设计者据此难以确定建筑物将要达到的安全水平。因此现行规范对建筑物和消防设施的设计要求一般不是技术性的。在性能规范的第 3 章中，专门提供了满足性能要求的定量性指导意见，为政策制定者和规范使用者搭建了一座可相互沟通的桥梁。

（3）明确的目的和要求。规范第三组成部分是对性能要求的定性说明，包括目标、功能说明和性能要求，表明了规范制定的目的。

3.3.4　建筑性能化防火设计技术支撑

建筑防火设计最终应达到的安全目标是：防止起火及火势扩大，减少财物损失；保证安全疏散，确保生命安全；保护建筑结构，使之不致因火灾而损坏或波及邻房；为消防救援提供必要的设施。为此，建筑物防火设计须对建筑布局、结构耐火、防火区划、人员疏散、消防设备与系统等进行综合考虑。

消防性能设计是运用消防安全工程学的原理和方法制定整个防火系统应该达到的性能目标，并针对各类建筑物的实际状态，应用所有可能的方法对建筑的火灾危险及其可能引发的破坏和损失进行定性、定量的预测与评估，以期得到最佳的防火设计方案和最好的防火保护。

由于性能规范只给出整体的目标，并没有对各相关方面作具体规定，其条文简洁，但难以掌握，所以必须用准确、简练的语言阐明关键性的要求。怎样才能使性能目标既实现足够的安全度，又符合自然规律，并在技术上可行，这需要大量相关研究来提供依据，因而性能化规范的制定必须有配套科研项目的支撑，需要由来自科研、工程实践及管理等各个领域的专家共同研讨完成。

应当指出，由指令性规范向性能化规范转型不是一蹴而就的。目前国际上的性能化规范也只是含有部分性能规定条文，并未实现百分之百的性能化。在一段时期内，指令性规范与性能化规范将并存，这既不妨碍新技术的应用，又可在不具备足够的技术水准时保持当前的安全程度。

与性能化规范相配套的技术指南主要阐述了如何运用科学和工程原理保护生命和财产安全，为建筑消防安全的分析和设计提供了性能化消防工程方法，并可对建筑物内消防系统整体有效性进行评估，以确定建筑物是否达到指定的火灾和生命安全目标。

性能化消防工程工具包括：定性分析技术、概率分析技术、火灾动力学理论应用、定性和概率火灾影响模型应用以及人的行为和毒性影响模型的应用等。

建立在科学实验、计算模型和概率分析基础上的评估模型可对设计方案在建筑火灾中的实际应用效果进行测算和模拟，并判断其是否能实现既定的性能目标。在火灾安全评估中有多种评估模型，其中有两种较复杂的评估模型被认为是评价性能设计的最重要的评估模型，即区域模型和场模型。

经过我国消防科研机构多年的共同努力，我国在消防性能化设计方法的研究上已取得了一定的成果，并在许多重大工程实践中有所应用。但我国相关研究基础还显薄弱，技术支撑条件还有待进一步发展完善。因此，在借鉴国外先进消防性能化设计理念和方法的同时，还需加强我国建筑火灾基础性研究，建立并完善我国火灾基础数据库，开发适合我国建筑特征的火灾评估模型工具，为形成我国消防性能化设计规范体系奠定技术基础。

本 章 参 考 文 献

[1] 中华人民共和国住房与城乡建设部．GB 50016—2015 建筑设计防火规范 [S]．北京：中国建筑工业出版社，20015.
[2] 中华人民共和国建设部．GB 50045—95．高层民用建筑设计防火规范 [S]．北京：中国计划出版社，1995.
[3] 强制性条文咨询委员会．工程建设标准强制性条文（房屋建筑部分）[S]．北京：中国建筑工业出版社，2009.
[4] 强制性条文咨询委员会．工程建设标准强制性条文（房屋建筑部分）[S]．北京：中国建筑工业出版社，2013.
[5] 李引擎，刘曦娟．建筑防火的性能设计及其规范 [J]．消防技术与产品信息，1998，18（11）：3‐6.
[6] 李引擎．建筑防火性能化设计 [M]．北京：化学工业出版社，2005.
[7] 倪照鹏．国外以性能为基础的建筑防火规范研究综述 [J]．消防技术与产品信息，2001（10）：3‐6.
[8] 伍萍．谈日本建筑防火安全法规的修订 [J]．消防科学与技术，2007（4）：447‐449.
[9] 建设部标准定额司．中华人民共和国工程建设标准体系：城乡规划、城镇建设、房屋建筑部分 [S]．北京：中国建筑工业出版社，2003.

第4章 建筑防火设计

4.1 概述

建筑设计是建筑工程建设的首要环节，是整个工程建设的灵魂。设计工作的优劣直接影响整个建筑工程项目的好坏，也是影响人民生活、生产、生命财产安全的关键因素。

建筑防火设计是建筑设计的一个重要环节，是在建筑设计中，根据建筑物的材质、结构、用途等，结合建筑物火灾时的着火特性，采取必要的建筑防火措施所进行的设计。凡是有建筑物的地方，就有因明火、电火、雷击、自燃等火源引起火灾的可能。如果在建筑物建设之前的设计中，能充分考虑防火安全设计影响因素，并落实各种防火措施，就可以避免火灾的发生。反之，就容易引起火灾，给人们带来不可估量的损失。历史上发生的建筑火灾事故，就是我们惨重的教训。例如，1977年2月10日，新疆生产建设兵团俱乐部因小孩放鞭炮引起火灾，导致整个俱乐部被烧毁，699人死亡，100多人受伤；1980年3月，贵州省安顺地委大礼堂因电线起火，礼堂木结构的屋石、楼座全部烧光，经济损失达120多万元；北京故宫明清年间发生火灾50多次，其中因雷击引起火灾有4次，在1557年4月13日，因雷击引起的火灾烧了几天几夜，仅现场救火就动员了3万多人，车子5000多辆，是我国历史上最大的一次火灾；还有1983年4月17日黑龙江省哈尔滨火灾都是例证。

据相关统计，1971—1986年的16年中，我国平均每年发生的火灾有608万起，死亡3700多人，烧伤6700多人，直接经济损失折合人民币达247亿元。建筑火灾如此严重，损失如此惊人，足以说明建筑防火设计的重要性。建筑防火是一门综合性很强的新型交叉技术学科，涉及规划、建筑、结构、材料、电子、给水、暖通和控制等专业学科。因此在客观上决定了建筑防火设计的综合性和复杂性。建筑防火设计是人们基于对火灾安全知识的了解，以某个具体建筑物为对象进行的一种创造活动。按不同方式、不同标准设计出的建筑物，其防治火灾的能力是存在很大差别的。人类在与火灾的长期斗争中，在建筑防火设计方面积累了许多宝贵的经验。经过多年的分析总结，逐渐形成了一些科学的设计方法和明确的安全要求。起初，这些要求仅是民间建筑业中的共识和约定。但随着时代的发展，人们越来越清楚地认识到，通过国家和政府制定一定的法规或标准来指导和约束建筑设计人员的设计行为，对于保证建筑物乃至整个城市的火灾安全具有重要作用。

在建筑设计中造成的火灾隐患属"先天性"缺陷，它可为日后火灾的发生和蔓延埋下祸根，也可为防火灭火带来很多困难，即使再采取多种补救措施也很难取得良好效果，因此必须严格把好防火设计关。

防止和减少建筑火灾危害，保护人身和财产安全，是建筑防火设计的首要目标。在建筑设计中，设计单位、建设单位和公安消防监督机构的人员应密切配合，认真贯彻"预防为主，防消结合"的消防工作方针，做好建筑防火设计，做到"防患于未然"。为此，设计师既要在设计中采取有效措施降低火灾荷载密度和建筑及装修材料的燃烧性能，认真研究工艺防火措施、控制火源，防止火灾发生，又要进行必要的分隔、合理设定建筑物的耐火等级和构件的耐火极限等，并根据建筑物的使用功能、空间平面特征和人员特点，设计合理、正确的安全疏散设施与有效的消防设施，预防和控制火灾的发生及蔓延。

在建筑防火设计中，必须从全局出发，针对不同建筑的火灾特点，结合具体工程、当地的地理环境条件、人文背景、经济技术发展水平和消防救援能力等实际情况进行建筑防火设计。在工程设计中鼓励积极采用先进的防火技术和措施，正确处理好生产与安全的关系、合理设计与消防投入的关系，努力追求和实现建筑消防安全水平与经济高效的统一。在设计时，除应考虑防火要求外，还应在选择具体设计方案与措施时综合考虑环境、节能、节约用地等国家政策。

消防工作是为经济建设服务的，建筑防火的相关规范规定了建筑防火设计的一些原则性的基本要求。这些规定并不限制新技术的应用与发展，对于工程建设过程中出现的一些新技术、新材料、新工艺、新设备等，允许其在一定范围内积极慎重地进行试用，以积累经验，为规范的修订提供依据。但在应用时，必须按国家规定程序经过必要的试验与论证。

建筑防火设计一般认为由平面防火设计、人员安全疏散设计、自动喷水灭火系统设计、火灾自动报警系统设计、防排烟系统设计、建筑电气防火设计等六个主要方面组成。本章将对这六个方面进行详细阐述。

4.1.1 建筑防火设计的目的

建筑防火的根本目的在于确保建筑的防火安全性能，也就是使建筑的防火条件达到一定的对应标准，从而实现建筑的防火安全。建筑防火安全性能是一个综合的系统体现，同众多因素相关联，建筑构造、建筑布局、建筑材料，使用者情况以及消防安全设施、设备情况等综合因素决定了建筑防火安全性能的好坏。建筑的防火安全性能可分解为以下几个方面：

（1）防止火灾延烧、火灾蔓延扩大性能。即防止建筑物外部火灾向其扩散，以及建筑内部火灾发生时，抑制火灾向其他建筑或部位蔓延扩大的性能。它主要同以下因素相关联：建筑内可燃物的种类与数量；建筑布局及防火分隔情况；建筑消防设备的设置，包括灭火设备、探测器以及警报设备等。建筑防火分隔设施包括建筑的构造体、防火门、防火卷帘等，灭火设备包括灭火器、消火栓系统、自动灭火系统等，其中建筑构造体是防止火灾蔓延扩大的根本措施，而自动喷水灭火设备是防止火灾蔓延扩大的一项积极有效的措施。

（2）疏散安全性能。即体现建筑在火灾情况下保证建筑中的所有人员可安全疏散至安全场所的能力。它包括安全区划及疏散设施两个部分，安全区划的目的是确保建筑物所有人员能安全逃离至安全区域，避难设施是确保建筑中所有人员在火灾发生时，从建筑物任何一点到安全场所（地面或避难间）之间的路径保持畅通。

影响建筑疏散安全性能的因素包括：建筑的构造，建筑人员的类型、数量，对建筑的认知情况，火源情况，建筑消防设备的设置情况，包括感知器性能、报警设备性能、指示诱导灯性能、避难器具性能、排烟设备性能等。

（3）消防活动支援性能。即消防人员实施消防救援活动性能。它同建筑构造、建筑内设置的消防活动必要的设施、设备性能，消防通道，火灾与建筑类型等因素密切相关，同时也同当地的消防队的灭火救援装备与能力相关联。

从理论上，又可以将建筑防火安全要求分成主动防火安全标准规定和被动防火安全标准规定两大部分。主动防火系统的基本功能是早期发现和扑灭火灾，保障人员安全疏散和减少烟气的伤害。即人们可以利用最有效的消防设施侦查并扑灭火灾，通过最安全最简明的路线和出口逃生。而被动防火体系的各项要求则要体现在将火与烟气蔓延尽量限制在一定空间内；限制建筑中可燃物的数量和燃烧速度；防止建筑结构的局部和整体崩塌；与主动防火系统实现有机互补。

4.1.2　建筑防火技术与理念的发展

现代科学技术在消防领域的综合运用以及消防安全工程学科本身的研究发展，使传统的防火分隔、防火间距等被动防火技术不断完善，出现了防火卷帘、防火堵泥、防火玻璃等新产品。

同时新型的防火处理技术也在不断地提高化学建材的防火能力，但更为积极的主动防火技术亦日益成熟，并充分显示其在建筑防火中的优势，使我们对建筑火灾的演化和主动防火技术的作用有了更为深刻的认识，形成更切合实际的新的消防理论和观念。主动防火技术的灵活性和可靠性，使其在建筑工程中大显身手，逐步成为建筑防火的主要手段。

1. 自动喷水灭火技术的不断完善

经过半个多世纪的研究与实践，自动喷水灭火被证明是最有效的控火与灭火的消防手段，几乎难以听到其失败的案例。同时，科研人员又不断研制开发出新的快速响应喷头、细水雾喷头、大覆盖喷头等新产品、新技术，使系统的种类不断增多，运用场所更加广泛，响应时间更加及时，火灾影响更加减少。自动喷水灭火系统只需启动二、三个喷头就能对一般的初期火灾进行有效控制，设计规范中设定的作用面积又增加了其更大的安全度。因此，完全可以将自动喷淋的作用面积视作为一个动态的防火分区，代替传统的以固定耐火构件为分隔物的静态防火分区。这样，既方便建筑的布局，又节约大量投资，相比之下，影响装修使用的防火卷帘和难以保证供水的水幕似乎显得徒劳无力，舍简求繁。

自动喷水的启动可大大降低火场的温度，设有自动喷淋系统的建筑物的火灾应该是在较低环境温度下较小面积的燃烧，因此，为钢结构和玻璃等材料的使用提供了可靠的保障，弥补了这些材料在过去以标准升温曲线进行测试的耐火极限较低的防火弱点，在设有自动喷水灭火系统的场所中，这些构件的真实耐火时间得以极大提高。

2. 防烟、排烟的理论和技术日趋合理

近十几年，西方发达国家对烟羽流的研究不断深入，找出了其内在的规律，建立了热气流流动的相应公式，为工程的分析和运用提供了科学的依据。对烟羽流发展态势的正确分析，使工程设计者对建筑物的烟气与空间的关系更加清晰，从而可有针对性地提出合理的防烟或排烟方案，最终的目标是利用自动喷水系统控制火灾的规模，并通过有效的机械或自然的设施对烟气进行阻隔和排除，为火场人员的疏散和消防队员的进攻提供有效的清晰高度和安全地带。成功的防烟、排烟方法是利用机械加压的风压阻止烟气进入楼梯间、前室等安全疏散区域。

同时，在火灾区域有效地设置机械排烟或自然排烟设施，并设计具有一定容量的储烟仓。储烟仓的面积既不能太小，也不能太大，太小则上升的烟羽流将迅速充满空间，太大就会使周围的冷空气大量地混入热气羽流，烟雾颗粒和有毒气体的温度和浓度则被降低而失去浮力。这些都会影响人员的正常疏散。

3. 火灾的探测与控制技术更加先进、周密

数字化技术使人类的生存方式发生急剧的变化，计算机的程序控制与数字通讯技术广泛地应用于各个领域，因此，这项技术也迅速地进入建筑的智能楼宇控制和消防火灾探测中，建筑物的消防管理者足不出户就可掌握建筑物各部位的环境状态，一旦发生火灾，他们就可及时地在消防控制室内观察和操作各类消防设施的运行，从而极大地提高了建筑物的安全度。

先进的电子、网络、软件等技术被广泛地运用在火灾报警技术中，火灾报警的探测系统经历了开关量、数字模拟量、探头自身信息处理等阶段；近几年，又成功开发烟、温复合探测器及高灵敏的吸气式空气分析探测器，探头的抗干扰能力越来越强，探测越来越准确，发现火情也越来越及时；系统的布线同样也经历了多线式、总线式、网络式等方式，使安装调试越来越方便，系统的容量越来越大。

此外，数控技术和网络联系等自动化技术也被广泛运用于锅炉房、直燃机组、加油机、燃气调压器等过去认为易发生事故的场所，通过对管道、设备的数字仪表监视，设备运行中的保护装置加强，可及时处理意外事故，从而极大地提高了这些设施的安全度，降低了火灾危险性，甚至可从根本上杜绝火灾的发生。

4. 各类防火措施的综合设计，加强了建筑防火的能力

综合设计不是简单的各种防火技术的叠加，通过对设置火灾报警、自动灭火、防烟、排烟设施的综合作用的火灾状态的分析与研究，可以使我们对建筑构件的耐火极限、垂直蔓延的发展速度、安全出口的疏散能力、消防设施的安全系数得出较为正确的评估，同时经过比较、检验、优化，可以科学合理地选择主动防火技术与被动防火技术中对工程具有实际效果的几项措施，把有限的经费用在最切实际、最有效的消防投入中，充分发挥这些设施的防火威力。

实践证明综合地分析各种类型的建筑物在各种防火技术综合作用下的火灾发生、发展趋势，有效地选择切合建筑物自身特点的防火措施是很有意义，也是十分必要的。

计算机模化试验在防火设计中的运用，可以使我们进一步了解各区域火的发展趋势，根据建筑物的容纳物品、耐火性能、使用状态，科学地对建筑物的火焰温度、烟气高度、燃烧产物等火灾的各项指标进一步量化，演示火灾的发展过程，计算出建筑物各部位各时刻燃烧释放的烟量和热量，得到火灾发展与时间的函数，真实地描述火灾发展特性，为防火设计人员提供正确的判断，合理地提出安全防范的措施。

4.1.3　建筑防火设计的主要内容

建筑物的防火性能是房屋的设计、建造和使用者十分关心的问题。一栋使用功能极佳且外观漂亮的建筑物往往会因为对防火要求考虑不周，而在原本不大的火灾中全部化为灰烬。毫无疑问，这是人们极不希望见到的后果。

建筑中火灾的发展主要取决于三个因素：①可燃氧气的状况，包括空间的体积大小和通风状况；②可燃体的热能参数；③可燃体的分布和性质。

由于在火与建筑物之间具有一种相互的作用效应，所以防火设计要综合考虑许多问题，包括各地区人们的生活方式及恶劣的气候条件等。具体地讲，建筑防火设计必须考虑以下的技术问题。

1. 总平面布局和平面布置

城市中新建建筑首先要考虑该建筑与周围环境的关系。为了防止火灾形成连续蔓延的状态，应根据防火规范的要求确定好各栋建筑间应保持的最小防火间距。同时应按照该建筑的使用性能，建筑面积、高度等确定相应的耐火等级。为了保证建筑某一局部出现火灾后不至于迅速蔓延到全楼，为了阻碍烟气在建筑内空间的快速流动，应该对面积大于规定量的建筑物划分防火和防烟分区。每个分区之间应设置具有相应防火、防烟功能的分隔物。

2. 设立火灾自动报警

在现代化建筑中一般都应加设火灾自动报警系统。传统的探测器只有单一的传送火灾信号的功能，而现代科学已使具有智能功能的复合型探头问世。火灾探测智能系统已经实现从火灾探测与判断、自动灭火控制、防火分隔、防排烟、引导疏散、指挥救生等各步骤全部实现计算机智能处理。

3. 消火栓系统和自动灭火系统

几乎所有的公共建筑和工业建筑都应设立消火栓系统。而自动灭火系统则根据建筑的特征有所不同。自动灭火系统包括喷水、水幕、卤代烷、泡沫、二氧化碳等几种形式。在建筑设计时，应针对不同的对象选用相应的系统。该系统设计时除了水量、管网的计算之外，尚应考虑选择合适的产品。

4. 设立防、排烟系统

对一些建筑应考虑设立防烟、排烟系统。该系统通过自然和机械的作用，将火灾中的烟气和外部的新鲜空气实行有机地运行，以减少烟气对人员的危害，保证正常灭火和安全疏散。该系统应重点保证防烟楼梯间及前室部位的安全。

该系统的走向路线确定后，应适当地选定相应的风机、阀门（防火阀和排烟阀）和管道系统。

5. 电气防火设计

高层民用建筑和功能比较复杂的多层民用建筑中，完善合理的电气防火设计能够有效地避免发生电气事故火灾，同时如果一旦发生火灾，也能够使建筑物内各种消防用电设备持续可靠运行，及时有效的疏散人员、物质和控制火势的蔓延。特别是近几年来，一些高层建筑的结构和功能更加复杂，建筑物内的用电设备和装置越来越多，对电气防火设计的内容提出了更高的要求。

6. 设计避难通道，计算避难出口

避难路线分水平段部分和垂直段部分。水平段即同一楼层的人从不同位置到达本层最近一个出口的距离必须小于规定的值，并且通道的宽度要足够且应畅通无阻。

垂直段疏散路线是指防火楼梯和消防电梯。设计防火楼梯时应考虑防烟，有足够的通过宽度，无可燃装修和有直接通向室外的出口。

其中楼梯的宽度和各出口的宽度应通过理论计算来确定。另外，对一些高层建筑应考虑设立若干个避难层，保证一时无法撤出大楼的人员能有一个临时的安全避难空间。

7. 建筑材料防火设计

建筑物是用多种建筑材料建造而成的。根据材料在建筑物中的功能，可将其分为结构材料和装修材料两大类。结构材料的基本作用是保证建筑物的结构安全，在建筑物可能遇到的各种应用条件下都应具有一定的强度。装修材料的基本作用是保证建筑物具有良好的使用功能。在考虑保温、隔热、隔音的效果的同时，还应当重视所用材料的燃烧性能。

8. 建筑结构防火设计

在火灾中，结构构件不仅需要具有一定的抗火性能以满足人员疏散所需要的时间，而且作为分隔构件还同时承担了阻止火势扩大和蔓延的作用，因此结构构件的耐火性能直接决定着房屋在火灾中的倒塌时间，起到被动防火的作用。对结构构件耐火性能的研究是火灾科学的基本工作之一。

综合以上，建筑防火设计是一个系统工程，既要考虑各个有关部分的特殊性，又必须综合考虑整个系统的协调性，还要逐步做到整体优化。我国的建筑防火事业刚刚开始走向正轨，目前国内从事建筑防火研究的单位还有限，专业人员也不多，整体研究水平尚待提高。近十多年来各方面的工作都取得了很大发展，从产品生产、科研设计以及消防管理等诸多方面都开始与国际水平靠拢。不难预见，在今后的 20 年中，中国的建筑防火事业将会达到世界先进水平。

4.2 总平面布局和平面布置

建筑物的平面防火设计是城市总体规划的一部分，主要是从火灾安全的角度，根据建筑物的使用性质、火灾危险性以及地形、地势、风向等因素，进行建筑物的合理布局，避免不同建筑物之间相互构成火灾威胁，并为迅速灭火援救提供便利条件。建筑的总平面防火布置一般应考虑建筑物的周边环境建筑防火间距、消防车道和消防扑救面等。

4.2.1 建筑物的周边环境

在设计一幢具体建筑物之前，首先应认真考虑它在城市整体环境中的作用和地位。对城市进行合理的分区是非常重要的方面，应根据某地区的使用性质划分若干防火区域，如对居民区、商业区、工业区等要有不同的要求，应当对每个区内的人口密度，建筑物密度，可燃物载荷、可能火源的方位频率等基础数据有清楚的了解。

设计一幢建筑物时应当协调好它与周围地形和其他建筑的关系，处理好火灾对其周围的影响。一幢建筑的占地面积、长度、高度等都应适当。有的地区往往存在较多的起火因素或重大危险因素，例如，若某个地区原来建筑是易燃、易爆材料的工厂、仓库或存在其他重大危险源的建筑，新建筑物应当与其保持足够大的距离，并且用围墙将其与外界隔开。有的地方水源不足，建筑物的设计用水需求不能超过当地可能的供水能力。歌舞厅、录像厅、夜总会、卡拉 OK 厅（含具有卡拉 OK 功能的餐厅）、游艺厅（含电子游艺厅）、桑拿浴室（不包括洗浴部分）、网吧等歌舞娱乐放映游艺场所（不含剧场、电影院）如布置在袋形走道的两侧或尽端，不利于人员疏散。

周边环境对建筑火灾危险性的影响主要取决于建筑周围危险源的数量以及性质，危险源主要有以下四类。

（1）邻近是否有具有较大火灾危险性的建筑，指邻近是否有易燃易爆化学物品的生产、充装、储存、供应、销售单位，如生产易燃化学物品工厂，易燃易爆气体和液体罐装站、调压站，储存易燃易爆化学物品的专用仓库、堆场，营业性汽车加油、加气站，液化石油供应站（换瓶站），化工试剂商店，可燃油油浸变压器等。如某化肥厂因液化石油气槽车连接管被拉破，大量液化气泄漏，遇明火发生爆炸，死伤数十人，在爆炸贮罐 70m 范围内的一座 3 层楼房全部震塌，200m 外的房屋也受到程度不同的损坏，3km 外的百货公司的窗玻璃被破坏。

（2）邻近是否有临时建筑，包括与高层建筑相连的建筑高度不超过 24m 的附属建筑（裙房）、临时工棚，仓库，违章建筑等。如上海一群租房发生火灾，失火现场是一间约 30m² 的简易单层砖木混合结构的房屋，紧靠着失火房屋的是一幢 3 层楼房，大火把楼房紫色的外墙都熏黑了，墙上贴着的紫色釉面砖经过大火的烧烤也脱落了一大片，楼房面向平房的 3 扇窗户也被烧焦，楼里有明显的过火痕迹。

（3）邻近是否有可燃绿化带，如松、柏、易燃灌木、草皮等。河北保定的一起火灾就是因一小区绿化带杂物失火殃及住户，导致居民家阳台上的窗户被烧裂，空调室外机管线被烧瘪。

（4）邻近是否有拥挤的交通干线，指建筑物可能受到交通车辆火灾的影响。如山东运送双氧水货车行驶到 307 国道晋州市区段时突然自燃爆炸，波及周围 150m，货车爆炸现场 100m 外是一座新盖的楼盘，还没有人入住，3 层以上的窗户玻璃几乎都被震裂，附近部分居民被崩出的玻璃划伤。

4.2.2　建筑防火间距

火灾在相邻建筑物之间的蔓延途径有热对流、热辐射、飞火和火焰直接接触燃烧四种方式。为了防止建筑物间的火势蔓延，各幢建筑物之间留出一定的安全距离是非常必要的。这样能够减少辐射热的影响，避免相邻建筑物被烤燃，并可提供疏散人员和灭火战斗的必要场地。这个安全距离就是防火间距。

4.2.2.1 影响防火间距的因素

防火间距是两栋建（构）筑物之间，保持适当火灾扑救、人员安全疏散和降低火灾时热辐射等的必要间距。影响防火间距的因素很多，在实际工程中不可能都考虑。除考虑建筑物的耐火等级、建（构）筑物的使用性质、生产或储存物品的火灾危险性等因素外，还考虑到消防人员能够及时到达并迅速扑救这一因素。通常根据下述情况确定防火间距。

1. 辐射热

辐射热是影响防火间距的主要因素，辐射热的传导作用范围较大，在火场上火焰温度越高，辐射热强度越大，引燃一定距离内的可燃物时间也越短。辐射热伴随着热对流和飞火则更危险。几种常见材料的辐射强度临界值见表 4.1。

表 4.1　　　　点燃、引燃、自燃材料的辐射强度临界值（临界辐射强度）　　　单位：kW/m²

材料名称	临界辐射强度		
	表面点燃	引燃	自燃
木材	4.19	14.70	29.31
涂以普通油漆的木材	—	16.75	23.02～50.2
纤维绝缘板	—	6.28	4
防火处理的纤维绝缘板	—	8.38～41.9	25.12
硬木板	4.19	14.70	—
纺织品	—	—	35.59
软木	—	12.56	23.03
涂有沥青的屋面	2.93	—	—

2. 热对流

火场冷热空气对流形成热气流，热气流冲出窗口，火焰向上升腾而扩大火势蔓延。由于热气流离开窗口后迅速降温，所以热对流对邻近建筑物来说影响较小。

3. 建筑物外墙开口面积

建筑物外墙开口面积越大，火灾时在可燃物的质和量相同的条件下，由于通风好、燃烧快、火焰强度高，辐射热强。相邻建筑物接受辐射热也较多，容易引起火灾蔓延。

4. 建筑物内可燃物的性质、数量和种类

可燃物的性质、种类不同，火焰温度也不同。可燃物的数量与发热量成正比，与辐射热强度也有一定关系。

5. 风速

风的作用能加强可燃物的燃烧，并促使火灾加快蔓延。

6. 相邻建筑物高度的影响

相邻两栋建筑物，若较低的建筑着火，尤其当火灾时它的屋顶结构倒塌，火焰穿出时，对相邻的较高的建筑危险很大，较低建筑物对较高建筑物的辐射角在 30°～45°之间时，根据测定辐射热强度最大。

7. 建筑物内消防设施的水平

如果建筑物内火灾自动报警和自动灭火设备完整，不但能有效地防止和减少建筑物本身的火灾损失，而且还能减少对相邻建筑物蔓延的可能。

8. 灭火时间的影响

火场中的火灾温度，随燃烧时间有所增加。火灾延续时间越长，辐射热强度也会有所增加，对相邻建筑物的蔓延可能性增大。

9. 灭火作战的实际需要

建筑物的建筑高度不同，需使用的消防车也不同。对低层建筑，普通消防车即可；而对高层建筑，则还要使用曲臂、云梯等登高消防车。为此，考虑登高消防车操作场地的要求，也是确定防火间距的因素之一。

10. 节约用地

在进行总平面规划时，既要满足防火要求，又要考虑节约用地。在有消防扑救的条件下，以能够阻止火灾向相邻建筑物蔓延为原则。

4.2.2.2　建筑物之间防火间距设置的具体要求

建筑之间的防火间距应按相邻建筑外墙的最近距离计算，如外墙有凸出的燃烧构件，应从其凸出部分外缘算起。

下面以民用建筑为例，介绍民用建筑之间防火间距设置的一般要求，见表 4.2 及图 4.1、图 4.2。

表 4.2　　　　　　　　　　　　　　**民用建筑之间的防火间距**　　　　　　　　　　单位：m

建筑类别		高层民用建筑	裙房和其他民用建筑		
		一级、二级	一级、二级	三级	四级
高层民用建筑	一级、二级	13	9	11	14
裙房和其他民用建筑	一级、二级	9	6	7	9
	三级	11	7	8	10
	四级	14	9	10	12

注　1. 相邻两座单、多层建筑，当相邻外墙为不燃性墙体且无外露的可燃性屋檐，每面外墙上无防火保护的门、窗、洞口不正对开设且该门、窗、洞口的面积之和不大于外墙面积的 5% 时，其防火间距可按本表的规定减少 25%。

　　2. 两座建筑相邻较高一面外墙为防火墙，或高出相邻较低一座一级、二级耐火等级建筑的屋面 15m 及以下范围内的外墙为防火墙时，其防火间距不限。

　　3. 相邻两座高度相同的一级、二级耐火等级建筑中相邻任一侧外墙为防火墙，屋顶的耐火极限不低于 1.00h 时，其防火间距不限。

　　4. 相邻两座建筑中较低一座建筑的耐火等级不低于二级，相邻较低一面外墙为防火墙且屋顶无天窗，屋顶的耐火极限不低于 1.00h 时，其防火间距不应小于 3.5m；对于高层建筑，不应小于 4m。

　　5. 相邻两座建筑中较低一座建筑的耐火等级不低于二级且屋顶无天窗，相邻较高一面外墙高出较低一座建筑的屋面 15m 及以下范围内的开口部位设置甲级防火门、窗，或设置符合现行国家标准《自动喷水灭火系统设计规范》(GB 50084) 规定的防火分隔水幕或本规范第 6.5.3 条规定的防火卷帘时，其防火间距不应小于 3.5m；对于高层建筑，不应小于 4m。

　　6. 相邻建筑通过连廊、天桥或底部的建筑物等连接时，其间距不应小于本表的规定。

　　7. 耐火等级低于四级的既有建筑，其耐火等级可按四级确定。

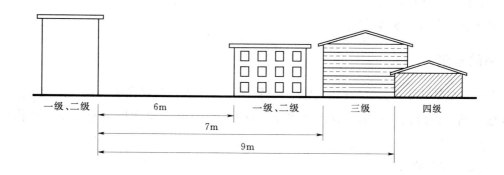

图 4.1 裙房和其他民用建筑之间的防火间距示意图

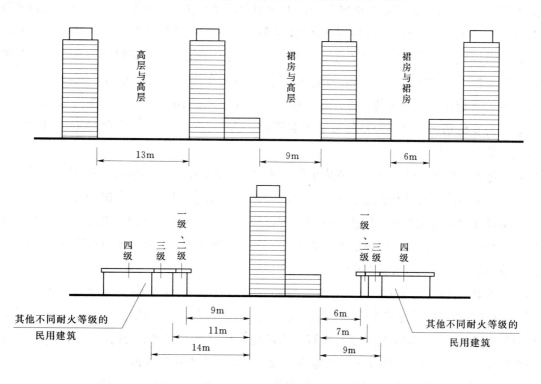

图 4.2 高层民用建筑和裙房及其他民用建筑之间的防火间距示意图

4.2.2.3 防火间距不足时可采取的措施

防火间距不足时应采取的措施可总结为六个字：改、调、堵、拆、防、保。具体阐述如下：

（1）改变建筑物内的生产和使用性质，尽量降低建筑物的火灾危险性，改变房屋部分结构的耐火性能，提高建筑物的耐火等级。

（2）调整生产厂房的部分工艺流程，限制库房内储存物品的数量，尽量降低建筑的火灾危险性。

（3）将建筑物的普通外墙改造为无开设门、窗、洞口的实体防火墙。

（4）拆除部分耐火等级低，占地面积小，适用性不强且与新建筑物相邻的原有陈旧建筑物。

（5）设置独立防火墙。

（6）采用防火卷帘或水幕保护。

4.2.3　消防车道

消防车道是供消防车灭火时通行的道路。设置消防车道的目的就在于一旦发生火灾后，使消防车顺利到达火场，消防人员迅速开展灭火战斗，及时扑灭火灾，最大限度地减少人员伤亡和火灾损失。

4.2.3.1　消防车道的设置

（1）在许多城市的主城区，建筑密集，为便于消防车的通行，城市街区内相邻道路中心线间的距离不宜大于 160m。这主要是根据室外消火栓的保护半径为 150m 左右确定的。沿街建筑有不少是 U 形、L 形的，从建设情况看，其形状较复杂且总长度和沿街长度过长，必然会给消防人员扑救火灾和内部区域人员疏散带来不便，延误灭火时机。因此，当建筑物沿街道部分的长度大于 150m 或总长度大于 220m 时，应设置穿过建筑物的消防车道。确有困难时，应设置环形消防车道。据调查，目前在住宅小区的建设和管理中，存在小区内道路宽度、承载能力或净空不能满足消防车通行需要的情况，给消防扑救带来不利影响。为此，小区的主要道路口不应设置影响消防车通行的设施。

（2）当建筑内院较大时，应考虑消防车在火灾时进入内院进行扑救操作，同时考虑消防车的回车需要，因此，当内院或天井短边长度大于 24m 时，宜设置进入内院或天井的消防车道。

（3）实践证明，建筑物长度超过 80m 时，如没有连通街道和内院的人行通道，当发生火灾时也会妨碍扑救工作。为方便街区内疏散和消防施救，应在建筑沿街长度每 80m 的范围内设置一个从街道经过建筑物的人行通道或公共楼梯间。

（4）高层民用建筑，超过 3000 个座位的体育馆，超过 2000 个座位的会堂，占地面积大于 3000m² 的商店建筑、展览建筑等单、多层公共建筑应设置环形消防车道，确有困难时，可沿建筑的两个长边设置消防车道；对于高层住宅建筑和山坡地或河道边临空建造的高层民用建筑，可沿建筑的一个长边设置消防车道，但该长边所在建筑立面应为消防车登高操作面。

（5）高层厂房，占地面积大于 3000m² 的甲类、乙类、丙类厂房和占地面积大于 1500m² 的乙类、丙类仓库，应设置环形消防车道，确有困难时，应沿建筑物的两个长边设置消防车道。

（6）在穿过建筑物或进入建筑物内院的消防车道两侧，不宜设置影响消防车通行或人员安全疏散的设施。

（7）供消防车取水的天然水源和消防水池应设置消防车道。消防车道的边缘距离取水点不宜大于 2m。

（8）可燃材料露天堆场区，液化石油气储罐区，甲类、乙类、丙类液体储罐区和可燃气体储罐区，应设置消防车道。消防车道的设置应符合下列规定：

1）储量大于表 4.3 规定的堆场、储罐区，宜设置环形消防车道。

表4.3   堆场或储罐区的储量

名称	棉、麻、毛、化纤/t	秸秆、芦苇/t	木材/m³	甲类、乙类、丙类液体储罐/m³	液化石油气储罐/m³	可燃气体储罐/m³
储量	1000	5000	5000	1500	500	30000

2）占地面积大于30000m²的可燃材料堆场，应设置与环形消防车道相通的中间消防车道，消防车道的间距不宜大于150m。液化石油气储罐区，甲类、乙类、丙类液体储罐区和可燃气体储罐区内的环形消防车道之间宜设置连通的消防车道。

3）消防车道的边缘距离可燃材料堆垛不应小于5m。

4.2.3.2　消防车道相关要求

1. 消防车道的宽度要求

据调查，一般中小城市及消防大队配备的消防车有泡沫消防车、水罐车。而大城市，尤其是高层建筑居多的城市，除上述消防车外，还配备有曲臂登高车、登高平台车、举高喷射车、云梯车、消防通讯指挥车等。对于油罐区及化工产品的生产场所配备的消防车主要为干粉车、泡沫车和干粉—泡沫联用车。据调查统计，在役消防战斗车辆中，消防车的最大长度为13.4m，最大宽度为4.5m，最大高度为4.15m，最大载重量为35.3t，最大转弯直径为10m，最小长度为5.8m，最小宽度为1.95m，最小高度为1.98m。根据目前国内所使用的各种消防车辆外形尺寸、按照单车道并考虑消防车速度一般较快，穿过建筑物时宽度上应有一定的裕度，确定消防车道的净宽度和净高不应小于4m。而对于一些需要使用或穿过特种消防车辆的建筑物、道路桥梁，还应根据实际情况增加消防车道的宽度和净空高度。

2. 消防车道的坡度要求

在一些山地或丘陵地区，平地较少，坡地较多，对于起伏较大的坡地，为保证消防灭火作业的需要，规定居高消防车停留操作场地的坡度不宜大于8%。

3. 消防车道的转弯半径要求

据实测，普通消防车的转弯半径为9m，登高车的转弯半径为12m，一些特种车辆的转弯半径为16～20m。为了使消防车能够正常开展工作，消防车道的转弯半径必须大于消防车本身的转弯半径。例如，尽头式消防车道应设回车道或面积不小于12m×12m的回车场，这里的12m×12m是根据一般消防车的最小转弯半径而确定的，对于大型消防车的回车场，则应根据实际情况增大。一些大型消防车和特种消防车，由于车身长度和最小转弯半径已有12m左右，设置12m×12m的回车场就行不通，而需设置大面积回车场才能满足使用要求。

4. 消防车道的承重要求

在设置消防车道时，如果考虑不周，也会发生路面荷载过小，道路下面管道埋深过浅，沟渠选用轻型盖板等情况，从而不能承受大型消防车的通行荷载。因此，消防车道路面、扑救作业场地及其下面的管道和暗沟等应能承受大型消防车的压力，以保证消防车的正常通行和作业。

4.2.3.3　消防车道的其他要求

（1）环形消防车道至少应有两处与其他车道连通。尽头式消防车道应设置回车道或回车场，回车场的面积不应小于 12m×12m；对于高层建筑，不宜小于 15m×15m；供重型消防车使用时，不宜小于 18m×18m，如图 4.3 所示。

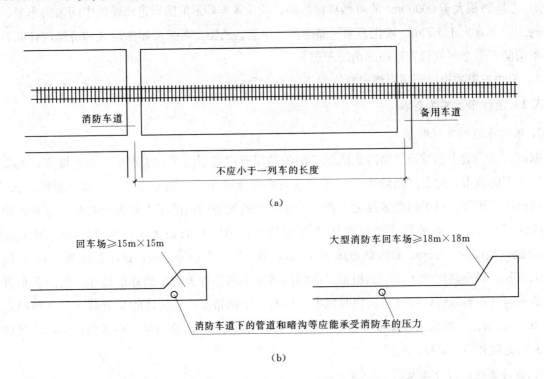

（a）

（b）

图 4.3　尽头式消防车道设回车道或回车场的设计规定和要求

消防车道的路面、救援操作场地、消防车道和救援操作场地下面的管道和暗沟等，应能承受重型消防车的压力。

消防车道可利用城乡、厂区道路等，但该道路应满足消防车通行、转弯和停靠的要求。

（2）消防车道不宜与铁路正线平交，确需平交时，应设置备用车道，且两车道的间距不应小于一列火车的长度。

（3）消防车道靠建筑外墙一侧的边缘距离建筑外墙不宜小于 5m，防止建筑物构件火灾时塌落影响消防车作业，如图 4.4 所示。

（4）消防车道与建筑物之间不应设置妨碍登高消防车操作的树木、架空管线等障碍物，如图 4.5 所示。

（5）消防车道的坡度不宜大于 8%。

表 4.4 为各种消防车的满载（不包括消防人员）总重，可供设计消防车道时参考。

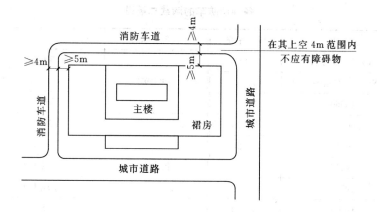

图 4.4　消防车道设计要求图示（一）

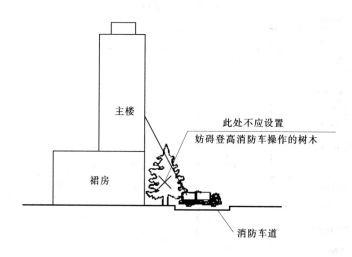

图 4.5　消防车道设计要求图示（二）

4.2.4　消防扑救面

为了在发生火灾时，登高消防车能够靠近高层主体建筑，快速抢救人员和扑灭火灾，在高层民用建筑进行总平面布置时，应考虑云梯车作业用的空间，使云梯车能够接近建筑主体。我们把登高消防车能靠近高层主体建筑，便于消防车作业和消防人员进入高层建筑进行抢救人员和扑灭火灾的建筑立面称为该建筑的消防扑救面。

1991 年 5 月 28 日，山东大连饭店（高层建筑）发生火灾，云梯车救出无法逃生的人员；1993年 5 月 13 日，江西省南昌万寿宫商城（高层建筑）发生火灾，云梯车发挥了很大作用，在这座建筑倒塌之前 6min，云梯车把楼内所有人员疏散完毕；1979 年 7 月 29 日，肯尼亚内罗毕市市中心一座17 层的办公楼发生火灾，由于该大楼平面布置较为合理，为使用登高消防车创造了条件，减少了火灾损失；1970 年 7 月 23 日美国新奥尔良市路易斯安纳旅馆火灾，1973 年 11 月 28 日日本熊本县太洋百货商店大火，1985 年 4 月 19 日黑龙江省哈尔滨市天鹅饭店火灾，都是由于平面布置比较合理，登高

表 4.4 各种消防车的满载总重量 单位：kg

名　称	型　号	满载重量	名　称	型　号	满载重量
水罐车	SG65、SGS5A	17286	泡沫车	CPP181	2900
	SHX5350、GXFSG160	35300		Pm35GD	11000
	CG60	17000		PM50ZD	12500
	SG120	26000	供水车	GS140ZP	26325
	SG40	13320		GS150ZP	31500
	SG55	14500		GS150P	14100
	SG60	14100		东风 144	5500
	SG170	31200		GS70	13315
	SG35ZP	9365	干粉车	GF30	1800
	SG80	19000		GF60	2600
	SG85	18525	干粉-泡沫联用消防车	PF45	17286
	SG70	13260		PF110	2600
	SP30	9210	登高平台车	CDZ53	33000
	EQ144	5000		CDZ40	2630
	SG36	9700		CDZ32	2700
	EQ153A—F	5500		CDZ20	9600
	SG110	26450	举高喷射消防车	CJQ25	11095
	SG35GD	11000	抢险救援车	SHX5110TTXFQ173	14500
	SH5140、GXFSG55GD	4000	消防通信指挥车	CX10	3230
泡沫车	PM40ZP	11500		FXZ25	2160
	PM55	14100		FXZ25A	2470
	PM60ZP	1900		FXZ10	2200
	PM80、PM85	18525	火场供应消防车	XXFZM10	3864
	PM120	26000		XXFZM12	5300
	Pm35ZP	9210		TQXZ20	5020
	PM55GD	14500		QXZ16	4095
	PP30	9410	供水车	GS1802P	31500
	EQ140	3000			

消防车能够靠近高层主体建筑，而救出了不少火场被困人员。反之，1984 年 1 月 4 日，韩国釜山市一家旅馆发生火灾，由于大楼总平面不合理，周围都有裙房，街道又狭窄，交通拥挤，尽管消防队出动数十辆各种消防车，也无法靠近火场，只能进入狭窄的街道和旅馆大楼背面，进行人员抢救和灭火行动。云梯车虽说能伸至楼顶，但没有适当位置供其停靠，消防队员只得从楼顶放下救生绳和绳梯，让直升机发挥营救人员的作用。这些案例都表明，在高层建筑设置登高消防车和消防云梯操作空间的必要性。另外，据北京、上海、广州等大、中城市的实践经验，在发生火灾时，消防车辆

要迅速靠近起火建筑，消防人员要尽快到达着火层（火场），一般是通过直通室外的楼梯间或出入口，从楼梯间进入起火层，开展对该层及其上、下层的扑救作业。因此，高层建筑的底边至少有一个长边或周边长度的 1/4 且不小于一个长边长度，不应布置高度大于 5m、进深大于 4m 的裙房，且在此范围内必须设有直通室外的楼梯或直通楼梯间的出口。建筑物的正面广场不应设成坡地，也不应设架空电线等。建筑物的底层不应设很长的突出物，如图 4.6 所示。

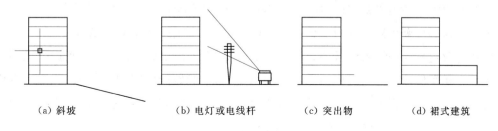

(a) 斜坡   (b) 电灯或电线杆   (c) 突出物   (d) 裙式建筑

图 4.6　消防车工作空间示意图

此外，高层建筑的扑救面与相邻建筑应保持一定距离。消防车道与高层建筑的间距不小于 5m。消防车与建筑物之间的宽度，如图 4.7 所示。高层民用建筑之间及高层民用建筑与其他建筑物之间除满足防火间距要求外，还要考虑消防车转弯半径及登高消防车的操作要求。消防登高面应靠近住宅的公共楼梯或阳台、窗。消防登高面不宜设计大面积的玻璃幕墙。

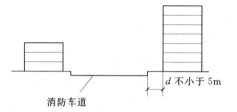

图 4.7　消防车与建筑物之间的宽度

4.3　火灾自动报警系统的设计

火灾自动报警系统是火灾探测报警和消防设备联动控制系统的简称。按其定义，火灾自动报警系统是探测火灾早期特征、发出火灾报警信号，为人员疏散、防止火灾蔓延和启动自动灭火设备提供控制与指示的消防系统。

实践证明，越早发现火情则灭火所需要投入的力量越小，火灾造成的损失越少。一旦火灾发展到达快速成长期后，扑灭火灾的难度和代价将迅速升高以至于发展到难以控制的程度。而火灾自动报警系统则是利用先进的传感、通信和信息等技术手段，实现对场所的全天候自动监控。一旦出现烟、燃烧等微弱的"火灾苗头"即能立刻被捕捉探测到并及时发出火灾报警信息，为建筑物内的人们争取灭火、逃生火灾的最有利时机。从而达到有火不成灾，"预防为主、防消结合"的目的。对于有人在场的房间，通常可由人体的感官感知发现火情，而无人在场的房间以及夜间人们熟睡时，对于火灾发展的人为感知便往往会失灵。在中国古代，夜间火灾的报警工作则主要落在定时巡查的更夫身上。随着传感器技术和电子信息技术的发展及应用，人们发明了可自动探测到火灾热量、燃烧烟气等特征并转化为电信号的装置，实现了对火灾的自动报警功能。它的优点是在一定范围内可以进行长期不间断的监控,时刻保持对火灾的警惕作用。目前,火灾探测报警技术经历了多年的发展已形成了较完备的产品体系和多样的产品种类,并在新的技术方法上不断创新。总结起来,火灾自动报警系统的发展已经经历了三个阶段:

(1) 传统火灾自动报警系统阶段,采用非编码开关量型火灾探测器,多线制火灾报警系统,技术简单,但易受干扰,误报率高,主要用于小型场所。

(2) 总线制火灾自动报警系统阶段,采用编码开关量型或模拟量性火灾探测器,二线制、四线制系统,提高了探测报警可靠性,初步具备远程查询功能,简化了安装调试成本。

(3) 智能型火灾自动报警系统阶段,采用具有独立智能型和多传感器复合判据的探测器,基于微处理器和数字信号传输的分布式网络系统,将环境特征参数的变化数据(如烟雾浓度变化率、温度变化率等)发送给火灾报警控制器,采用模糊逻辑和神经网络处理技术发出多级报警信息,具有更丰富的探测识别方式,更高的可靠性和抗误报警能力。

国际上,火灾探测报警技术正朝着进一步提升探测可靠性、灵敏度,扩大探测范围并进一步降低火灾误报率方向发展。火灾探测产品一方面朝着标准化、低成本、智能化探测发展,另一方面与新型物联网技术、视频监控技术、移动数字技术相结合朝着智能建筑综合安防系统发展。例如,传统的感烟探测器能够探测到约 20%/m 减光度的烟气,而新型高灵敏度感烟探测器则可以探测出 0.005%/m 减光度的极少量烟气粒子,从而实现了极早期火灾预警。再如,探测报警由原来的固定单一报警阈值,发展到灵敏度可调的多级报警阈值以提示不同的报警发展阶段;在探测传感技术方面则发展出了光电、光束、光纤、光栅、红外、图像、激光、气体以及复合式等多种新型传感技术。为了保证产品质量,行业认证和产品标准化成为火灾探测报警系统的重要保障。目前国际上主要的认证检验机构主要有:美国的 UL 认证和 FM 认证、英国的 LPCB 认证、德国的 VDS 认证,以及欧盟的 CE 认证等,实现了火灾探测报警产品的灵敏度、环境适应性和抗电磁干扰等性能的标准化检验。

我国的火灾探测报警技术起步较晚,但近年来随着开放程度的提高发展迅速。火灾探测报警系列产品的生产制造能力迅速提高,形成了完整的产业链,涌现出了多个具有一定规模和行业知名度的企业,通过引进和消化先进技术具备了独立的研发能力,产品标准向国际化靠拢。目前我国对火灾报警设备的市场准入制度实行强制性产品认证(3C 认证)或技术鉴定制度。而在火灾自动报警系统的设计、施工、验收和维护标准方面也形成了较为完整的规范化体系。但是与国外相比,我国火灾探测报警行业市场规模虽然很大,但核心技术自主研发能力较弱,产品附加值较低,质量不稳定。消防设备在安装、调试过程中存在不规范现象,日常对设施设备的维护和管理不到位,消防系统通过验收一两年后出现失灵的情况时有发生。不过,随着我国经济、社会的快速发展,民众的安全意识普遍提高,行业标准规范化不断加强,火灾报警系统将进一步完善并为提高我国建筑消防安全水平,防控火灾、减少火灾损失发挥出更大的作用。

4.3.1　国内外火灾自动报警系统设计依据介绍

欧美国家火灾自动报警系统设计规范化工作开展得比较早,其中有代表性的主要有:美国《国家火灾报警规范》（NFPA72）、英国《建筑火灾探测报警系统第一部分：系统设计、安装交付使用和维护的实施规范》（BS5839-1）、欧洲《火灾探测报警系统第14部分：规划、设计、安装、交付使用和维护指南》（EN54-14）、国际标准化组织（ISO）《火灾探测报警系统第14部分：建筑内外火灾探测报警系统设计、安装和使用规范的起草导则》（ISO7240-14）等。

其中，美国《国家火灾报警规范》（NFPA72）包含了火灾报警系统及其组件的应用、安装、维护和系统改造或升级等项内容。规范中详细说明了各类火灾报警系统的信号触发、传输、报警和显示达到性能水平和可靠性的最低要求、冗余度和安装质量。NFPA72规范将火灾报警系统分为以下类别：

（1）家用火灾报警系统。

（2）被保护房屋的火灾报警系统。

（3）监管站的火灾报警系统，包括中心站的火灾报警系统、远程监管站的火灾报警系统、专用监管站的火灾报警系统。

（4）公用火灾报警系统，包括辅助火灾报警系统——现场供电型、辅助火灾报警系统——分路供电型。

NFPA72长期关注火灾报警领域的新技术、新功能的发展，对火灾报警系统产品和设计采取组件化标准，例如：视频火焰探测器、空气采样探测器、火花及燃屑探测器、监控安全系统、人群提醒系统、警卫巡逻系统、低压无线传输、标准消防服务界面、消防员服务通讯系统、可视触觉报警系统、数字报警传输设备、设备检查、测试、维护要求。

我国在《建筑设计防火规范》《人民防空工程设计防火规范》《汽车库、修车库、停车场设计防火规范》等规范中规定了要求设置火灾自动报警系统各类建筑物场所及设置需求。而《火灾自动报警系统设计规范》为火灾自动报警系统的设计提供了统一的、较为科学合理的设计标准，也为公安消防监督管理部门提供了监督管理的技术依据。

当前我国执行的《火灾自动报警系统设计规范》（GB 50116—2013）是2013年修订发布的，并于2014年5月1日起开始实施。作为建筑火灾报警系统设计的主导规范，适用于新建、扩建和改建的建、构筑物中设置的火灾自动报警系统的设计，不适用于生产和储存火药、炸药、弹药、火工品等场所设置的火灾自动报警系统的设计。规定对于人员居住和经常有人滞留的场所、存放重要物资或燃烧后产生严重污染需要及时报警的场所则可以通过安装火灾自动报警系统，探测火灾征兆特征及时报警，启动消防设施引导疏散，防止造成重大财物损失。

相比于上一版本，修订后的《火灾自动报警系统设计规范》中增加了住宅建筑火灾自动报警系统的设计规定，进一步明确细化了消防联动控制设计要求，对道路隧道、油罐区、电缆隧道以及高度大于12m的空间场所等重点火灾保护场所的火灾报警系统设置进行了专门的规定，此外还增加了对于一些新型、特种火灾探测产品的设计规定，如吸气式感烟火灾探测器、图像型火灾探测器和电气火灾监控探测器等，以及增强火灾报警系统稳定性的相关规定。

4.3.2 火灾自动报警系统的分类和组成

广义上，火灾自动报警系统主要由火灾探测报警系统、消防联动控制系统、可燃气体探测报警系统和电气火灾监控系统等构成。狭义上，火灾自动报警系统即指火灾探测报警系统。火灾探测报警系统由火灾报警控制器、火灾探测器、手动火灾报警按钮、火灾区域显示器、消防控制室图形显示装置、火灾声光警报器、消防专用电话等全部或部分设备组成，完成火灾探测报警功能。

消防联动控制系统则由消防联动控制器、输入输出模块、消防应急广播控制装置、消防应急照明和疏散指示系统控制装置、消防电源监控器等全部或部分设备组成，完成消防联动控制功能，并能接收和显示消防应急广播系统、消防应急照明和疏散指示系统、防烟排烟系统、防火门及卷帘系统、消火栓系统、各类灭火系统、消防通信系统、电梯等消防系统或设备的动态反馈信息。

可燃气体探测报警系统用于监控可燃气体泄漏防止可燃气体爆燃、爆炸，主要由可燃气体报警控制器和可燃气体探测器和火灾声光警报器等构成。根据需要可以通过可燃气体报警控制器接入火灾自动报警系统。

电气火灾监控系统由电气火灾监控器和电气火灾监控探测器构成。

根据《火灾自动报警系统设计规范》，火灾自动报警系统形式分为：区域报警系统、集中报警系统和控制中心报警系统三种类型。

4.3.2.1 区域报警系统

区域报警系统由火灾探测器、手动火灾报警按钮、火灾声光警报器及火灾报警控制器作为最小组成，在此基础上系统中可包括消防控制室图形显示装置和指示楼层的区域显示器。

区域报警系统适于用在仅需要报警，不需要联动自动消防设备的小型场所保护对象中。

4.3.2.2 集中报警系统

集中报警系统是由火灾探测器、手动火灾报警按钮、火灾声光警报器、消防应急广播、消防专用电话、消防控制室图形显示装置、火灾报警控制器、消防联动控制器等组成并设置一个消防控制室，功能较复杂的火灾自动报警系统。

对于不仅需要报警，同时需要联动自动消防设备，且只设置一台具有集中控制功能的火灾报警控制器和消防联动控制器的中型场所保护对象，应采用集中报警系统。

4.3.2.3 控制中心报警系统

控制中心报警系统由两个及以上集中报警系统组成，或者设置了两个及以上消防控制室，适用于大型场所对象。

4.3.3 火灾自动报警系统的设置应用场所

根据建筑的人员聚集程度、财物价值以及发生火灾后扑救的难易度，总结出在以下公共建筑及场所需要设置火灾自动报警系统：

(1) 任一层建筑面积大于 1500m² 或总建筑面积大于 3000m² 的制鞋、制衣、玩具、电子等类似用途的厂房。

(2) 每座占地面积大于 1000m² 的棉、毛、丝、麻、化纤及其制品的仓库，占地面积大于 500m² 或总建筑面积大于 1000m² 的卷烟仓库。

(3) 任一层建筑面积大于 1500m² 或总建筑面积大于 3000m² 的商店、展览、财贸金融、客运和货运等类似用途的建筑，总建筑面积大于 500m² 的地下或半地下商店。

(4) 图书或文物的珍藏库，每座藏书超过 50 万册的图书馆及重要的档案馆。

(5) 地市级及以上广播电视建筑、邮政建筑、电信建筑，城市或区域性电力、交通和防灾等指挥调度建筑。

(6) 特等、甲等剧场，座位数超过 1500 个的其他等级的剧场或电影院，座位数超过 2000 个的会堂或礼堂，座位数超过 3000 个的体育馆。

(7) 大、中型幼儿园的儿童用房等场所，老年人建筑，任一层建筑面积大于 1500m² 或总建筑面积大于 3000m² 的疗养院的病房楼、旅馆建筑和其他儿童活动场所，不少于 200 个床位的医院门诊楼、病房楼和手术部等。

(8) 歌舞娱乐放映游艺场所。

(9) 净高大于 2.6m 且可燃物较多的技术夹层，净高大于 0.8m 且有可燃物的闷顶或吊顶内。

(10) 电子信息系统的主机房及其控制室、记录介质库，特殊贵重或火灾危险性大的机器、仪表、仪器设备室、贵重物品库房，设置气体灭火系统的房间。

(11) 二类高层公共建筑内建筑面积大于 50m² 的可燃物品库房和建筑面积大于 500m² 的营业厅。

(12) 其他一类高层公共建筑。

(13) 设置机械排烟、防烟系统、雨淋或预作用自动喷水灭火系统、固定消防水炮灭火系统等需与火灾自动报警系统连锁动作的场所或部位。

对于人防地下工程，则根据《人民防空地下室设计规范》中的相关规定，在以下场所内要求设置火灾自动报警系统：

(1) 建筑面积大于 500m² 的地下商店和小型体育场所。

(2) 建筑面积大于 1000m² 的丙类、丁类生产车间和丙类、丁类物品库房。

(3) 重要的通信机房和电子计算机机房，柴油发电机房和变配电室，重要的实验室和图书、资料、档案库房等。

(4) 歌舞娱乐放映游艺场所。

对于高层住宅建筑公共部位应设置具有语音功能的火灾声警报装置或应急广播。当建筑高度大于 100m 时，则规范要求应全面设置住宅火灾自动报警系统；当建筑高度不大于 100m、但大于 54m 时，要求在建筑的公共部位应设置火灾自动报警系统，而在套内则建议设置家用火灾探测器；当建筑高度不大于 54m 时，建议可在公共部位设置火灾自动报警系统。当住宅建筑内设置需联动控制的消防设施时，在住宅公共部位应设置火灾自动报警系统用于报警联动。

对于建筑内可能散发可燃气体、可燃蒸气的场所，应设置可燃气体报警装置。

而对于建筑高度大于 50m 的乙类、丙类厂房和丙类仓库，室外消防用水量大于 30L/s 的厂房（仓库），或者一类高层民用建筑，国家级文物保护单位的重点砖木或木结构的古建筑，以及座位数超过 1500 个的电影院、剧场，座位数超过 3000 个的体育馆，任一层建筑面积大于 3000m² 的商店和展览建筑，省（市）级及以上的广播电视、电信和财贸金融建筑，室外消防用水量大于 25L/s 的其他公共建筑，以上场所则建议设置电气火灾监控系统，用于监控电气设备和线路的火灾隐患。

对于城市隧道，要求在一类、二类隧道、隧道用电缆通道和主要设备用房内设置火灾自动报警系统，建议在通行机动车的三类隧道内设置火灾自动报警系统。而封闭段长度超过 1000m 的隧道，建议设置消防控制室。

4.3.4　火灾探测器

根据火灾探测形式不同，火灾探测器可分为：点型火灾探测器、线型火灾探测器。近年来随着安全领域需求的加强和火灾探测新技术发展，出现了一些新型火灾探测产品，如通过管路采样的吸气式感烟火灾探测器等。

而根据探测原理不同，火灾探测器还可分为多种类型，如光电型、离子型、热电偶型、气敏催化型、激光型、红外型、图像型、空气管型、光纤型、光栅型等。

通常，工程设计上还按照被探测的物理量进行分类，分为：感烟探测器、感温探测器、火焰探测器、可燃气体探测器，以及多探测复合探测器等类型。

4.3.4.1　感烟探测器

据初步估计，目前，国内外各种感烟探测器在市场上的销售和使用量约占各种火灾探测器使用量的 70%～80%。其中，占主导的产品是点型离子感烟探测器和光电感烟探测器，此外还有红外光束线型感烟探测器、采用光电感烟探测器的吸气式及高灵敏度感烟探测器等。

离子型感烟探测器采用放射性同位素使电离室内的空气产生导电性，当烟雾进入电离室导电性发生变化，从而判断是否发生火灾。离子感烟探测器技术发展时间长、产品成本低，尤其对有火焰及燃烧产生的小烟粒子和非极化的粒子有较高的响应灵敏度。适合探测石蜡、乙醇、木材等明火。

光电型感烟探测器一般采用散射光型或者减光型，通过烟雾改变检测室内光照强度从而判断火灾。对火灾初期产生的可见大烟粒子有较高的响应灵敏度，而对小烟粒子，特别是对燃烧产物主要由碳粒子构成的黑烟响应不灵敏。适合探测油毡、棉绳、山毛榉等阴燃火。

红外光束线型感烟火灾探测器是利用烟粒子吸收或散射红外光、改变光束强度的工作原理的火灾探测器，由发射器和接收器两部分组成（图 4.8）。具有保护面积大、安装位置高等特点，尤其适宜在难以使用点型火灾探测器的场所，大型库房、展览馆、中庭、飞机库等高大空间。但是，在光束路径上容易产生遮挡的场所不适用。

4.3.4.2　感温探测器

感温探测器利用探测器中的热敏原件受环境温度变化时产生电信号的原理探测火灾发生。根据

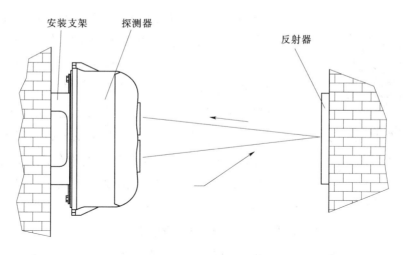

安装支架　探测器　　　　　　　　　　　反射器

图 4.8　红外光束线型感烟探测器安装示意图

探测器检测的是温度绝对值或是检测温度变化值,感温探测器可分为定温火灾探测器和差温火灾探测器,而同时具有定温探测特性和差温探测特性的探测器则称为差定温探测器。按照探测形式,感温探测器也分为点型探测器和线型探测器两类。

点型感温探测器适于安装在湿度、粉尘较大,经常有油烟的场所,用于代替感烟探测器,如厨房、锅炉房、发电机房等。或者安装在需要利用温度进行判断动作的场所,如安装在防火卷帘门旁。

线型感温探测器比较常见的是缆式线型定温探测器,利用两根导线在周围温度达到一定值时导线间的电流发生变化的原理来判断火灾发生。这种探测器在工业建筑或特殊应用场所中已发挥重要的监视火情作用。适于安装的场所部位包括:

(1) 电缆隧道、电缆竖井、电缆夹层、电缆桥架;配电装置、开关设备、变压器等。

(2) 各种皮带输送装置。

(3) 控制室、计算机室的闷顶内、地板下及重要设施隐蔽处等。

(4) 其他环境恶劣不适合点型探测器安装的场所。

图 4.9　缆式线型感温探测器

缆式线型感温探测器一般由微机处理器、终端盒和感温电缆组成(图 4.9)。

总的来说,感温探测器的探测报警灵敏速度低于感烟探测器,尤其对于早期阴燃火无法响应,而一旦发出报警其报警的可靠度比较高。

4.3.4.3　火焰探测器

火焰探测器是一种可响应火灾发出的电磁辐射(红外、紫外和可见光)的火灾探测器。同感温、感烟探测器相比,火焰探测器出现的时间较晚,但近年来发展较快,尤其适用于生产、存储和运输高度易燃物质、易燃液体的危险性很大的场所。火灾探测器依照响应火焰辐射波长不同可分为:紫外火焰探测器、红外火焰探测器和可见光火焰探测器。

图 4.10　红外火焰探测器

对于响应的光辐射波长低于 400nm 的探测器称作紫外火焰探测器；响应辐射波长高于 800nm 的探测器称作红外火焰探测器（图 4.10）；响应辐射波长在 400nm 到 800nm 之间的探测器称作可见光火焰探测器。近几年火焰自动探测技术有很大发展，特别是图像型火焰探测技术。图像型火灾探测器技术是采用红外视频技术监视燃烧产生的烟、温、气体和火焰在空间的分布。该技术广泛用于大空间火焰监视，并开发出用于分析图像中存在火灾探测数据的算法。其中一种采用多光谱摄像机监视火灾的视频摄像系统，能监视燃烧产生的波长在 800~1100nm 的红外光、波长在 400~800nm 的可见光和波长在 160~320nm 的紫外光，形成复合型火焰探测系统。

火焰探测器对电磁辐射的反应速度快、可靠性高，非常适合用于化工企业、油罐库区的火灾检测监控。但在普通场所，因火焰探测器不能探测阴燃火，只能作为感烟或感温探测器的一种辅助手段，不作为通用型火灾探测器。通常火焰探测器同开式灭火装置联动，如联动触发雨淋系统、大空间主动灭火系统等，组成一个完整的自动灭火系统，特别适合仓库和储木场等大型开阔空间或者明火的蔓延可能造成重大危险的场所，不适用于燃烧产生浓烟的场所和容易产生探测器"视线"被遮挡的场所。

4.3.4.4　可燃气体探测器

可燃气体探测器是利用气体传感器受气体作用后发生变化，产生电信号的原理开发，用于探测环境中某种气体浓度一旦达到报警值，从而判断存在可燃气体危险并发出报警信号的装置。由于被探测气体的种类繁多，它们的属性各不相同，其检测方法也随气体的种类、浓度和成分而异。当前可用于检测的气体成分主要有：CO、CO_2、NO_x、CH_4、H_2、胺（$-NH_2$）等。

气体探测器按照传感器结构形式和探测机理主要包括以下类型：半导体气体传感器、接触燃烧式传感器、固体电解质式传感器、红外线吸收式传感器、导热率变化式传感器等。

可燃气体探测器的适用场所包括：

（1）使用、输送煤气或天然气的场所，如厨房、燃气管井。

（2）煤气站和煤气表房以及存储液化石油气罐的场所。

（3）其他可能散发或泄漏可燃气体和可燃蒸汽的场所。

由于火焰探测器和可燃气体探测器多应用于易燃、易爆等特殊场所，因此除了具备各自探测功能外，探测器本身通常还需具备防爆属性。

4.3.5　火灾报警控制器

火灾报警控制器是火灾自动报警系统中的主要设备，是火灾自动报警系统的决策和控制中心。当前火灾报警控制器的核心处理单元通常有一个计算机系统组成，包括 CPU、存储器和软件系统。同时火灾报警控制器还需要具备与火灾探测器、手动报警按钮等接驳的信号采集与传输接口，作为报警结果输出的声、光和图形显示装置以及打印装置，对于具有联动控制功能的报警控制器还需要具有输出控制模块等。

按照通讯编码寻址方式和接线形式，火灾报警控制器可分为：

（1）多线制火灾报警控制器，其探测器和报警控制器的连接采用一一对应方式。每个探测器至少有一根导线与控制器连接，因此其连线较多，仅适用于小型火灾自动报警装置。

（2）总线制火灾报警控制器，其探测器和报警控制器采用总线方式连接。所有探测器均并联或串联在总线上（一般有二总线式、四总线式），具有安装、调试、使用方便，工程造价较低的特点，适用于大中型火灾自动报警系统。

按照功能和用途，火灾报警控制器可分为：

（1）区域火灾报警控制器，其控制器直接连接火灾探测器、火灾报警按钮，能够处理收到的报警信息发出声光警报信号，同时还能够向其他报警控制器传递信息。具有基本的探测信息处理、报警和通信功能。因其能够接入的探测采集点有限，不具有或仅具有少量联动控制功能，通常用于区域报警系统。

（2）集中火灾报警控制器，它既可以与火灾探测器、火灾报警按钮直接相连，也可以与多台区域报警控制器相连，处理区域级火灾报警控制器送来的报警信号，通常还具有消防联动控制功能，常用在较大型场所的集中报警系统中。

目前，各种火灾报警控制器产品一般具备的功能包括：

（1）火灾报警功能，应能直接或间接地接收来自火灾探测器及其他火灾报警触发器件的火灾报警信号，发出火灾报警声、光信号，指示火灾发生部位，记录火灾报警时间。

（2）火灾报警控制功能，可设置其他控制输出，用于火灾报警传输设备和消防联动设备等设备的控制，每一控制器输出还应有对应的手动直接控制按钮。

（3）故障报警功能，当控制器内部、控制器与其连接的部件间发生故障时，控制器应发出与火灾报警信号有明显区别的故障声、光信号，故障声信号应能手动消除。

（4）屏蔽功能（可选），应具有单独屏蔽、解除屏蔽每个探测区、回路，联动控制设备，故障警告设备，火灾声/光警报器，火灾报警传输设备。

（5）监管功能（可选），应具有发出与火灾报警信号有明显区别的监管报警声、光信号，声信号仅能手动消除。

（6）自检功能，应能检查本机的火灾报警功能。

（7）信息显示与查询功能，按火灾报警、监管报警及其他状态等级高低顺序显示。

（8）系统兼容功能（仅适用于集中、区域和集中区域兼容型控制器），区域控制器和集中控制器之间应能相互传输火灾、故障报警、动作反馈信息以及自检信息、屏蔽等各种完整信息和指令。

（10）电源控制功能，分应具有主电源和备用电源转换装置。

（11）软件控制功能，应具有软件自检功能和异常处理功能。

4.3.6　新型火灾自动报警系统设计

传统火灾探测报警系统主要应用于一般性民用和工业建筑场所，如走廊、办公室、商店营业厅、酒店客房、汽车库等，但是对于一些具有特殊要求的场所如：洁净度要求高的机房、精密仪器厂房、重要通信及数据机房、核电站等对空气中烟雾颗粒敏感性极高，要求对火灾出现大量可见烟雾之前就能够发出早期预先报警，传统火灾自动报警系统的探测灵敏度无法达到如此高的要求。再有，对于近年来大量出现的高大空间、大型场馆、高架库房、中庭等大空间建筑，传统火灾探测报警系统的使用范围受到限制，如现行《火灾自动报警系统设计规范》（GB 50116—2013）规定：点型感温探测器的安装高度不宜大于 8m；点型感烟探测器的安装高度不宜大于 12m；房间高度大于 12m 的场所可选择火焰探测器或线型的红外光束感烟探测器；但火焰探测器和红外光束感烟探测器都不适合于有遮挡的大空间场所，而红外光束感烟探测器设置的高度不宜超过 20m，否则需要分层设置。受到空间高度限制，烟气在上升过程中浮力逐渐降低，又受到空间上空"热障"现象会进一步阻碍烟气向上扩散到顶棚，因此在火灾初期仅有极少数烟雾微粒能够扩散到高大空间顶部，而使温度达到感温探测器报警要求则会更慢。如何实现在这些特殊场所的有效火灾探测报警已经成为近年来火灾自动报警领域的热点方向，目前已经逐步研制出一批新型火灾探测报警产品，其技术正逐渐发展成熟。下面将介绍两种新型火灾探测报警系统。

4.3.6.1　吸气式烟雾探测火灾报警系统设计

感烟探测器作为火灾自动报警领域应用最广泛的火灾探测设备，在火灾初期探测中起着重要的作用。而要实现超早期火灾探测，依靠传统的点型或线型感烟火灾探测器是难以实现的，主要原因在于：

（1）普通的感烟火灾探测器采用被动工作方式，等待烟的到来、积累而进行探测判断。在火灾早期，通常烟的扩散速度较慢，需经过一定的时间才能到达探测器，探测器无法实现超早期火灾探测报警。

（2）普通的感烟火灾探测器使用的传感器灵敏度不够高，无法检测到极少量的烟气粒子，达不到超早期火灾探测报警的要求。

而高灵敏度吸气式烟雾探测器则能够在这两方面发挥优势。目前我国尚未发布通用的吸气式烟雾探测火灾报警系统设计国家标准，而在部分省市地区出台了一些地方性标准，如北京市地方标准《吸气式烟雾探测火灾报警系统设计、施工及验收规范》（DBJ 01—622）。

1. 吸气式烟雾探测火灾报警系统原理

吸气式烟雾探测火灾报警系统（Aspirating Smoke Detection Fire Alarm System）由空气采样管网、火灾探测装置及显示控制单元组成，火灾探测装置内设有抽气泵、过滤网和烟雾室（图 4.11）。通过分布在探测区域的采样管网上的采样孔，空气样品被抽吸到探测装置内进行分析，并显示出所保护区域的烟雾浓度和报警或故障状态的系统。

吸气式烟雾探测火灾报警系统的工作原理是利用光散射技术、激光计数技术或者云雾室技术等对空

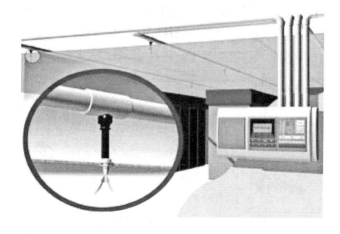

图 4.11　吸气式烟雾探测火灾报警系统示意

气中的极少量烟粒子进行探测。通过分布在防护区的采样管网并利用内置的抽气泵在管网中形成了一个稳定的气流，主动将空气样品抽取到探测器内进行分析，并显示出防护区的烟雾浓度。当其达到各级报警阈值时，发出相应的报警信号，而报警阈值是根据环境的要求设定的。国际上通常采用遮光率作为烟浓度的测量单位，即烟雾对光线的遮挡程度，用空气中烟雾含量或浓度的百分数表示，计量单位为：%obs/m。吸气式感烟火灾探测器的灵敏度可根据其响应阀值分为三种，见表 4.5。

表 4.5　　　　　　　　　　　　　探 测 器 类 型 分 类

探测器类型	响应阈值 M（用遮光率表示）
高灵敏	$M \leqslant 0.8\%obs/m$
灵敏	$0.8\%obs/m < M \leqslant 2\%obs/m$
普通	$M > 2\%obs/m$

目前较先进的高灵敏度吸气式探测系统采用了激光探测技术，将计数探测器中烟雾粒子的颗粒数作为烟浓度测量单位，灵敏度可达到相当的遮光度 $0.005\%obs/m$，是传统探测器的数百倍。

由于一条空气采样管路上通常要可设多个采样孔，而多个采样孔同时吸入空气，当一个采样孔吸入含有烟雾的空气则到达探测器时将被其他采样孔吸入的空气稀释。因此采样孔处灵敏度与探测器灵敏度存在差异。

$$采样孔的灵敏度 = 探测器的灵敏度 \times 实际采样孔数量 \tag{4.1}$$

例如一台高灵敏度探测器的灵敏度为 $0.005\%obs/m$，如果同一条采样管上开了 100 个孔，那么采样孔的灵敏度就近似为 $0.5\%obs/m$。

可以看出，采样孔越多，相对于每个采样孔的灵敏度就会越低。所以为了保证系统的可靠性和灵敏度，不允许无限制地开孔，有些探测器虽然号称灵敏度可以达到 $0.001\%obs/m$，可是并不能真的在采样管网上开多达 800 个孔，因为探测器的报警灵敏度阈值不可能真的设定为 $0.001\%obs/m$，否则即使是非常洁净的空气无需任何烟雾都会引起它的报警。而且，开了这么多孔之后，每个采样孔的抽吸力会严重不足，将导致每个采样孔的实际灵敏度远远不如一个常规点式感烟探测器的灵敏度。因此，报警设计规范对空气采样管长度及采样孔设置数量进行了限制，规定吸气感烟探测单元的单个采样管长度不宜超过 100m，单管上的采样孔数量不宜超过 25 个。火灾探测器响应范围如图 4.12 所示。

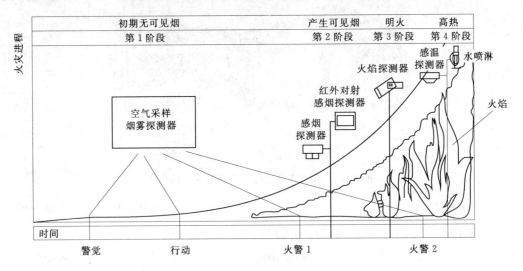

图 4.12　火灾探测器响应范围示意

2. 吸气式烟雾探测火灾报警系统的适用场所

（1）具有高空气流量的场所，如电信机房、计算机房、无尘室等。

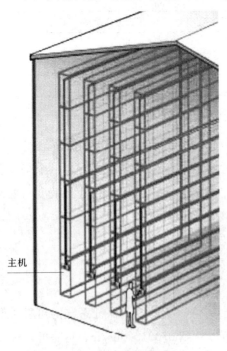

图 4.13　吸气式烟雾探测器在高架仓库内安装示意

（2）点型感烟、感温火灾探测器不适宜的大空间、舞台上方、建筑高度超过 12m 或有特殊要求的场所。

（3）低温场所，如冷冻仓库等。

（4）需要进行隐蔽探测的场所，如文化/遗产建筑。

（5）需要进行火灾早期探测的重要场所，如银行的数据中心、电力部门的变配电室、机场的控制塔等。

（6）人员不宜进入的场所，如具有易爆物质、化学品或核辐射的场所。

对于需要早期发现火灾的特殊场所，应选择高灵敏度的吸气式感烟火灾探测器，且应将该探测器的灵敏度设置为高灵敏度状态。而对于灰尘比较大的场所，应选择具有过滤网或管路自清洗功能的管路采样式吸气感烟火灾探测器。

3. 吸气式烟雾探测火灾报警系统设计

典型吸气式烟雾探测火灾报警系统主要由探测器和采样管网组成（图 4.13）。探测器由吸气泵、过滤器、激光腔、控制电路卡、显示模块等构成。吸气泵通过采样管网从受监测的环境中连续采集空气样品送入探测器，空气样品通过过滤器组件、滤去灰尘颗粒后进入烟雾室，激光照射空气样品，烟雾粒子造成激光散射，由光接收器接收，接收器将光信号转换成电信号经处理后转化为烟雾浓度值，显示在显示模块上。

采样管网通常有以下三种设计安装类型：

（1）标准管道系统（PVC管）采样。这种类型可以将PVC管敷设于顶棚及地板下。这种方法是在被保护区安装PVC采样管，管网的排列可由多种变化，从而覆盖整个被保护区，采样管与探测器主机连接（一般接4根，也可依系统多接），采样管壁开有小孔，系统通过这些采样点进行主动式吸气探测。这种方法适用于大堂、礼堂、机场、体育馆、展览中心、高架仓库等高大空间的火灾探测。

（2）毛细管采样。这种类型采样点与采样管分离，在主采样管路上接出一条毛细管伸到被采样区内，在毛细管末端开设采样孔（图4.14）。这种方法通常适用于由于技术或美观的原因，主采样管道不能铺设到保护区域的情况。这种方法适用于有历史价值建筑的火灾设防及装修考究的场所。开关柜内、各类控制柜内也可采用这种方法。

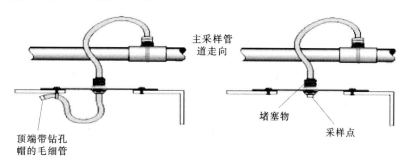

图4.14　使用毛细管采管从设备机壳内采样示意

（3）回风采样。采样管安装在通风管道或空气处理设备的回风格栅上，如图4.15所示。这是一种非常灵活的采样方法，能够对较大区域或洁净厂房进行监测，同样这种方法可以在较隐蔽的地方，避免与管线过多而造成对建筑物美观的破坏。

吸气式烟雾探测火灾报警系统可以将烟雾的报警值设定在0.005％obs/m到20％obs/m之间。按照分级（分阶段）报警并利用相关的时间延迟功能，可确保此类系统避免误报警。分级报警一般分为：

第一级报警——Alert（报警提示），可以用来招集防火专职人员对不正常情况进行调查。

第二级报警——Action（行动），可以启动报警功能，并通告其他人员。

第三级报警——Fire1（火灾报警1），表示已非常

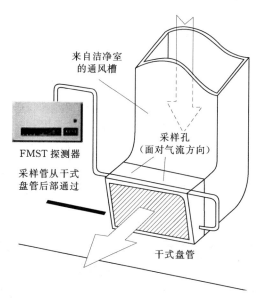

图4.15　从回风盘管采样示意

接近或火灾已经发生。

第四级报警——Fire2（火灾报警2），启动消防系统。

在设置吸气式烟雾探测器时，每个采样孔应视作一个点式感烟探测器。采样孔的间距不应大于相同条件下点式感烟探测器的布置间距。当采样孔在高气流环境（探测区域空气交换率＞8.6次/h）下布置时，每个采样孔的保护面积应相应减少。

吸气式烟雾探测器的工作状态应在消防控制室或值班室内集中显示。探测器可通过其自身网络或局域网、广域网进行连接，实现集中监控管理，并可通过网络接口向其他监管网络提供信息。如果作为气体灭火系统的烟感报警信号，吸气式烟雾探测器可对气体释放进行联动控制。

4. 吸气式烟雾探测火灾报警系统的应用工程案例

（1）吸气式烟雾探测火灾报警系统在伦敦ExCel新展览中心的应用。ExCel展览中心位于伦敦市中心，占地面积90000m²，是记录了工业改革历史的艺术中心。作为主要火灾探测手段，ExCel展览中心内安装了37台吸气式感烟探测装置。对于高度超过12m的天花板，高空气流分层，上层空气被稀释，其他传统的探测方法都不能胜任。吸气式烟雾探测系统的空气采样管可以安装在天花板内部等难以到达的地方及空调回风口等高空气流速环境中进行探测，通过与通信网络连接，可以在远程控制室进行监测。吸气式感烟探测系统以其优越可靠的探测性，高度的灵敏度、安装设置的灵活性充分发挥出早期烟雾探测能力。

（2）吸气式感烟探测系统在曼哈顿狩猎者银行数据室中的应用。曼哈顿狩猎者银行，是美国最大的银行业公司之一，也是世界一流的财务服务机构，在52个国家有业务，客户来自180个国家，在投资银行业中处于顶级行列。该项目安装了7套吸气式感烟探测系统，用于保护一个磁带库、通讯中心和一个包含了银行主结构计算机的数据中心。每一部探测器都有4根采样管，其中2根在室内区域，2根在地板下空间。在有火灾风险的情况下，系统可以区分和鉴别采烟管，这样就可以指示出火灾的起源。

4.3.6.2　图像式火灾报警系统设计

图像式火灾探测技术不同于传统感烟、感温探测模式，而是基于捕捉和分析火灾时产生烟气和火焰等特征因素的实时影像的火灾探测模式，将摄影测量、图像处理、智能识别等多学科技术综合应用于火灾探测与联动控制中来。

图像式火灾探测技术主要由基于实时序列图像的火焰识别技术、感烟探测技术及相应的火灾空间定位技术组成。该技术由于使用了CCD摄像视频影像进行火灾探测，可以避免空间高度和气流的影像，同时由于采用了多重特征因素判据，克服了常规火灾探测报警系统因判据单一而遇到的困难，使火灾探测的灵敏度和可靠性都得到很大的提高。

1. 图像式火灾报警系统原理

（1）图像感焰火灾识别技术。初期火灾的温度一般在1200～1700K之间，其特征光谱集中在红外、红光和黄光波长范围。通过热像仪或低照度摄像机等设备测量火灾早期红外区的辐射能量，可用于探测阴燃火灾识别；而通过彩色摄像机测量可见光范围的辐射，可用于探测有焰火灾识别。这种通过多重判据分析探测方式称为双波段图像型火灾探测，实现火灾的早期探测。

在火灾识别技术中，主要用到了提取火灾影像特征，包括：

1）火灾燃烧在时序影像中的自然特性，如持续发出辐射特性。

2）火灾燃烧的色谱特性，如火焰光谱的色谱分布特性。

3）火灾燃烧的相对稳定性，即火源空间位置的稳定非跳跃。

4）火灾燃烧的纹理和闪烁特性，如火焰闪烁频率。

5）火灾蔓延增长的趋势特性，如火灾蔓延面积的扩大。

利用红外影像探测发现有较强热辐射部位并对可疑点进行跟踪摄像（图4.16）；利用能量增长趋势判据对可疑点的能量增长趋势进行判别；而根据火灾燃烧的影像纹理闪烁特性利用序列影像计算可疑区的能量闪烁频率。通过将以上多种火灾影响特征进行综合分析，只有在满足多重判据条件下，才认为存在火灾。

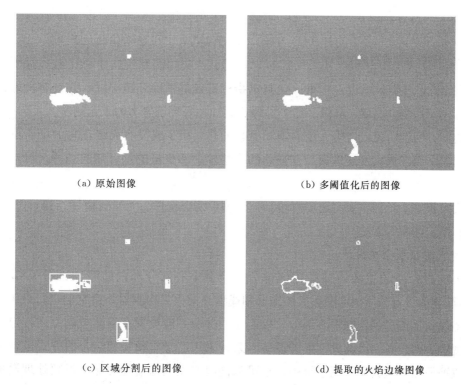

（a）原始图像　　　　　　　　　　　　　　（b）多阈值化后的图像

（c）区域分割后的图像　　　　　　　　　　（d）提取的火焰边缘图像

图4.16　红外火焰图像处理

（2）图像感烟火灾探测技术。新型光截面图像感烟火灾探测技术通过采用多光源红外发光阵列发射红外光，穿过被监控区域上空，在位于对面的红外摄像机上成像，形成具有特定形状的红外阵列光斑影像。将光斑影像传入信号处理器，通过采用模式识别、持续趋势、预测适应，以及神经网络算法分析实时光斑特征并与烟气特征进行智能比较，得出判断结论。

由多光束组成的光截面，能对被监控空间上空实施任意曲面式覆盖。由对光截面中相邻光束的相关分析，克服了常规单光束火灾探测由于偶然因素引起的误报。而自动跟踪定点监测，则解决了常规线型感烟探测器由于安装移动而造成的误报。

（3）图像火灾空间定位技术。利用双波段摄像机（红外摄像机和可见光摄像机的组合）进行火灾空间定位是根据双像正直摄影立体视觉原理（仿人眼成像原理），由左右摄像机视察视差（图4.17）和基线确定火灾的空间三维位置。

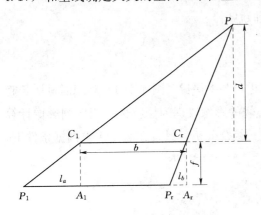

图 4.17　双摄像机视差测距原理

由于左右相机的摄影基线较短，因此对于较远距离的准确定位出现一定困难。对此可以采用单红外相机通过旋转扫描实现火灾空间定位。由电机驱动扫描相机视线在水平方向 0°～350°和竖直方向 0°～180°范围内旋转扫描，通过角度检测器测量扫描角度和火灾中心点在红外图像上的坐标，进而计算确定火灾的空间位置。由于扫描的全方位性和摄影基线的连续可调，大大扩展了火灾监控的有效范围。

2. 图像式火灾报警系统的适用场所

图像式火灾探测系统属于非接触式探测方式，能够显著增大探测距离和探测灵敏度，多重火灾判定指标有效地消除环境干扰，并具有良好的密封性和防腐蚀性，可用于高尘、高湿、高温、易燃易爆、腐蚀性等环境恶劣的工业场所。

在火灾初期有阴燃阶段，产生大量的烟和少量的热，很少或没有火焰辐射的场所可选择图像式感烟火灾探测器。而在火灾发展迅速，有强烈的火焰辐射和少量的烟、热的场所，可选择图像式火焰探测器。

图像式火灾报警系统的主要应用场所包括：大型厂房、仓库、礼堂、商场、银行、车站、机场、展览厅、体育馆、油库等。

3. 图像型火灾报警系统设计

图像式火灾报警系统主要由前端探测部分、控制中心部分和消防联动部分三部分组成（图4.18）。前端探测部分可采用图像型火灾探测器和线型光束火灾探测器，由它们进行火灾探测，采集火灾信息和图像信息传送到控制中心部分。控制中心部分一般设置在消防控制室内，包括信息分析处理设备、视频处理设备，以及火灾报警设备。系统采用巡检与预警相结合的方式进行火灾探测报警，在使用双波段图像型火灾探测系统中，还可以同时实现图像监控功能。视频处理设备循环切换每一路探测信号及图像，信息分析处理设备循环检测每路探测器进行火灾确认并发出预警信号。确认为火灾时，系统自动启动声光报警，自动切换报警图像到监视器，自动进行录像，自动记录报警信息。

（1）图像型火灾探测器（图4.19）。图像型火灾探测器（又称双波段图像型火灾探测器）采用双波段火灾探测技术，探测方式上属于非接触式感火焰探测器，它由红外 CCD 和彩色 CCD 组成，可同时采集红外视频图像信号和彩色视频图像信号，使火灾探测和图像监控得到有机结合，适用于大空间和其他特殊空间场所。

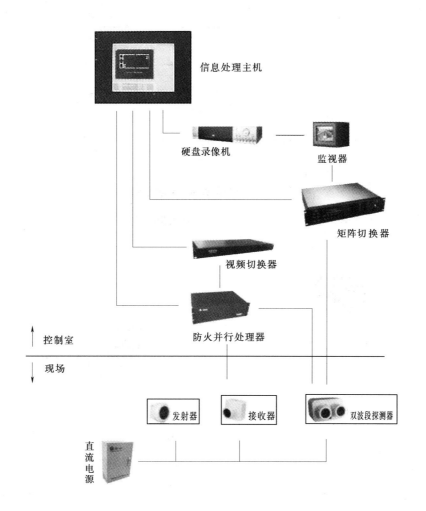

图 4.18　图像型火灾报警系统示意图

图像型火灾探测器可壁装或吊装，可以根据现场要求配置不同的探测距离和保护范围角度，见表 4.6。

图像型火灾探测器安装距顶棚距离不得小于 50cm；空间高度较高时，建议安装在 8～12m 处；探测器的正下方容易形成探测盲区，应注意探测器的安装角度或利用其他探测器消除，如图 4.20 所示。

图 4.19　图像型火灾探测器

表 4.6　　　　　　　　　　　　　　　　图像型火灾探测器保护范围选型

最大探测距离/m	30	60	80	100
保护角度 $H \times V$	$60° \times 50°$	$42° \times 32°$	$32° \times 24°$	$22° \times 17°$

（2）线型光束火灾探测器（图 4.21）。线型光束火灾探测器（又称光截面火灾探测器）采用光截面图像火灾探测技术，探测方式上属于非接触式图像感烟探测器。它可对被保护空间实施任意曲面式覆盖，不需要对准光路，由发射器和接收器组成，具有一个接收器对应多个发射器的特点，可以

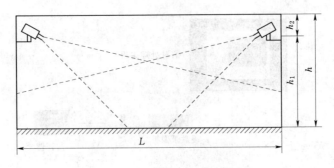

图 4.20　图像型火灾探测器安装

智能分辨发射光源和干扰光源，具有保护面积大、响应时间短的特点，可广泛应用于火灾时产生烟雾的大空间场所，如烟草仓库、棉麻仓库、原料仓库等。

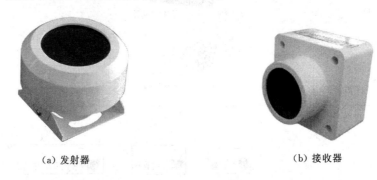

（a）发射器　　　　　　　　　　　　　　　（b）接收器

图 4.21　光截面火灾探测器

线型光束火灾探测器的发射器与接收器相对安装在保护空间的两端。发射器可墙壁侧装或顶棚吊顶安装，位于接收器有效视场中即可。根据实际探测距离和探测器保护角度进行探测器选型并确定光截面接收器的布置方法和数量，见表 4.7。

表 4.7　　　　　　　　　　　　　　线型光束火灾探测器保护范围选型

光路长度/m	3～30	3～60	3～100
保护角度 $H \times V$	58°×48°	40°×30°	20°×15°

相邻两个发射器之间的间距不超过 10m，如图 4.22 所示发射器安装距顶棚距离宜为 0.5～1.0m，发射器轴线距侧墙的距离不应小于 0.3m，在空间高度大于 20m 的场所，宜采用二层安装。

4. 图像式火灾报警系统的应用工程案例

某双洞隧道长为 753m，宽为 18m，隧道拱形顶最高为 8m，拱形两边高度为 6m。该隧道内共设置 14 套双波段图像型火灾探测器，可对火焰进行有效探测，探测器安装高度为 6m。在消防控制室设有信息控制主机、防火并行处理器、视频切换器等。视频线采用同轴视频线缆，远距离采用光纤传输，隧道内各线缆穿金属管沿墙或电缆沟内敷设，光纤敷设在电缆沟内。控制室供电电源额定功率设计为 3kW。

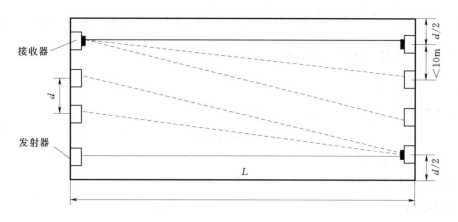

图 4.22 光截面火灾探测器安装

4.4 自动喷水灭火系统设计

随着现代建筑向高层、大型化发展，特别是人员聚集的大型公共建筑，外部消防救援条件往往较差。加之建筑内各种新型合成材料使用增多，火灾时猛烈燃烧释放出大量烟雾和有毒物质更加重了火灾扑救的难度，容易造成重大人员伤亡和财产损失。工程实践证明，对于高层建筑、大型公共建筑以及人员密集场所，火灾初期将主要依靠建筑物的自救能力，包括：及时探测发现火情，并迅速有效地将火灾扑灭在初起阶段，或者将火灾控制在一定范围内避免迅速蔓延，为人员疏散及等待消防外部救援力量创造有利条件。这其中，良好的自动喷水灭火系统因其具备建筑内的主动发现火情、控制、扑灭初期火灾的功能，成为提高建筑火灾自救能力的最重要手段之一。

自动喷水灭火系统发展迄今已有 100 多年的历史，1875 年美国的亨利·帕米里发明了最早得到广泛应用的易熔合金启闭喷头，1922 年，出现了玻璃球喷头。自 20 世纪 60 年代初以来，自动灭火喷头因能适应各种火灾危险场合的需要从而得到很快发展，出现了大水滴喷头、快速反应喷头、大覆盖面积喷头等多种类型。系统也由单一的湿式系统发展而出现了干式系统、预作用系统、雨淋系统等。目前，自动喷水灭火系统已成为当今世界上公认的最有效的建筑自救灭火设施，是应用最广泛、用量最大的自动灭火系统。系统具有安全可靠、经济实用、灭火成功率高等优点。美国 1965 年统计资料表明：早在技术远不如目前发达的 1925～1964 年间，在安装喷淋灭火系统的建筑物中，共发生火灾 75290 次，灭控火的成功率高达 96.2%，其中工业厂房和仓库占有的比例高达 87.46%。美国纽约对 1969—1978 年 10 年中 1648 起高层建筑喷淋灭火案例的统计表明，高层办公楼的灭控水成功率 98.4%，其他高层建筑的灭控水成功率 97.7%。又如澳大利亚和新西兰，从 1886 年到 1968 年的几十年中，安装这一灭火系统的建筑物，共发生火灾 5734 次，灭火成功率达 99.8%。有些国家和地区，近几年安装这一灭火系统的，有的灭火成功率达 100%。

在总结经验的基础上，一些发达国家相继制定了自动喷水灭火系统设计安装规范或标准，如英国《自动喷水灭火系统安装规则》、美国《自动喷水灭火系统安装标准》等。自动喷水灭火系统不仅已经在公共建筑、工业厂房和仓库中推广应用，而且发达国家已在住宅建筑中开始安装使用。

4.4.1　国内外自动喷水灭火系统设计依据介绍

4.4.1.1　美国《自动喷水灭火系统安装标准》介绍

美国《自动喷水灭火系统安装标准》（NFPA13）是整个北美地区通用的标准规范，提供了自动喷水灭火系统的设计、安装和检测标准，以保障火灾时的人员生命安全，减少财产损失。

规范中主要包含了下列内容：

（1）场所的危险性及保护等级。

（2）系统设备与组件。

（3）系统类型组成。

（4）系统安装。

（5）地下管线。

（6）各类仓库灭火系统设计需求。

（7）特殊场所灭火系统设计需求。

（8）舰船灭火系统。

（9）系统检查、测试与维护。

NFPA13 中对于自动喷水灭火系统设计基于的是被保护场所危险等级的分类和场所内物品的燃烧性等级不同进行设计规定的。被保护场所的危险等级分为：轻危险等级场所、普通危险等级场所（组 1）、普通危险等级场所（组 2）、特别危险等级场所（组 1）、特别危险等级场所（组 2）、特殊物品场所危险性。物品的等级划分为：一级（不燃性物品）、二级（不燃性物品）、三级（可燃性物品）、四级（易燃性物品）。以上等级划分同我国《自动喷水灭火系统设计规范》中的场所危险等级分类相类似，但略有不同。根据不同等级，NFPA13 中提供了不同喷水强度曲线用于设计中的水力计算。

4.4.1.2　我国自动喷水灭火系统设计相关规范介绍

我国从 20 世纪 80 年代开始陆续制定颁布了一系列自动喷水灭火系统的国家标准，包括《自动喷水灭火系统洒水喷头的性能要求和试验方法》《自动喷水灭火系统设计规范》《自动喷水灭火系统施工与验收规范》等，推进了我国自动喷水灭火系统的标准化。

其中《自动喷水灭火系统设计规范》颁布于 1985 年，现版本为 GB 50084—2001 版，2005 年进行了局部修订，对指导自动喷水灭火系统的设计，发挥了积极、良好的作用。颁布十几年来，国民经济持续快速发展，新技术不断涌现，使该规范面临着不断适应新情况、解决新问题、推广新技术的社会需求。通过规范修订，总结了十几年来自动喷水灭火系统技术发展和工程设计积累的宝贵经验，推广新型科技成果，借鉴发达国家先进技术，使之更加充实与完善。

根据建筑物内存在火灾荷载的性质、数量及分布状况、室内空间条件、人员密集程度、采用自动喷水灭火系统扑救初期火灾的难易程度，以及疏散及外部增援条件等因素，设计上将自动喷水灭火系统设置场所划分成不同火灾危险等级。在参考发达国家规范并结合我国目前实际情况的基础上，将设置场所划分为四级，分别为轻危险级、中危险级（其中又分为Ⅰ级和Ⅱ级）、严重危险级（其中又分为Ⅰ级和Ⅱ级）及仓库危险级（其中又分为Ⅰ级、Ⅱ级和Ⅲ级）。不同的危险等级场所对自动喷水灭火系统提出了不同的要求。此外，《自动喷水灭火系统设计规范》还针对设计中的系统选型、设计基本参数、系统组件、喷头布置、管道、水力计算、供水、操作与控制、局部应用系统等部分做出了详细规定。

4.4.2　自动喷水灭火系统的分类和组成

根据被保护建筑物的性质和火灾发生、发展特性的不同，自动喷水灭火系统可以有许多不同的系统形式。通常根据系统中所使用的喷头形式的不同，分为闭式自动喷水灭火系统和开式自动喷水灭火系统两大类。

闭式自动喷水灭火系统采用闭式喷头，它是一种常闭喷头，喷头的感温闭锁装置只有在预定的温度环境下才会脱落，开启喷头。因此这种喷水灭火系统在发生火灾时只有喷头周围温度达到一定值时喷头才会开启灭火。

开式自动喷水灭火系统采用的是开式喷头，开式喷头不带感温闭锁装置，处于常开状态。发生火灾时，有单独的火灾报警系统联动开启开式系统使喷头喷水灭火。

除了喷水，还可以与泡沫灭火剂联用。自动喷水-泡沫联用灭火系统即可采用闭式喷头也可采用开式喷头，并配置供给泡沫混合液设备后，组成既可喷水又可喷泡沫的自动喷水灭火系统。

4.4.2.1　闭式自动喷水灭火系统

根据被保护建筑物的要求，闭式自动喷水灭火系统还可分为：湿式灭火系统、干式灭火系统、预作用灭火系统等形式。

1. 湿式灭火系统

湿式灭火系统是世界上使用时间最长、应用最广泛、控火灭火率最高的一种闭式自动喷水灭火系统。这种系统集火灾探测和自动灭火功能于一身，结构简单、可靠性好，目前世界上已安装的自动喷水灭火系统中有70%以上是采用了湿式自动喷水灭火系统。

湿式灭火系统主要由湿式报警阀组、闭式喷头、管道、水流等组成（图4.23）。该系统在报警阀的上下管道内均经常充满压力水。一旦发生火灾，喷头起定温探测作用，达到一定温度后喷头即可开启喷水。系统受环境温度影响较大，适用于室内温度不低于4℃且不高于70℃的建筑物、构筑物内。

2. 干式灭火系统

干式灭火系统主要由干式报警阀组、闭式喷头、管道和充/排气设备等组成（图4.24）。该系统在报警阀的上部管道内充以压力气体，因此避免了低温或高温环境水对系统的危害作用。发生火灾时，喷头达到一定温度后开启，管道排气，报警阀在压力差作用下开启向上部管道内充水，继而喷头出水灭火。

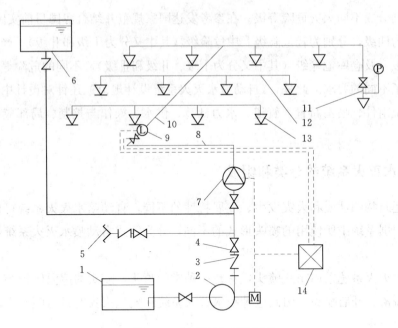

图 4.23 湿式灭火系统示意

1—水池；2—水泵；3—止回阀；4—闸阀；5—水泵接合器；6—消防水箱；7—湿式报警阀组；8—配水干管；
9—水流指示器；10—配水管；11—末端试水装置；12—配水支管；13—闭式洒水喷头；
14—报警控制器；P—压力表；M—驱动电机

干式灭火系统的特点是：①报警阀后的管道中无水，不怕冻结，不怕温度高；②由于喷头动作后的排气过程，所以灭火速度较湿式系统慢；③因为有充气设备，建设投资较高，平常管理也比较复杂、要求高；④ 适用于环境在 4℃ 以下和 70℃ 以上而不宜采用湿式自动喷水灭火系统的地方，如冷库，锅炉房等场所。

3. 预作用灭火系统

预作用灭火系统主要由火灾自动报警系统、预作用报警阀组、闭式喷头、管道和充/排气设备等组成（图 4.25）。平时该系统在报警阀的上部管道内充以压力气体，因此具有干式灭火系统不受环境温度影响的特点，同时喷头一旦误动作开启也不会引起水渍损失。发生火灾时，火灾自动报警系统联动控制预作用报警阀（采用雨淋报警阀组）开启，同时系统管道开始排气充水，转换为湿式系统，并设有手动开启阀门装置，当喷头达到一定温度后开启，即可快速开启喷水灭火。该系统灭火反应速度通常快于干式灭火系统而慢于湿式灭火系统。

4.4.2.2 开式自动喷水灭火系统

开式自动喷水灭火系统可分为：雨淋灭火系统、水幕系统、水喷雾系统等形式。

1. 雨淋灭火系统

雨淋灭火系统主要由火灾自动报警系统、雨淋报警阀组、开式喷头、管道等组成（图 4.26）。平时该系统在报警阀的上部管道内没有水，发生火灾时，火灾自动报警系统联动控制雨淋报警阀开启，使雨淋报警阀下游管道充水，进而充水管道上的所有开式喷头同时喷水，并设有手动开启阀门装置。

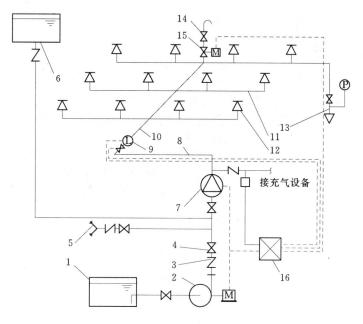

图 4.24 干式灭火系统示意

1—水池；2—水泵；3—止回阀；4—闸阀；5—水泵接合器；6—消防水箱；7—干式报警阀组；8—配水干管；9—水流指示器；10—配水管；11—配水支管；12—闭式喷头；13—末端试水装置；14—快速排气阀；15—电动阀；16—报警控制器

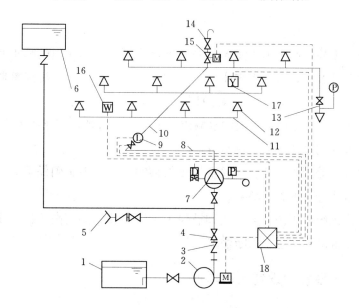

图 4.25 预作用灭火系统示意

1—水池；2—水泵；3—止回阀；4—闸阀；5—水泵接合器；6—消防水箱；7—预作用报警阀组；8—配水干管；9—水流指示器；10—配水管；11—配水支管；12—闭式喷头；13—末端试水装置；14—快速排气阀；15—电动阀 16—感温探测器；17—感烟探测器；18—报警控制器

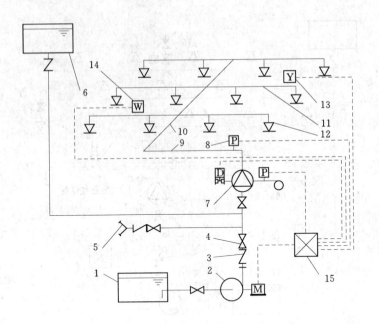

图 4.26　雨淋灭火系统示意

1—水池；2—水泵；3—止回阀；4—闸阀；5—水泵接合器；6—消防水箱；7—雨淋报警阀组；
8—压力开关；9—配水干管；10—配水管；11—配水支管；12—开式洒水喷头；13—感烟
探测器；14—感温探测器；15—报警控制器

2. 水幕系统

水幕系统不是灭火设施，而是用于防火分隔或配合分隔物冷却使用的喷水系统，包括防火分隔水幕和防护冷却水幕两种类型。水幕系统主要由火灾自动报警系统、雨淋报警阀组、开式喷头或水幕喷头、管道等组成。水幕系统的控制出水原理与雨淋灭火系统相同。

对于防火分隔水幕，用密集喷洒形成的水墙或水帘代替防火墙，用于隔断空间、封堵门窗洞口，起阻挡热烟气扩散、火灾的蔓延、热辐射作用。

对于防护冷却水幕，是用于冷却防火卷帘等分隔物的水幕。为了确保阻火的可靠性，必须在防火卷帘的两侧设置水幕冷却、屏蔽热辐射。

随着自动喷水灭火系统应用的日益广泛和被保护建筑物要求的提高，自动喷水灭火系统也将不断发展，更趋完善，系统的形式也会不断增多。

4.4.3　自动喷水灭火系统的设置应用场所

4.4.3.1　建筑物自动喷水灭火系统设置场所

自动喷水灭火系统适用于扑救绝大多数建筑内的初起火，应用范围广泛。根据我国当前的条件，在《建筑设计防火规范》（GB 50016—2014）中明确提出了要求设置自动灭火系统，并宜采用自动喷水灭火系统的建筑或场所。这些建筑或场所具有火灾危险性大、发生火灾可能导致经济损失大、社会影响大或人员伤亡大的特点，因此系统的设置带有强制性。自动灭火系统的设置原则是重点部位、重点场所，重点防护；不同分区，措施可以不同；总体上要能保证整座建筑物的消防安全，特别要考虑所设置的部位或场所在设置灭火系统后应能防止一个防火分区内的火灾蔓延到另一个防火分区中去。

4.4.3.2 自动喷水灭火系统的应用选型

建筑功能区域内自动喷水灭火系统的选型应综合考虑区域的具体用途、空间结构、火灾危险性，以及环境等多方面影响因素，选取适合场所的自动喷水灭火系统类型和保护等级，做到既满足消防安全有效性要求，又考虑到设备和用水量的经济性以及水渍影响。

根据《自动喷水灭火系统设计规范》（GB 50084—2001），自动喷水灭火系统应根据设置场所的火灾特点或环境条件，重点在人员聚集、重要性或火灾危险性较大的场所中设置。自动喷水灭火系统不适用于存放遇水发生爆炸、加速燃烧、喷溅、沸溢，或者遇水发生剧烈化学反应及产生有毒有害物质的物品的场所。露天场所不宜采用闭式灭火系统。

而对于灭火系统处于准工作状态时，严禁管道漏水，严禁系统误喷的场所替代干式系统应采用预作用系统。对于灭火后必须及时停止喷水的场所，应采用重复启闭预作用系统。

雨淋系统的应用场所主要为：

（1）火灾的水平蔓延速度快、闭式喷头的开放不能及时使喷水有效覆盖着火区域。

（2）民用建筑和工业厂房室内净空高度超过 8m，仓库室内净空高度超过 9m，采用快速响应早期抑制喷头的仓库室内净空高度超过 13.5m，非仓库类高大净空场所室内净空高度超过 12m，且必须迅速扑救初期火灾。

（3）严重危险级Ⅱ级的场所。对于存在较多易燃液体的场所，宜采用自动喷水-泡沫联用系统。

而对于重要的电子设备机房及其磁（纸）记录库房、网络机房、控制室、重要藏书库、文物展区、文物库房等区域对喷水后的水渍影响十分敏感，因此不适于使用普通自动喷水灭火系统，通常需采用气体灭火系统或其他灭火系统。

4.4.4 洒水喷头

早期的自动喷水灭火系统采用由阀门控制喷水的钻有孔眼的水管用于灭火。19 世纪中期，美国人帕米里发明了采用易熔合金作感温元件，生产出了最早的实用性自动洒水喷头。1953 年，研制成功了当今世界上大量生产和广泛使用的"标准型"喷头。近二三十年间，快速响应喷头、大覆盖面积喷头、住宅喷头及适用于高堆垛仓库等特殊场所的各种大口径喷头、大水滴喷头、快速响应-早期抑制喷头和重复启闭系统、水与泡沫联用的喷淋、细水雾系统等新技术、新设备的相继问世并推广应用，在当今建筑防火安全工作中发挥出重要的作用。

洒水喷头有多种不同形式的分类，按有无释放机构分类为：闭式洒水喷头和开式洒水喷头。

4.4.4.1 闭式洒水喷头

闭式洒水喷头带有热敏封闭元件，按热敏释放机构分类可主要分为：易熔合金喷头和玻璃泡喷头（图 4.27）。

图 4.27　玻璃泡洒水喷头洒水过程（引自《消防火灾启示录及对应消防设施》）

按安装方式分类可分为：下垂型喷头、直立型喷头、普通型喷头、边墙型喷头、吊顶喷头等。

按喷头流量系数分类，包括 $K=55$、80、115 型喷头（其中 $K=80$ 的喷头称为标准喷头）。

按喷头热敏性能分类可分为：标准型喷头和快速响应喷头。

另外，随着特殊场合需要和近年来的技术发展，出现了一些特殊型闭式喷头，如：扩展覆盖面积喷头、大水滴喷头、快速响应-早期抑制喷头（ESFR）、窗玻璃保护喷头等。各种闭式喷头按照不同类型闭式喷水灭火系统以及使用场所需求具有各自的适用范围及限制条件：

根据《自动喷水灭火系统设计规范》，安装闭式喷头的各种场所的最大限制净空高度：民用建筑和工业厂房为 8m，仓库为 9m、采用快速响应-早期抑制喷头的仓库为 13.5m，非仓库类高大净空场所为 12m。超过以上高度，则闭式喷头的热敏性将显著延迟，而喷头开放后水滴落下过程中出现"碎化"现象，无法满足水滴穿透性要求，降低了灭火有效性。因此对于仅用于保护室内屋顶钢屋架等建筑构件以及在货架内置喷头的闭式系统，可以不受净空高度限制。

湿式系统的喷头选型应满足：对于不做吊顶的场所，当配水支管布置在梁下时，应采用直立型喷头；吊顶下布置的喷头，应采用下垂型喷头或吊顶型喷头；对于顶板为水平面的轻危险级、中危险级 I 级居室和办公室，可采用边墙型喷头；自动喷水-泡沫联用系统应采用洒水喷头；易受碰撞的部位，应采用带保护罩的喷头或吊顶型喷头。不推荐在吊顶下使用"普通型喷头"，原因是在吊顶下安装此种喷头时，洒水严重受阻，喷水强度将下降约 40%，严重削弱系统的灭火能力。

干式系统、预作用系统应采用直立型喷头或干式下垂型喷头。

对于一些火灾危险性较大、需要提高响应性能的场所，如公共娱乐场所、中庭环廊，医院、疗养院的病房及治疗区域，老年、少儿、残疾人的集体活动场所，超出水泵接合器供水高度的楼层，地下的商业及仓储用房等需要快速出水灭火的场所，建议采用快速响应喷头。

4.4.4.2 开式洒水喷头

通常，闭式喷头的分类类型与闭式喷头基本相同，只是开式喷头上没有安装热敏释放机构，没有热敏性能分类。开式喷头用于开式自动喷水灭火系统（如雨淋灭火系统和水幕系统）中。此外工程中还使用一些特殊类型开式喷头，如水雾喷头（喷嘴）、水幕喷头等。

对于水幕系统，其中防火分隔水幕应采用开式洒水喷头或水幕喷头；防护冷却水幕应采用水幕喷头。

4.4.5 报警阀组

根据自动喷水灭火系统功能和类型不同，报警阀组主要分为：湿式报警阀组、干式报警阀组和雨淋报警阀组（图 4.28）。

（a）湿式报警阀组　　　　（b）干式报警阀组　　　　（c）雨淋报警阀组

图 4.28　报警阀组

4.4.5.1 湿式报警阀组

湿式报警阀组用于湿式自动喷水灭火系统中，主要由湿式报警阀、总控制阀、延迟器、压力开关、水力警铃以及末端试水装置、压力表等组成。

湿式报警阀是湿式报警阀组的核心部件，它安装在总供水干管上，连接在供水设备和配水管网之间，是一种只允许水流单方向流入配水管网，并在规定流量下报警的止回型阀门。当火灾发生时，火源周围环境温度上升，导致水源上方的喷头开启、出水、管网压力下降，报警阀阀后压力下降致使阀板开启，接通管网和水源，供水灭火。与此同时，部分水由阀座上的凹形槽经报警阀的信号管，带动水力警铃发出报警信号。如果管网中设有水流指示器，水流指示器感应到水流流动，也可发出电信号；如果管网中设有压力开关，当管网水压下降到一定值时，也可发出电信号。消防控制室接到信号，将触发启动水泵供水。

在工程中，一个湿式报警阀组控制的喷头数不宜超过 800 只。每个报警阀组供水的最高与最低位置喷头，其高程差不宜大于 50m。

4.4.5.2　干式报警阀组

干式报警阀组用于干式自动喷水灭火系统中，主要由干式报警阀、总控制阀、充气设备、快速排气装置、压力开关、水力警铃以及末端试水装置、压力表等组成。

平时干式报警阀前（与水源相连一侧）的管道内充以压力水，干式报警阀后的管道内充以压缩空气，报警阀处于关闭状态。发生火灾时，闭式喷头热敏感元件动作，喷头开启，管道中的压缩空气从喷头喷出，使干式阀出口侧压力下降，造成报警阀前部水压力大于后部气压力，干式报警阀瓣被自动打开，压力水进入供水管道，将剩余的压缩空气从已打开的喷头处推出，然后喷水灭火。在干式报警阀被打开的同时，通向水力警铃和压力开关的通道也被打开，水流冲击水力警铃和压力开关发出信号，联动触发消防水泵供水。

在工程中，一个干式报警阀组控制的喷头数不宜超过 500 只。每个报警阀组供水的最高与最低位置喷头，其高程差不宜大于 50m。

4.4.5.3　雨淋报警阀组

雨淋阀组可以用于雨淋系统、预作用系统、水幕系统、自动喷水-泡沫联用系统等多种灭火系统。阀的进口侧与水源相连，出口侧与系统管路和喷头相连且一般为空管。雨淋阀的开启可由各种火灾探测装置控制电磁阀启闭阀门。根据不同的保护对象，雨淋阀组可以有以下两种组成形式：

（1）由雨淋阀组成，雨淋阀直立式安装，该形式比较简单，但水源压力不稳定时，易发生误动作。

（2）由湿式报警阀和雨淋阀串联组成，该形式平时喷水管网为干管状态，属于空管式雨淋系统，其控制阀门由湿式报警阀和雨淋阀组成，能有效地防止水源压力不稳定而造成系统的误动作，系统工作比较稳定。

4.4.6　自动喷水灭火系统设计与计算

4.4.6.1　喷头布置

喷头应布置在顶板或吊顶下易于接触到火灾热气流并有利于均匀布水的位置，并使得房间内任何部位都能受到喷水保护，还要满足喷水强度的要求。喷头布置方式有正方形、长方形和平行四边形。

直立型、下垂型喷头的布置，包括同一根配水支管上喷头的间距及相邻配水支管的间距，应根据系统的喷水强度、喷头的流量系数和工作压力确定，并不应大于表 4.8 的规定，且不宜小于 2.4m。

4.4.6.2　水力计算

按照《自动喷水灭火系统规范》，水力计算推荐使用"矩形面积-逐点法"计算方法。规范中还给出了不同类型、不同危险等级场所喷淋系统的设计参数，如喷水强度、作用面积等。

喷头的流量应按下式计算：

$$q = K\sqrt{10P} \tag{4.2}$$

式中　q——喷头流量，L/min；

P——喷头工作压力，MPa；

K——喷头流量系数。

表 4.8
 喷 淋 布 置 间 距

喷水强度 /(L/min·m²)	正方形布置的边长 /m	矩形或平行四边形布置的长边边长 /m	一只喷头的最大保护面积 /m²	喷头与端墙的最大距离 /m
4	4.4	4.5	20.0	2.2
6	3.6	4.0	12.5	1.8
8	3.4	3.6	11.5	1.7
≥12	3.0	3.6	9.0	1.5

注 1. 仅在走道设置单排喷头的闭式系统，其喷头间距应按走道地面不留漏喷空白点确定。

2. 喷水强度大于 8L/min·m² 时，宜采用流量系数 $K>80$ 的喷头。

3. 货架内置喷头的间距均不应小于 2m，并不应大于 3m。

4. 本表引自《自动喷水灭火系统》表 7.1.2。

系统最不利点处喷头的工作压力应计算确定。

系统的设计流量，应按最不利点处作用面积内喷头同时喷水的总流量确定，如下式：

$$Q_s = \frac{1}{60}\sum_{i=1}^{n} q_i \tag{4.3}$$

式中 Q_s——系统设计流量，L/s；

q_i——最不利点处作用面积内各喷头节点的流量，L/min；

K——最不利点处作用面积内的喷头数。

管道内的水流速度宜采用经济流速，必要时可超过 5m/s，但不应大于 10m/s。

每米管道的水头损失应按下式计算：

$$i = 0.00107 \frac{V^2}{d_j^{1.3}} \tag{4.4}$$

式中 i——每米管道的水头损失，MPa/m；

V——管道内的平均流速，m/s；

d_j——管道的计算内径，m，取值应按管道内径减 1mm 确定。

管道的局部水头损失，宜采用当量长度法计算。

水泵扬程或系统入口的供水压力应按下式计算：

$$H = \sum h + P_0 + Z \tag{4.5}$$

式中 H——水泵扬程或系统入口的供水压力，MPa；

$\sum h$——管道沿程和局部水头损失的累计值，MPa，湿式报警阀取值 0.04MPa 或按检测数据确定、水流指示器取值 0.02MPa、雨淋阀取值 0.07MPa；

P_0——最不利点处喷头的工作压力，MPa；

Z——最不利点处喷头与消防水池的最低水位或系统入口管水平中心线之间的高程差，当系统入口管或消防水池最低水位高于最不利点处喷头时，Z 应取负值，MPa。

减压孔板的水头损失，应按下式计算：

$$H_k = \xi \frac{V_k^2}{2g} \tag{4.6}$$

式中　H_k——减压孔板的水头损失，10^{-2}MPa；

　　　V_k——减压孔板后管道内水的平均流速，m/s；

　　　ξ——减压孔板的局部阻力系数。

节流管的水头损失，应按下式计算：

$$H_g = \zeta \frac{V_g^2}{2g} + 0.00107L \frac{V_g^2}{d_g^{1.3}} \tag{4.7}$$

式中　H_g——节流管的水头损失，10^{-2}MPa；

　　　V_g——节流管内水的平均流速，m/s；

　　　ζ——节流管中渐扩管的局部阻力系数之和，取值 0.7；

　　　d_g——节流管的计算内径，m，取值应按节流管内径减 1mm 确定；

　　　L——节流管的长度，m。

4.4.7　新型自动喷水灭火系统设计

自动喷水灭火系统作为一种安全可靠、经济实用的灭火技术，经历了长期的发展，现已成为衡量建筑防火等级的重要标志之一。在现有技术、设备进一步完善的同时，为满足各种新型工业和民用建筑功能和使用需求，自动灭火技术不断开拓新的革新领域，发展新型自动灭火技术，填补了传统自动喷水灭火系统的使用空白。其中，对于高大空间场所，尤其当空间高度超过 12m 时，传统自动喷水灭火系统的使用往往受到很大限制。随着空间高度的提升，闭式系统灭火的喷水强度将显著下降，灭火的响应时间大大延迟。虽然开发出了大水滴、快速响应喷头，但其保护空间范围和高度的提升仍然有限，而开式系统往往造成设计水量过大、喷水覆盖面积大易造成次生灾害等影响不宜在一般性场所使用。对于一些新型钢结构、大跨度空间建筑，以及框架玻璃结构建筑受其现场条件和建筑视觉效果要求，自动喷水灭火系统喷头和管线的布设、安装也将受到限制。对此，为满足高大空间场所需求的新型大空间智能型主动灭火技术及其产品得到了快速发展。

此外，对于一些条件特殊需求的场所，如数据中心、远程电子监控中心、文物库房、图书音像资料库房、机车检修库房、柴油发电机房等，普通自动喷水灭火不宜使用的场所，通常选择采用气体灭火系统或干粉灭火系统等非水基灭火剂系统。但是由于其投资和日常维护成本较大、系统报警、联动、通风系统控制较复杂、有些灭火剂对人身健康和环境有一定伤害、另外灭火效果还受到场所空间体积、面积和密封条件等因素影响，总体灭火有效性和经济性不高。当前一种以水为灭火剂又解决了水渍损失，同时又大大降低用水量、简化系统设计复杂度和维护成本的新型灭火系统——细水雾灭火系统的出现，能够很好解决以上特定场所的需求。

下面将就大空间智能型主动灭火系统和水雾灭火系统的工作原理、设计方案进行介绍。

4.4.7.1　大空间智能型主动灭火系统设计

大空间智能型主动灭火系统是指由智能型主动灭火装置、信号阀组、水流指示器等组件以及管道、供水设施等组成，能在发生火灾时自动探测着火部位并主动喷水的灭火系统。

目前我国尚未发布大空间智能型主动灭火系统设计的国家标准，在一些省份已发布施行了地方标准，如广东省标准《大空间智能型主动喷水灭火系统设计规范》（DBJ 15—34），对大空间智能型主动喷水灭火系统的设计、计算和系统选型等方面做出了规定。

与传统的采用由感温元件控制的被动灭火方式的闭式自动喷水灭火系统以及与利用各种探测装置控制自动启动的开式雨淋灭火系统均不同，大空间智能型主动灭火系统采用的是自动探测及判定火源的存在，启动系统，自动定位并主动喷水灭火，灭火后可主动停止喷水并可多次重复启闭的新的灭火方式。

按照智能型主动灭火装置类型的不同，大空间智能型主动灭火系统可分为以下三种类型：

（1）大空间智能灭火系统。大空间智能灭火系统其灭火装置的灭火喷水面为一个圆形面，能主动探测着火并开启喷头喷水灭火，由智能型红外探测组件、标准型大空间大流量喷头、电磁阀组三部分组成（图4.29）。其中智能型红外探测组件与大空间大流量喷头及电磁阀均为独立设置。

图4.29　大空间智能灭火装置

（2）自动扫描射水灭火系统。自动扫描射水灭火系统其灭火装置的灭火射水面为一个扇形面，能主动探测着火，能定位起火空间位置并开启喷头向火灾部位定向喷水灭火，由智能型红外探测扫描射水喷头（简称扫描射水喷头）、机械传动装置、电磁阀组三大部分组成（图4.30）。其中智能型红外探测组件和射水喷头为一体化设置。

图4.30　自动扫描射水灭火装置

（3）自动扫描射水高空水炮灭火系统。自动扫描射水高空水炮灭火系统其灭火装置的灭火射水面为一个矩形面，能主动探测着火，能定位起火空间位置并开启水炮向火灾部位射水灭火，系统由智能型红外探测组件、自动扫描射水高空水炮（简称高空水炮）、机械传动装置、电磁阀组四大部分组成（图 4.31）。其中，智能型红外探测组件、自动扫描射水高空水炮和机械传动装置为一体化设置。

图 4.31　自动扫描射水高空水炮灭火装置

图 4.32　自动消防炮

　　此外，还有一种流量更大、保护半径更大的自动消防炮灭火装置，如图 4.32 所示，采用图像型的大空间火灾探测报警系统和自动跟踪定位技术，具有视频控制功能，可以喷射水或水成膜泡沫液。其安装如图 4.33 所示。

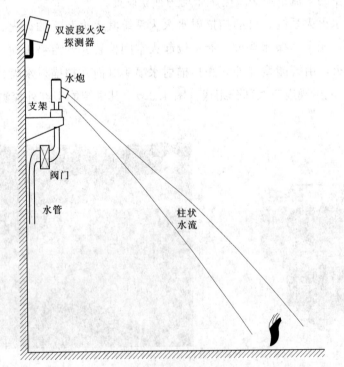

图 4.33　自动消防炮安装示意

116

1. 大空间智能型主动灭火系统原理

大空间智能型主动灭火系统的核心技术为大空间火灾探测和空间自动定位技术。目前比较成熟使用的技术是以红外/紫外火灾探测装置或者以图像型火灾探测装置为核心，采用立体成像视差原理确定火灾的空间三维位置。

当发生火灾时，先由红外/紫外火灾探测器（或图像火灾探测器）或者光束型火灾探测器对探测区域内的火情进行快速探测分析，分析确认出现火情后将火灾报警信号传输给大空间智能型主动灭火系统的控制器，然后启动红外（或图像）水平定位装置，进行水平扫描确定火焰的水平 X 坐标，随后进入红外（或图像）垂直定位装置确定火焰的垂直 Y 坐标，从而实现对火灾的精确定位，由步进电机带动机械传动机构使喷水端对准火灾位置并启动电磁阀喷水灭火，火被扑灭后，经过确认灭火装置自动关闭电磁阀，停止灭火待机监视，如火复燃，自动射流灭火装置将重新启动，循环灭火，从而完成了大空间火灾自动监控探测、自动定位、自动喷水灭火的完整过程。

2. 大空间智能型主动灭火系统的适用场所

适合设置大空间智能型主动灭火系统场所的环境温度为 4～55℃。

大空间智能型主动灭火系统适用于扑灭大空间场所的 A 类火灾（A 类火灾是指含碳固体可燃物质的火灾，如木材、棉、毛、麻、纸张等），主要应用场所包括：会展中心、展览馆、会议厅；大型商场、购物中心室内步行街、中庭；机场、火车站、码头等客运站场的旅客候机（车、船）楼；博物馆、美术馆、艺术馆、剧场、音乐厅、电影院；体育比赛馆、训练馆等开敞大空间内。

大空间智能型主动灭火系统不适用的场所包括：正常情况下采用明火生产的场所；火灾类别为 B 类、C 类、D 类火灾的场所；有爆炸危险的场所；存在较多遇水发生剧烈化学反应或产生有毒有害物质的物品的场所；存在因洒水而导致液体喷溅或沸溢的场所；存放遇水将受到严重损坏的贵重物品的场所，如档案库、贵重资料库、博物馆珍藏室等。

3. 大空间智能型主动灭火系统设计

大空间智能型主动灭火系统由智能型主动灭火装置、信号阀组、水流指示器等组件以及管道、供水设施等组成。典型系统的灭火方式包括：① 自动灭火方式；② 远程手动灭火方式，即收到火警信号后，由消防控制室内人员通过智能灭火控制器的控制面板实施对准火源、启动灭火等工作；③ 通常系统还包括现场手动灭火方式，即人员利用位于现场的控制盘实施对准火源、启动灭火等工作。

大空间智能型主动灭火系统的设计，应根据设置场所的火灾类别、环境条件、空间高度、保护区域大小、保护区域内障碍物的情况以及建筑美观要求来配置不同灭火装置的大空间智能型主动灭火系统。

标准型大空间智能灭火装置一般安装高度为 6～25m，保护半径为 6m，喷头喷水流量为 5L/s。根据喷头布置的行列数量不同，同时开启的喷头个数为 1～16 个，设计流量为 2～80L/s。

标准型自动扫描射水灭火装置一般安装高度为 2.5～6m，标准保护半径为 6m，喷头喷水流量为 2L/s。根据喷头布置的行列数量不同，同时开启的喷头个数为 1～16 个，设计流量为 2～32L/s。

标准型自动扫描射水高空水炮灭火装置一般安装高度为 6～20m，标准保护半径为 20m，水炮喷水流量为 5L/s。根据喷头布置的行列数量不同，同时开启的喷头个数为 1～9 个，设计流量为 5～45L/s。当空间内有遮挡物时，需要适当增加水炮的数量。

自动消防炮灭火系统的喷水流量大于或等于 20L/s，保护半径可达到或超过 50m。

设置大空间智能型主动灭火系统的场所，当喷头或高空水炮为边墙式或悬空式安装，且喷头及高空水炮以上空间无可燃物时，设置场所的净空高度可不受限制。

大空间智能型主动灭火系统的设计流量应按下式计算：

$$Q_s = \frac{1}{60}\sum_{i=1}^{n} q_i \tag{4.8}$$

式中　Q_s——系统设计流量，L/s；

　　　q_i——系统中最不利点处最大一组同时开启喷头（水炮）中各喷头（高空水炮）节点的流量，L/min；

　　　n——系统中最不利点处最大一组同时开启喷头（水炮）的个数。

大空间智能型主动灭火系统的管网及报警控制阀组宜独立设置。

4. 大空间智能型主动灭火系统的应用工程案例

某大礼堂工程集演出、影院、会议为一体，观众厅长宽为 45.3m×39m，高度为 18m，舞台长宽为 15m×14m，舞台上方未设葡萄架。

该工程在舞台上方采用大空间智能灭火装置具有手动控制和自动控制两种灭火方式，按中危II级布置，喷头间距为 6m×6m，舞台上空共设置 9 个喷头，安装高度 15m，每个喷头喷水流量为 5L/s，设计灭火用水量为 45L/s。在舞台口部设置水幕系统。

在观众厅天花板敷设自动扫描射水高空水炮灭火装置具有手动控制和自动控制两种灭火方式。自动扫描射水高空水炮布置间距 20m×25m，设 2 排共 4 个自动扫描射水高空水炮，安装高度为 18m，每个水炮喷水流量为 5L/s，设计灭火用水量为 45L/s。

4.4.7.2　细水雾灭火系统设计

所谓细水雾，是使用特殊喷嘴、通过高压喷水产生的水微粒。在美国《细水雾灭火系统标准》（NFPA 750）中，细水雾的定义是：在最小设计工作压力下、距喷嘴 1m 处的平面上，测得水雾最粗部分的水微粒直径 $D_{v0.99}$ 不大于 $1000\mu m$，即直径不大于 $1000\mu m$ 的雾滴占 99% 以上。研究表明，扑灭 B 类火灾水雾颗粒小于 $400\mu m$ 是必需的，而较大的颗粒对于 A 类火灾是有效的，这是由于燃料被浸湿。正因为如此，细水雾的定义包括了 $D_{v0.99}$ 为 $1000\mu m$。在 NFPA750 中定义的细水雾，既包含了 NFPA15 中定义的一部分水喷雾系统，又包含了在高压状态下普通喷淋系统产生的水雾。一般情况下，细水雾是指 $D_{v0.99}$ 小于 $400\mu m$ 的水雾。

细水雾灭火技术是一种灭火效率高，又对环境无污染的灭火技术。我国 2013 年发布了细水雾灭火系统的国家标准《细水雾灭火系统技术规范》（GB 50898—2013）对细水雾灭火系统的应用场所、系统组成、基本设计方法和施工验收以及维护管理做出了规定。

根据不同的标准细水雾灭火系统可以有多种分类方式。

（1）系统按工作压力分类：

1）高压系统，系统工作压力大于等于 3.5MPa 的系统（图 4.34）。

2）中压系统，系统工作压力大于 1.2MPa，但小于 3.5MPa 的系统。

3）低压系统，系统工作压力小于等于 1.2MPa 的系统。

（a）闭式喷头　　　　（b）开式喷头

图 4.34　高压细水雾喷头

（2）灭火介质传送方式分类：

1）单相流系统，系统管道内只有水流，在喷头的作用下产生细水雾的系统。

2）双相流系统，系统管道内同时存在水流和气流，在喷头内混合产生细水雾的系统。

（3）按应用方式分类：

1）全淹没系统，能向整个封闭空间内均匀喷放细水雾，保护其内部所有保护对象的系统。

2）局部应用系统，直接向保护对象喷放细水雾，用于保护室内外或局部空间某一具体保护对象的系统。

（4）按供水方式分类：

1）泵组式系统，采用水泵对系统进行加压供水的系统。

2）瓶组式系统，采用瓶组分别储存加压气源和水，采用气体进行加压供水的系统。

（5）按细水雾喷头结构分类：

1）开式系统，采用开式喷头的系统。

2）闭式系统，采用闭式喷头的系统，按工作方式又可分为：湿式系统和预作用系统。

1. 细水雾灭火系统的灭火机理

细水雾灭火机理为物理灭火，具有水喷淋和气体灭火的双重作用和优点，既有水喷淋系统的冷却作用，又有气体灭火系统的窒息作用。

由于细水雾雾滴直径很小，相对同样体积的水，其表面积大大增加，从而吸收火焰的热量快，起到了非常好的降温效果（图4.35）。细水雾雾滴吸收热量后迅速被汽化，使得体积急剧膨胀，通常达到1700倍以上，形成大量的水蒸气包围在火焰周围，从而降低了保护区空气中的氧气浓度，抑制了燃烧中的氧化反应，起到了窒息的作用。此外，细水雾具有非常优越的阻断热辐射传递的效能，能有效地阻断强烈的热辐射。在冷却、窒息和隔绝热辐射的三重作用下达到控制火灾、抑制火灾和扑灭火灾的目的。

图4.35 高压细水雾系统喷洒

与其他灭火系统相比，细水雾灭火系统具有安全环保、高效灭火、可扑灭遮挡火、电气火、阻隔热辐射、扑救次生损失小、降尘消烟，以及安装维护方便等特点。

2. 细水雾灭火系统的适用场所

细水雾灭火系统适用于扑救下列火灾：

（1）书库、档案资料库、文物库等场所的可燃固体火灾。

（2）液压站、油浸电力变压器室、润滑油仓库、透平油仓库、柴油发电机房、燃油锅炉房、燃油直燃机房、油开关柜室等场所的可燃液体火灾。

（3）燃气轮机房、燃气直燃机房等场所的可燃气体喷射火灾。

（4）配电室、计算机房、数据处理机房、通信机房、中央控制室、大型电缆室、电缆隧（廊）道、电缆竖井等场所的电气设备火灾。

（5）引擎测试间、交通隧道等适用细水雾灭火的其他场所的火灾。

细水雾灭火系统不得用于扑救的火灾包括：

（1）存在遇水能发生反应并导致燃烧、爆炸或产生大量有害物质的火灾。

（2）存在遇水能产生剧烈沸溢性可燃液体的火灾。

（3）存在遇水能产生可燃性气体的火灾。

3. 细水雾灭火系统设计

细水雾灭火系统由细水雾喷头、供水管网、加压供水设备（高压系统常采用柱塞泵）及相关控制装置等组成。灭火启动控制方式通常包括：自动联动灭火方式、手动灭火方式、应急启动操作控制方式。

细水雾灭火系统的设计，应根据设置场所的火灾类型、防火性能目标、防护空间几何尺寸、环境通风条件、火灾探测系统类型、系统启动方式、管道和喷头布置方式以及环境温度等情况来选型设计。

实验研究表明：在工作压力较低的情况下，细水雾雾粒直径较大，比较适于扑灭 A 类火，而对于扑救计算机箱深位的火焰及扑灭木垛火内部遮挡燃烧具有一定难度；另外对于扑救 B 类液体火且燃料闪点不低于室温时，细水雾对可燃物的表面冷却和火焰冷却是影响细水雾灭火效果的决定性因素。以上情况，通过增大水雾工作压力提高水雾射速如采用中高压细水雾系统，或者缩减水雾喷头和火源的距离可以显著改善灭火效果、降低灭火时间。由此，规范中提出要求：对于电信机房、电子计算机房等电子设备机房及其他需要减少水渍和烟气损失的场所，应选用高压开式细水雾系统；对于档案库、书库、重要资料库等场所及存在多个高程差较大的防护区的场所，宜选用高压细水雾系统；对于长距离电缆隧道、交通隧道宜选用中压或高压细水雾系统；用于扑救可燃液体火灾时，应选用开式细水雾系统。

着火房间的通风条件会影响细水雾的灭火性能，通风条件越差，水雾对火焰的熄灭效果越好，而较大的开口面积会减少落在燃料表面的平均雾通量，从而影响灭火效果。一般只对具体设备保护或者大空间中需要保护的局部空间时可选择局部应用方式，而对扑救封闭空间的火灾则应选择全淹没应用方式。

全淹没系统喷头布置在保护区顶部，对于高度超过 4m 的保护区应分层布置。单个封闭防护区的最大体积不宜大于 3000m³，保护区内应设声、光报警装置及应急照明和疏散指示标志，防护区的入口处应设置喷放指示光警报装置等，防护区的疏散门应向疏散方向开启，保护区安全出口应使人员能在 30s 内疏散完毕。

局部应用系统喷头布置在保护对象周围使喷头喷雾能够完全覆盖被保护对象。对油浸变压器设备进行保护时，喷头不宜布置在变压器顶部，变压器的保护面积应按扣除其底面面积以外的变压器外表面面积、油枕和冷却器外表面面积及集油坑的投影面积之和计算。

开式系统启动后，需要持续喷雾的灭火时间，根据场所火灾类型不同，通常需要维持 10～20min，而对于交通隧道火灾则需要更长的喷雾时间。

4. 细水雾灭火系统的应用工程案例

某市档案馆工程内部设有母片库、珍贵档案间、计算机检索室、丙类库房、档案数字化生产线用房、档案处置室、音像档案处理室等。考虑到库房空间大，书架布置紧密，火灾时阻遮挡性大，同时考虑浸湿对档案文献的损害作用，因此选择高压细水雾作为库房中的灭火系统。工程选用的高压细水雾系统由高压细水雾泵组、细水雾喷头、开式区域控制阀组、不锈钢管道以及火灾报警系统等组成，为泵组式、开式系统（图 4.36）。

该工程最大流量防护区为长 19m、宽 14m、高 3.9m 的二层丙类库房，共布置 33 个喷头，系统设计流量为 335L/min。设计持续喷雾时间 30min，系统响应时间不大于 30s，最不利点喷头工作压力不低于 10MPa。

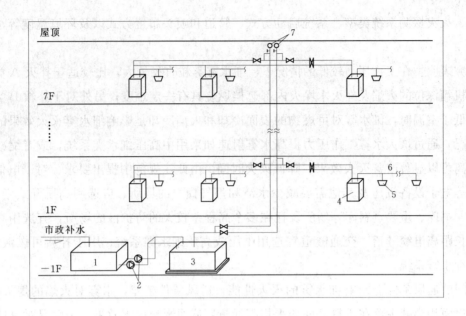

图 4.36 高压细水雾灭火系统示意图

1—储水箱，有效容积 10m³；2—补水增压泵；3—高压细水雾泵组（含主泵和稳压泵）；
4—开式区域控制阀组；5—细水雾喷头；6—供水管道；7—自动排气阀

4.5 防排烟系统设计

烟气是造成建筑火灾人员伤亡的主要因素，烟气中携带有较高温度的有毒气体和微粒，对人的生命构成极大威胁。有关实验表明，人在浓烟中停留 1～2min 就会晕倒，接触 4～5min 就有死亡的危险。美国曾对 1979—1990 年的火灾死亡人数做过较详细的分类统计，结果显示烟气致死人数约占总死亡人数的 70%。2000 年 12 月洛阳特大火灾，导致 309 人死亡，几乎全部为火灾中的有毒烟气所致。

火灾中的烟气蔓延速度很快，在较短时间内，即可从起火点迅速扩散到建筑物内的其他地方，有的还使楼梯间等疏散通道被烟气封堵，严重影响人员的疏散与消防救援，导致伤亡。据研究，烟气的蔓延速度，水平方向扩散约为 0.3～0.8m/s，垂直向上扩散约为 3～4m/s。在同一楼层中，层高为 4～5m 的商场，火灾持续燃烧数分钟后，烟气就可充满整个空间。另外，烟气在扩散初期，常使建筑内远离着火点的人员不易察觉。这些是火灾中烟气导致人员伤亡的重要原因。

随着城市土地资源日趋紧缺，城市规模不断扩大，城市建设不得不向高空和地下延伸。另外，受城市规划和投资与功能的限制，使得地下空间的开发利用已成为城市立体发展的重要补充手段。地下空间相对封闭、与地上联系通道有限等特点，导致火灾时烟气排除困难，加快了烟气在地下空间内的积聚与蔓延，也对人员疏散与灭火救援十分不利。

此外，目前大空间或超大规模的工业与民用建筑日益增多，中庭在公共建筑中被广泛采用。在这些规模大、人员密集或可燃物质较集中的建筑或场所中，如何保证火灾时的人员安全疏散和消防人员救援工作安全、顺利，也是建筑防火设计与监督人员应认真考虑的内容。

防烟、排烟的目的是要及时排除火灾产生的大量烟气，阻止烟气向防烟分区外扩散，确保建筑物内人员的顺利疏散和安全避难，并为消防救援创造有利条件。建筑内的防烟、排烟是保证建筑内人员安全疏散的必要条件。

4.5.1 防烟设计

4.5.1.1 防烟方法概述

防烟设施是防止烟气扩散、限制烟气蔓延的构件、设备的总称。它在火灾发生后对控制烟气蔓延、限制烟气影响的范围起重要作用。

一般情况下，建筑可采用机械加压送风方式、自然排烟方式防止烟气进入或防止烟气对受保护区域造成危害。对于面积较小、楼板耐火性能较好、采用防火门窗等密闭性好的房间，也可以采用密闭式防烟，火灾时直接关闭防火门防止烟气进入和溢出，如图4.37所示。

4.5.1.2 需设置防烟设施的场所

建筑的下列场所或部位应设置防烟设施：

（1）防烟楼梯间及其前室。

（2）消防电梯间前室或合用前室。

（3）避难走道的前室、避难层（间）。

建筑高度不大于50m的公共建筑、厂房、仓库和建筑高度不大于100m的住宅建筑，当其防烟楼梯间的前室或合用前室符合下列条件之一时，楼梯间可不设置防烟系统：

（1）前室或合用前室采用敞开的阳台、凹廊。

（2）前室或合用前室具有不同朝向的可开启外窗，且可开启外窗的面积满足自然排烟口的面积要求。

4.5.1.3 机械加压送风防烟原理及设计方法

1. 原理

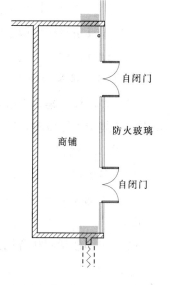

图4.37 密闭式防烟示意图

机械加压送风防烟是采用机械加压送风的方式使重要疏散通道（包括防烟楼梯间、前室、合用前室和避难走道等）内的空气压力高于周围的空气压力，达到阻止烟气侵入的目的，为人员的安全疏散和营救创造有利条件。

机械加压送风防烟需要有一套完整的正压送风系统，它主要由设置在屋顶或局部屋顶的正压送风机、建筑送风竖井、设于每层（也可隔层设置）防烟楼梯间或消防前室的正压送风阀、送风口及其电气连锁控制装置组成。

当某层着火时，打开着火层及相邻上下层的正压送风阀，接着启动相应正压送风机，在防烟楼梯间、消防前室等区域形成正压，阻止烟气进入。正压送风防烟原理如图4.38所示。

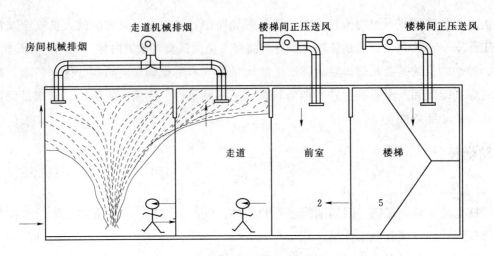

图 4.38　正压送风防烟原理示意

2. 需设置的场所

对于多层民用建筑来说，下列场所应设置机械加压送风防烟设施：

(1) 不具备自然排烟条件的防烟楼梯间。

(2) 不具备自然排烟条件的消防电梯间前室或合用前室。

(3) 设置自然排烟设施的防烟楼梯间，其不具备自然排烟条件的前室。

3. 加压送风量的计算

对于多层民用建筑来说，其机械加压送风防烟系统的加压送风量应经计算确定。当计算结果与表 4.9 的规定不一致时，应采用较大值。

4. 应注意的问题

对于多层民用建筑，设置加压送风系统时应注意以下几点：

(1) 防烟楼梯间内机械加压送风防烟系统的余压值应为 40～50Pa；前室、合用前室应为 25～30Pa。

(2) 防烟楼梯间和合用前室的机械加压送风防烟系统宜分别独立设置。

表 4.9　　　　　　　　　　　　　　　最小机械加压送风量　　　　　　　　　　　　　　单位：m³/h

条件和部位		加压送风量
前室不送风的防烟楼梯间		25000
防烟楼梯间及其合用前室分别加压送风	防烟楼梯间	16000
	合用前室	13000
消防电梯间前室		15000
防烟楼梯间采用自然排烟，前室或合用前室加压送风		22000

注　表内风量数值系按开启宽×高＝1.5m×2.1m 的双扇门为基础的计算值。当采用单扇门时，其风量宜按表列数值乘以 0.75 确定；当前室有 2 个或 2 个以上门时，其风量应按表列数值乘以 1.50～1.75 确定。开启门时，通过门的风速不应小于 0.70m/s。对于高层民用建筑来说，防烟楼梯间及其前室、合用前室和消防电梯间前室的机械加压送风量应由计算确定，或按表 4.10～表 4.13 的规定确定。当计算值和本表不一致时，应按两者中较大值确定。

表 4.10	防烟楼梯间（前室不送风）的加压送风量 单位：m³/h	
系统负担层数	加压送风量	
＜20层	25000～30000	
20～32层	35000～40000	

表 4.11	防烟楼梯间及其合用前室的分别加压送风量 单位：m³/h	
系统负担层数	送风部位	加压送风量
＜20层	防烟楼梯间	16000～20000
	合用前室	12000～16000
20～32层	防烟楼梯间	20000～25000
	合用前室	18000～22000

表 4.12	消防电梯间前室的加压送风量 单位：m³/h	
系统负担层数	加压送风量	
＜20层	15000～22000	
20～32层	22000～27000	

表 4.13	防烟楼梯间采用自然排烟，前室或合用前室不具备自然排烟条件时的送风量 单位：m³/h	
系统负担层数	加压送风量	
＜20层	22000～27000	
20～32层	28000～32000	

（3）防烟楼梯间的前室或合用前室的加压送风口应每层设置 1 个。防烟楼梯间的加压送风口宜每隔 2～3 层设置 1 个。

（4）机械加压送风防烟系统中送风口的风速不宜大于 7m/s。

对于高层建筑，设置正压送风系统时应注意以下几点：

（1）层数超过 32 层的高层建筑，其送风系统及送风量应分段设计。

（2）剪刀楼梯间可合用一个风道，其风量应按两个楼梯间风量计算，送风口应分别设置。

（3）封闭避难层（间）的机械加压送风量应按避难层净面积每平方米不小于 30m³/h 计算。

（4）机械加压送风的防烟楼梯间和合用前室，宜分别独立设置送风系统，当必须共用一个系统时，应在通向合用前室的支风管上设置压差自动调节装置。

（5）机械加压送风机的全压，除计算最不利管道压头损失外，尚应有余压。其余压值应符合下列要求：① 防烟楼梯间为 40～50Pa。②前室、合用前室、消防电梯间前室、封闭避难层（间）为 25～30Pa。

（6）楼梯间宜每隔 2～3 层设 1 个加压送风口；前室的加压送风口应每层设一个。

（7）机械加压送风机可采用轴流风机或中、低压离心风机，风机位置应根据供电条件、风量分配均衡、新风入口不受火、烟威胁等因素确定。

4.5.1.4 自然排烟防烟原理及设计方法

1. 原理

自然排烟防烟实质上和自然排烟一样，是利用自然排烟窗等直通室外的开口将受保护区域的烟气排出室外，如图 4.39 所示。

2. 需设置自然排烟防烟的场所

对于多层民用建筑来说，除建筑高度超过 50m 的厂房（仓库）外，应设置防烟设施且具备自然

图 4. 39　自然排烟防烟示意图

排烟条件的场所均应使用自然排烟防烟。

对于高层民用建筑来说，除建筑高度超过 50m 的一类公共建筑和建筑高度超过 100m 的居住建筑外，靠外墙的防烟楼梯间及其前室、消防电梯间前室和合用前室，宜采用自然排烟防烟。

3. 自然排烟防烟排烟面积计算

对于多层民用建筑，设置自然排烟防烟时应满足以下条件：

（1）防烟楼梯间前室、消防电梯间前室，不应小于 2m^2；合用前室，不应小于 3.0m^2。

（2）靠外墙的防烟楼梯间，每 5 层内可开启排烟窗的总面积不应小于 2m^2。

（3）中庭、剧场舞台，不应小于该中庭、剧场舞台楼地面面积的 5%。

（4）其他场所，宜取该场所建筑面积的 2%～5%。

对于高层民用建筑，设置自然排烟防烟时应满足以下条件：

（1）防烟楼梯间前室、消防电梯间前室可开启外窗面积不应小于 2m^2，合用前室不应小于 3m^2。

（2）靠外墙的防烟楼梯间每五层内可开启外窗总面积之和不应小于 2m^2。

（3）长度不超过 60m 的内走道可开启外窗面积不应小于走道面积的 2%。

（4）需要排烟的房间可开启外窗面积不应小于该房间面积的 2%。

（5）净空高度小于 12m 的中庭可开启的天窗或高侧窗的面积不应小于该中庭地面面积的 5%。

4. 应注意的问题

（1）当防烟楼梯间前室、合用前室具有满足规范规定面积的自然排烟条件的可开启外窗时，该防烟楼梯间可不设置防烟设施。

（2）作为自然排烟的窗口宜设置在房间的外墙上方或屋顶上，并应有方便开启的装置。

（3）自然排烟口距该防烟分区最远点的水平距离不应超过 30m。

4.5.1.5 防烟分区原理及划分方法

1. 防烟分区的作用及原理

防烟分区是烟气控制的基础手段，其主要作用是控制火灾烟气蔓延范围，引导火灾烟气的流动路径，形成烟气层以利于火灾烟气的排出，保证人员安全疏散。

防烟分区分布于防火分区内部，防火分区边界为防烟分区的外边界，防火分区内部用隔墙、挡烟垂壁（帘），结构梁等作为防烟分区分隔物。防烟分区划分如图 4.40 所示，其中，防烟分区 7 是由建筑外墙、防火卷帘、挡烟垂壁作为防烟分区外边界的。

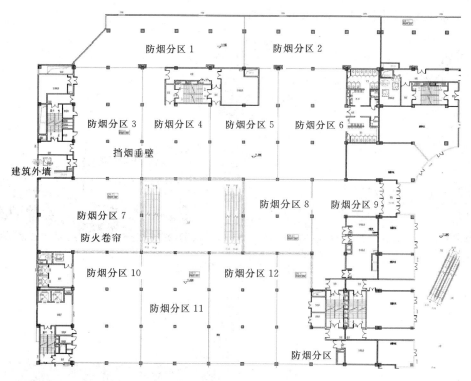

图 4.40 防烟分区示意

2. 划分防烟分区的原则

对于多层民用建筑来说，划分防烟分区需遵循以下原则：

（1）需设置机械排烟设施且室内净高小于等于 6m 的场所应划分防烟分区。

（2）每个防烟分区的建筑面积不宜超过 500m²，防烟分区不应跨越防火分区。

（3）防烟分区宜采用隔墙、顶棚下凸出不小于 500mm 的结构梁以及顶棚或吊顶下凸出不小于 500mm 的不燃烧体等进行分隔。

对于高层民用建筑来说，划分防烟分区需遵循以下原则：

（1）设置排烟设施的走道、净高不超过 6.00m 的房间，应采用挡烟垂壁、隔墙或从顶棚下突出不小于 0.50m 的梁划分防烟分区。

（2）每个防烟分区的建筑面积不宜超过 500m²，且防烟分区不应跨越防火分区。

3. 挡烟垂壁

挡烟垂壁是安装在吊顶或楼板下或隐藏在吊顶内，火灾时能够阻止烟和热气体水平流动的垂直分隔物。它是用不燃烧材料制成，从顶棚下垂不小于 500mm 的固定或活动的挡烟设施。

活动挡烟垂壁是指火灾时因感温、感烟或其他控制设备的作用，自动下垂的挡烟垂壁。主要用于高层或超高层大型商场、写字楼以及仓库等场合，能有效阻挡烟雾在建筑顶棚下横向流动，以利提高在防烟分区内的排烟效果，对保障生命财产安全起到积极作用。

挡烟垂壁可分为固定挡烟垂壁和活动挡烟垂壁，如图 4.41 所示，活动挡烟垂壁按活动方式又可分为卷帘式和翻板式，如图 4.42、图 4.43 所示。

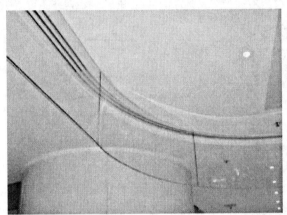 

图 4.41　固定挡烟垂壁

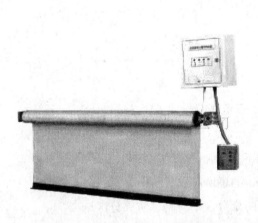
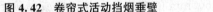

图 4.42　卷帘式活动挡烟垂壁

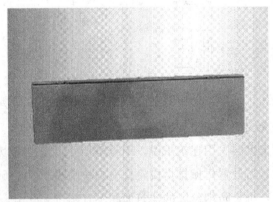

图 4.43　翻板式活动挡烟垂壁

近年来，活动式挡烟垂壁越来越受到设计师青睐，它具有平时隐藏在吊顶内，少影响或不影响建筑整体美观性的特点。

挡烟垂壁作为一种消防产品，执行《挡烟垂壁》（GA 533—2005）标准，并应注意以下几点：

（1）挡烟垂壁的有效下降高度应不小于 500mm。

（2）由于挡烟垂壁有宽度要求（卷帘式单节宽度不大于6000mm，翻板式单节宽度不大于2400mm），当单节挡烟垂壁的宽度不能满足防烟分区要求时，可用多节垂壁以搭接的形式安装使用，但搭接宽度应满足：

1）卷帘式挡烟垂壁应不小于100mm。

2）翻板式挡烟垂壁应不小于20mm。

3）挡烟垂壁边沿与建筑物结构表面应保持最小距离，此距离不应大于20mm。

4）卷帘式挡烟垂壁必须设置重量足够的底梁，以保证垂壁运行的顺利、平稳。

5）应与烟感探测器联动，当烟感探测器报警后、接收到消防控制中心的控制信号后、系统断电时，挡烟垂壁均应自动下降至挡烟工作位置。

4.5.2 排烟设计

排烟设施的主要功能是将烟气排出保护区域，以保护建筑结构，为人员疏散提供必要的安全条件。排烟方法可分为机械排烟和自然排烟两种。

4.5.2.1 需设置排烟设施的场所

厂房或仓库的下列场所或部位应设置排烟设施：

（1）人员或可燃物较多的丙类生产场所、丙类厂房内建筑面积大于300m²且经常有人停留或可燃物较多的地上房间。

（2）建筑面积大于5000m²的丁类生产车间。

（3）占地面积大于1000m²的丙类仓库。

（4）高度大于32m的高层厂房（仓库）内长度大于20m的疏散走道，其他厂房（仓库）内长度大于40m的疏散走道。

民用建筑的下列场所或部位应设置排烟设施：

（1）设置在一层、二层、三层且房间建筑面积大于100m²的歌舞娱乐放映游艺场所，设置在四层及以上楼层、地下或半地下的歌舞娱乐放映游艺场所。

（2）中庭。

（3）公共建筑内建筑面积大于100m²且经常有人停留的地上房间。

（4）公共建筑内建筑面积大于300m²且可燃物较多的地上房间。

（5）建筑内长度大于20m的疏散走道。

地下或半地下建筑（室）、地上建筑内的无窗房间，当总建筑面积大于200m²或一个房间建筑面积大于50m²，且经常有人停留或可燃物较多时，应设置排烟设施。

4.5.2.2 自然排烟原理及设计

1.自然排烟的原理

自然排烟是利用火灾时热烟气的浮力和外部风力作用，通过建筑物的对外开口把烟气排至室外的排烟方式，如图4.44所示。其实质是热烟气和冷空气的对流运动，其特点是经济、简单、易操作、维护管理方便。

图 4.44 自然排烟图

在自然排烟中，必须有冷空气的进口和热烟气的排出口。烟气排出口可以是建筑物的外窗，也可以是专门设置在侧墙的排烟口，但必须位于建筑内部空间的上部，如图 4.45 所示。对高层建筑来说，可采用专用的通风排烟竖井。

图 4.45 有效自然排烟口
位置示意图

2. 自然排烟适用的条件

对于多层民用建筑来说，除建筑高度超过 50m 的厂房（仓库）外，应设置防烟设施且具备自然排烟条件的场所。

对于高层民用建筑来说，除建筑高度超过 50m 的一类公共建筑和建筑高度超过 100m 的居住建筑外，靠外墙的防烟楼梯间及其前室、消防电梯间前室和合用前室，宜采用自然排烟方式。

3. 自然排烟面积计算

对于多层民用建筑，自然排烟口的净面积应达到以下要求：

（1）防烟楼梯间前室、消防电梯间前室，不应小于 $2m^2$；合用前室不应小于 $3m^2$。

（2）靠外墙的防烟楼梯间，每 5 层内可开启排烟窗的总面积不应小于 $2m^2$。

（3）中庭、剧场舞台，不应小于该中庭、剧场舞台楼地面面积的 5%。

（4）其他场所，宜取该场所建筑面积的 2%～5%。

对于高层民用建筑，自然排烟口的净面积应达到以下要求：

（1）防烟楼梯间前室、消防电梯间前室可开启外窗面积不应小于 $2m^2$，合用前室不应小于 $3m^2$。

（2）靠外墙的防烟楼梯间每五层内可开启外窗总面积之和不应小于 $2m^2$。

（3）长度不超过 60m 的内走道可开启外窗面积不应小于走道面积的 2%。

（4）需要排烟的房间可开启外窗面积不应小于该房间面积的 2%。

（5）净空高度小于 12m 的中庭可开启的天窗或高侧窗的面积不应小于该中庭地面积的 5%。

4. 自然排烟系统设计、施工中应注意的主要问题

（1）自然排烟窗的设置位置。由于烟气向上浮升的特点，火灾发生后，热烟气首先聚集于建筑空间顶部，因此，排烟窗应高于蓄烟高度，应在房间高度一半以上设排烟窗，若房间为镂空吊顶（烟气可以进入吊顶内部），则房间高度应从地面计算至顶板；若房间为密实吊顶（烟气不能进入吊顶内部），则房间高度应从地面计算至吊顶高度。

（2）自然排烟窗的结构形式应合理。在施工过程中，自然排烟窗各项指标都应达到设计要求，有的把排烟窗做成不可开启的固定窗，有的将窗的上部做成固定窗，把可开启的排烟窗设在窗的下部，这些都将严重影响排烟功能。

4.5.2.3 机械排烟原理及设计

1. 机械排烟的原理

机械排烟又称负压机械排烟，是利用排烟机把着火房间中产生的烟气通过排烟口排到室外的一种排烟方式，分为局部排烟和集中排烟两种方式。

局部排烟：在每个需要排烟的部位设置独立的排烟风机直接进行排烟。其特点是投资高、日常维护管理麻烦、管理费用高。

集中排烟：将建筑划分为若干个区域，单个区域通过排烟口、排烟竖井或风道，利用设置在建筑物屋顶的排烟风机将烟气排至室外。其特点是排烟稳定、投资较大、操作管理比较复杂、需要有防排烟设备及事故备用电源。

机械排烟一般由挡烟构件（活动式或固定式挡烟壁，或挡烟隔墙、挡烟梁）、排烟口、排烟防火阀、排烟道、排烟风机和排烟出口组成。机械排烟如图 4.46 所示。

2. 机械排烟适用的条件

对于多层民用建筑来说，应设置排烟设施的场所当不具备自然排烟条件时，应设置机械排烟设施。

对于高层民用建筑来说，设置排烟设施的场所包括：

（1）一类高层建筑和建筑高度超过 32m 的二类高层建筑的下列部位，应设置机械排烟设施。

（2）无直接自然通风，且长度超过 20m 的内走道或虽有直接自然通风，但长度超过 60m 的内走道。

（3）面积超过 100m²，且经常有人停留或可燃物较多的地上无窗房间或设固定窗的房间。

（4）不具备自然排烟条件或净空高度超过 12m 的中庭。

（5）除利用窗井等开窗进行自然排烟的房间外，各房间总面积超过 200m² 或一个房间面积超过 50m²，且经常有人停留或可燃物较多的地下室。

3. 机械排烟量计算

对于多层民用建筑来说，机械排烟系统的排烟量不应小于表 4.14 的规定。

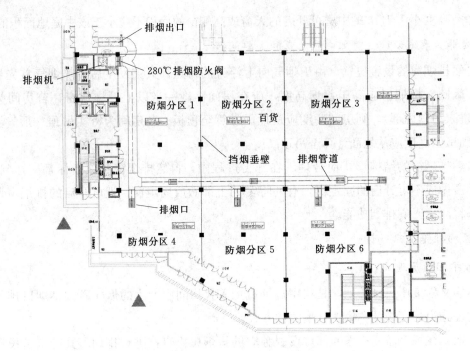

图 4.46　机械排烟示意

表 4.14   **机械排烟系统的最小排烟量**

条件和部位		单位排烟量 /(m³/h·m²)	换气次数 /(次/h)	备 注
担负 1 个防烟分区		60	—	单台风机排烟量不应小于 7200m³/h
室内净高大于 6m 且不划分防烟分区的空间		60	—	单台风机排烟量不应小于 7200m³/h
担负 2 个及 2 个以上防烟分区		120	—	应按最大的防烟分区面积确定
中庭	体积小于等于 17000m³	—	6	体积大于 17000m³ 时,排烟量不应小于 102000m³/h
	体积大于 17000m³	—	4	

由上表可以看出:

(1) 当排烟风机负责一个防烟分区时,应按该防烟分区面积每平方米不小于 60m³/h 计算。

(2) 当排烟风机担负两个以上防烟分区时,应按最大防烟分区面积每平方米不小于 120m³/h 计算。

对于高层民用建筑来说,机械排烟的相关要求如下:

(1) 排烟风机担负一个防烟分区排烟或净空高度大于 6m 的不划防烟分区的房间时,应按每平方米面积不小于 60m³/h 计算(单台风机最小排烟量不应小于 7200m³/h)。

(2) 排烟风机担负两个或两个以上防烟分区排烟时,应按最大防烟分区面积每平方米不小于 120m³/h 计算。

(3) 中庭体积小于或等于 17000m³ 时,其排烟量按其体积的 6 次/h 换气计算;中庭体积大于

17000m³ 时，其排烟量按其体积的 4 次/h 换气计算，但最小排烟量不应小于 102000m³/h。

4. 机械排烟设备

机械排烟设备主要包括排烟风机、排烟口、排烟阀、排烟防火阀、排烟管道、竖井等。

排烟风机的要求如下：

（1）排烟风机的全压应满足排烟系统最不利环路的要求。其排烟量应考虑 10%～20% 的漏风量。

（2）排烟风机可采用离心风机或排烟专用的轴流风机。

（3）排烟风机应能在 280℃ 的环境条件下连续工作不少于 30min。

（4）当任一排烟口或排烟阀开启时，排烟风机应能自行启动。

（5）在排烟风机入口处的总管上应设置当烟气温度超过 280℃ 时能自行关闭的排烟防火阀，该阀应与排烟风机连锁，当该阀关闭时，排烟风机应能停止运转。

（6）排烟风机的全压应按排烟系统最不利环管道进行计算，其排烟量应增加漏风系数。

排烟口、排烟阀和排烟防火阀的设置要求如下：

（1）排烟口或排烟阀应按防烟分区设置。排烟口或排烟阀应与排烟风机连锁，当任一排烟口或排烟阀开启时，排烟风机应能自行启动。

（2）排烟口或排烟阀平时为关闭时，应设置手动和自动开启装置。

（3）排烟口应设置在顶棚或靠近顶棚的墙面上，且与附近安全出口沿走道方向相邻边缘之间的最小水平距离不应小于 1.5m。设在顶棚上的排烟口，距可燃构件或可燃物的距离不应小于 1.0m。

（4）对于多层建筑来说，设置机械排烟系统的地下、半地下场所，除歌舞娱乐放映游艺场所和建筑面积大于 50m² 的房间外，排烟口可设置在疏散走道。

（5）防烟分区内的排烟口距最远点的水平距离不应超过 30m；排烟支管上应设置当烟气温度超过 280℃ 时能自行关闭的排烟防火阀。

（6）排烟口的风速不宜大于 10m/s。

（7）机械加压送风防烟系统和排烟补风系统的室外进风口宜布置在室外排烟口的下方，且高差不宜小于 3m；当水平布置时，水平距离不宜小于 10m。

5. 排烟管道、接头的设置要求

（1）当排烟风机及系统中设置有软接头时，该软接头应能在 280℃ 的环境条件下连续工作不少于 30min。排烟风机和用于排烟补风的送风风机宜设置在通风机房内。

（2）排烟管道必须采用不燃材料制作。安装在吊顶内的排烟管道，其隔热层应采用不燃烧材料制作，并应与可燃物保持不小于 150mm 的距离。

（3）穿越防火分区的排烟管道应在穿越处设置排烟防火阀。

6. 其他注意事项

（1）机械排烟系统在走道内宜竖向设置；横向宜按防火分区设置；竖向穿越防火分区时，垂直排烟管道宜设置在管井内。

（2）在地下建筑和地上密闭场所中设置机械排烟系统时，应同时设置补风系统。当设置机械补风系统时，其补风量不宜小于排烟量的50％。

（3）机械排烟系统与通风、空气调节系统宜分开设置。若合用时，必须采取可靠的防火安全措施，并应符合排烟系统要求。

4.5.3　消防风机概述

风机是依靠输入的机械能，提高气体压力并排送气体的机械。在以上防排烟系统的介绍中，应用到了正压送风风机和排烟风机，在机械排烟时有时还需要用到补风风机。

4.5.3.1　消防风机的分类

消防中常用到的风机主要包括轴流风机和射流风机两种。

1. 轴流风机

轴流风机又称局部通风机，它的电机和风叶都在一个圆筒里，外形就是一个筒形，它内部风的流向和轴是平行的，其特点是安装方便，通风换气效果明显、安全，可以借风筒把风送到指定的区域。消防中的机械排烟风机大部分是轴流风机，如图4.47所示。

图4.47　轴流风机

2. 射流风机

射流风机是一种特殊的轴流风机，主要用于隧道、停车库或其他体育商业场馆纵向通风系统中，射流风机一般悬挂在隧道顶部或两侧、房间顶部或两侧，不占用建筑面积，也不需要另外修建风道，具有效率高、噪声低、运转平稳、容易安装维护简便的特点，如图4.48所示。

射流风机运行时，将一部分空气从风机的一端吸入，经叶轮加速后，由风机的另一端高速射出，产生射流的升压作用和诱导效应，使气流在隧道内、停车库及大型场馆空间沿纵向流动，达到射流通风的目的。

图 4.48　隧道中的射流风机

由于隧道里纵向通风系统是最基本的通风方式，因此交通隧道里应用射流风机最为广泛。射流风机使得新风气流从隧道入口端沿隧道纵向流向出口端，而无需安装通风管道。隧道通风一般选用可逆转射流风机，将风机安装在隧道顶部或侧面，可向两个方向全面通风，以达到双向通风、控制烟雾、排烟的目的。

4.5.3.2　消防风机选用要点

（1）排烟风机选用主要控制参数为工作温度、风量、全压、效率、噪声、电机功率、转速及轴功率。

（2）排烟风机在介质温度不高于85℃的条件下应能长期正常运行。

（3）排烟风机应保证：当输送介质温度在280℃时能连续工作30min，并在介质温度冷却至环境温度时仍能连续正常运转。

（4）在额定转速下，在工作区域内，通风机的实测压力曲线与说明书中给定的曲线应满足下列规定：

1）轴流式排烟风机在规定的流量下，所对应的压力值偏差为±5%。

2）离心式排烟风机在规定的流量下，所对应的压力值偏差为±5%。

（5）排烟风机在说明书中给定的工况点下的比 A 声级噪声限值应符合《工业通风机噪声限值》JB/T 8690—1998 的规定。

（6）排烟风机可采用普通钢制离心式风机或专用排烟轴流式风机。排烟风机规格按《建筑设计防火规范》（GB 50016—2014）中的规定。排烟风机最小风量为 7200m³/h，最大风量不宜超过 60000m³/h（指一个排烟分区的最大风量）。

（7）排烟风机风量应按所需要的风量值增加不小于10%～20%的富余量。

（8）防烟加压风机的风压值应按排烟系统最不利环路进行计算，并保证在防烟楼梯间内余压值 40～50Pa。前室、合用前室、消防电梯前室、避难层等内部的余压值 25～30Pa。

（9）排烟系统的风机宜单独设置。排烟风机的位置宜处于排烟区的同层或上层。

（10）消防排烟风机应符合现行标准《消防排烟通风机技术条件》（JB/T 10281—2001）。

4.6　建筑电气防火设计

在我国发生的火灾中，因电气事故引起的火灾占一半左右。发生事故的原因是各式各样的，有电弧接地短路故障造成的火灾事故，有电气设备年久失修仍超负荷运行导致线路短路、断路而引发的火灾事故，有因架空进线时进户处未采取防高电位侵入措施而引发的电气火灾。综观这些电气火灾事故起因，大量的是由于施工不能严格执行国家有关技术规范造成的，但有些也可能是由于设计不完善或有缺陷造成的。

防范建筑物电气火灾的发生，一是从设计的角度，在设计之初即减少电气火灾发生和蔓延扩大的可能性；二是设计完之后的施工、装修和使用过程中的防范。本节主要论述如何从设计的角度去防范和减少建筑物电气火灾的发生和蔓延。

电气设计的要求已经综合考虑了供电、用电的安全可靠问题，其中也包括火灾的防范，从电气设计的角度去考虑防范电气火灾，更多是对现有建筑电气设计的补充。

本节所说的电气防火设计主要指插座和电线电缆的防火封堵。

从实际情况来看，主要有两个方面设计要求与实际需求之间存在较大差异，一是插座的设计，尤其是住宅；二是电线电缆的防火封堵。

4.6.1　插座的设计

将插座单独提出来，理由有四点，①插座在建筑里的用量十分巨大，出现故障的概率高；②插座属于活动连接，火灾风险高；③插座和人们的日常使用密切相关；④实际中插座的数量与需求有较大差距。

4.6.1.1　插座回路

不同用途的插座应该分回路设计，《住宅设计规范》（GB 50096—2011）对此也提出了要求：每套住宅的空调电源插座、电源插座与照明，应分路设计；厨房电源插座和卫生间电源插座宜设置独立回路。按此要求，一般来说有以下几种分法：

(1) 两个插座回路：空调电源插座，其他电源插座；

(2) 三个插座回路：空调电源插座，厨房和卫生间插座，其他电源插座；

(3) 四个插座回路：空调电源插座，厨房，卫生间插座，其他电源插座。

当空调使用数量增多时，空调电源插座也可根据实际情况调整为多个回路，其他电源插座也可以因为实际家用电器的数量调整为多个回路，具体回路数是由住宅的实际面积和住宅内电气实际情况来决定的。分支回路的增加可使住宅内负荷电流分流，可减少线路温升和谐波危害，从而延长线路寿命和减少电气火灾。

由于空调负荷较大，而且在夏季连续使用时间较长，一般来说一个空调单独设计一个插座回路为宜。每个空调器电源插座回路中电源插座数不应超过 2 只，柜式空调器应采用单独回路供电。

电源插座回路应具有过载、短路保护和过电压、欠电压或采用带多种功能的低压断路器和漏电综合保护器。宜同时断开相线和中性线，不应采用熔断器保护元件。除分体式空调器电源插座回路外，其他电源插座回路应设置漏电保护装置。有条件时，宜按分回路分别设置漏电保护装置。

4.6.1.2 插座数量

《住宅设计规范》（GB 50096—2011）对电源插座的数量提出了要求，不应少于表 4.15 的规定。

表 4.15   **电源插座的数量**

部　位	设置数量
卧室、厨房	一个单相三线和一个单相二线的插座两组
起居室（厅）	一个单相三线和一个单相二线的插座三组
卫生间	防溅水型一个单相三线和一个单相二线和组合插座一组
布置洗衣机、冰箱、排气机械和空调器等处	专用单相三线插座各一个

除《住宅设计规范》外，小康住宅电气设计《设计导则》、《上海市工程建设规范》（DGJ 08—20—2001）、《江苏省住宅设计标准》（DB 32/380—2000）、美国国家电气法规 NEC 等，都对电源插座数量作出了规定。相对而言，《住宅设计规范》中的电源插座数量偏少。

插头/插座连接原理决定了单个插座的带载能力有限，固定安装的墙壁插座一般只设计为接入 1 到 2 个用电器，且用电器功率不能大于插座额定容量。然而在实际使用中，由于墙壁插座的安装数量、安装间距不能满足实际用电器的要求，往往需要使用多个插口适配器或带延长线的插线板，这样很容易造成墙壁插座过载而起火。

防止此类问题最有效的办法是：增加室内墙壁插座数量，减小插座间距。

4.6.1.3 插座计算负荷的确定

插座数量的增加必然需要插座计算负荷的提高，这就牵扯到插座回路的导线选择。国标《通用用电设备设计规范》（GB 50055—93）中 8.0.6 条规定：未知使用设备者，每插座出线口按 100W 计。但在住宅电气设计中，此数值使用不多，因《住宅设计规范》（GB 50096—2011）中已规定了不同类别住宅套型的用电负荷标准，普通电源插座回路通常配置 2.5mm^2 截面的铜线。但在回路插座数量较多时，应利用此数值核算 2.5 mm^2 截面的铜线载流量是否足够。

4.6.1.4 插座是否设置剩余电流保护装置

按《住宅设计规范》（GB 50096—2011）的要求，除壁挂式空调电源插座之外的电源插座回路应该设置剩余电流保护装置。这样的规定主要是为了防止人身触电，壁挂式空调插座因为安装较高，人不易接触到，防范触电的必要不是很强，所以可以不必设置剩余电流保护装置。

剩余电流保护装置不仅可以防范人身触电，同时也有助于防范剩余电流可能引起的电气火灾，因此实际设计中，在预算允许的情况下，所有插座回路都应该设置剩余电流保护装置。

4.6.2　电线电缆的防火封堵

建筑火灾中，电线电缆和各类管道等穿越的孔洞成为了火和烟气向其他区域蔓延的重要通道，由于这些孔洞和竖井的烟囱效应，增加了火灾蔓延的危险性。采用可靠的防火封堵材料封堵这些孔洞，能够有效地阻止火焰蔓延和烟气流动，避免火灾规模扩大带来更大的损失。

4.6.2.1　电线电缆封堵的具体做法

电线电缆防火封堵，应根据不同的情况采取不同的方法。

1. 电线电缆穿墙孔洞

电线电缆贯穿隔墙、楼层的孔洞处，均实施防火封堵，使用耐火、防火电缆的重要回路，如消防、报警、应急照明、计算机监控也应实施防火封堵。具体做法是将需实施防火封堵的部位清理干净，整理电缆，清除表面油污、灰尘；将有机堵料揉匀后，用合适的工具将其铺于需封堵的缝隙中，如遇气温偏低，堵料较硬时，可将其置于温水（40~80℃）中加热，待柔软后再施工。

对较大的电缆穿墙孔洞，采用防火包、有机、无机防火堵料进行封堵，有机防火堵料包裹电缆，无机防火堵料缩孔，防火包砌筑防火墙，防火涂料涂刷电缆等材料进行。防火墙必须牢固，以背面不透光为准，方能阻隔火源蔓延。

2. 电线电缆穿楼层孔洞

穿越楼层的电缆孔、洞若较小，可直接用有机堵料封堵，如果穿孔面积较大时应作配筋处理或采用与分隔体相同耐火极限的防火板在底部衬托，其结构强度不得低于分隔体。对电缆穿楼层孔洞的封堵，由于楼层上方有设备，增加了施工难度。由下而上实施防火封堵的方法是将电缆四周用有机堵料包裹电缆，长约10cm，四周用防火包填实严密，底部用防火隔板托住防火包，并用膨胀螺栓固定；若是小孔洞，则直接用有机堵料嵌于需封堵的缝隙中，电缆两侧各1m处涂刷防火涂料。

3. 电缆竖井

一般竖井若电缆排列整齐，可采用防火隔板、有机、无机防火堵料、防火包进行封堵；大型竖井采用防火隔板、有机、无机防火堵料、防火包进行封堵，电缆穿越部位应保证封堵厚度和强度。

4. 电缆管穿孔

电缆贯穿孔的防火封堵应严格按相关要求，用灰沙或混凝土填充穿孔，其余部分孔隙应用软性受热膨胀型的防火堵料严密封堵。

5. 电缆桥架

电缆桥架（线槽）的贯穿孔口应采用无机堵料防火灰泥，有机堵料如防火泡沫，或阻火包、防火板或有机堵料如防火发泡砖并辅以有机堵料如防火密封胶或防火泥等封堵。当贯穿轻质防火分隔墙体时，不宜采用无机堵料防火灰泥封堵。具体实施时应拆除桥架盖板，将防火堵料填塞至电缆，并不得有任何缝隙。软性防火堵料两面应分别用大于其面积的防火板翻盖，防火板与分隔体之间应用高强度螺丝钉紧固连接。用阻火包进行封堵时，施工前应整理电缆，检查阻火包有无破损，施工时，在电缆周围宜裹一层有机防火堵料。

4.6.2.2　电线电缆防火封堵的相关产品

1. 防火封堵喷胶和缝隙密封胶

防火密封胶是一种阻燃、膨胀型材料，其特点是具有良好的阻燃性且遇火体积膨胀，能阻止火焰和热量传递，广泛应用于电缆穿墙需要防火封堵的孔洞。

2．阻火包带

阻火包带用于电力电缆、通信电缆的防火阻燃，具有防火阻燃性、可操作性等特点，使用时无毒无味、无污染，运行中不影响电缆的载流量。

阻火包带可缠绕于重要单根电缆外表，火焰接触时能迅速膨胀形成炭化体，防止火焰引燃电缆可燃材料。一般按 1/2 搭盖叠绕于电缆上，若能缠绕包覆两层，效果更好。

3．防火板

防火板又名耐火板，学名为热固性树脂浸渍纸高压层积板（Decorative high - Pressure Laminate，HPL）是表面装饰用耐火建材，有丰富的表面色彩，纹路以及特殊的物流性能。防火板是原纸（钛粉纸、牛皮纸）经过三聚氰胺与酚醛树脂的浸渍工艺，高温高压成。

无机不燃防火封堵板材，适用于电缆明敷时，大型孔洞的防火封堵与分隔，防止电缆着火延燃。防火板用于大型孔洞的防火封堵，需按贯穿电缆的形状进行裁减加工，确保电缆能够穿入的同时保证最大程度的封堵缝隙。

4．阻火灰泥

阻火灰泥是一种轻质的水泥类防火封堵材料，用聚合纸质包装袋包装，使用时与水拌和。阻火灰泥不含人造矿物纤维，也不含石棉，同时，也不用含纤维的衬垫材料。阻火灰泥的粘合剂不含波特兰（Portland）水泥，因此同含波特兰水泥粘合剂的产品相比，对于混凝土的负作用影响有更强的抵抗能力。

阻火灰泥应用于电缆和电缆桥架的防火封堵，可与其他增强材料如焊接网、钢筋等配合使用。

5．阻火包

阻火包外层采用由编织紧密，经特殊处理耐用的玻璃纤维布制成袋状，内部填充特种耐火、隔热材料和膨胀材料，阻火包具有不燃性，耐火极限可达 4 小时以上，在较高温度下膨胀和凝固。形成一种隔热、隔烟的密封，且防火抗潮性好，不含石棉等有毒物成分。

阻火包适用于较大孔洞的防火封堵或电缆桥架的防火分隔。

6．防火胶泥

防火胶泥又名有机防火堵料是以有机合成树脂为黏结剂，添加防火剂、填料等经辗压而成。该堵料长久不固化，可塑性很好，与金属、橡胶、塑料、油漆、木材、陶瓷等有良好的黏合性，施工维修时比较方便能防鼠咬，有良好的阻火堵烟性能，可以任意地进行封堵。这种堵料主要应用在建筑管道和电线电缆贯穿孔洞的防火封堵工程中，并与无机防火堵料、阻火包配合使用。

7．防火槽盒

防火槽盒有良好的隔热、防火、不燃、不爆、耐水、耐油、耐化学腐蚀、耐候性好、无毒及机械强度好、重量轻、承载力大、安全可靠的特点。防火槽盒使用后，若盒内电缆起火可因其自身结构的封闭性导致缺氧自熄，外部起火也因其槽盒材料不燃性而不会殃及盒内电缆。

防火槽盒安装方便，能进行锯、钻、刨等机械加工，适用于电缆敷设时的耐火分隔，有效防止电缆着火时火焰延燃。

8. 电缆槽盒安全保护片

电线槽盒安全保护片用于电线盒与建筑构件空隙的防火封堵，可直接粘附于接线盒内，安装简单，能有效防止电线着火延燃。

9. 防火密封套管

防火套管，又名耐高温套管，硅橡胶玻璃纤维套管，采用高纯度无碱玻璃纤维编制成管，再在管外壁涂覆有机硅胶经硫化处理而成。硫化后可在 $-65\sim260℃$ 温度范围内长期使用并保持其柔软弹性性能。

电缆防火密封套管为电缆穿越墙体和楼板提供保护和密封，套管内外都进行防火封堵，内置套管保护电缆。

4.7　安全疏散设计

所谓安全疏散是指建筑中的人员通过专门的设施和路线，安全地撤离着火的建筑。安全疏散设计是指根据建筑的特性设定的火灾条件，针对灾害及疏散形式的预测，采取一系列有利于疏散的措施如合理布置疏散路线、布置足够安全疏散设施、规划好安全出口、控制最大疏散距离等，保证人员具有足够的安全度。

安全疏散设计是建筑防火设计的一项重要内容。发生火灾时人的生命安全处在最重要的地位，要确保人的生命安全，就要能够及时将所有人在危险来临之前疏散到安全的地点，而安全疏散设计正极大地影响着所有人的安全疏散时间。好的建筑安全疏散设计能给人们的紧急疏散提供便利，提高建筑的防火安全性能。当建筑安全疏散设计不合理时就会导致火灾发生时人员不能及时疏散到安全的避难区域而被火烧、缺氧窒息、烟雾中毒和房屋倒塌引起人员伤亡，更严重的会引起踩踏事故。

在安全疏散设计时，应遵守以下基本原则：

（1）疏散路线要简捷合理，尽量减少转弯，疏散通道不宜布置成 S 形或 U 形，疏散道路不宜设置台阶、踏步或由宽变窄。同时避免产生人员的逆流和交叉流动。

（2）在建筑物内的任何部位，尽可能做到双向疏散，至少有两个安全出口，尽量避免把疏散走道布置成袋形，造成部分位置只有一个出口，火灾时容易造成人员陷入"死胡同"。

（3）疏散设施的数量、宽度、形式、位置等设置要符合疏散要求。

（4）在规划疏散路线和疏散方式时，特别是设计诱导标志时，要充分考虑人在火灾状态下的心理和行为特点，如习惯于向明亮的方向疏散、以开阔空间为疏散目标、对烟火具有恐惧心理等。

（5）疏散通道上的防火门在火灾时必须保证自动关闭状态。

国内《建筑设计防火规范》（GB 50016—2014）对民用建筑的安全疏散提出了一些具体要求，包括安全出口和房间疏散门的设置，楼梯间的设置形式、安全疏散距离、疏散宽度、疏散人数的计算等。

《汽车库、修车库、停车场设计防火规范》（GB 50067—2014）、《人民防空工程设计防火规范》（GB 50098—2009）都对相应建筑提出了疏散设计的一些具体要求。

尽管国内在疏散设计方面已经积累了较为丰富的经验，但在实际设计时仍然存在许多问题。例如对于高层建筑存在为了节省投资，增加使用面积，以损失楼梯、出口等安全疏散设施为代价，导致疏散出口不足，疏散总宽度不够，疏散距离过长的问题；同时由于结构方面的原因也存在楼梯间贯通地上与地下层，未加分割的问题。由于高层建筑消防前室周围较易布置竖井，设计多把走道排烟口设置于前室门口附近，这样就造成了疏散方向与排烟气流同向的问题。对于超大型购物中心存在计算疏散宽度过大，实际设计中难以按规范要求执行，人员疏散距离过长难以满足规范要求的问题。这些设计中存在的问题应该引起疏散设计人员的思考，也给设计人员提出了更高的要求，即在复杂的实际情况中仍然遵循疏散设计的基本原则并寻求可能的合理解决问题的办法。

4.7.1 安全疏散设施

疏散设施是人们疏散时需要使用到的疏散工具，指安全出口、疏散楼梯、疏散走道、消防电梯、事故广播、屋顶直升机停机坪、事故照明和安全指示标志等。

按疏散设施所在位置，疏散设施可以分为水平疏散设施和垂直疏散设施两类。水平疏散设施包括疏散门、走道、楼梯间前室、安全出口、避难层等；垂直疏散设施包括疏散楼梯（楼梯、室外楼梯、封闭楼梯、防烟楼梯）、消防电梯、疏散阳台、缓降器、铁爬梯、救生袋等。按疏散作用，疏散设施可以分为主要疏散设施、消防专用设施和辅助疏散设施。主要疏散设施包括疏散门、安全出口、楼梯、走道。消防专用设施主要是消防电梯。辅助疏散设施包括：直升机停机坪、疏散阳台、缓降器、救生袋等。

疏散设施的设置原则是疏散设施发挥的总体作用必须满足疏散要求。这就需要疏散设施在种类、数量、宽度、和位置等方面形成的综合作用要满足疏散要求。同时疏散设施设置时要考虑与自动报警、自动灭火、防烟排烟等保障设施之间配合。

4.7.1.1 疏散楼梯和楼梯间

作为竖向疏散通道的室内、室外楼梯，是建筑物中的主要垂直交通枢纽，是安全疏散的重要通道。楼梯间防火和疏散能力的大小，直接影响着人员的生命安全与消防队员的救灾工作。因此，建筑防火设计，应根据建筑物的使用性质、高度、层数，正确运用规范，选择符合防火要求的疏散楼梯，为安全疏散创造有利条件。

1. 疏散楼梯的设置数量

（1）公共建筑和通廊式居住建筑安全出口的数量不少于两个。作为楼层空间，疏散楼梯即为安全出口，故疏散楼梯应不少于两个。

（2）除托儿所、幼儿园外，建筑面积不大于200m² 且人数不超过50人的单层公共建筑或多层公共建筑的首层可设置1部疏散楼梯。

(3) 二层、三层的建筑（医院、老年人建筑、托儿所、幼儿园等除外）符合表4.16规定的要求时可设一个疏散楼梯。

(4) 设置不少于2部疏散楼梯的一级、二级耐火等级多层公共建筑，如顶层局部升高，当高出部分的层数不超过2层、人数之和不超过50人且每层建筑面积不大于200m² 时，高出部分可设置1部疏散楼梯，但至少应另外设置1个直通建筑主体上人平屋面的安全出口，且上人屋面应符合人员安全疏散的要求。

(5) 除歌舞娱乐放映场所外，防火分区建筑面积不大于200m² 的地下或半地下设备间、防火分区建筑面积不大于50m² 且经常停留人数不超过15人的其他地下或半地下建筑（室），可设置1部疏散楼梯。

表 4.16 公共建筑可设置1个疏散楼梯的条件

耐火等级	最多层数	每层最大建筑面积 /m²	人　　数
一级、二级	3 层	200	第二层和第三层的人数之和不超过 50 人
三级	3 层	200	第二层和第三层的人数之和不超过 25 人
四级	2 层	200	第二层人数不超过 15 人

2. 疏散楼梯的宽度

《建筑设计防火规范》（GB 50016—2014）中对疏散楼梯的宽度做出了相关规定。

除规范另有规定者外，公共建筑内疏散门和安全出口的净宽度不应小于0.90m，疏散走道和疏散楼梯的净宽度不应小于1.10m。

高层公共建筑内楼梯间的首层疏散门、首层疏散外门、疏散走道和疏散楼梯的最小净宽度应符合表4.17的规定。

表 4.17 高层公共建筑内楼梯间的首层疏散门、首层疏散外门、疏散走道

和疏散楼梯的最小净宽度 单位：m

建筑类别	楼梯间的首层疏散门、首层疏散外门	走　　道		疏散楼梯
		单面布房	双面布房	
高层医疗建筑	1.30	1.40	1.50	1.30
其他高层公共建筑	1.20	1.30	1.40	1.20

剧场、电影院、礼堂、体育馆等场所的疏散走道、疏散楼梯、疏散门、安全出口的各自总净宽度，应符合下列规定：

(1) 观众厅内疏散走道的净宽度应按每100人不小于0.60m计算，且不应小于1.00m；边走道的净宽度不宜小于0.80m。

(2) 剧场、电影院、礼堂等场所供观众疏散的所有内门、外门、楼梯和走道的各自总净宽度，应根据疏散人数按每100人的最小疏散净宽度不小于表4.18的规定计算确定。

表 4.18 **剧场、电影院、礼堂等场所每100人所需最小疏散净宽度** 单位：m/百人

观众厅座位数/座			≤2500	≤1200
耐火等级			一级、二级	三级
疏散部位	门和走道	平坡地面	0.65	0.85
		阶梯地面	0.75	1.00
	楼梯		0.75	1.00

（3）体育馆供观众疏散的所有内门、外门、楼梯和走道的各自总净宽度，应根据疏散人数按每100人的最小疏散净宽度不小于表4.19的规定计算确定。

表 4.19 **体育馆每100人所需最小疏散净宽度** 单位：m/百人

观众厅座位数范围/座			3000～5000	5001～10000	10001～20000
疏散部位	门和走道	平坡地面	0.43	0.37	0.32
		阶梯地面	0.50	0.43	0.37
	楼梯		0.50	0.43	0.37

除剧场、电影院、礼堂、体育馆外的其他公共建筑，其房间疏散门、安全出口、疏散走道和疏散楼梯的各自总净宽度，应符合下列规定：

（1）每层的房间疏散门、安全出口、疏散走道和疏散楼梯的各自总净宽度，应根据疏散人数按每100人的最小疏散净宽度不小于表4.20的规定计算确定。当每层疏散人数不等时，疏散楼梯的总净宽度可分层计算，地上建筑内下层楼梯的总净宽度应按该层及以上疏散人数最多一层的人数计算；地下建筑内上层楼梯的总净宽度应按该层及以下疏散人数最多的一层的人数计算。

表 4.20 **每层的房间疏散门、安全出口、疏散走道和疏散楼梯**

的每100人最小疏散宽度 单位：m/百人

建 筑 层 数		建筑耐火等级		
		一级、二级	三级	四级
地上楼层	1～2层	0.65	0.75	1.00
	3层	0.75	1.00	—
	≥4层	1.00	1.25	—
地下楼层	与地面出入口地面的高差≤10m	0.75	—	—
	与地面出入口地面的高差>10m	1.00	—	—

（2）地下或半地下人员密集的厅、室和歌舞娱乐放映游艺场所，其房间疏散门、安全出口、疏散走道和疏散楼梯的各自总净宽度，应根据疏散人数按每100人不小于1.00m计算确定。

住宅建筑的户门、安全出口、疏散走道和疏散楼梯的各自总净宽度应经计算确定，且户门和安全出口的净宽度不应小于0.90m，疏散走道、疏散楼梯和首层疏散外门的净宽度不应小于1.10m。建筑高度不大于18m的住宅中一边设置栏杆的疏散楼梯，其净宽度不应小于1.0m。

3. 疏散楼梯间

高层建筑发生火灾时，建筑内的人员不能靠一般电梯或云梯车等作为主要疏散和抢救手段。因为一般客用电梯无防烟、防水等措施，火灾时必须停止使用，云梯车也只能为消防队员扑救时专用。这时楼梯间是用于人员垂直疏散的唯一通道，因此楼梯间必须安全可靠。

根据防火要求，可将楼梯间分为敞开楼梯间、封闭楼梯间、防烟楼梯间和室外疏散楼梯四种形式。

(1) 疏散楼梯间设计的一般要求包括：

1) 楼梯间的设置应满足安全疏散距离的要求，尽量避免袋形走道。

2) 在标准层或防火分区的两端布置，便于双向疏散。

3) 楼梯间（除与地下室相连的楼梯、通向高层建筑避难层的楼梯外）竖向要保持上下直通，在各层的位置不能改变。

4) 地下室、半地下室楼梯间，在首层应采用耐火极限不低于 2h 的隔墙与其他部位隔开并应直通室外，当必须在隔墙上开门时，应采用不低于乙级的防火门。

地下室或半地下室与地上层不应共用楼梯间，当必须共用楼梯间时，应在首层与地下或半地下层的出入口处，设置耐火极限不低于 2h 的隔墙和乙级的防火门隔开，并应有明显标志。

5) 楼梯间内不应有影响安全疏散的突出物。楼梯间及前室内不应附设烧水间、可燃材料储藏室、非封闭的电梯井，可燃气体及甲类、乙类、丙类液体管道。

(2) 敞开楼梯间。敞开楼梯间是指用规定耐火极限的墙体等分隔成的不封闭空间，且与其他使用空间相通，无防烟功能，在人员安全疏散方面其安全度是最低的一种楼梯，只允许在层数不多的建筑物中使用。其应符合：

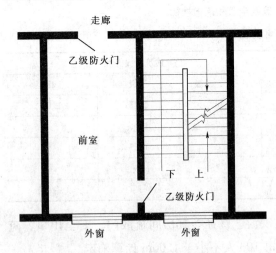

图 4.49　带封闭前室的楼梯间

1) 房间门至最近楼梯间的距离应符合安全疏散距离的要求。

2) 当低层建筑的层数不超过 4 层时，楼梯间的首层对外出口可设置在离楼梯间不超过 15m 处。

3) 楼梯间的内墙上除在同层开设通向公共走道的疏散门外，不应开设其他的房间门窗。其他房间的门不应开向楼梯间。

4) 公共建筑的疏散楼梯两段之间的水平净距不宜小于 15cm。

(3) 封闭楼梯间。封闭楼梯间是指用规定耐火极限的墙体与其他使用空间进行分隔，在楼梯间与走道之间有一道双向开启的弹簧门，火灾初期能防止烟热进入楼梯间，如图 4.49 所示。高层民用建筑和高层工业建筑中封闭楼梯间的门应为向疏散方向开启的乙级防火门。

设置范围包括：

1）高度在 32m 以下的高层厂房和甲、乙、丙类多层厂房应设置封闭楼梯间或室外楼梯。

2）高层仓库应设置封闭楼梯间。

3）下列公共建筑的室内疏散楼梯应采用封闭楼梯间（包括首层扩大封闭楼梯间）或室外疏散楼梯：

a. 医院、疗养院的病房楼；

b. 旅馆；

c. 超过 2 层的商店等人员密集的公共建筑；

d. 设置有歌舞娱乐放映游艺场所且建筑层数超过 2 层的建筑；

e. 超过 5 层的其他公共建筑。

4）地下商店和设置歌舞娱乐放映游艺场所的地下建筑（室），当地下层数少于 3 层或地下室内地面与室外出入口地坪高差小于等于 10m 时，应设置封闭楼梯间。

5）12 层及 18 层的单元式住宅应设封闭楼梯间。

6）11 层及 11 层以下的通廊式住宅应设封闭楼梯间。

7）汽车库、修车库的室内疏散楼梯应设置封闭楼梯间。

8）人防工程的下列公共活动场所，当地下为 2 层，且地下第 2 层的地坪与室外出入口地面高差不大于 10m 时，应设置封闭楼梯间：

a. 电影院、礼堂；

b. 建筑面积大于 500m² 的医院、旅馆；

c. 建筑面积大于 1000m² 的商场、餐厅、展览厅、公共娱乐场所、小型体育场所。

9）裙房和建筑高度不超过 32m 的二类高层公共建筑（单元式住宅和通廊式住宅除外），应采用封闭楼梯间。

设置要求如下：

1）楼梯间应靠外墙，并能直接天然采光和自然通风，当不能直接天然采光和自然通风时，应按防烟楼梯间规定设置。

2）高层建筑封闭楼梯间的门应为乙级防火门，并向疏散方向开启。

3）楼梯间的首层紧接主要出口时，可将走道和门厅等包括在楼梯间内形成扩大的封闭楼梯间，但应采用乙级防火门等防火措施与其他走道和房间隔开。

（4）防烟楼梯间。防烟楼梯间是指具有防烟前室和防排烟设施并与建筑物内使用空间分隔的楼梯间。其形式一般有带封闭前室或合用前室的防烟楼梯间、用阳台作前室的防烟楼梯间（图 4.50）、用凹廊作前室的防烟楼梯间等（图 4.51）。

设置范围包括：

高度超过 32m，且每层人数超过 10 人的高层厂房；塔式住宅；一类高层建筑；除单元式和通廊式住宅外的建筑高度超过 32m 的二类高层建筑；11 层以上的通廊式住宅，19 层及 19 层以上的单元

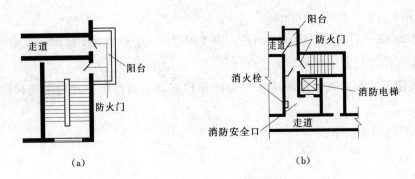

图 4.50 用阳台作前室的楼梯间

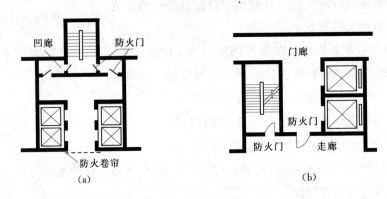

图 4.51 用凹廊作前室的楼梯间

式住宅。

设置要求如下：

1）楼梯间入口处应设前室、阳台或凹廊。

2）前室的面积，对公共建筑不应小于 6m²，与消防电梯合用的前室不应小于 10m²；对于居住建筑不应小于 4.5m²，与消防电梯合用前室的面积不应小于 6m²；对于人防工程不应小于 10m²。

3）前室和楼梯间的门均应为乙级防火门，并应向疏散方向开启。

4）如无开窗，须设管道井正压送风。

（5）室外疏散楼梯。室外疏散楼梯可为辅助防烟楼梯，其宽度可计入疏散楼梯总宽度中，其设置要求见表 4.21。一般情况下，室外疏散楼梯不宜采用镂空型护栏。室外疏散楼梯和每层出口处平台，应采用非燃烧材料制作，平台的耐火极限不低于 1.0h。在楼梯周围 2m 的墙面上，除疏散门外，不应开设其他门窗洞口，疏散门应采用乙级防火门，且不应正对楼梯段。

表 4.21　　室外疏散楼梯的设置要求

采用条件	楼梯净宽/m	倾斜度	扶手高度/m
辅助防烟楼梯	≥0.9	≤45°	≥1.1
单、多层建筑室外疏散楼梯	≥0.8	≤60°	≥1.1
库房、筒仓的室外金属楼梯	≥0.6	≤60°	0.8

4.7.1.2 消防电梯

消防电梯是在建筑物发生火灾时供消防人员进行灭火与救援使用且具有一定功能的电梯。因此，消防电梯具有较高的防火要求，其防火设计十分重要。普通电梯均不具备消防功能，发生火灾时禁止人们搭乘电梯逃生。因为当其受高温影响，或停电停运，或者火燃烧，必将殃及搭乘电梯的人，甚至夺去他们的生命。

消防电梯的设置应符合下列要求：

（1）消防电梯间应设前室，前室面积应由建筑物的性质来确定。居住建筑不应小于 $4.5m^2$。公共建筑不应小于 $6m^2$。当与防烟楼梯间合用前室时，其面积：居住建筑不应小于 $6m^2$，公共建筑不应小于 $10m^2$。

（2）消防电梯间前室宜靠外墙设置，这样可利用外墙上开设的窗户进行自然排烟，既满足消防需要，又能节约投资。在首层应设直通室外的出口或经过长度不超过 30m 的通道通向室外。

（3）前室应设置机械排烟或自然排烟设施。

（4）消防电梯间前室的门，应采用乙级防火门或具有停滞功能的防火卷帘，以形成一个独立安全的区域，但合用前室的门不能采用防火卷帘。

（5）消防电梯的载重量应考虑 8～10 名消防队员的重量，不应小于 800kg。

（6）消防电梯井、机房与相邻其他电梯井、机房之间，应采用耐火极限不低 2h 的隔墙隔开，当在隔墙上开门时，应设甲级防火门。井内严禁敷设可燃气体和甲类、乙类、丙类液体管道。

（7）消防电梯的行驶速度，应按从首层到顶层的运行时间不超过 60s 计算确定。

（8）消防电梯及其前室内应设置应急照明，以保证消防人员能够正常工作。

（9）消防电梯轿厢的内装修应采用不燃烧材料。内部的传呼按钮等也要有防火措施，确保不会因烟热影响而失去作用。

（10）消防电梯轿厢内应设专用电话，并应在首层设供消防员专用的操纵按钮。

（11）消防电梯间前室门口宜设挡水设施。消防电梯井底应设排水设施，排水井容量不应小于 $2m^3$，排水泵排水量不应小于每秒 10L。

（12）动力与控制电缆、电线应采取防水措施。

（13）在高层建筑中布置消防电梯时，应考虑消防人员使用的方便性，并且宜与疏散楼梯间结合布置。

4.7.1.3 其他辅助疏散设施

1. 楼外紧急电梯

以色列研制的蓄电池机械类逃生装置，该设备安装在避难层内，使用时在蓄电池能量支持下，完成逃生箱体外移及下降过程。下降速度靠机械减速完成，每个逃生箱可容纳 30 人同时逃生。该技术已经获得美国消防协会认证，被称为高空逃生装置的"大哥大"，主要针对百米以上超高建筑。该装置昂贵的造价和相对麻烦的蓄电池维护，成为其推广的障碍。

台湾研制的高楼免用电避难梯，是利用链轮、链条以及平行在链条上的折叠梯组成。它是一个安装在建筑物尽头窗户外墙上，自上而下的链条输送线。这个装置相当于将一个水平摆放的传送链改为垂直放置。特点是无需电源供电，但存在重量大、耗材多、日常维护任务重等不足，不能适合超高层建筑垂直吊挂。

楼外紧急电梯的优势是：效率高，可以同时疏散多个楼层人员；可以通过窗户向外疏散。其特点为：由外部人员控制，无法自救；遇险人员在救援人员指挥下疏散；需要电源；安装位置固定，紧靠建筑外立面垂直运行；如果安装在着火位置上方，则无法救援；昂贵：每台超过 1500 万元人民币。

2. 降落伞

降落伞是利用空气阻力，依靠相对于空气运动充气展开的可展式气动力减速器，使人或物从空中安全降落到地面的一种航空工具，主要由柔性织物制成。

降落伞免维护期和有效期短，降落伞每年都要晒，都要重新叠，因为是用织造物制成的，容易老化，一般在 5 年内就应报废。一次灾难中无法反复使用，一个降落伞最多只能救一个人。如果大面积配备，如何放置就会成为问题。抗风能力弱，一旦风力较强时，会发生不能控制的飘移，就可能把使用者挂在危险物上，例如电线、尖锐物等。另外适用高度有限制，10 层楼以下是无法使用的，且使用者需要经过一定的训练。

3. 柔性救生滑道

柔性救生滑道可以使 20 人在 1min 内从高楼上安全撤离，且人员不致受到灸烧、燃烧和烟熏的伤害，任何人不需预先练习都可以成功地使用，而且可以用来营救老幼病残者。柔性救生滑道亦可装备于消防云梯车、消防登高车、消防训练塔楼、石油钻井平台、机场指挥塔楼。

柔性救生滑道是一种能使多人顺序地从高处在其内部缓慢滑降的逃生用具，采用摩擦限速原理，达到缓降的目的。其内层的导套具有抗静电性能，可使人体在其内部下滑时，不致由于摩擦生热而灼伤人体，其外罩材料具有防火性能、抗渗水性能和抗辐射性能，最高耐温 600℃。人体平均下滑速度不大于 3m/s，并能通过肢体形态的变化调整其下滑速度。该装置目前已经应用于航天领域、磁悬浮列车。

该装置特点是适用范围可以包括老幼病残者，但多层入口容易造成人员碰撞和踩踏，这种滑道安装在高层建筑的外墙，长年累月经受风吹日晒雨淋，其材料寿命尚需进一步证实。此外，逃生者衣服上的装饰物、金属物，也可能划伤滑道的内衬。

其优点是：构造非常简单，可供多人同时使用，成本也很低廉。但其缺点是：使用高度有限；免维护期短，每年都要进行检查，防止出现破损和强度下降；使用者有一定的操作技能，需要自行控制速度；往往固定安装。

4. 自动救生充气垫

自动救生充气垫是一种利用充气产生缓冲效果的高空救生设备。一般采用高强度纤维材料，经缝纫、粘合制成，其气源一般采用高压气瓶。其优点是：构造非常简单，可供多人反复使用，气垫充气并抛到楼下后人往上跳就可逃生。救生气垫仅限于高度为 3~4 层的楼房使用，随着高度的增加，其缓冲效果、作用面积也将大打折扣，因此应用范围非常有限。另外，免维护期短、有效性无法保障、需要使用者具备勇气。

5. 机械阻尼缓降器

机械阻尼缓降器主要针对普通家庭和个人使用，其构造由调速器、安全带、安全钩、钢丝绳等组成。每次可以承载约100kg重的单人个体自由滑下，其下滑速度约为1.5m/s，从20层楼上降到地面每人约需40s以上，根据人体重量的不同，略有差异，进口产品使用高度可达200m，最高可载重135kg。

该产品操作简单，可以快速逃生，在动态状态下，采用特殊膨胀螺栓来保障安全，在下降时，产品自身能自动控制下降速度保证安全。但是存在的缺点是：受重力对速度的影响太大，速度随下降载荷的变化而变化，性能不稳定；适用高度和使用次数受限制，制动无力可能会因使用距离发生变化，限制使用高度；容易伤害使用者，缓降器在使用中有两根绳索相向运动，一根是系住人体下降的，另一根是向上运动的，使用中稍不注意就会被划伤；抗风能力弱，缓降器在使用时要先将绳索抛到楼下，容易挂在突出物上被卡住、缠住；免维护期仍然比较短，最多3年；使用时无固定专用装置，无法适应于群体逃生。

4.7.1.4 事故照明和安全指示标志

有的建筑火灾造成严重的人员伤亡事故，其原因固然是多方面的，但与有无事故照明和疏散指示标志也有一定关系。火灾时如无事故照明和疏散指示标志，人们在惊慌之中势必混乱，加上烟气作用，更易引起不必要的伤亡。实践表明，为保障安全疏散，事故照明和疏散指示标志是不可缺少的，尤其是高层建筑、人员集中的场所，引导安全疏散更为必要，这类设施必须保证。

在单层、多层公共建筑，乙类、丙类高层厂房，人防工程和高层等民用建筑中，应在以下部位设置火灾应急照明设施：封闭楼梯间、防烟楼梯间及其前室、消防电梯间及其前室、配电间、消防控制室、电话总机房以及发生火灾时仍需要坚持工作的其他房间，观众厅、展览厅、多功能厅、餐厅、商场营业厅、演播室等人员密集场所。

公共建筑、人防工程和高层民用建筑等建筑物内，应在以下部位设置灯光疏散指示表示：除二类居住建筑外，高层建筑的疏散走道和安全出口处。影剧院、体育馆、多功能礼堂、医院病房楼的疏散走道和疏散门。人防工程的疏散走道及其交叉口、拐弯处、安全出口处。

疏散指示标志其间距不宜大于20m，距地1.5～1.8m，应写有"EXIT"（出口）的字样，且为红色，此色易透过烟火而被识别。

供人员疏散用的事故照明，主要通道上的照度不应低于0.5lx。消防控制室、消防水泵房、配电室和自备发电机房等部位的事故照明的最低照度，应与该部位工作时正常照明的最低照度相同。

4.7.1.5 事故广播

火灾事故广播系统的作用是发生火灾时指挥现场人员进行疏散。火灾事故广播系统按线制可分为总线制火灾事广播系统和多线制火灾事故广播广播系统。设备包括音源、前置放大器及扬声器，各设备的工作电源由消防控制系统提供。

火灾事故广播系统设置要求如下。

（1）扬声器的设置要求包括：

1）走道、大厅、餐厅等公共场所，扬声器的设置数量，应能保证从本层任何部位到最近一个扬声器的步行距离不超过 15m。在走道交接处、拐弯处均应设扬声器。走道末端最后一个扬声器距墙不大于 8m。

2）走道、大厅、餐厅等公共场所装设的扬声器，额定功率不应小于 3W，实配功率不应小于 2W。

3）客房内扬声器额定功率不应小于 1W。

4）设置在空调、通风机房、洗衣机房、文娱场所和车库等处，有背景噪声干扰场所内的扬声器，在其播放范围内最远的播放声压级，应高于背景噪声 15dB，并据此确定扬声器的功率。

（2）火灾事故广播系统宜设置专用的播放设备，扩音机容量宜按扬声器计算总容量 1.3 倍确定，若与建筑物内设置的广播音响系统合用时，应符合下列要求：

1）火灾时应能在消防控制室将火灾疏散层的扬声器和广播音响扩音机，强制转入火灾事故广播状态。

2）床头控制柜内设置的扬声器，应有火灾广播功能。

3）采用射频传输集中式音响播放系统时，床头控制柜内扬声器宜有紧急播放火警信号功能。如床头控制柜无此功能时，设在客房外走道的每个扬声器的实配输入功率不应小于 3W，且扬声器在走道内的设置间距在宜大于 10m。

4）消防控制室应能监控火灾事故广播扩音机的工作状态，并能遥控开启扩音机和用传声器直接播音。

5）广播音响系统扩音机，应设火灾事故广播备用扩音机，备用机可手动或自动投入。备用扩音机容量不应小于火灾事故广播扬声器容量最大的三层中扬声器容量总和的 1.5 倍。

（3）火灾事故广播输出分路，应按疏散顺序控制，播放疏散指令的楼层控制程序如下：

1）二层及二层以上楼层发生火灾，宜先接通火灾层及其相邻的上、下层。

2）首层发生火灾，宜先接通本层、二层及地下各层。

3）地下室发生火灾，宜先接通地下各层及首层。若首层与二层有大共享空间时应包括二层。

（4）应按疏散楼层或报警区域划分分路配线。各输出分路，应设有输出显示信号和保护控制装置等。当任一分路有故障时，不应影响其他分路的广播。火灾事故广播线路，不应和其他线路（包括火警信号、联动控制等线路）同管或同线槽槽孔敷设。

（5）火灾事故广播用扬声器不得加开关，如加开关或设有音量调节器时，则应采用三线式配线强制火灾事故广播开放。

（6）火灾事故广播馈线电压不宜大于 100V。各楼层宜设置馈线隔离变压器。

4.7.1.6　屋顶直升机停机坪

设有屋顶直升机停机坪的建筑，一旦发生火灾，在其他救援手段十分困难的情况下，利用直升机到达屋顶可以为扑救火灾和疏散人员创造有利条件。在建筑物屋顶设置直升机停机坪并不需要增加太大的投资，然而多了一种救援手段。

屋顶直升机停机坪又称紧急停机坪，其设计的最低原则只要满足直升机停机所需的面积大小及承受直升机升降的强度即可。

直升机停机坪的几何形式可分为圆形、方形、矩形三种，按布置形式可分为两种：

（1）停机升降区和避难场所集中布置。通常要求场地面积较大。其平面形状尺寸不宜小于直升机旋翼直径的 1.5 倍。场地面积实际满足 20m×20m 即可充分发挥作用。

（2）停机升降区和避难场所分开布置。此种布置方式较灵活，只满足停机升降区 15m×15m 即可，但避难区域符合安全、方便的布置原则，其形式、面积、数量不作限制，应根据实际情况而定。

设置屋顶直升机停机坪的防火要求如下：

（1）通向直升机停机坪的出口不应少于 2 个。

（2）应安装直升机降落标志灯，并在其四周设航空障碍灯。

（3）在停机坪附近应设消火栓，其压力不应低于 0.5kg。

（4）停机坪不应设置高度超过 30cm 的女儿墙，最好不设女儿墙，宜设安全网，网的周边宽度不小于 2m，沿四周水平敷设，其强度应能同时承重 30 人。

（5）为直升机设置自动加油设施，并宜设置 3~4 个两用（水、泡沫液）灭火固定炮，以扑救停机坪发生的火灾。

4.7.2 安全出入口

安全出口是指供人员安全疏散用的房间的门、楼梯或直通室外地平面的门。为了在发生火灾时，能够迅速安全地疏散人员和抢救物资，减少人员伤亡、降低火灾损失，在建筑防火设计时，除按要求设置疏散走道、疏散楼梯外，必须设置足够数量的安全出口。安全出口应分散布置，且易于寻找，并应有明显标志。

布置安全出口要遵照"双向疏散"的原则，即建筑物内常有人员停留在任意地点，均宜保持有两个方向的疏散路线，使疏散的安全性得到充分的保证。

为了保证人们在火灾时向两个不同疏散方向进行疏散，一般应在靠近主体建筑标准层或其防火分区的两端或接近两端出口处设置疏散出口。

在建筑物中任何部位最好同时有 2 个或 2 个以上的疏散方向可供疏散。避免把疏散走道布置成袋形，因为袋形走道的致命弱点时只有一个疏散方向，火灾时一旦出口被烟火堵住，其走道内的人员就很难安全脱险。

在条件许可时，疏散楼梯间及其前室，应尽量靠近外墙设置。因为这样布置，可利用在外墙开启窗户进行自然排烟，从而为人员安全疏散和消防扑救创造有利条件；如因条件限制，将疏散楼梯布置在建筑核心部位时，应设有机械正压送风设施，以利安全疏散。

安全出口的设置各规范有具体设置要求，总的来说规定了安全出口不应小于 2 个的各种情况，特殊情况可以只设1个出口，例如对于公共建筑可设置1个安全出口的情况就做了具体规定。规范中还特别提到安全出口应分散布置，2个安全出口的距离不应小于5m。

在设计时，不仅应考虑安全出口的数量，还应考虑安全出口的宽度。安全出口的宽度，受建筑耐火等级、层数、允许疏散时间、疏散人数、地面是否平坦等诸多因素的影响。一般都以"百人宽度指标"作为简洁的计算方法来确定安全出口宽度。

规范规定，安全出口、房间疏散门的净宽度不应小于0.9m。人员密集的公共场所、观众厅的疏散门不应设置门槛，其净宽度不应小于1.4m，且紧靠门口内外各1.4m范围内不应设置踏步。

4.7.3 安全疏散距离

安全疏散距离是指建筑物内最远处到外部出口或楼梯最大允许距离。其设计的基本原则是：耐火等级低的建筑，允许的疏散长度短；用于幼儿、老人和病人的建筑，允许的疏散长度也短，其具体的规定值在15~40m之间变化。

《建筑设计防火规范》(GB 50016—2015)对公共建筑的安全疏散距离做出了规定。

(1) 直通疏散走道的房间疏散门至最近安全出口的直线距离不应大于表4.22的规定。

表4.22　　　　　　直通疏散走道的房间疏散门至最近安全出口的直线距离　　　　　单位：m

名　称			位于两个安全出口之间的疏散门			位于袋形走道两侧或尽端的疏散门		
			一级、二级	三级	四级	一级、二级	三级	四级
托儿所、幼儿园老年人建筑			25	20	15	20	15	10
歌舞娱乐放映游艺场所			25	20	25	9	—	—
医疗建筑	单层、多层		35	30	25	20	15	10
	高层	病房部分	24	—	—	12	—	—
		其他部分	30	—	—	30	—	—
教学建筑	单层、多层		35	30	25	22	20	10
	高层		30	—	—	15	—	—
高层旅馆、展览建筑			30	—	—	15	—	—
其他建筑	单层、多层		40	35	25	22	20	15
	高层		40	—	—	20	—	—

(2) 房间内任一点至房间直通疏散走道的疏散门的直线距离，不应大于表4.22规定的袋形走道两侧或尽端的疏散门至最近安全出口的直线距离。

(3) 一级、二级耐火等级建筑内疏散门或安全出口不少于2个的观众厅、展览厅、多功能厅、餐厅、营业厅等，其室外任一点至最近疏散或安全出口的直线距离不应大于30m；当疏散门不能直通室外地面或疏散楼梯间时，应采用长度不大于10m的疏散走道通至最近的安全出口。当该场所设置自动喷水灭火系统时，室内任一点至最近安全出口的安全疏散距离可分别增加25%。

而对于住宅建筑的安全疏散距离应符合下列规定：

（1）直通疏散走道的户门至最近安全出口的直线距离不应大于表 4.23 的规定。

表 4.23 　　　　住宅建筑直通疏散走道的户门至最近安全出口的直线距离 　　　　单位：m

住宅建筑类别	位于连个安全出口之间的户门			位于袋形走道两侧或尽端的户门		
	一级、二级	三级	四级	一级、二级	三级	四级
单、多层	40	35	25	22	20	15
高层	40	—	—	20	—	—

1）开向敞开式外廊的户门至最近安全出口的最大直线距离可按表 4.23 的规定增加 5m。

2）直通疏散走道的户门至最近敞开楼梯间的直线距离，当户门位于两个楼梯间之间时，应按表 2.3 规定减少 5m；当户门位于袋形走道两侧或尽端时，应按本表的规定减少 2m。

3）住宅建筑内全部设置自动喷水灭火系统时，其安全疏散距离可按本表的规定增加 25％。

4）跃廊式住宅的户门至最近安全出口的距离，应从户门算起，小楼梯的一段距离可按其水平投影长度的 1.50 倍计算。

（2）楼梯间应在首层直通室外，或在首层采用扩大的封闭楼梯间或防烟楼梯间前室。层数不超过 4 层时，可将直通室外的门设置在离楼梯间不大于 15m 处。

（3）户内任一点至直通疏散走道的户门的直线距离不应大于表 4.23 规定的袋形走道两侧或尽端的疏散门至最近安全出口的最大直线距离。

4.8 建筑内装修防火设计

4.8.1 建筑材料的分类和燃烧性能

建筑材料是建筑工程的基本组成部分，是建筑师得以发挥创造才能的物质条件。在历史的发展中，建筑技术的需求不断向建筑材料工业提出了新的希望；而建筑材料的发展又影响和推动着建筑体系及建筑形式的变革。建筑和建筑材料的关系是密不可分的。

建筑材料是土木工程和建筑工程领域中使用的材料的统称，简称"建材"。狭义上的建材是指用于土建工程的材料，如钢、木、玻璃、水泥、涂料等。广义上讲，建筑材料不仅包括构成建筑物或构筑物本身所使用的材料，而且还包括水、电、燃气等配套工程所需设备和器材，以及在建筑施工中使用和消耗的材料如脚手架、组合钢模板、安全防护网等。

4.8.1.1 建筑材料的分类

按照建筑材料的燃烧性能进行分类，通常可将其划分为不燃性建筑材料（A 级）、难燃性建筑材料（B_1 级）、可燃性建筑材料（B_2 级）和易燃性建筑材料（B_3 级）4 类。不燃性建筑材料在空气中受到火焰或高温的作用时，不起火、不微燃、不碳化，对火灾发生和发展的作用很小。难燃性建筑材料在空气中受到火焰或高温的作用时，难起火、难微燃、难碳化，当火源移走后，燃烧或微燃立即停止，对火灾发生和发展的作用较小。可燃性建筑材料在空气中受到火焰或高温的作用时，立即起火或微燃，而且火源移走以后仍继续燃烧或微燃，对火灾发生和发展的作用较大。易燃性建筑材料在空气中受到火焰或高温的作用时，立即起火，且火焰传播速度很快，对火灾发生和发展的作用极大。

除不燃性建筑材料以外，其余 3 类材料都可统称为可燃类建筑材料，具有不同程度的燃烧倾向。各种建筑材料及其燃烧性能的分类见表 4.24。

表 4.24　建筑材料及其燃烧性能

燃烧性能	材　料　名　称
不燃性建筑材料	砖、石、混凝土、钢筋混凝土、黏土制品、石膏板、玻璃、瓷砖等。
难燃性建筑材料	纸面石膏板、纤维石膏板、水泥刨花板、水泥木丝板、矿棉板、难燃密度板、玻璃棉吸声板、难燃木材、难燃玻璃钢板、阻燃人造板、氯丁橡胶地板、聚氯乙烯塑料、酚醛塑料、经阻燃处理的纺织品、阻燃壁纸等
可燃和易燃性建筑材料	各类天然木材、人造板、竹制品、纸制装饰品、塑料壁纸、无纺贴墙布、薄木贴面板、氯纶地毯、聚乙烯薄膜、聚苯乙烯泡沫板、玻璃钢、化纤织物、纯毛制品、纯麻制品、纯棉制品、人造革等

一般认为，建筑中使用可燃、易燃性建筑材料的火灾危险性主要表现在以下 5 个方面。

1. 使建筑失火的概率增大

建筑内采用可燃、易燃材料多、范围大，被火源接触的机会就多，因而引发火灾的可能性也会增大。

2. 使火势迅速蔓延扩大

建筑一旦发生火灾时，可燃、易燃性材料在被引燃、发生燃烧的同时，会把火焰传播开来，造成火势迅速蔓延。火势在建筑内部的蔓延可以通过顶棚、墙面和地面上的可燃、易燃材料从房间蔓延到走道上，再由走道蔓延到孔洞、竖井等处，进而向相邻的楼层或防火分区蔓延。在建筑外部，火势可以通过窗、洞口等外墙的开口引燃上一层的窗帘、窗纱、窗帘盒等可燃装修材料而使火灾蔓延扩大。

3. 造成室内轰燃提前发生

建筑物发生轰燃的时间长短除与建筑物内可燃物品的性质、数量有关外，还与建筑物内是否进行装修及装修材料的性能密切相关。装修后建筑物内更加封闭，热量不易散发，加之可燃性装修材料导热性能差、热容量小、容易积蓄热量，因此会促使建筑物内的温度上升，缩短轰燃前的酝酿时间。室内火灾一旦达到轰燃进入全面猛烈燃烧阶段，可燃的装修材料就成为火灾蔓延的重要途径，造成火灾蔓延扩大、人员和物资的疏散无法进行，火灾也不易扑救。

4. 增大了建筑内的火灾荷载

建筑物内的火灾荷载增大，则火灾持续时间长，燃烧更加猛烈，且会出现持续性高温，因而造成较大的危害。

5. 严重影响人员安全疏散和扑救

可燃性建筑材料燃烧时还会产生大量烟雾和有毒气体，不仅降低了火场的能见度，而且还会使人中毒，从而造成人从火场中逃生的困难，也影响消防人员的扑救工作。大量的火灾实例说明，火灾中人员的伤亡大多数都是由烟雾中毒和缺氧窒息引起的。

因此，为有效降低火灾风险，在建筑工程中，应积极推广采用不燃和难燃性材料，控制可燃性材料的使用，严格限制易燃性材料的使用。但由于建筑材料种类日益繁多，各种建筑材料在燃烧过程中有着极其复杂的性能，不像材料的物理或化学特性那样容易掌握。而且，随着现代建筑科学技术的发展，大量新型建筑材料越来越得到广泛应用，使建筑材料燃烧性能等级的划分更趋复杂。对于有些材料特别是一些新型建筑材料，在未知其燃烧性能等级时，通常需要进行试验才能确定。材料的燃烧性能等级除 B_3 级易燃性材料可不进行检测以外，其他等级均应由专业检测机构检验后确定，并出具检验报告。图 4.52 给出了常规检验报告的标识，以利识别。

图 4.52 常规检验报告的标识示例

4.8.1.2 材料燃烧性能的相关术语

关于材料燃烧性能方面的专业术语，国际标准化组织和国外一些国家都制定有相应的标准。我国有关部门和单位也在积极采用国际标准的基础上，制定了适用于不同领域的材料燃烧性能专业术语标准。

下面综合国际、国内标准将有关材料燃烧性能方面的专业术语作简单介绍。

（1）火灾荷载：在一个空间里所有物品包括建筑装修材料在内的总潜热能。

（2）火灾荷载密度：单位面积上的火灾荷载。

（3）燃烧：可燃物与氧化剂作用发生的放热反应，通常伴有火焰、发光和（或）发烟的现象。

（4）燃烧热：单位质量的物质完全燃烧所释放出的热量。

（5）引燃：受外部热源的作用，物质开始燃烧的现象。

（6）轰燃：一定间内的可燃材料发生火灾时，所有可燃物表面全部卷入的迅速状态。

（7）自燃：可燃物质在没有外部火花、火焰等火源的作用下，因受热或自身发热并蓄热所产生的自然燃烧。

（8）燃点：在规定的试验条件下，应用外部热源使物质表面起火并持续燃烧一定时间所需的最低温度。

（9）有焰燃烧：进行发光的气相燃烧。

（10）无焰燃烧：物质处于固态状态而没有火焰的燃烧。

（11）火焰蔓延：火焰前沿的扩展。

（12）可燃性：在规定的试验条件下，材料能够被引燃且能持续燃烧的特性。

（13）易燃性：在规定的试验条件下，材料或制品发生持续有焰燃烧的特性。

（14）难燃性：在规定的试验条件下，材料难以进行有焰燃烧的特性。

（15）不燃性：在规定的试验条件下，材料不能进行燃烧的特性。

在这里需要重点注意的是火灾荷载。火灾荷载表明建筑物容积内所有可燃物由于燃烧而可能释放出的热量。可燃物越多，火灾荷载越大，火灾危险性也就越大。在建筑物发生火灾时，火灾荷载直接决定着火灾持续时间和室内温度变化情况。火灾荷载不只是与可燃物的数量相关，可燃物的类型也很重要，因为不同类型的材料在燃烧单位质量的物质时所释放出的热量是不一样的。火灾荷载密度的常用单位是 kJ/m^2。

4.8.1.3 关于材料燃烧性能的说明

无机材料基本不易燃烧，但有机材料从本质上都具有燃烧的属性。随着材料科技的发展，为了满足特殊建筑功能的需要，各种新型建材不断被开发出来，有机－无机复合材料和单纯有机材料的应用越来越广泛，合成材料、功能材料及装饰材料的用量大增，材料的燃烧性能日趋复杂。这些材料普遍具有发热量大、火焰温度高、燃烧速度快、产烟量大且燃烧时会释放有毒物质的特点，因而增加了建筑火灾发生的概率。而且，一旦发生火灾就极有可能带来更大的火灾损失和人员伤亡，给消防安全工作提出了新的课题。

因此，在选用建筑材料时，应根据《建筑设计防火规范》（GB 50016—2014）、《建筑内部装修设计防火规范》（GB 50222—2001）以及相关的设计规范、产品标准来确定材料的燃烧性能等级是否满足使用要求。应尽量从设计上保证将建筑物内的火灾隐患降到最低，从而保证建筑结构具有规定的耐火强度，优先选用不燃或难燃性的建筑和装修材料，以利于建筑内的居住者能够在相应的时间内，有效、安全地疏散出去。

4.8.2 建筑材料的燃烧性能分级

4.8.2.1 建筑材料燃烧性能的指标

建筑材料的燃烧性能，是指其燃烧或遇火时所发生的一切物理和化学变化，是材料的固有特性。它包括材料着火的难易程度、火焰传播的速度和范围、热释放速率和总放热量、发烟量和发烟速率以及烟的浓度和组成、有毒气体的生成量和释放速度及组成、材料熔融和滴落或炭化的特性、燃烧失重和体积变化等特性。具体归纳于图 4.53。

建筑材料的燃烧性能 {
材料着火的难易程度
火焰传播的速度和范围
热释放速率和总放热量
发烟量和发烟速率
烟的浓度和组成
有毒气体的生成量和释放速度及组成
材料熔融和滴落或炭化的特性
燃烧失重和体积变化
……
}

图 4.53 建筑材料的燃烧性能

4.8.2.2 建筑材料的燃烧性能分级

1. 我国建筑材料燃烧性能分级的发展

关于建筑材料的燃烧性能分级，各个国家所采用的方法差异很大。迄今为止，国际标准化组织也尚未制定出一套完整、统一的分级方法。

我国按照国家标准《建筑材料及制品燃烧性能分级》（GB 8624）对建筑材料的燃烧性能进行

分级，以评价材料相对燃烧性能的好坏。《建筑材料及制品燃烧性能分级》（GB 8624）于 1988 年首次发布，其后于 1997 年进行了第 1 次修订，发布了修订版《建筑材料及制品燃烧性能分级》（GB 8624—1997）。作为我国建筑材料燃烧性能的分级准则，《建筑材料及制品燃烧性能分级》（GB 8624—1997）在评价材料燃烧性能及其分级、指导防火安全设计、实施消防监督、执行建筑设计防火规范等方面发挥了重要作用。这两个版本的分级标准都是以西德标准 DIN 4102 为基础的，将建筑材料的燃烧性能等级划分为 A 级、B_1 级、B_2 级和 B_3 级 4 个等级。

2006 年，公安部组织对《建筑材料及制品燃烧性能分级》（GB 8624）进行了第 2 次修订，发布了修订版《建筑材料及制品燃烧性能分级》（GB 8624—2006）。与 1997 版相比，《建筑材料及制品燃烧性能分级》（GB 8624—2006）在建筑材料及制品燃烧性能分级及其判据方面发生了较大的变化，燃烧性能分级由 1997 版的 A、B_1、B_2、B_3 4 级，变为 A_1、A_2、B、C、D、E、F 7 级。从《建筑材料及制品燃烧性能分级》（GB 8624—2006）的实施情况来看，存在着燃烧性能分级过细，与我国当前工程建设标准不相匹配等问题。为增强标准的应用性和协调性，又对《建筑材料及制品燃烧性能分级》（GB 8624）进行了第 3 次修订，形成《建筑材料及制品燃烧性能分级》（GB 8624—2012）。《建筑材料及制品燃烧性能分级》（GB 8624—2012）于 2012 年 12 月 31 日发布，于 2013 年 10 月 1 日正式实施。

在《建筑材料及制品燃烧性能分级》（GB 8624—2012）中明确了建筑材料及制品燃烧性能等级的基本分级仍为 A、B_1、B_2、B_3 4 个等级，同时给出了该分级与欧盟标准分级 A_1、A_2、B、C、D、E、F 的对应关系，并采用欧盟标准 EN 13501—1：2007 的分级判据对建筑材料及制品的燃烧性能进行等级划分。《建筑材料及制品燃烧性能分级》（GB 8624—2012）适用于对建设工程中使用的各类建筑材料、装饰装修材料以及各类建筑制品等的燃烧性能进行分级和判定。建筑材料及制品的燃烧性能等级划分具体见表 4.25。

表 4.25 建筑材料及制品的燃烧性能等级划分

燃烧性能等级		名　称
A	A_1	不燃材料（制品）
	A_2	
B_1	B	难燃材料（制品）
	C	
B_2	D	可燃材料（制品）
	E	
B_3	F	易燃材料（制品）

具体来说，《建筑材料及制品燃烧性能分级》（GB 8624—2012）标准分为对建筑材料的等级划分和建筑用制品的等级划分两部分。其中，建筑材料分为平板状建筑材料（及制品）、铺地材料和管状绝热材料等 3 类。建筑用制品按照使用用途分为以下四大类：窗帘幕布、家具制品装饰用织物；电线电缆套管、电器设备外壳及附件；电器、家具制品用泡沫塑料；软质家具和硬质家具。具体的

分类见表 4.26。

表 4.26　　　　　　　　　　　　　建筑材料和制品的分类

类　　别	名　　称
建筑材料	平板状建筑材料（及制品）
	铺地材料
	管状绝热材料
建筑用制品	窗帘幕布、家具制品装饰用织物
	电线电缆套管、电器设备外壳及附件
	电器、家具制品用泡沫塑料
	软质家具和硬质家具

2. 建筑材料的燃烧性能分级

（1）燃烧性能等级。平板状建筑材料及制品、铺地材料和管状绝热材料等 3 类材料的燃烧性能等级划分，应分别满足下列的指标要求。

1）平板状建筑材料及制品。平板状建筑材料及制品的燃烧性能等级和分级判据见表 4.27。

表 4.27　　　　　　　　平板状建筑材料及制品的燃烧性能等级和分级判据

燃烧性能等级			试验方法		分级判据
A	A_1		GB/T 5464[1]且		炉内温升 $\Delta T \leqslant 30\ ℃$； 质量损失率 $\Delta m \leqslant 50\%$； 持续燃烧时间 $t_f = 0$
			GB/T 14402		总热值 $PCS \leqslant 2.0MJ/kg$[1~4]； 总热值 $PCS \leqslant 1.4MJ/m^2$[4]
	A_2	GB/T 5464[1]或	且		炉内温升 $\Delta T \leqslant 50\ ℃$； 质量损失率 $\Delta m \leqslant 50\%$； 持续燃烧时间 $t_f \leqslant 20s$
		GB/T 14402			总热值 $PCS \leqslant 3.0MJ/kg$[1,5]； 总热值 $PCS \leqslant 4.0MJ/m^2$[2,4]
			GB/T 20284		燃烧增长速率指数 $FIGRA_{0.2MJ} \leqslant 120W/s$； 火焰横向蔓延未到达试样长翼边缘； 600s 的总放热量 $THR_{600s} \leqslant 7.5MJ$
B_1	B		GB/T 20284且		燃烧增长速率指数 $FIGRA_{0.2MJ} \leqslant 120W/s$； 火焰横向蔓延未到达试样长翼边缘； 600s 的总放热量 $THR_{600s} \leqslant 7.5MJ$
			GB/T 8626 点火时间 30s		60s 内焰尖高度 $Fs \leqslant 150mm$； 60s 内无燃烧滴落物引燃滤纸现象
	C		GB/T 20284且		燃烧增长速率指数 $FIGRA_{0.4MJ} \leqslant 250W/s$； 火焰横向蔓延未到达试样长翼边缘； 600s 的总放热量 $THR_{600s} \leqslant 15MJ$
			GB/T 8626 点火时间 30s		60s 内焰尖高度 $Fs \leqslant 150mm$； 60s 内无燃烧滴落物引燃滤纸现象

续表

燃烧性能等级		试验方法	分级判据
B₂	D	GB/T 20284 且	燃烧增长速率指数 FIGRA$_{0.4MJ}$≤750W/s。
		GB/T 8626 点火时间 30s	60s 内焰尖高度 Fs≤150mm； 60s 内无燃烧滴落物引燃滤纸现象
	E	GB/T 8626 点火时间 15s	20s 内的焰尖高度 Fs≤150mm； 20s 内无燃烧滴落物引燃滤纸现象
B₃	F		无性能要求。

① 匀质制品或非匀质制品的主要组分。

② 非匀质制品的外部次要组分。

③ 当外部次要组分的 PCS≤2.0MJ/m² 时，若整体制品的 FIGRA$_{0.2MJ}$≤20W/s、LFS<试样边缘、THR$_{600s}$≤4.0MJ 并达到 s1 和 d0 级，则达到 A₁ 级。

④ 非匀质制品的任一内部次要组分。

⑤ 整体制品。

注 摘自《建筑材料及制品燃烧性能分级》（GB 8624—2012）。

A₁ 级平板状建筑材料及制品需同时按照《建筑材料不燃性试验方法》（GB/T 5464—2010）和《建筑材料及制品的燃烧性能燃烧热值的测定》（GB/T 14402—2007）进行试验。匀质制品或非匀质制品的主要组分按照《建筑材料不燃性试验方法》（GB/T 5464—2010）进行不燃性试验时，炉内温升 ΔT 不大于 30℃；质量损失率 Δm 不大于 50%；持续燃烧时间 t_f＝0s。并且，按照《建筑材料及制品的燃烧性能燃烧热值的测定》（GB/T 14402—2007）进行燃烧热值试验时，匀质制品或非匀质制品的主要组分、非匀质制品的外部次要组分和整体制品的总热值 PCS 不大于 2.0MJ/kg，非匀质制品的任一内部次要组分的总热值 PCS 不大于 1.4MJ/m²。

A₂ 级平板状建筑材料及制品需同时按照《建筑材料或制品的单体燃烧实验》（GB/T 20284—2006）和《建筑材料不燃性试验方法》（GB/T 5464—2010）或《建筑材料及制品的燃烧性能燃烧热值的测定》（GB/T 14402—2007）进行试验，《建筑材料不燃性试验方法》（GB/T 5464—2010）和《建筑材料及制品的燃烧性能燃烧热值的测定》（GB/T 14402—2007）试验二者选其一。在按照《建筑材料或制品的单体燃烧实验》（GB/T 20284—2006）进行 SBI 单体燃烧试验时，燃烧增长速率指数 FIGRA$_{0.2MJ}$ 不大于 120W/s；火焰横向蔓延未到达试样长翼边缘；600s 的总放热量 THR$_{600s}$ 不大于 7.5MJ。匀质制品或非匀质制品的主要组分如按照《建筑材料不燃性试验方法》（GB/T 5464—2010）进行不燃性试验，炉内温升 ΔT 不大于 50℃；质量损失率 Δm 不大于 50%；持续燃烧时间 t_f 不大于 20s。或者按照《建筑材料及制品的燃烧性能燃烧热值的测定》（GB/T 14402—2007）进行燃烧热值试验时，匀质制品或非匀质制品的主要组分及整体制品的总热值 PCS 不大于 3.0MJ/kg，非匀质制品的外部次要组分和任一内部次要组分的总热值 PCS 不大于 4.0MJ/m²。

B 级平板状建筑材料及制品需按照《建筑材料或制品的单体燃烧实验》（GB/T 20284—2006）和《建筑材料可燃性实验方法》（GB/T 8626—2007）进行试验。在按照《建筑材料或制品的单体燃烧实验》（GB/T 20284—2006）进行 SBI 单体燃烧试验时，燃烧增长速率指数 FIGRA$_{0.2MJ}$ 不大于

120W/s；火焰横向蔓延未到达试样长翼边缘；600s 的总放热量 THR_{600s} 不大于 7.5MJ。同时，按照《建筑材料可燃性实验方法》（GB/T 8626—2007）进行可燃性试验时，点火时间为 30s，在 60s 内焰尖高度 Fs 不大于 150 mm 且无燃烧滴落物引燃滤纸现象。

C 级平板状建筑材料及制品也需按照《建筑材料或制品的单体燃烧实验》（GB/T 20284—2006）和《建筑材料可燃性实验方法》（GB/T 8626—2007）进行试验。在按照《建筑材料或制品的单体燃烧实验》（GB/T 20284—2006）进行 SBI 单体燃烧试验时，燃烧增长速率指数 $FIGRA_{0.4MJ}$ 不大于 250W/s；火焰横向蔓延未到达试样长翼边缘；600s 的总放热量 THR_{600s} 不大于 15MJ。同时，按照《建筑材料可燃性实验方法》（GB/T 8626—2007）进行可燃性试验时，点火时间为 30s，在 60s 内焰尖高度 Fs 不大于 150mm 且无燃烧滴落物引燃滤纸的现象出现。

D 级平板状建筑材料及制品也需按照《建筑材料或制品的单体燃烧实验》（GB/T 20284—2006）和《建筑材料可燃性实验方法》（GB/T 8626—2007）进行试验。在按照《建筑材料或制品的单体燃烧实验》（GB/T 20284—2006）进行 SBI 单体燃烧试验时，燃烧增长速率指数 $FIGRA_{0.4MJ}$ 不大于 750W/s。同时，按照《建筑材料可燃性实验方法》（GB/T 8626—2007）进行可燃性试验时，点火时间为 30s，在 60s 内焰尖高度 Fs 不大于 150mm 且无燃烧滴落物引燃滤纸的现象出现。

E 级平板状建筑材料及制品需按照《建筑材料可燃性实验方法》（GB/T 8626—2007）进行可燃性试验，点火时间为 15s，在 20s 内焰尖高度 Fs 不大于 150mm 且无燃烧滴落物引燃滤纸的现象出现。

F 级平板状建筑材料及制品不须通过试验检验。

满足 A_1、A_2 级即为 A 级，满足 B 级、C 级即为 B_1 级，满足 D 级、E 级即为 B_2 级。

对墙面保温泡沫塑料，还应同时满足以下要求：B_1 级氧指数值 OI 不小于 30%；B_2 级氧指数值 OI 不小于 26%。试验依据标准为《塑料用氧指数法测定燃烧行为》（GB/T 2406.2—2009）。

2）铺地材料。铺地材料的燃烧性能等级和分级判据见表 4.28。

表 4.28　　　　　　　　铺地材料的燃烧性能等级和分级判据

燃烧性能等级		试验方法		分级判据
A	A_1	GB/T 5464[1] 且		炉内温升 $\Delta T \leqslant 30℃$；质量损失率 $\Delta m \leqslant 50\%$；持续燃烧时间 $t_f = 0$
		GB/T 14402		总热值 $PCS \leqslant 2.0MJ/kg$[1][2][4]；总热值 $PCS \leqslant 1.4MJ/m^2$[3]
	A_2	GB/T 5464[1] 或	且	炉内温升 $\Delta T \leqslant 50℃$；质量损失率 $\Delta m \leqslant 50\%$；持续燃烧时间 $t_f \leqslant 20s$
		GB/T 14402		总热值 $PCS \leqslant 3.0MJ/kg$[1][4]；总热值 $PCS \leqslant 4.0MJ/m^2$[2][3]
		GB/T 11785[5]		临界热辐射通量 $CHF \geqslant 8.0kW/m^2$

续表

燃烧性能等级		试 验 方 法	分 级 判 据
B₁	B	GB/T 11785⑤且	临界热辐射通量 CHF≥8.0kW/m²
		GB/T 8626 点火时间 15s	20s 内焰尖高度 Fs≤150mm
	C	GB/T 11785⑤且	临界热辐射通量 CHF≥4.5kW/m²
		GB/T 8626 点火时间 15s	20s 内焰尖高度 Fs≤150mm
B₂	D	GB/T 11785⑤且	临界热辐射通量 CHF≥3.0kW/m²
		GB/T 8626 点火时间 15s	20s 内焰尖高度 Fs≤150mm
	E	GB/T 11785⑤且	临界热辐射通量 CHF≥2.2kW/m²
		GB/T 8626 点火时间 15s	20s 内焰尖高度 Fs≤150mm
B₃	F		无性能要求

① 匀质制品或非匀质制品的主要组分。
② 非匀质制品的外部次要组分。
③ 非匀质制品的任一内部次要组分。
④ 整体制品。
⑤ 试验最长时间 30min。
注 摘自《建筑材料及制品燃烧性能分级》（GB 8624—2012）。

A_1 级铺地材料需同时按照《建筑材料不燃性试验方法》（GB/T 5464—2010）和《建筑材料及制品的燃烧性能燃烧热值的测定》（GB/T 14402—2007）进行试验。匀质制品或非匀质制品的主要组分按照《建筑材料不燃性试验方法》（GB/T 5464—2010）进行不燃性试验时，炉内温升 ΔT 不大于 30℃；质量损失率 Δm 不大于 50%；持续燃烧时间 $t_f = 0s$。并且，按照《建筑材料及制品的燃烧性能燃烧热值的测定》（GB/T 14402—2007）进行燃烧热值试验时，匀质制品或非匀质制品的主要组分、非匀质制品的外部次要组分和整体制品的总热值 PCS 不大于 2.0MJ/kg，非匀质制品的任一内部次要组分的总热值 PCS 不大于 1.4MJ/m²。

A_2 级铺地材料需同时按照 GB/T 11785 和《建筑材料不燃性试验方法》（GB/T 5464—2010）或《建筑材料及制品的燃烧性能燃烧热值的测定》（GB/T 14402—2007）进行试验，《建筑材料不燃性试验方法》（GB/T 5464—2010）和《建筑材料及制品的燃烧性能燃烧热值的测定》（GB/T 14402—2007）试验二者选其一。在按照《铺地材料的燃烧性能测定辐射热源法》（GB/T 11785—2005）进行铺地材料临界辐射通量（辐射热源法）的测定时，试验最长时间为 30min，临界热辐射通量 CHF 不小于 8.0kW/m²。匀质制品或非匀质制品的主要组分如按照《建筑材料不燃性试验方法》（GB/T 5464—2010）进行不燃性试验，炉内温升 ΔT 不大于 50℃；质量损失率 Δm 不大于 50%；持续燃烧时间 t_f 不大于 20s。或者按照《建筑材料及制品的燃烧性能燃烧热值的测定》（GB/T 14402—2007）进行燃烧热值试验时，匀质制品或非匀质制品的主要组分和整体制品的总热值 PCS 不大于 3.0MJ/

kg，非匀质制品的外部次要组分和任一内部次要组分的总热值 PCS 不大于 4.0MJ/m²。

B 级铺地材料需按照《铺地材料的燃烧性能测定辐射热源法》（GB/T 11785—2005）和《建筑材料可燃性实验方法》（GB/T 8626—2007）进行试验。在按照《铺地材料的燃烧性能测定辐射热源法》（GB/T 11785—2005）进行铺地材料临界辐射通量（辐射热源法）的测定时，试验最长时间为 30min，临界热辐射通量 CHF 不小于 8.0kW/m²。同时，按照《建筑材料可燃性实验方法》（GB/T 8626—2007）进行可燃性试验时，点火时间为 15s，在 20s 内焰尖高度 Fs 不大于 150mm。

C 级铺地材料也需按照《铺地材料的燃烧性能测定辐射热源法》（GB/T 11785—2005）和《建筑材料可燃性实验方法》（GB/T 8626—2007）进行试验。在按照《铺地材料的燃烧性能测定辐射热源法》（GB/T 11785—2005）进行铺地材料临界辐射通量（辐射热源法）的测定时，试验最长时间为 30min，临界热辐射通量 CHF 不小于 4.5kW/m²。同时，按照《建筑材料可燃性实验方法》（GB/T 8626—2007）进行可燃性试验时，点火时间为 15s，在 20s 内焰尖高度 Fs 不大于 150mm。

D 级铺地材料也需按照《铺地材料的燃烧性能测定辐射热源法》（GB/T 11785—2005）和《建筑材料可燃性实验方法》（GB/T 8626—2007）进行试验。在按照《铺地材料的燃烧性能测定辐射热源法》（GB/T 11785—2005）进行铺地材料临界辐射通量（辐射热源法）的测定时，试验最长时间为 30min，临界热辐射通量 CHF 不小于 3.0kW/m²。同时，按照《建筑材料可燃性实验方法》（GB/T 8626—2007）进行可燃性试验时，点火时间为 15s，在 20s 内焰尖高度 Fs 不大于 150mm。

E 级铺地材料也需按照《铺地材料的燃烧性能测定辐射热源法》（GB/T 11785—2005）和《建筑材料可燃性实验方法》（GB/T 8626—2007）进行试验。在按照《铺地材料的燃烧性能测定辐射热源法》（GB/T 11785—2005）进行铺地材料临界辐射通量（辐射热源法）的测定时，试验最长时间为 30min，临界热辐射通量 CHF 不小于 2.2kW/m²。同时，按照《建筑材料可燃性实验方法》（GB/T 8626—2007）进行可燃性试验时，点火时间为 15s，在 20s 内焰尖高度 Fs 不大于 150mm。

F 级铺地材料不须通过试验检验。

满足 A_1 级、A_2 级即为 A 级，满足 B 级、C 级即为 B_1 级，满足 D 级、E 级即为 B_2 级。

3）管状绝热材料。管状绝热材料的燃烧性能等级和分级判据见表 4.29。

当管状绝热材料的外径大于 300mm 时，其燃烧性能等级和分级判据按表 4.29 的规定。

A_1 级管状绝热材料需同时按照《建筑材料不燃性试验方法》（GB/T 5464—2010）和《建筑材料及制品的燃烧性能燃烧热值的测定》（GB/T 14402—2007）进行试验。匀质制品或非匀质制品的主要组分按照《建筑材料不燃性试验方法》（GB/T 5464—2010）进行不燃性试验时，炉内温升 ΔT 不大于 30℃；质量损失率 Δm 不大于 50%；持续燃烧时间 $t_f = 0s$。并且，按照《建筑材料及制品的燃烧性能燃烧热值的测定》（GB/T 14402—2007）进行燃烧热值试验时，匀质制品和非匀质制品的主要组分、非匀质制品的外部次要组分和整体制品的总热值 PCS 不大于 2.0 MJ/kg，非匀质制品的任一内部次要组分的总热值 PCS 不大于 1.4MJ/m²。

表 4.29　　　　　　　　　　　管状绝热材料燃烧性能等级和分级判据

燃烧性能等级		试验方法		分级判据
A	A₁	GB/T 5464① 且		炉内温升 $\Delta T \leqslant 30℃$；质量损失率 $\Delta m \leqslant 50\%$；持续燃烧时间 $t_f = 0$。
		GB/T 14402		总热值 $PCS \leqslant 2.0MJ/kg^{①、②、④}$；总热值 $PCS \leqslant 1.4MJ/m^{2③}$
	A₂	GB/T 5464① 或	且	炉内温升 $\Delta T \leqslant 50℃$；质量损失率 $\Delta m \leqslant 50\%$；持续燃烧时间 $t_f \leqslant 20s$
		GB/T 14402		总热值 $PCS \leqslant 3.0MJ/kg^{①、④}$；总热值 $PCS \leqslant 4.0MJ/m^{2②、③}$
		GB/T 20284		燃烧增长速率指数 $FIGRA_{0.2MJ} \leqslant 270W/s$；火焰横向蔓延未到达试样长翼边缘；600s 内总放热量 $THR_{600s} \leqslant 7.5MJ$
B₁	B	GB/T 20284 且		燃烧增长速率指数 $FIGRA_{0.2MJ} \leqslant 270W/s$；火焰横向蔓延未到达试样长翼边缘；600s 内总放热量 $THR_{600s} \leqslant 7.5MJ$
		GB/T 8626 点火时间 30s		60s 内焰尖高度 $Fs \leqslant 150mm$；60s 内无燃烧滴落物引燃滤纸现象
	C	GB/T 20284		燃烧增长速率指数 $FIGRA_{0.4MJ} \leqslant 460W/s$；火焰横向蔓延未到达试样长翼边缘；600s 内总放热量 $THR_{600s} \leqslant 15MJ$
		GB/T 8626 且 点火时间 30s		60s 内焰尖高度 $Fs \leqslant 150mm$；60s 内无燃烧滴落物引燃滤纸现象
B₂	D	GB/T 20284 且		燃烧增长速率指数 $FIGRA_{0.4MJ} \leqslant 2100W/s$；600s 内总放热量 $THR_{600s} < 100MJ$
		GB/T 8626 点火时间 30s		60s 内焰尖高度 $Fs \leqslant 150mm$；60s 内无燃烧滴落物引燃滤纸现象
	E	GB/T 8626 点火时间 15s		20s 内焰尖高度 $Fs \leqslant 150mm$；20s 内无燃烧滴落物引燃滤纸现象
B₃	F			无性能要求

① 匀质制品和非匀质制品的主要组分。
② 非匀质制品的外部次要组分。
③ 非匀质制品的任一内部次要组分。
④ 整体制品。
注 摘自《建筑材料制品燃烧性能分级》(GB 8624—2012)。

A₂ 级管状绝热材料需同时按照《建筑材料或制品的单体燃烧实验》(GB/T 20284—2006) 和《建筑材料不燃性试验方法》(GB/T 5464—2010) (或《建筑材料及制品的燃烧性能燃烧热值的测定》(GB/T 14402—2007)) 进行试验,《建筑材料不燃性试验方法》(GB/T 5464—2010) 和《建筑

163

材料及制品的燃烧性能燃烧热值的测定》（GB/T 14402—2007）试验二者选其一。在按照《建筑材料或制品的单体燃烧实验》（GB/T 20284—2006）进行 SBI 单体燃烧试验时，燃烧增长速率指数 $FIGRA_{0.2MJ}$ 不大于 270W/s；火焰横向蔓延未到达试样长翼边缘；600s 的总放热量 THR_{600s} 不大于 7.5MJ。匀质制品或非匀质制品的主要组分如按照《建筑材料不燃性试验方法》（GB/T 5464—2010）进行不燃性试验，炉内温升 ΔT 不大于 50℃；质量损失率 Δm 不大于 50%；持续燃烧时间 t_f 不大于 20s。或者按照《建筑材料及制品的燃烧性能燃烧热值的测定》（GB/T 14402—2007）进行燃烧热值试验时，匀质制品和非匀质制品的主要组分和整体制品的总热值 PCS 不大于 3.0MJ/kg，非匀质制品的外部次要组分和任一内部次要组分的总热值 PCS 不大于 4.0MJ/m^2。

B 级管状绝热材料需按照《建筑材料或制品的单体燃烧实验》（GB/T 20284—2006）和《建筑材料可燃性实验方法》（GB/T 8626—2007）进行试验。在按照《建筑材料或制品的单体燃烧实验》（GB/T 20284—2006）进行 SBI 单体燃烧试验时，燃烧增长速率指数 $FIGRA_{0.2MJ}$ 不大于 270W/s；火焰横向蔓延未到达试样长翼边缘；600s 的总放热量 THR_{600s} 不大于 7.5MJ。同时，按照《建筑材料可燃性实验方法》（GB/T 8626—2007）进行可燃性试验时，点火时间为 30s，在 60s 内焰尖高度 Fs 不大于 150mm 且无燃烧滴落物引燃滤纸现象。

C 级管状绝热材料也需按照《建筑材料或制品的单体燃烧实验》（GB/T 20284—2006）和《建筑材料可燃性实验方法》（GB/T 8626—2007）进行试验。在按照《建筑材料或制品的单体燃烧实验》（GB/T 20284—2006）进行 SBI 单体燃烧试验时，燃烧增长速率指数 $FIGRA_{0.4MJ} \leqslant 460$W/s；火焰横向蔓延未到达试样长翼边缘；600s 的总放热量 THR_{600s} 不大于 15MJ。同时，按照《建筑材料可燃性实验方法》（GB/T 8626—2007）进行可燃性试验时，点火时间为 30s，在 60s 内焰尖高度 Fs 不大于 150mm 且无燃烧滴落物引燃滤纸现象。

D 级管状绝热材料也需按照《建筑材料或制品的单体燃烧实验》（GB/T 20284—2006）和《建筑材料可燃性实验方法》（GB/T 8626—2007）进行试验。在按照《建筑材料或制品的单体燃烧实验》（GB/T 20284—2006）进行 SBI 单体燃烧试验时，燃烧增长速率指数 $FIGRA_{0.4MJ}$ 不大于 2100W/s；600s 的总放热量 THR_{600s} 不大于 100MJ。同时，按照《建筑材料可燃性实验方法》（GB/T 8626—2007）进行可燃性试验时，点火时间为 30s，在 60s 内焰尖高度 Fs 不大于 150mm 且无燃烧滴落物引燃滤纸现象。

E 级管状绝热材料需按照《建筑材料可燃性实验方法》（GB/T 8626—2007）进行可燃性试验，点火时间为 15s，在 20s 内焰尖高度 Fs 不大于 150mm 且无燃烧滴落物引燃滤纸现象。

F 级管状绝热材料不须通过试验检验。

满足 A_1 级、A_2 级即为 A 级，满足 B 级、C 级即为 B_1 级，满足 D 级、E 级即为 B_2 级。

（2）附加信息。建筑材料及制品燃烧性能等级的附加信息包括产烟特性、燃烧滴落物/微粒等级和烟气毒性等级。

产烟特性等级按《建筑材料或制品的单体燃烧实验》（GB/T 20284—2006）或《铺地材料的燃烧性能测定辐射热源法》（GB/T 11785—2005）试验所获得的数据确定，见表 4.30。

表 4.30 产烟特性等级和分级判据

产烟特性等级	试验方法	分级判据	
s1	GB/T 20284	除铺地制品和管状绝热制品外的建筑材料及制品	烟气生成速率指数 SMOGRA$\leqslant$30m^2/s^2；试验 600s 总烟气生成量 TSP$_{600s}$$\leqslant$50m^2。
		管状绝热制品	烟气生成速率指数 SMOGRA$\leqslant$105m^2/s^2；试验 600s 总烟气生成量 TSP$_{600s}$$\leqslant$250m^2
	GB/T 11785	铺地材料	产烟量$\leqslant$750%$\times$min
s2	GB/T 20284	除铺地制品和管状绝热制品外的建筑材料及制品	烟气生成速率指数 SMOGRA$\leqslant$180m^2/s^2；试验 600s 总烟气生成量 TSP$_{600s}$$\leqslant$200m^2
		管状绝热制品	烟气生成速率指数 SMOGRA$\leqslant$580m^2/s^2；试验 600s 总烟气生成量 TSP$_{600s}$$\leqslant$1600m^2
	GB/T 11785	铺地材料	未达到 s1
s3	GB/T 20284		未达到 s2

燃烧滴落物/微粒等级通过观察《建筑材料或制品的单体燃烧实验》(GB/T 20284—2006)试验中燃烧滴落物/微粒确定，见表 4.31。

表 4.31 燃烧滴落物/微粒等级和分级判据

燃烧滴落物/微粒等级	试验方法	分级判据
d0	GB/T 20284	600s 内无燃烧滴落物/微粒
d1		600s 内燃烧滴落物/微粒，持续时间不超过 10s
d2		未达到 d1

烟气毒性等级按《材料产烟毒性危险等级》(GB/T 20285—2006)试验所获得的数据确定，见表 4.32。

表 4.32 烟气毒性等级和分级判据

烟气毒性等级	试验方法	分级判据
t0	GB/T 20285	达到准安全一级 ZA$_1$
t1		达到准安全三级 ZA$_3$
t2		未达到准安全三级 ZA$_3$

A$_2$ 级、B 级和 C 级建筑材料及制品应给出以下附加信息：

——产烟特性等级；

——燃烧滴落物/微粒等级（铺地材料除外）；

——烟气毒性等级。

D 级建筑材料及制品应给出以下附加信息：

——产烟特性等级；

——燃烧滴落物/微粒等级。

3. 建筑制品的燃烧性能分级

《建筑材料及制品燃烧性能分级》（GB 8624—2012）标准中对具有特殊用途的四大类建筑用制品分别提出了不同的试验方法和判定指标。

（1）窗帘幕布、家具制品装饰用织物。窗帘幕布、家具制品装饰用织物等的燃烧性能等级和分级判据见表 4.33。耐洗涤织物在进行燃烧性能试验前，应按《纺织品 织物燃烧试验前的商业洗涤程序》（GB/T 17596—1998）的规定对试样进行至少 5 次洗涤。

表 4.33 窗帘幕布、家具制品装饰用织物燃烧性能等级和分级判据

燃烧性能等级	试 验 方 法	分 级 判 据
B₁	GB/T 5454 GB/T 5455	氧指数 OI≥32.0%； 损毁长度≤150mm，续燃时间≤5s，阴燃时间≤15s； 燃烧滴落物未引起脱脂棉燃烧或阴燃
B₂	GB/T 5454 GB/T 5455	氧指数 OI≥26.0%； 损毁长度≤200mm，续燃时间≤15s，阴燃时间≤30s； 燃烧滴落物未引起脱脂棉燃烧或阴燃
B₃	无性能要求	

注 摘自《建筑材料制品燃烧性能分级》（GB 8624—2014）。

（2）电线电缆套管、电器设备外壳及附件。电线电缆套管、电器设备外壳及附件的燃烧性能等级和分级判据见表 4.34。

表 4.34 电线电缆套管、电器设备外壳及附件的燃烧性能等级和分级判据

燃烧性能等级	制 品	试验方法	分 级 判 据
B₁	电线电缆套管	GB/T 2406.2 GB/T 2408 GB/T 8627	氧指数 OI≥32.0%； 垂直燃烧性能 V-0 级； 烟密度等级 SDR≤75
	电器设备外壳及附件	GB/T 5169.16	垂直燃烧性能 V-0 级
B₂	电线电缆套管	GB/T 2406.2 GB/T 2408	氧指数 OI≥26.0%； 垂直燃烧性能 V-1 级
	电器设备外壳及附件	GB/T 5169.16	垂直燃烧性能 V-1 级
B₃	无性能要求		

注 摘自《建筑材料制品燃烧性能分级》（GB 8624—2014）

（3）电器、家具制品用泡沫塑料。电器、家具制品用泡沫塑料的燃烧性能等级和分级判据见表 4.35。

表 4.35 电器、家具制品用泡沫塑料燃烧性能等级和分级判据

燃烧性能等级	试 验 方 法	分 级 判 据
B₁	GB/T 16172① GB/T 8333	单位面积热释放速率峰值≤400kW/m²； 平均燃烧时间≤30s，平均燃烧高度≤250mm
B₂	GB/T 8333	平均燃烧时间≤30s，平均燃烧高度≤250mm
B₃	无性能要求	

① 辐射照度设置为 30kW/m²。

注 摘自《建筑材料制品燃烧性能分级》（GB 8624—2014）

（4）软质家具和硬质家具。软质家具和硬质家具的燃烧性能等级和分级判据见表4.36。

表 4.36 软质家具和硬质家具的燃烧性能等级和分级判据

燃烧性能等级	制品类别	试验方法	分 级 判 据
B₁	软质家具	GB/T 27904 GB 17927.1	热释放速率峰值≤200kW； 5min 内总热释放量≤30MJ； 最大烟密度≤75%； 无有焰燃烧引燃或阴燃引燃现象
	软质床垫	GB 8624—2012 附录 A	热释放速率峰值≤200kW； 10min 内总热释放量≤15MJ
	硬质家具①	GB/T 27904	热释放速率峰值≤200kW； 5min 内总热释放量≤30MJ； 最大烟密度≤75%
B₂	软质家具	GB/T 27904 GB 17927.1	热释放速率峰值≤300kW； 5min 内总热释放量≤40MJ； 试件未整体燃烧； 无有焰燃烧引燃或阴燃引燃现象
	软质床垫	GB 8624—2012 附录 A	热释放速率峰值≤300kW； 10min 内总热释放量≤25MJ
	硬质家具	GB/T 27904	热释放速率峰值≤300kW； 5min 内总热释放量≤40MJ； 试件未整体燃烧
B₃			无性能要求

① 塑料座椅的试验火源功率采用20kW，燃烧器位于座椅下方的一侧，距座椅底部300mm。

注 《建筑材料及制品燃烧性能分级》（GB 8624—2012）

4.8.2.3 材料燃烧性能分级的局限性

《建筑材料及制品燃烧性能分级》（GB 8624—2012）标准中将建筑材料的燃烧性能划分为 A 级、B1 级、B2 级和 B3 级 4 个等级。但由于建筑材料的燃烧性能等级是根据人为设定的分级判定指标进行划分的，虽然适用于对大多数材料进行分级，却在某些情况下不一定能真实反映材料在实际火灾中的燃烧特性和所造成的火灾危害，此时可通过实体模型火试验来评估其火灾危险性。这一做法尤其在消防性能化设计中会得到较多的应用。

而且，特别需要注意的是某些常规意义上的不燃性材料，在建筑中应用时也可能需要进行防火保护。虽然它们不会助长火灾的发生和发展，却可能在受到高温作用时丧失承载能力，引起建筑结构的变形甚至是垮塌，从而造成财产损失和人员伤亡。典型的案例是建筑中的钢结构构件，由于裸钢的耐火极限通常只有15～30min，在高温下其强度会急剧下降，以致丧失支撑能力而引起结构的垮塌或失稳，必须采取防火保护措施才能达到规范要求的耐火极限。各种建筑材料均有不同的高温损伤临界温度，具体见表4.37。

表4.37 　　　　　　　　　　　　　　常用建筑材料的高温损伤临界温度

材料	温度/℃	说明	材料	温度/℃	说明
普通钢筋混凝土	500	火灾时最高允许温度	花岗岩（含石英）	575	相变发生急剧膨胀温度
预应力混凝土	400	火灾时最高允许温度	石灰石、大理石	750	开始分解温度
钢材	350	火灾时最高允许温度	金属钛	300	燃点
铝合金	250	火灾时最高允许温度	金属镁	623	燃点

4.8.3　建筑内装修的防火设计

4.8.3.1　建筑内装修的定义和范围

室内装修的意义，在现有法律上或相关法令上，并无明确的定义和权威的解释。

从内部装修的字面意义，可以简单地界定出它的范围，即是指建筑物内部空间的装饰物品或材料之间的相互关系。从建筑防火的角度看，建筑室内装修至少包括墙面、地面、天花板这三大基本部分。

我国现行国家标准《建筑内部装修设计防火规范》（GB 50222—1995）中包括的建筑室内装修材料可分为以下几种类型。

1. 饰面材料

饰面材料包括在房间和通道墙壁上的贴面材料；房间和通道的吊顶材料；嵌入吊顶中的导光材料；地面上的饰面材料以及楼梯上的饰面材料。另外，还有用于绝缘的饰面材料等。

2. 装饰件

装饰件包括固定或悬吊在墙上的装饰画、雕刻板、凸起造型图案等。

3. 悬挂物件

悬挂物件包括布置在各部位的挂毯、帘布、幕布等。

4. 活动隔断

活动隔断是指可伸缩滑动和自由拆装的隔断。

5. 大型家具

大型家具是指大型的笨重大型家具家具，这些家具一般是固定的，例如银台、酒吧柜台等。另外有些布置在建筑物内的轻板结构，如货架、档案柜、展台、讲台等也应属大型家具。

6. 装饰织物

装饰织物包括窗帘、家具包布、床罩等纺织物品。

4.8.3.2　内部装修设计的基本特点

建筑内部装修设计是建筑设计的一部分，它必须同时满足使用功能要求和防火安全要求。

1. 功能的特点

一些建筑物因有特殊的使用要求，所以必须要选择专门的材料对室内空间进行装修处理，以体现其庄严、朴实、欢快、热烈、温馨等功能特征。

2. 光、色的特点

建筑内的光和色彩的效果，对居住者的观感、情绪和心理都会产生非常直接的影响。

3. 装饰、陈设的特点

建筑装饰的最终结果，是以人们的认可度来制定的，装饰设计实质上就是对各种材料及其色彩、图案所做的一种造型组合。

4.8.3.3　内装修的火灾特点

目前在建筑装修中使用的大部分装修材料都是对火十分敏感的普通材料，而绝大多数建筑火灾都是由室内装修扩大蔓延的。室内装修材料对火灾的影响有以下几个主要方面。

（1）影响火灾发生至轰燃的时间。

（2）通过材料表面使火焰进一步传播。

（3）加大了火灾荷载，助长了火灾的热强度。

（4）产生浓烟及有毒气体，造成人员伤亡。

试验结果表明，当在一个封闭的空间起火时，首先是充满烟雾的热气体上升。由于自然对流和层化作用，热气体在吊顶下部形成一个水平层并与部分墙体接触，随着烟气层逐渐地加强，最后烟气充满整个空间。随着火势的扩大，火焰窜到附近的可燃家具等陈设上，使表面装饰层等起火燃烧。当火焰升高直扑屋顶后，又会沿着水平方向回散，向四壁和下方辐射热量并加速火势扩大。如果顶棚是可燃的，就会被首先引燃。如果四壁表面的装饰材料是可燃的，随后便会燃烧。最后火势会席卷可燃的地面材料。上述过程如图 4.54 所示。

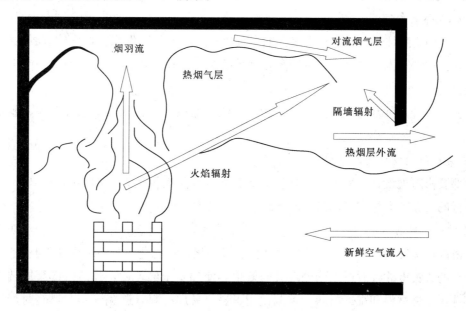

图 4.54　封闭空间起火示意图

4.8.3.4　材料燃烧的毒气效应

在任何情况下，只要在材料中含有可燃成分，就有可能在火的作用下释放出烟尘和毒性气体。

毒气效应通常又被叫做吸入效应。这种效应是随产品的性质、人体暴露时间、毒气浓度等变化的。这种效应可以使人受到刺激、嗅觉不舒服、丧失行动能力、视线模糊，严重的会损伤肺组织和抑制呼吸而造成死亡。另外，火灾毒气可以使人的行为发生错乱，如 CO 可使人出现欣快效应，缺氧则会使人做出无理性的行动。

1. 烟尘的危害

火灾燃烧产生大量的微粒烟尘，人大量呼吸这些烟尘后会直接引起呼吸道的机械阻塞，并导致肺的有效呼吸面积减少，而表现出呼吸困难甚至窒息死亡。

2. CO 的危害

CO 是火灾致人死亡的主要原因，CO 通过肺被血液吸收，由于血红蛋白对 CO 的亲合力比对 O_2 的亲合力大 200 倍，从而使血液中 O_2 含量降低致使供氧不足。当空气中 CO 量达到 13‰时，人只需呼吸 2～3 次，就会失去知觉，并会在 1～3min 死亡。

3. 氰化氢（HCN）的危害

HCN 是一种毒性作用极快的气体，它可使人体缺氧即人体中的酶的生成受到抑制，正常的细胞代谢受到阻止。当人体血液中每毫升血含氰化物一微克，就足以显示出氰化物的巨大毒性，当血液中氰化物达到 3mg/mL 以上时，可致人死亡。

4. CO_2 的危害

CO_2 是火灾空间最普遍存在的气体，尤其是在 O_2 供应良好的场合。它可以刺激人的呼吸，如 3％的浓度就会迫使肺部加倍换气。

5. 刺激性气体的危害

火灾中产生的刺激性气体和蒸汽可对人的眼及呼吸道产生危害作用。典型的刺激性气体有 HCl、SO_2、NH_3 等。这些气体通过化学作用刺激呼吸系统和肺，使呼吸速度明显加快并严重地损坏肺部的正常功能。

从总体上看，可将所有的燃烧毒气归纳为：单纯窒息性气体、化学窒息性气体、刺激性气体三大类。

4.8.3.5　内装修防火设计的基本原则和适用范围

建筑内部装修防火设计，除执行《建筑内部装修设计防火规范》（GB 50222—1995）的规定外，尚应符合现行的有关国家标准、规范的规定。

1. 选择材料的原则

随着经济的快速发展，建筑装修趋向复杂化、多样化、功能化，材料的做法及构造也层出不穷，为了避免严重的火灾事故，故应正确处理装修效果和使用安全的矛盾，建筑内部装修选材的基本原则是：积极选用不燃材料和难燃材料，控制使用可燃、易燃材料，避免采用在燃烧时产生大量浓烟或有毒气体的材料。

2. 内装修设计防火适用的建筑及部位

建筑内部装修设计，在单层、多层民用建筑中包括顶棚、墙面、地面、隔断的装修，以及固定家具、窗帘、帷幕、其他装修装饰材料等；在高层民用建筑中还包括床罩、家具包布；在地下民用建筑、工业厂房中包括顶棚、墙面、地面、隔断的装修，以及固定家具、装饰织物、其他装修装饰材料等；仓库中目前只包括顶棚、墙面、地面和隔断的装修。

这里所说的隔断系指不到顶的隔断，到顶的固定隔断装修应与墙面规定相同。而柱面的装修应与墙面的规定相同。

这是《建筑内部装修设计防火规范》（GB 50222—1995）编制的一个重要原则，它规定了内部装修设计所涉及的范围，包括装修部位及所使用的装修材料与制品。其中顶棚、墙面、地面、隔断等部位的装修是最基本的部位，在各国的规范中均包含了这些内容。而窗帘、帷幕、床罩、家具包布均属装饰织物，各国的要求不尽相同，有的要求多一些、严一些，有的要求的内容就很少，但从总体上均给予了不同程度的重视。由于很多火灾都是由织物燃烧引起的蔓延扩大，因此有必要认真对待装饰织物的防火问题。

固定家具是指那些与建筑物一同建造并且在使用周期内基本不能移动的固定型家具，如壁橱等。另外也包括一些虽不是与建筑一同固定建造，但体积较大、重量很大且一经放置就轻易不再移动的家具，如大型橱柜、货架、家具等。固定饰物等均属室内装饰范围，所以对它的要求也包含在内装修设计范围之内。

需要指出的是，该规范不适用于古建筑和木结构的建筑。这是因为我国的古建筑现存数量有限，且目前基本上没有可能对它们实行改变原貌的重新装修，因此没有必要考虑它们。至于木结构，因其承重骨架本身就是可燃体，加之主要是用于住宅的 3 层以内的建筑，因此在内装修中对采用什么样的材料做出要求已意义不大。

3. 装修材料的分类和分级

装修材料按使用部位和功能，可划分为顶棚装修材料、墙面装修材料、地面装修材料、隔断装修材料、固定家具、装饰织物、其他装修装饰材料 7 类。其他装修装饰材料系指楼梯扶手、挂镜线、踢脚板、窗帘盒、暖气罩等。

装修材料的燃烧性能等级按国家标准《建筑材料及制品燃烧性能分级》（GB 8624—2012）划分为 4 级，具体见表 4.38。

表 4.38　　　　　　　　　　　　　　装修材料燃烧性能等级

等　　级	装修材料燃烧性能	等　　级	装修材料燃烧性能
A	不燃性	B_2	可燃性
B_1	难燃性	B_3	易燃性

装修材料的燃烧性能等级应由专业检测机构检测确定。所谓的专业检测机构系指国家和省市的技术监督部门批准设立并具有法定检测权力的专门检测单位。

当使用多层装修材料时，各层装修材料的燃烧性能等级均应符合规范的规定。复合型装修材料应进行整体检测并确定其燃烧性能等级。

对于装修工程中大量使用的纸面石膏板、矿棉吸声板，表面涂覆饰面型防火涂料的木质板材，纸质、布质壁纸直接粘贴于 A 级基材，无机、有机装修涂料施涂于 A 级基材等情况，基于我国目前的现状，为了便于实际工程应用，避免重复检测等情况，规范对其燃烧性能等级进行了相应的规定。

常用建筑内部装修材料的燃烧性能等级在《建筑材料及制品燃烧性能分级》（GB 8624—2012）的附表中进行了举例，以供消防监督、设计人员等各方参考使用。

4.《建筑内部装修设计防火规范》（GB 50222—1995）条文中的几个原则

在《建筑内部装修设计防火规范》（GB 50222—1995）规范条文中体现了以下几个原则。

（1）对重要的建筑物比一般建筑物要求严格；对地下建筑比地上建筑要求严格；对 100m 以上的建筑比对一般高层建筑的要求严格。

（2）对建筑物防火的重点部位，如公共活动区、楼梯、疏散走道及危险性大的场所等，其要求比一般建筑部位要求严格。

（3）对顶棚的要求严于墙面，对墙面的要求又严于地面，对悬挂物（如窗帘、幕布等）的要求严于粘贴在基材上的物件。

5. 内装修设计防火的通用要求

《建筑内部装修设计防火规范》（GB 50222—1995）对建筑内部装修设计防火进行了详尽的规定，对具有共性的问题，为了便于设计和行政监督，进行了明确的规定，提出了通用性的技术要求。

（1）一般规定：

1）建筑物内部消防设施及疏散走道相关部位。建筑物内部消防设施是根据国家现行有关规范的要求设计安装的，平时应加强维修管理，内装修设计中不得随意改动安全出口、疏散出口和疏散走道的宽度和数量，不得擅自改变防火、防烟分区及消防设施的位置。必须保证消防设施和疏散指示标志的使用功能，在火灾发生时，保障受灾人员的逃生和消防人员的救援。

疏散走道等相关部位在火灾发生时，能够保障人员的安全撤离，疏散走道和安全出口的门厅、疏散楼梯间和前室的顶棚应采用 A 级装修材料，其他部位应严格按照规范要求采用不低于 B_1 级的装修材料或 A 级装修材料。疏散走道和安全出口附近的顶棚、墙面不应采用影响人员安全疏散的镜面反光材料，以尽量减小火灾危害。

2）建筑物内上下层相连通部位。包括防烟分区的挡烟垂壁和兼作储烟仓的顶棚装修材料（包括龙骨），建筑内部的变形缝（包括沉降缝、伸缩缝、抗震缝等），建筑物内上下层相连通部位的中庭、走马廊、开敞楼梯、自动扶梯等空间高度很大的部位，有的上下贯通几层甚至十几层。万一发生火灾时，能起到烟囱一样的作用，使火势无阻挡地向上蔓延，很快充满整幢建筑物，给人员疏散造成很大困难，因此要严格注意这些部位的防火要求，需采用 B_1 级或以上的材料，位置不同，材料等级要求有所不同。

3）特殊功能建筑。包括建筑内的无窗房间、各类动力设备用房、存放图书、资料和文物的房间、厨房、经常使用明火的餐厅、试验室等建筑场所。这些建筑或者易发火灾，或者火灾发生时难以及时发现，易造成重大损失，装修材料一般都规定在 B_1 级或以上，民用建筑的放宽条件，对这些建筑部位并不适用，应注意按照《建筑内部装修设计防火规范》（GB 50222—1995）的规定，严格限制材料的燃烧性能等级。

4）歌舞娱乐放映游艺场所。歌舞娱乐放映游艺场所屡屡发生死亡数十人或数百人的火灾，规范里着重强调了其内装修设计要求，由于这类场所往往装修较为豪华，采用大量隔音材料，并且内部空间复杂，疏散困难，易导致重特大火灾事故的发生，因此，规范对这类场所的室内装修材料作了规定，要求采用 B_1 级以上或 A 级装修材料，建筑内安装有自动喷淋、报警设施时，其装修材料等级也不可降低。

5）展览性场所。展览经济发展迅速，这类展览性场所具有临时性、多变性的独特之处，其装修防火展示区域的布展设计，包括搭建、布景等，采用大量的装修、装饰材料，为减少火灾隐患，对用以展示展品的展台材料应为 B_1 级以上，悬挂装饰材料要求为 B_2 级以上，与加热、高温设备贴邻的墙面及操作台面材料应采用 A 级材料。

6）住宅建筑。住宅建筑的防火装修必须具有可执行性，规范根据公共部分标准从严的原则，由于住宅楼公共部分，包括：门厅（商、住楼的大堂）、楼梯间、电梯间、前室等装修材料的燃烧等级，对整幢楼的消防安全具有重要的作用，因此要求其顶棚、墙面、地面的装修使用 A 级材料。

住宅楼内的烟道、风道上下贯通，不应随意改动；厨房为明火操作的空间，卫生间一般安装有浴霸等取暖设施，是建筑内需要重点防控火灾的位置，规范对顶棚、固定橱柜等重要部位进行材料等级限定，要求为 B_1 级或 A 级；在住宅调查中发现，一般家庭都会在阳台堆放各类杂物，并且一旦有火灾发生时，阳台可作为应急的纵向疏散通道，规范要求其装修宜采用不低于 B_1 级的装修材料。

7）电气设备。电气设备引发的火灾在各类火灾中的比例日趋上升，照明灯具、配电箱、接线盒、电器、开关、插座及其他电气装置等都有引发火灾的危险性，应与可燃材料远离，并注意灯饰所用材料、安装位置材料燃烧等级不能低于 B_1 级。

（2）单层、多层民用建筑：

1）基准规定《建筑内部装修设计防火规范》（GB 50222—1995）中对单层、多层民用建筑内部各部位装修材料的燃烧性能等级通过列表，给出了具体规定。根据建筑物及场所的建筑规模、性质上的差异，不同部位的装修材料燃烧性能等级要求不同。

候机楼、汽车站、火车站、轮船客运站、影院、剧院、音乐厅、会堂、礼堂、体育馆、商场营业厅、餐饮场所等公共场所都属于人员密集场所，根据它们的建筑规模大小进行了划分，对其顶棚、墙面、地面、隔断、固定家具、装饰织物（窗帘、帷幕）、其他装修装饰材料的燃烧性能等级分别给出了基准要求。顶棚要求基本上都是 A 级，仅车站、轮船客运站、商场营业厅、餐饮场所规模最小者顶棚要求为 B_1 级；墙面要求一般在 B_1 级以上，候机楼、车站、影院、会礼堂等几类场所人员聚集量较大，且疏散困难，规模较大者墙面要求皆为 A 级；地面、隔断材料燃烧等级要求一般在 B_1 级，少数规模较小的建筑场所要求为 B_2 级，仅每层建筑面积大于 $3000m^2$ 或总建筑面积大于 $6000m^2$ 的商场营业厅地面、隔断材料要求为 A 级；固定家具、其他装饰材料的燃烧性能等级以 B_1 级、B_2 级要求为多。

饭店、旅馆的客房及公共活动用房等、办公楼、综合楼，设有中央空调系统的一般装修要求高、火灾危险性大，顶棚要求为 A 级，墙面、地面、隔断要求为 B_1 级，未安装此类设备的同类建筑仅墙面装修材料燃烧性能相同为 B_1 级，顶棚、地面、隔断材料都要相对降低一级。

幼儿园、托儿所为儿童用房，儿童尚缺乏独立疏散能力；医院、疗养院、养老院一般为病人、老年人居住，疏散能力亦很差，因此须提高其装修材料的燃烧性能等级。考虑到这些场所高档装修少，一般顶棚、墙面都能达到规范要求，故特别着重提高窗帘等织物的燃烧性能等级，对地面要求为 B_2 级，主要考虑到该类场所人的行动能力，一般装修材料为木地板。对窗帘等织物有较高的要求，这是此类建筑的重点所在，其余部位材料要求都在 B_1 级以上。

将纪念馆、展览馆、博物馆、图书馆类等建筑物按其重要性划分为两类。国家级和省级的建筑物装修材料燃烧性能等级要求较高，其顶棚要求为 A 级，墙面、地面、隔断、窗帘都要求在 B_1 级以上，其余的要求低一些。

2）建筑物局部放宽条件。对单层和多层建筑给出了最基准要求之后，在一般情况下，这些要求应得到遵守。但有时在建筑设计中会遇到一些特殊情况，需要给予某些局部的放宽，利于一些复杂问题的解决。

为此，对于单层、多层民用建筑内面积小于 $100m^2$ 的房间，采用防火墙和甲级防火门、窗与其他部位分隔的情况；单层、多层民用建筑需做内部装修的空间内装有自动灭火系统、火灾自动报警装置的情况，可参照 GB 50222 的规定，根据情况不同，其装修材料的燃烧性能等级可在规范列表的基础上降低。

（3）高层民用建筑：

1）基准规定。随着国家经济发展，高层建筑越来越多，高层建筑失火后具有火势蔓延快、人员集中、疏散救援困难的特点，因此高层建筑的装修材料燃烧性能等级要求要略高于单层、多层民用建筑。《建筑内部装修设计防火规范》（GB 50222—1995）中对高层民用建筑内部各部位装修材料的燃烧性能等级给出了具体规定，根据建筑物的建筑规模、性质上的差异，规范进行了列表，规定不同部位的装修材料等级要求。

高级旅馆其中内含的观众厅、会议厅按照座位的数量不同划分成两类，其顶棚材料的燃烧性能等级要求皆为 A 级，墙面、地面、窗帘及其他装修装饰材料要求都为 B_1 级，高级旅馆中不大于 800 个座位的观众厅、会议厅，其固定家具、家具包布可以用 B_2 级材料。高级旅馆其他部位要求的隔断、帷幕为 B_2 级材料即可。

商业楼、展览楼、综合楼、商住楼、医院病房楼、电信、财贸、防灾指挥等建筑，教学、办公等建筑，普通旅馆也根据建筑规模和性质的不同分为两类。一类建筑的顶棚为 A 级，二类建筑顶棚材料的要求为 B_1 级，其余部位装修材料燃烧性能等级分别在 B_2 级或 B_1 级。其中电信、财贸、防灾指挥类建筑，由于功能特殊，墙面要求为 A 级材料。

高层建筑里的餐饮场所，往往设置有厨房，明火操作，火灾隐患多，且人员复杂，因此顶棚要求为 A 级，其他装修装饰材料为 B_2 级，其余部位的材料要求皆为 B_1 级。

2）建筑物局部放宽条件。高层建筑的火灾危险要远大于单层、多层建筑，但是对一些层数不太高、公众不是高度聚集的空间部位，火灾危险性小，规范进行了适当放宽。

高层民用建筑的裙房内面积小于 $500m^2$ 的房间，当设有自动灭火系统，并且采用耐火等级不低于 2h 的隔墙、甲级防火门、窗与其他部位分隔时；以及高层建筑除 100m 以上的高层民用建筑及会议厅、顶层餐厅、大于 800 个座位的观众厅外，设有火灾自动报警装置和自动灭火系统时，参照《建筑内部装修设计防火规范》（GB 50222—1995）的规定，根据情况不同，其内部装修材料的燃烧性能等级可在规范列表规定的基础上降低。

3）特殊规定。电视塔作为一类设立在高空，允许公众入内观赏和进餐的塔楼，火灾危险巨大，这类特殊高层建筑的内部装修，装饰织物应不低于 B_1 级，其他均应采用 A 级装修材料。

（4）地下民用建筑：

1）基准规定。地下民用建筑系指单层、多层、高层民用建筑的地下部分，单独建造在地下的民用建筑以及平战结合的地下人防工程。与一般民用建筑相比，由于其通常无直接自然采光照明，从防火的角度看地下民用建筑更为特殊，对火灾更加敏感，因此防火要求更为严格。《建筑内部装修设计防火规范》（GB 50222—1995）中对地下民用建筑内部各部位装修材料的燃烧性能等级通过列表给出了具体规定，根据建筑物及场所的不同，不同部位的装修材料等级不同。

休息室和办公室等，旅馆的客房及公共活动用房等，旱冰场、展览厅等，医院的病房、医疗用房等，电影院的观众厅、商场的营业厅、餐饮场所等，要求顶棚材料皆为 A 级，墙面、地面、隔断、固定家具等级皆为 B_1 级或 A 级，其他装修装饰材料可采用 B_2 级。

停车库、人行通道、图书资料库、档案库等要求顶棚、墙面、隔断、固定家具等级皆为 A 级，地面由于其特殊性，部分场所要求有耐磨、止滑、防静电等要求，需要进行处理，根据情况放宽至可采用 B_1 级。

2）建筑物局部放宽条件。单独建造的地下民用建筑的地上部分，相对使用面积小且建在地面上，一旦发生火灾，疏散较为方便，其门厅、休息室、办公室等内部装修材料的燃烧性能等级可在规范列表的基础上降低一级要求。

（5）工业厂房：

1）基准规定。工业厂房是为工业生产服务的，它与民用建筑相比具有建筑的共性，在设计原则、建筑技术和建筑材料等方面有许多共同之处。但由于工业厂房是直接为工业生产服务的，因此在建筑平面空间布局、建筑结构、建筑构造、施工等方面与民用建筑有很大的差别，防火设计上也根据其厂房类型有所不同。《建筑内部装修设计防火规范》（GB 50222—1995）中对工业厂房内部各部位装修材料的燃烧性能等级通过列表给出了具体规定，根据工业厂房类别不同、建筑规模、车间性质的不同，对不同部位的装修材料提出了不同的等级要求。

除单层及多层建筑中的丙类厂房其他车间、无明火的丁类厂房、戊类厂房的顶棚材料要求为 B_1 级外，其余建筑场所的顶棚材料要求都为 A 级；墙面材料基本要求为 B_1 级或以上，大部分要求为 A 级；地面、隔断、固定家具、装饰织物、其他装修装饰材料以 B_1 级为多，A 级或 B_2 级较少。根据车间性质的不同，对材料燃烧性能等级进行了划分，对可燃物多、产品易燃段提出较高的要求，应严格遵守规范列表的规定。

2）建筑物局部放宽条件。工业建筑设置自动灭火系统和火灾自动报警系统后，如果发生火灾，这些自动消防设施能发挥很好的作用，故在工业建筑中也强调自动设施的设置，可降低装修材料的选用等级。

设有自动消防设施的高层和地下厂房，其内部装修材料等级也可以降低。但是其发生火灾后，较难发现，疏散困难，而顶棚的火灾危险性要大于墙面和地面，因此顶棚材料不得降级。

3）特殊规定。架空地板下部中空，具有火灾隐患，危险性较高。当厂房的地面为架空地板时，其地面装修材料的燃烧性能等级不应低于 B_1 级，以防止失火后，火灾沿架空地板快速蔓延。

（6）仓库：

1）基准规定。仓库装修一般较为简单，装修部位为顶棚、墙面、地面和隔断。仓库虽非人员聚集场所，但由于其大量储存物品，物资昂贵，可燃物较多，火灾荷载大，一旦发生火灾，燃烧时间较长，造成物质损失较大，因而对其装修材料应严格控制，甲、乙类仓库的顶棚、墙面、地面、隔断要求为 A 级，其余各类仓库的顶棚要求也都为 A 级，其墙面、地面、隔断要求都在 B_1 级或以上，应参考规范列表进行选用。

2）建筑物局部放宽条件。对设有自动消防设施的单、多层仓库，按照民用建筑装修材料选用的原则，可适当降低装修材料的燃烧性能等级；而对于高层、地下仓库，由于火灾发生后，不利于火情发现、火灾扑救，故其装修材料不能因自动消防设施的使用而降低等级要求。

3）特殊规定。随着物流行业的蓬勃发展，物流仓库不断涌现。由于物流工艺要求，大型物流仓库内有拆包、分拣等区域，其储存物品的数量介于厂房和仓库之间，火灾荷载比一般仓库低，人员比一般仓库多；高架仓库货架高度一般超过 7m，使用现代化计算机技术控制搬运、装卸操作。仓库内火灾荷载大，并且采用了大量电气化及自动化设备，线路复杂，耗电大，极易引起电气火灾。同时高架仓库防火分隔困难，排架之间距离近，内部通道窄，货架高，外墙又不开窗，起火后容易迅速蔓延扩大，烟浓度大，疏散扑救非常困难。故对这两种仓库内部的装修材料进行从严要求，顶棚和墙面应采用 A 级装修材料；地面和其他部位应采用不低于 B_1 级的装修材料，高架仓库的地面要求也为 A 级。

4.8.4　建筑材料燃烧性能的主要试验方法

本节对建筑材料燃烧性能分级所需的主要试验方法进行简单介绍。

4.8.4.1　不燃性试验方法

不燃性试验按照《建筑材料不燃性试验方法》（GB/T 5464—2010/ISO 1182：2002）进行。

1. 试验样品

试样为圆柱形，体积为（76±8）cm³，直径为 45_{-2}^{0} mm，高为（50±3）mm。每种材料应制备 5 个试样。试验仪器设备如图 4.55 所示。

2. 试验周期

如果炉内温度在 30min 时达到了最终温度平衡，即由热电偶测量的温度在 10min 内漂移（线性回归）不超过 2℃，则可停止试验。如果 30min 内未能达到温度平衡，应继续进行试验，同时每隔 5min 检查是否达到最终温度平衡，当炉内温度达到最终温度平衡或试验时间达 60min 时应结束试验。记录试验的持续时间，然后从加热炉内取出试样架，试验的结束时间为最后一个 5min 的结束时刻或 60min。

3. 试验观测

在试验前和试验后分别记录每组试样的质量并观察记录试验期间试样的燃烧行为。

记录发生的持续火焰及持续时间，试样可见表面上产生持续 5s 或更长时间的连续火焰才应视作持续火焰。

记录以下炉内热电偶的测量温度：①炉内初始温度 T_1，炉内温度平衡期的最后 10min 的温度平均值；②炉内最高温度 T_m，整个试验期间最高温度的离散值；③炉内最终温度 T_f，试验过程最后 1min 的温度平均值。

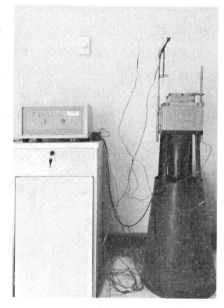

图 4.55 不燃性试验炉

4. 试验结果

质量损失：计算并记录各组试样的质量损失，以试样初始质量的百分数表示。

火焰：计算并记录每组试样持续火焰持续时间的总和，以秒为单位。

温升：计算并记录试样的热电偶温升，$\Delta T = T_m - T_f$，以摄氏度为单位。

4.8.4.2 燃烧热值试验方法

燃烧热值试验按照《建筑材料及制品的燃烧性能 燃烧热值的测定》（GB/T 14402—2007/ISO 1716：2002）进行。

1. 试验样品

将试验样品通过研磨或其他方式制成小颗粒或片材。称取样品 0.5g、苯甲酸 0.5g（对于高热值的制品，可以不使用），必要时应称取点火丝。对于一个单独的样品，应进行 3 次试验。

2. 试验周期

整个试验过程不超过 30min。

3. 试验观测

取一段已知质量和热值的点火丝，将其两端分别接在氧弹的两个电极柱上，注意保持良好接触，再把放有试样的坩埚放在坩埚支架上。调节下垂的点火丝与试样良好接触，向氧弹内加入 10mL 蒸馏水，将已装好试样和点火丝的弹头轻轻放入弹内，小心拧紧弹盖，往氧弹内缓缓充入 O_2，并放入量热仪内筒。开启搅拌器和定时器。待 10min 内内筒水温的连续读数偏差不超过 ±0.01K 时，将此时的温度作为起始温度。点火开始试验。每隔 1min 记录一次内筒水温，直到 10min 内的连续读数偏差不超过±0.01K，记录此时的温度作为最高温度。

4. 试验结果

记录试验过程中的温度变化，然后计算得出材料的燃烧热值。

4.8.4.3　单体燃烧试验

单体燃烧试验（SBI 试验）按照《建筑材料或制品的单体燃烧试验》（GB/T 20284—2006）进行。试验仪器设备如图 4.56 所示。

图 4.56　SBI 试验设备

1. 试验样品

试样由两个成直角的垂直翼组成角型试样，两个翼分别定义为长翼和短翼，最大厚度为 200 mm。样品的尺寸为：长翼（1000±5）mm×（1500±5）mm，短翼（495±5）mm×（1500±5）mm。用 3 组试样（长翼加短翼）进行试验。

2. 试验周期

试样的燃烧性能通过 20 min 的试验过程来进行评估。

若发生以下任一种情况，则可在规定的受火时间结束前关闭主燃烧器。

（1）试样的热释放速率超过 350kW，或 30s 期间的平均值超过 280kW 。

（2）排烟管道温度超过 400℃，或 30s 期间的平均值超过 300℃。

（3）滴落在燃烧器砂床上的滴落物明显干扰了燃烧器的火焰或火焰因燃烧器被堵塞而熄灭。若滴落物堵塞了一半的燃烧器，则可认为燃烧器受到实质性干扰。

记录停止向燃烧器供气时的时间以及停止供气的原因。若试验提前结束，则分级试验结果无效。

3. 试验观测

火焰由丙烷气体燃烧产生，通过砂盒燃烧器产生（30.7±2.0）kW 的热输出。性能参数包括：热释放、产烟量、火焰横向传播和燃烧滴落物及颗粒物。在点燃主燃烧器前，应利用离试样较远的辅助燃烧器对燃烧器自身的热输出和产烟量进行短时间的测量。一些参数测量可自动进行，另一些则可通过目测法得出。排烟管道配有用以测量温度、光衰减、O_2 和 CO_2 的摩尔分数以及管道中引起压力差的气流的传感器。这些数值是自动记录的并用以计算体积流速、热释放速率（HRR）和产烟率（SPR）。对火焰的横向传播和燃烧滴落物及颗粒物可采用目测法进行测量。

4. 试验结果

计算得出燃烧增长速率指数 $FIGRA_{0.2MJ}$ 和 $FIGRA_{0.4MJ}$ 以及在 600s 内的总热释放量 THR_{600s}，判定是否发生了火焰横向传播至试样边缘处；计算得出烟气生成速率指数 SMOGRA 和 600s 内生成的总产烟量 TSP_{600s}。判定制品的燃烧滴落物和颗粒物生成的燃烧行为，以是否有燃烧滴落物和颗粒物这两种产物生成或只有其中一种产物生成来表示。

4.8.4.4　可燃性试验

可燃性试验按照《建筑材料可燃性试验方法》（GB/T 8626—2007/ ISO 11925—2：2002）进行。试验仪器设备如图 4.57 所示。

1. 试验样品

试样尺寸为：长 250_{-1}^{0} mm，宽 90_{-1}^{0} mm。名义厚度不超过 60mm 的试样应按其实际厚度进行试验。名义厚度大于 60mm 的试样，应从其背火面将厚度削减至 60mm，按 60mm 厚度进行试验。若需要采用这种方式削减试样尺寸，该切削面不应作为受火面。对于通常生产尺寸小于试样尺寸的制品，应制作适当尺寸的样品专门用于试验。

对于每种点火方式，至少应测试 6 块具有代表性的制品试样，并应分别在样品的纵向和横向上切制 3 块试样。

图 4.57　可燃性试验

2. 试验周期

有两种点火时间供委托方选择，15s 或 30s。试验开始时间就是点火的开始时间。如果点火时间为 15s，总试验时间是 20s，从开始点火计算。如果点火时间为 30s，总试验时间是 60s，从开始点火计算。

3. 试验观测

对于每块试样，记录点火位置、点火时间及以下现象。

（1）试样是否被引燃。

（2）火焰尖端是否到达距点火点 150mm 处，并记录该现象发生的时间。

（3）是否发生滤纸被引燃。

（4）观察试样的物理行为。

4. 试验结果

通过试验时间内的焰尖高度是否超过标线及超过的时间，和有无燃烧滴落物及是否引燃滤纸等现象来表征试验结果。

5. 特别说明

对于未着火就熔化收缩的制品，按照《建筑材料可燃性试验方法》（GB/T 8626—2007）标准的附录 A《熔化收缩制品的试验程序》进行试验。

4.8.4.5　铺地材料辐射热源试验

铺地材料辐射热源试验按照《铺地材料的燃烧性能测定 辐射热源法》（GB/T 11785—2005/ISO 9239—1：2002）进行。试验仪器设备如图 4.58 所示。

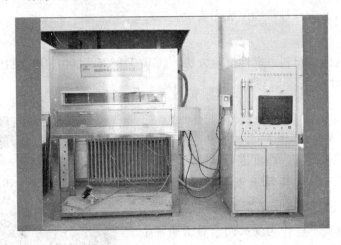

图 4.58　铺地材料辐射热源试验装置

1. 试验样品

试样样品尺寸为(1050±5)mm×(230±5)mm，共需 6 个试件。一个方向制取 3 个（如生产方向），在该方向的垂直方向再制取另外 3 个试件。

如果试件厚度超过 19mm，长度可减少至 (1025±5)mm。

2. 试验周期

试验应在进行 30min 后结束，除非委托方要求更长的试验时间。

3. 试验观测

试验开始后，每隔 10min 观测火焰熄灭时火焰前端与试件零点前 10mm 间的距离，观察并记录试验过程中明显的现象，比如闪燃、熔化、起泡、火焰熄灭后再燃时间和位置、火焰将试件烧穿等。

另外，记录下火焰到达每 50mm 刻度时的时间和该时刻火焰前端到达的最远距离，精确到 10mm。

测试某一方向和与这一方向垂直的两块试件。比较 CHF 和/或 HF-30 值，在测试值最低的那个方向再重复两次试验，总共需作 4 次试验。

若有需要，应按《铺地材料的燃烧性能测定辐射热源法》（GB/T 11785—2005）标准的附录 A 进行烟气测试。

4. 试验结果

根据辐射通量曲线，将观察到的火焰传播距离换算成 kW/m²，计算临界辐射通量，精确到

$0.2kW/m^2$。

试件没有点燃或火焰传播没有超过 110mm，它的临界辐射通量不小于 $11kW/m^2$，试件火焰传播距离超过 910mm 的，它的临界辐射通量不大于 $1.1kW/m^2$。由试验人员在试验 30min 时将火焰熄灭的试件没有 CHF 值，而只有 HF‑30 值。

报告的结果由 4 次试验的 CHF 和/或 HF‑30 值，以及确切的现象描述共同来表示。对在同一个方向的 3 块试件，从试验数据中计算临界辐射通量平均值。当计算上面所述 3 块试件的临界辐射通量平均值时，CHF 和 HF‑30 值都应被包括。

对于试验持续时间超过 30min 的试件，记录火焰熄灭时间和火焰传播的最远距离，并转化成 CHF 值。为了确定 HF‑X 值，如 HF‑10、HF‑20、HF‑30，需记录火焰到达每 50mm 刻度时的时间和每隔 10min 火焰传播的距离，同时记录火焰熄灭时间和火焰传播的最远距离。

若有要求，根据 GB/T 11785—2005 标准附录 A 的 A.6 做出烟气测量结果报告。

图 4.59　氧指数仪

4.8.4.6　氧指数试验

氧指数试验按照《塑料用氧指数法测定燃烧行为　第 2 部分：室温试验》（GB/T 2406.2—2009/ISO 4589—2：1996）进行。试验仪器见图 4.59。

1. 试验样品

氧指数试验的样品尺寸见表 4.39。

表 4.39　　试　样　尺　寸

试样形状①	尺寸			用　途
	长度/mm	宽度/mm	厚度/mm	
Ⅰ	80～150	10±0.5	4±0.25	用于模塑材料
Ⅱ	80～150	10±0.5	10±0.5	用于泡沫材料
Ⅲ②	80～150	10±0.5	≤10.5	用于片材"接收状态"
Ⅳ	70～150	6.5±0.5	3±0.25	电器用自撑模塑材料或板材
Ⅴ②	140‑₀⁵	52±0.5	≤10.5	用于软片或薄膜等
Ⅵ③	140～200	20	0.02～0.10d	用于能用规定的杆④缠绕"接收状态"的薄膜

① Ⅰ、Ⅱ、Ⅲ和Ⅳ型试样适用于自撑材料。Ⅴ型试样适用非自撑的材料。

② Ⅲ和Ⅴ型试样所获得的结果，仅用于同样形状和厚度的试样的比较。假定这样材料厚度的变化量是受到其他标准控制的。

③ Ⅵ型试样适用于缠绕后能自撑的薄膜。表中的尺寸是缠绕前原始薄膜的形状。

④ 限于厚度能用规定的棒缠绕的薄膜。如薄膜很薄，需两层或多层叠加进行缠绕，以获得与Ⅵ型试样类似的结果。

每组试样至少15条。

2. 试验周期

单个试样施加火焰30s，点燃后的燃烧时间不超过180s。

3. 试验观测

点燃方法分为方法A（顶面点燃法）和方法B（扩散点燃法）两种。

点燃试样后，开始记录燃烧时间，观察燃烧行为。如果燃烧中止，但在1s内又自发再燃，则继续观察和计时。

如果试样的燃烧时间和燃烧长度均未超过表4.40规定的相关值，记作"O"反应。如果燃烧时间或燃烧长度两者任何一个超过表4.40中规定的相关值，记下燃烧行为和火焰的熄灭情况，此时记作"X"反应。注意材料的燃烧状况，如：滴落、焦糊、不稳定燃烧、灼热燃烧或余晖。

表4.40 氧指数测量的判据

试 样 类 型	点燃方法	判据（二选其一）[①]	
		点燃后的燃烧时间/s	燃烧长度[②]
Ⅰ、Ⅱ、Ⅲ、Ⅳ和Ⅵ	A 顶面点燃	180	试样顶端以下50mm
	B 扩散点燃	180	上标线以下50mm
Ⅴ	B 扩散点燃	180	上标线（框架上）以下80mm

① 不同形状的试样或不同点燃方式及试验过程，不能产生等效的氧指数结果。

② 当试样上任何可见的燃烧部分，包括垂直表面流淌的燃烧滴落物，通过表中第4列规定的标线时，认为超过了燃烧范围。

试验过程中，按下述步骤选择所用的氧浓度。

（1）如果前一个试样燃烧行为是"X"反应，则降低氧浓度。

（2）如果前一个试样燃烧行为是"O"反应，则增加氧浓度。

采用任一合适的步长，直到氧浓度（体积分数）之差不大于1.0%，且一次是"O"反应，另一次是"X"反应为止。将这组氧浓度中的"O"反应，记作初始氧浓度。

4. 试验结果

利用初始氧浓度，记录所用的氧浓度（c_O）和"X"或"O"反应，作为N_L和N_T系列的第一个值。

用混合气体浓度的0.2%（V/V）为步长，测得一组氧浓度值及对应的反应，直到与c_O获得的相应反应不同为止，记下这些氧浓度值及其反应。测得的结果构成N_L系列。

保持$d=0.2\%$，再测试4个以上的试样，并记录每个试样的氧浓度c_0和反应类型，最后一个试样的氧浓度记为c_f。这4个结果连同N_L系列构成N_T系列的其余结果，即：

$$N_T = N_L + 5 \tag{4.9}$$

氧指数OI，以体积分数表示，由式4.11计算：

$$OI = c_f + kd \tag{4.10}$$

式中 c_f——N_T系列中最后氧浓度值，以体积分数表示（%），取一位小数；

d——使用和控制的氧浓度的差值，以体积分数表示（％），取一位小数；

k——查标准中表格获得的系数。

报告 OI 时，准确至 0.1，不修约。

由 N_T 系列（包括 c_f）最后的 6 个反应计算氧浓度的标准偏差 σ，应满足：

$$2/3\sigma < d < 1.5\sigma \tag{4.11}$$

计算 σ 值时，OI 值取两位小数。

4.9　建筑结构防火设计

4.9.1　建筑结构防火保护方法简介

4.9.1.1　建筑结构抗火设计的意义

火灾是发生频繁的灾害。据统计，2000—2005 年的 6 年间，我国共发生高层建筑火灾 104163 起（平均每天 48 起），部分火灾造成了建筑结构的倒塌破坏，造成很大的经济损失和人员伤亡。例如，2001 年 9 月 11 日，美国世界贸易中心由于飞机撞击引发大火而倒塌，造成 2830 人死亡。2003 年 11 月 3 日湖南省衡阳市商住楼衡州大厦失火导致结构整体坍塌，造成了 20 名消防队员牺牲。事后检测发现，衡州大厦建筑整体倒塌是底层钢筋混凝土柱抗火能力不足导致的。2009 年 2 月 9 日晚，中央电视台新址园区在建的附属文化中心（TVCC）发生火灾，大火在燃烧近 6h 后熄灭。这栋建筑面临火灾后力学性能评估和修复加固的问题。2015 年 1 月 2 日，哈尔滨北方南勋陶瓷市场仓库发生大火，造成 3 栋居民楼整体倒塌，导致 5 名消防战士牺牲。在所有火灾中，建筑火灾发生次数最多，约占 80％。由于高层建筑人员较多，而且消防灭火困难，一旦发生建筑结构的倒塌破坏，将会造成很大的财产和生命损失。因此，作为保护生命和财产的最后一道防线，建筑结构应该具有足够的耐火能力。典型火灾事故案例如图 4.60 所示。

在使用期间建筑结构可能经历地震、风荷载和火灾等荷载和作用，建筑结构设计的目的是保证建筑结构在使用期间内的安全性。火灾作用的特点是建筑结构在所受荷载总体不变的条件下，随着火灾温度的升高，结构发生热膨胀的同时伴随着自身承载能力的降低。当建筑结构在上述两种作用下发生破坏时就达到了耐火极限状态。因此，同建筑结构的抗震、抗风设计一样，建筑结构同样面临着抗火设计的问题，即建筑结构在使用期间要保证遭遇火灾情况下的结构安全性。

建筑结构的火灾安全通常可采用防火和耐火两种措施实现。防火措施是在建筑结构的表面增加防火保护层，通过防火保护层的作用，火灾下建筑结构表面的温度不超过某一临界温度，这样就可以保证建筑结构火灾下的安全性。对钢筋混凝土结构和型钢混凝土结构来说，由于混凝土材料本身具有较好的耐火能力，依靠材料和构件本身的耐火能力保证结构的火灾安全性是更为合理的方法。因此，对钢筋混凝土和型钢混凝土结构进行抗火设计，保证其耐火能力是较为合理的方法。

(a)2015 年 1 月 2 日哈尔滨北方南勋陶瓷市场仓库火灾下倒塌

(b)中央电视台附属文化中心火灾现场及构件破坏

图 4.60　典型火灾事故案例

4.9.1.2　建筑结构抗火设计方法

建筑结构及构件的抗火设计包括两种方法：第一种是进行结构及构件的耐火试验，验证结构及构件的耐火性能是否满足要求；第二种是通过建筑结构抗火设计计算完成建筑结构的抗火设计。进行结构及构件的耐火试验，需要采用足尺试件，而且还要保证构件的边界条件与实际建筑结构一致，试验难度较大。总之，通过耐火试验进行结构耐火性能验算需要的费用较高，技术难度较大。建筑结构抗火设计计算方法简单说就是根据实际的建筑结构的具体形式，把建筑结构作为一个整体进行抗火设计，并且考虑火灾下建筑结构构件之间的相互作用，在考虑上述因素的基础上计算出建筑结构的耐火能力，并与规范要求进行比较。抗火设计时采用的火灾升温曲线一般是根据建筑可燃物数量确定的接近实际的火灾，称为参数火。可见，抗火设计的两个基本要素分别是考虑建筑结构的整体作用和实际火灾。因此，通过整体结构的抗火计算分析得到的建筑结构耐火性能是建筑结构的实际耐火性能，可以保证建筑结构的火灾安全。由于 ISO－834 标准开温曲线是一般室内火灾的一种近似模型，为了简化，有时也采用 ISO－834 标准升温曲线。由于考虑了建筑结构的整体性和建筑内实际可能的火灾，这类建筑结构抗火设计方法更加科学合理。

4.9.1.3 建筑结构构件常用防火保护方法

建筑结构抗火设计的目的就是确定结构构件的耐火能力是否满足要求，对混凝土结构就是确定结构构件的耐火极限是否满足要求，对钢结构就是确定满足耐火能力而采取的防火保护措施的形式。当构件本身的耐火能力不足时，就要采用合适的防火保护。最初的结构防火保护措施主要是针对于钢结构进行的，以后逐渐扩展到钢管混凝土的防火保护，当钢筋混凝土结构和型钢混凝土结构的耐火能力不足时，常采用增加防火保护层厚度、增加截面尺寸或粘贴防火装饰材料的方法进行。下面主要介绍钢结构的防火保护方法。

1. 防火涂料保护

防火涂料保护就是在钢结构上喷涂防火涂料以提高其耐火能力。目前，我国钢结构防火涂料主要分为薄涂型和厚涂型两类，即薄型（B类，包括超薄型）和厚型（H类）。薄型涂层厚度在7mm以下，在火灾时能吸热膨胀发泡，形成泡沫状炭化隔热层，从而阻止热量向钢结构传递，延缓钢结构温升，起到防火保护作用。其主要优点是：涂层薄，对钢结构负荷轻，装饰性较好，对小面积复杂形状的钢结构表面喷涂薄型比厚型要容易。厚型涂层厚度为8～50mm，涂层受热不发泡，依靠其较低的导热率来延缓钢结构温升，起到防火保护作用。两者具有不同的性能特点，分别适用于不同场合。但是，无论哪种产品均应通过国家检测机构检测合格方可选用。防火涂料典型的工程实例如图4.61所示，典型的采用防火涂料的钢结构防火保护构造如图4.62所示。

图4.61　防火涂料工程实例

2. 外包防火层法

外包防火层法就是在钢结构外表添加外包层，可以现浇成型，也可以采用喷涂法。现浇成型的实体混凝土外包层通常用钢丝网或钢筋来加强，以限制收缩裂缝，并保证外壳的强度。喷涂法可以在施工现场对钢结构表面涂抹砂浆以形成保护层，砂浆可以是石灰水泥或是石膏砂浆，也可以掺入珍珠岩或石棉。同时外包层也可以用珍珠岩、石棉、石膏、石棉水泥或轻混凝土做成预制板，采用

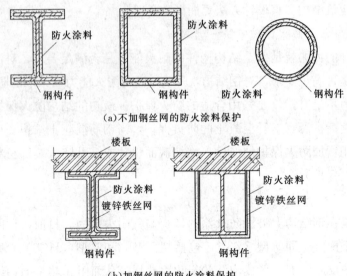

(a)不加钢丝网的防火涂料保护

(b)加钢丝网的防火涂料保护

图 4.62 采用防火涂料的钢结构防火保护构造

胶粘剂、钉子或螺栓固定在钢结构上。

外包防火层法通常应用于钢柱，其做法有：金属网抹 M5 砂浆保护，厚度为 8mm，耐火极限达到 0.8h；用加气混凝土作保护层，厚度为 40mm 时耐火极限为 1.0h，当厚度为 80mm 时，耐火极限能够达到 2.33h；用 200♯C20 混凝土作保护层，保护层厚度为 100mm 时，耐火极限能够达到 2.85h；用普通黏土砖作保护层，厚度为 120mm 时，耐火极限能够达到 2.85h；用陶粒混凝土作保护层，保护层厚度为 80mm 时，耐火极限能够达到 3.0h。图 4.63 为典型的钢柱外包混凝土防火保护方法。

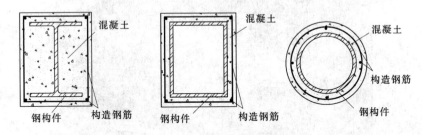

图 4.63 采用外包混凝土的钢构件防火保护构造

3. 外包防火板

严格说来，外包防火板是外包防火层法的一种方法，由于这种方法施工速度快、价格经济，应用越来越多，这里单独介绍。随着技术发展，用防火板作保护层技术越来越完善，应用越来越广。钢结构防火保护主要用于耐火等级为一级和二级建筑物的钢柱、梁、楼板和屋顶承重构件，设备的承重钢框架、支架、裙座等钢构件进行包覆和屏蔽，以阻隔火焰和热量，降低钢结构的升温速率，将钢结构的耐火极限由 0.25h 提升到设计规范规定的耐火极限。其安装方法可采用粘结剂或钢件（如铁钉、铁箍）固定在钢构件上，在做包覆保护之前钢构件应先做防锈去污处理，并涂刷防锈漆。采用防火板的钢结构防火保护构造宜按图 4.64、图 4.65 选用。

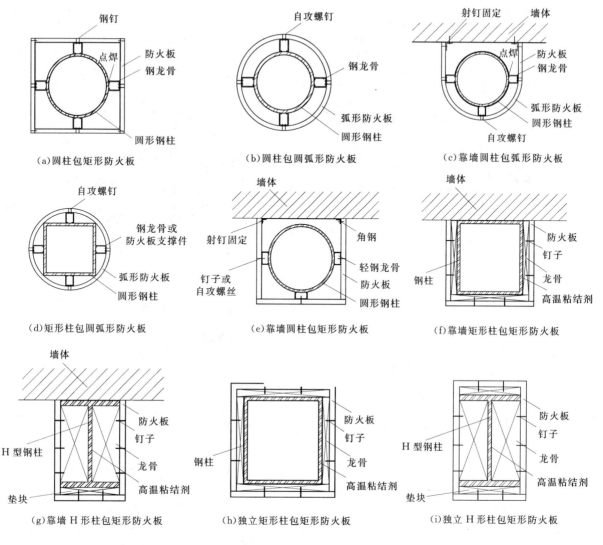

图 4.64 钢柱采用防火板的防火保护构造

4．充水法

充水法允许热量传到钢构件上，但它可通过系统的设置把热量导走或消耗，从而使钢构件的温度不至于高到临界温度，以起到保护作用。疏导法的应用国内外仅有充水冷却这一种方法。该方法是在空心封闭的钢构件（主要为柱）充满水连成管网，火灾发生时构件把从火场中吸收的热量传给水，依靠水的蒸发消耗热量或通过循环把热量带走，使钢构件的温度控制在100℃左右。从理论上讲，这是钢结构保护最有效的方法。钢柱防火保护的典型充水法如图 4.66 所示。

5．屏蔽法

钢结构设置在耐火材料组成的墙体或顶棚内，或将构件包藏在两片墙之间的空隙里，只要增加少许耐火材料或不增加即能达到防火的目的。这是一种最为经济的防火方法。钢梁防火保护的屏蔽法如图 4.67 所示。

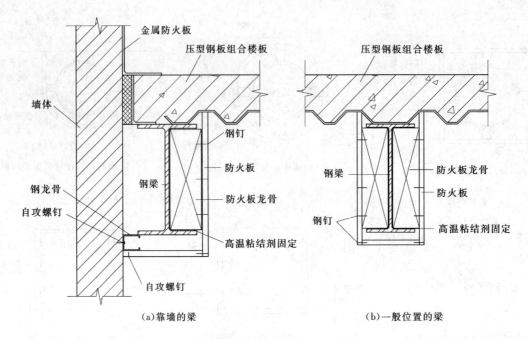

（a）靠墙的梁　　　　　　　　　　　（b）一般位置的梁

图 4.65　钢梁采用防火板的防火保护构造

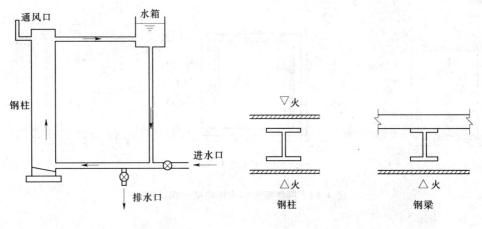

图 4.66　充水法防火保护　　　　**图 4.67　屏蔽法示例**

6. 增加保护层厚度法

　　由于混凝土是热惰性材料，能够有效地降低截面的温度，如果构件的耐火极限不满足要求，可通过增加钢筋混凝土构件和型钢混凝土构件的截面保护层厚度保证构件耐火极限，增强构件的耐火能力。有时，为了满足建筑装饰的需要，钢筋混凝土或型钢混凝土梁和柱需要粘贴装饰板，这时如果构件的耐火极限不满足要求，可采用耐火性能好的装饰板或装饰效果好的防火板。

4.9.2　建筑结构耐火性能要求

　　我国《建筑设计防火规范》（GB 50016—2014）给出了建筑构件的耐火性能要求，同时也提出整体结构的耐火极限要大于主要竖向支撑构件（柱和承重墙等）的耐火极限要求。《建筑结构抗倒塌设计规范》（CECS 392：2014）则提出了重要性为一级的建筑要进行建筑结构抗火灾引起的倒塌设计，同时规定了重要建筑的柱和承重墙的最低耐火极限为《建筑设计防火规范》（GB 50016—2014）中相关要求的 1.5 倍。

表 4.41 为《建筑设计防火规范》（GB 50016—2014）规定的民用建筑结构构件的耐火极限要求，工业建筑结构构件的耐火极限要求可查上述规范。

表 4.41　　　　　　　　　　民用建筑构件燃烧性能及耐火极限要求　　　　　　　　单位：h

构 件 名 称		耐 火 等 级			
		一级	二级	三级	四级
墙	防火墙	不燃烧体 3.00	不燃烧体 3.00	不燃烧体 3.00	不燃烧体 3.00
	承重墙	不燃烧体 3.00	不燃烧体 2.50	不燃烧体 2.00	难燃烧体 0.50
	非承重外墙	不燃烧体 1.00	不燃烧体 1.00	不燃烧体 0.50	燃烧体
	楼梯间墙、电梯井墙、住宅单元之间墙、住宅分户墙	不燃烧体 2.00	不燃烧体 2.00	不燃烧体 1.50	难燃烧体 0.50
	疏散走道两侧的隔墙	不燃烧体 1.00	不燃烧体 1.00	不燃烧体 0.50	难燃烧体 0.50
	房间隔墙	不燃烧体 0.75	不燃烧体 0.50	难燃烧体 0.50	难燃烧体 0.25
柱		不燃烧体 3.00	不燃烧体 2.50	不燃烧体 2.00	难燃烧体 0.50
梁		不燃烧体 2.00	不燃烧体 1.50	不燃烧体 1.00	难燃烧体 0.50
楼板		不燃烧体 1.50	不燃烧体 1.00	不燃烧体 0.50	燃烧体
屋顶承重构件		不燃烧体 1.50	不燃烧体 1.00	燃烧体	燃烧体
疏散楼梯		不燃烧体 1.50	不燃烧体 1.00	不燃烧体 0.50	燃烧体
吊顶(包括吊顶格栅)		不燃烧体 0.25	难燃烧体 0.20	难燃烧体 0.15	燃烧体

4.9.3　建筑结构抗火设计方法

4.9.3.1　建筑结构抗火设计的必要性

建筑结构抗火设计也称为建筑结构性能化抗火设计，它是一种基于整体结构计算的抗火设计方法，这种方法考虑结构构件之间的相互作用、建筑的实际火灾发展情况、火灾升降温对结构的影响，是一种考虑火灾下建筑结构实际性能的方法，是一种科学合理的方法。

影响火灾下构件承载能力或耐火极限的因素包括边界条件和荷载水平。火灾下构件的边界条件不同，构件的承载能力不同，耐火极限也就不同。例如，两端固结梁的承载能力大于两端简支梁的承载能力，上端无轴向约束的两端固结柱承载能力也大于两端简支柱的承载能力，由于构件的相互作用也可能使构件由于热膨胀而破坏。同样，火灾下构件到达耐火极限状态时，由于外荷载与构件的承载能力是相等的，火灾下构件所承受荷载的大小或者荷载比（构件承受荷载与其常温下极限承载能力之比）对构件的耐火性能有直接的影响。

实际建筑结构中，各构件之间存在着相互作用。随火灾的发展，各构件的相对刚度发生变化，构件之间发生明显的内力重分布。也就是说，随火灾的发展，各构件分担的荷载发生变化，荷载由能力较差的构件向能力较强的构件转移。同时，由于构件相对刚度的变化，如果把相邻构件约束看做是构件边界条件，可以认为构件的边界条件也发生了变化。另外一个重要因素是，构件受热时发生较大热膨胀，结构的热膨胀变形将使火灾的影响范围大大扩大，没有受火的结构部分也可能破坏，热膨胀也可能使较低火灾温度下的结构发生破坏。因此，火灾下结构中的构件与荷载和边界条件均假设不变的独立构件的耐火性能存在明显的差别。

由于构件的相互作用，火灾下首先发生破坏的构件可能将承担的荷载转移给相邻构件。例如，如果火灾下一根柱发生了破坏，柱退出工作后，柱上梁的跨度增加，梁的内力增加，如果柱上部的

图 4.68　卡丁顿试验钢框架的变形

梁（可能不止一根梁）仍能承受柱转移的荷载，则柱破坏后结构的承载机制就发生了变化。因此，随着火灾的发展，结构承载的机制也可能发生变化，结构在新的承载机制下继续承载。

英国建筑研究中心（BRE）1996—2000 年在卡丁顿实验室进行了一系列的整体框架结构的火灾试验，图 4.68 为卡丁顿火灾试验后一栋八层钢框架的变形情况。可见，火灾后框架梁和板均发生较大的竖向位移，这种条件下结构仍然能够承受荷载而没有倒塌的原因是梁柱构件之间的相互作用。由于相邻节点及构件的支撑作用，梁依靠悬链线效应承载，板不仅表现出较强的受拉膜效应，而且和梁形成整体共同承受荷载。根据卡丁顿试验中钢框架结构的变形情况，可以看出火灾下整体结构的构件之间存在着较强的相互作用，各构件作为整体协同受力。

对于网架和网壳等空间结构，结构的整体作用尤为明显。现在分析一大跨网架结构，网架长度60m，宽30m。网架火源中心位于网架中心下方，网架结构的应力云图如图 4.69 所示，图 4.69（a）代表受火前期网架的应力状态，图 4.69（b）代表受火后期网架的应力状态，图中 S11 表示杆件轴向应力，单位为 Pa。可见，受火前期，网架上弦受压，网架下弦受拉，这是典型的小挠度板的受力状

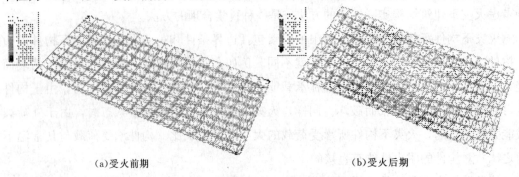

(a)受火前期　　　　　　　　　　　　(b)受火后期

图 4.69　火灾下整体网架结构的应力分布

态。而在受火后期，板中部的上下弦杆件均为受拉，而板的周边杆件多数为受压，这表明板出现了明显的受拉膜效应。可见，受火过程中，网架结构各杆件存在相互作用，各杆件均服从于结构整体的变形及受力模式，单个构件的性能不能决定整体结构的性能，应该从结构整体方面进行网架结构的抗火设计。

综上所述，火灾下整体结构的耐火性能和耐火极限与不考虑结构整体作用的独立构件的耐火性能和耐火极限存在明显差别，考虑结构整体作用后的结构抗火设计结果更加符合实际。

基于上述原因，目前，一批基于整体结构抗火计算的抗火设计规范都已经编制完成，国家标准《钢管混凝土结构技术规范》（GB 50936—2014）给出了钢管混凝土柱的抗火设计方法，中国工程建设标准化协会编制了《建筑钢结构防火技术规范》（CECS 200：2006）供工程实践参考。目前，国家标准《钢结构设计规范》（报批稿）提出了建筑钢结构均需要按照国家标准《建筑钢结构防火技术规范》进行抗火设计的要求，国家标准《建筑钢结构防火技术规范》（报批稿）也已经编制完成。上述两部规范正处于审批阶段。2011年，广东省地方标准《建筑混凝土结构耐火设计技术规程》（DBJ/T 15—81—2011）颁布，这部地方标准的最大特点是规定了基于计算的钢筋混凝土结构抗火设计方法。

4.9.3.2 急需进行抗火设计的建筑结构

目前，由于基于建筑结构整体抗火设计的相关规范处于审批状态。同时，建筑结构设计部门和消防主管部门对建筑结构抗火设计方法不甚了解，而国家标准《建筑设计防火规范》（GB 50016—2014）的编制人员中尚没有结构工程专家，导致处方式的构件防火保护方法还在一些工程中应用。毋庸置疑，处方式防火保护方法不考虑结构整体作用，特别是没有考虑结构构件火灾下的热膨胀作用导致的结构构件破坏，处方式防火保护方法不是一种正确、科学的方法，采用这种方法进行防火保护往往结建筑构火灾下的安全带来较大的安全隐患。而采用考虑建筑结构整体作用的抗火设计方法则更加科学合理，更加准确的反映建筑结构的实际耐火能力。按理说，建筑结构抗火设计应该采用科学合理的方法，但考虑到我国该领域现状的复杂性，大家对科学的理论和方法的认识还需要一定的时间，建筑结构抗火设计急需一些重要的建筑结构设计中推广。对于重要的建筑结构，由于其火灾下的结构安全十分重要，急需进行建筑结构抗火设计。一般说来，以下几类建筑结构急需进行建筑结构抗火设计，并依据其结构抗火设计的结果进行防火保护设计。

1. 重要的高层建筑、超高层建筑

近年来，我国高层和超高层建筑结构出现较多，其高度越来越高，结构越来越复杂。对于重要的高层建筑、超高层建筑，一旦发生火灾将会造成较大的生命财产损失和较为恶劣的社会影响，其火灾安全十分重要。而现有防火规范只能给出十分粗略的结构构件防火保护方法，难以评价建筑结构实际的耐火能力。因此，对于这类建筑，需要真实了解火灾下建筑结构的反应、整体结构的耐火极限及结构的倒塌破坏情况，为结构防火保护设计提供合理的方法。另外，一般情况下，按照处方式方法，这类重要建筑需要的防火保护层厚度较大，不仅造成施工困难，而且导致防火保护的投资较大，而考虑结构整体作用的抗火设计方法则可以提供科学的防火保护设计方法，不仅能保证安全（这是最重要的），而且可有效降低施工难度，节约防火保护的投资。

图 4.70 为我国拟建的部分超高层建筑结构。图 4.70（a）为正在筹建的北京中国尊项目，该项目高度为 528m，建成后将成为北京的标志性建筑。该建筑结构形式为核心筒－框架结构，外框为由巨型柱和巨型斜撑组成的巨型外框架结构，E 型柱采用巨型钢管混凝土柱。由于巨柱截面很大，尚没有这类结构的抗火设计方法，消防主管部门提出该项目要进行整体结构抗火验算以及火灾后结构的修复要求。在建的武汉中心大厦是华中地区最高的超高层建筑，高度 438m，为筒体结构，中部为钢筋混凝土筒体，周围为巨型钢管配筋混凝土柱，如图 4.70（b）所示。由于钢管混凝土柱为巨型截面，加之结构高度大，结构复杂，其防火保护设计难以依靠现有防火规范解决。对于这类结构复杂的重要建筑，其结构抗火设计需要采用考虑结构整体作用的抗火设计方法。

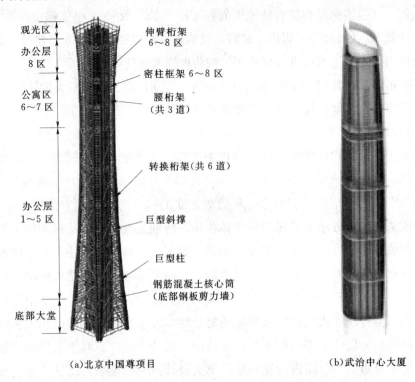

（a）北京中国尊项目　　　　　　　　　　　　（b）武汉中心大厦

图 4.70　需要进行结构抗火设计的超高层建筑

2. 大跨钢结构

大跨钢结构以其跨度大、用料省、造型美观等优点广泛应用于各类公用建筑，成为城市的亮丽风景线之一。在大跨空间结构当中，空间网格结构，包括网架结构、网壳结构和体育场挑蓬等是应用最广泛的结构形式。典型的大跨空间结构如国家大剧院是网壳结构（图 4.71），北京奥运会羽毛球馆是预应力网壳结构。

大跨空间结构主要应用于各类公用建筑，一旦发生火灾，更容易造成生命财产损失和严重的社会影响。传统的钢结构防火方法是基于单个构件火灾试验的方法，不考虑结构的整体作用和实际火灾作用。实际上，由于大空间建筑内部空间较大，火灾空气升温与规范规定的标准升温曲线相差较大，如果按照标准升温曲线升温，将会造成结构的防火保护层厚度增加，导致较大的资金浪费。因此，需要针对大跨空间建筑的具体特点，确定建筑结构的火灾温度场。另外，研究表明，大跨空间结构有较多冗余度，各构件之间的相互作用较强。由于构件之间的相互作用，结构呈现较强的整体工作特性，单个构件破坏后，整体结构往往还能够继续承载。如果根据处方式方法对大跨空间建筑结构进行防火保护设计，一方面会造成很大的资金浪费，而另一方面也可能带来安全度不足的问题。因此，对大跨空间建筑结构的抗火设计需要考虑结构的整体作用。

图 4.71　国家大剧院

3. 新型结构形式

随着结构工程技术的发展，建筑结构向超高层、大跨度方向发展。为了适应这种发展要求，各种新型的结构形式不断出现。例如，巨型钢管混凝土结构、钢管配筋混凝土结构、钢管混凝土叠合柱、型钢混凝土结构等结构形式都在超高层建筑结构中开始大量应用，其中两种新型结构形式如图4.72所示。而现有防火规范缺乏对这些新型建筑结构的抗火设计方法，这类新型的建筑结构采用考虑结构整体作用的抗火设计方法无疑是十分合理的。

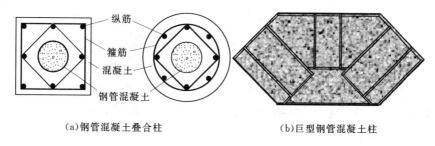

（a）钢管混凝土叠合柱　　　　　　　　　（b）巨型钢管混凝土柱

图 4.72　新型结构形式

4.9.3.3　建筑结构抗火设计的一般步骤

欧洲规范首次提出了系统的建筑结构抗火设计的方法和步骤，中国工程建设标准化协会编制了《建筑钢结构防火技术规范》（CECS 200：2006）提出了钢结构抗火设计的方法和步骤，目前国家标准《建筑钢结构防火技术规范》即将颁布。考虑建筑结构整体作用的建筑结构抗火设计是考虑火灾作用下整体结构反应与破坏的一种抗火设计方法，它的基本特点是考虑火灾下建筑结构整体的反应及安全，这种方法比处方式防火保护方法更加科学合理。建筑结构抗火设计的步骤一般可用图4.73

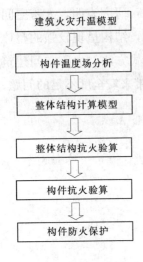

图 4.73　建筑结构抗火
设计计算流程

表示。

1. 火灾升温模型

选择火灾场景时，要考虑实际火灾的蔓延导致火灾范围的扩大，选择不利的火灾场景。到底哪些火灾场景不利，要经过不断试算。一般说来，火灾蔓延范围较大的火灾场景、顶部火灾场景、底部火灾场景、边部火灾场景、两层火灾场景均为不利的火灾场景，需要不断试算，确定哪种情况是较为不利的火灾场景。

选择火灾场景的另一个问题是如何选择建筑空间温度-时间关系曲线。性能化结构抗火设计要求采用建筑可能发生的实际火灾，即参数火。因此，根据建筑内实际布置的火灾荷载，通过有关模型获得建筑空间的温度-时间关系曲线。本节后面将重点介绍几种升温模型。

2. 构件温度场分析

火灾下，伴随着空气温度升高，建筑结构构件的温度也逐渐升高，构件温度场分析是结构抗火验算的首要工作。构件的温度场分析是计算火灾空气升温条件下构件内部温度升高的过程。

3. 整体结构计算模型

进行考虑整体结构的抗火设计的第一步是建立整体结构的计算模型，一般需要建立整体结构的空间模型。对于能够明确区分各榀平面框架的建筑结构，为节约计算量，也可采用平面框架结构代替空间框架结构。欧洲规范规定，整体结构抗火分析时可采用整体结构，也可采用子结构模型。如果采用子结构模型，子结构的边界条件可取为与受火前结构承受重力荷载时的边界条件。

4. 整体结构抗火验算

设定好火灾场景、假定拟采用的防火保护措施及其厚度之后，就可进行整体结构的抗火分析。火灾下，结构的变形不仅大，而且高温下材料的性能会发生退化，因此，火灾下结构的计算分析包括材料非线性分析和几何非线性分析。火灾下整体结构的抗火验算就是验算整体结构的耐火极限是否满足规范要求。如果选定的一种防火保护层厚度或构件截面尺寸不满足规范规定的耐火极限要求，则需要重新修改防火保护层厚度或构件截面尺寸，重新进行整体结构的抗火验算，直至整体结构满足规范规定的耐火极限要求。

5. 构件抗火验算

上述抗火计算只针对整体结构进行抗火验算，整体结构计算模型无法考虑结构中构件的强度和稳定性，整体结构抗火验算首先假设构件的破坏晚于整体结构的破坏。实际上，构件破坏可能早于整体结构破坏。因此，整体结构抗火验算之后还需要进行构件的抗火验算。

以上即为建筑结构性能化抗火设计的内容及步骤。

4.9.3.4　建筑室内火灾升温模型

火灾的发展过程一般要经历 3 个阶段，即：初期增长阶段、全盛阶段和衰退阶段。在火灾的初期增长阶段，可燃物部分燃烧，处于阴燃状态。当室内全部可燃物开始燃烧时，这个状态叫做轰燃。

轰燃之后火灾就进入全盛阶段。全盛阶段持续的时间和达到的最高温度对结构的耐火性能起决定性作用，典型的室内火灾温度场的平均温度 T 与时间 t 的关系如图 4.74 所示。图中 T_{max} 为最高平均温度，T_0 为室温。

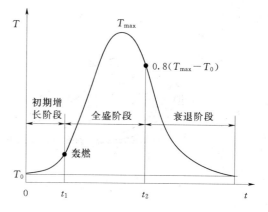

图 4.74　室内火灾发展的过程

火灾下建筑结构是否安全与建筑火灾本身和建筑结构构件耐火性能有关，可燃物的数量、分布和建筑形式影响火灾的规模及蔓延过程，进而影响建筑结构内部温度场的分布和大小。建筑室内火灾升温模型是确定火灾时建筑室内空气温度场的必要工具。建筑室内火灾升温模型分为参数化模型和场模型两类。参数化模型主要基于对试验数据的统计分析和一些假设得到一条升降温曲线。由于火灾造成的结构破坏主要出现在轰燃之后，而此时室内空气温度分布比较均匀，因此参数化模型一般以轰燃后升温过程为模拟对象，且假定室内空气温度相同。场模型则直接根据建筑室内的火灾荷载，通过火灾模拟技术获得建筑室内火灾温度场分布，两种方法详述如下。

1. 参数化模型

参数化模型的结果一般是一条温度-时间曲线，该曲线的基本参数包括：室内火灾所达到的最高平均温度、达到该平均最高温度所经历的时间以及另外的一些辅助性参数。目前应用比较广泛的参数化模型主要有以下的几种。

（1）Sweden 模型。Sweden 模型是 Magnusson 和 Thelandersson 于 1970 年提出的一组室内火灾升温曲线，该曲线被广泛参考应用，被引入瑞典防火规范，并且是 EUROCODE 中经验模型的基础，Sweden 模型升温曲线如图 4.75 所示。

Sweden 模型是通过热平衡计算得到，按照开口因子不同将曲线分为几组，每组曲线具有相同的开口因子 F_v 和不同的火灾荷载密度（MJ/m^2）。

（2）EUROCODE 模型。欧洲规范 EUROCODE 模型提供了一条室内火灾升温曲线的经验公式，适用于地板面积低于 500m^2、层高低于 4m 且无楼板开洞的空间。该公式由升温段和降温段组成，分别如式（4.12）和式（4.13）所示：

升温段（$t^* \leqslant t_h^*$）：

$$\Theta_g = 20 + 1325[-0.324\exp(-12t^*) - 0.204\exp(-102t^*) - 0.472\exp(-1140t^*)] \quad (4.12)$$

$$\frac{(O/b)^2}{(0.04/1160)^2} \quad t^* = \Gamma \cdot t$$

式中　Θ_g——火场空气温度；

　　　t——时间，min；

O——开口因子。

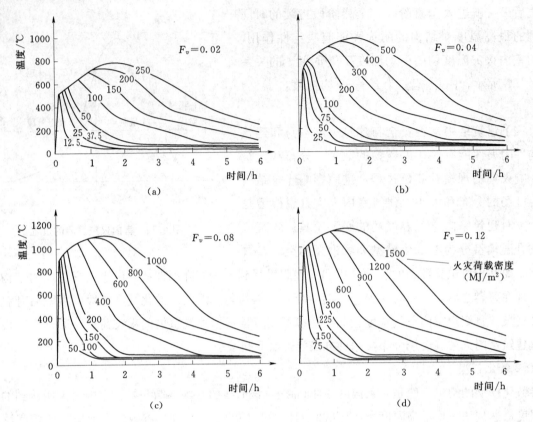

图 4.75　Sweden 模型升温曲线

$b=\sqrt{\lambda\rho c}$，为房间壁面热惰性，计算 b 采用常温下的值，若壁面为不同材料，按面积取加权平均值。

降温段（$t^*\leqslant t_h^*$）：

$$\begin{cases} \Theta_g=\Theta_{\max}-10.417(t^*-t_h^*) & t_h^*\leqslant 30\text{min} \\ \Theta_g=\Theta_{\max}-4.167(3-t_h^*/60)(t^*-t_h^*) & 30\text{min}<t_h^*\leqslant 120\text{min} \\ \Theta_g=\Theta_{\max}-4.167(t^*-t_h^*) & t_h^*\geqslant 120\text{min} \end{cases} \tag{4.13}$$

式中　t_h^*——升温段持续时间，当 $0.02\leqslant O\leqslant 0.2$，$1000\leqslant b\leqslant 2000$ 且 $50\leqslant\dfrac{A_{fl}}{A_t}q\leqslant 1000$ 时，可由式

（4.13）确定 t_h^*：

$$t_h^*=7.8\times10^{-3}\cdot\left(\frac{A_{fl}}{A_t}\cdot q\right)\cdot\Gamma/O \tag{4.14}$$

（3）马忠诚模型。基于对 20 世纪 70—80 年代几次较大火灾试验所得到的 25 条完整火灾温度-时间曲线的统计分析，马忠诚提出如下一种室内火灾全盛期升温过程计算模型。

其得到的归一化公式如下：

$$\frac{T_g-T_0}{T_{gm}-T_0}=\left(\frac{t}{t_m}\cdot\exp\left(1-\frac{t}{t_m}\right)\right)^\delta \tag{4.15}$$

式中 T_g——时间 t 时室内空气平均温度,℃;

T_0——火灾发生前室内空气平均温度,℃;

T_{gm}——火灾过程中最高室内空气平均温度,℃;

t_m——达到最高平均温度所需时间。

δ 的值与 t 有关,①当 $t<t_m$ 时,δ 取 0.8;当 $t>t_m$ 时,δ 取 1.6;此时得到的曲线与试验结果相符最好;②当 $t<t_m$ 时,δ 取 0.5;当 $t>t_m$ 时,δ 取 1.0;此时得到的曲线为升温曲线的上包络线,可用于设计需要。

马忠诚模型没有考虑房间壁面热惰性的影响,形式简单,且与试验结果符合良好,适合工程人员使用。

(4) 大空间升温模型。火灾分为一般室内火灾和高大空间室内火灾,一般室内火灾为面积不超过 100m² 、高度不超过 5m 的建筑火灾。当发生火灾的建筑空间进一步增大时,称为大空间火灾。一般室内火灾与大空间内火灾的根本差别是,一般室内火灾会产生轰燃现象,室内温度会快速上升;而大空间由于空间大,难以产生轰燃,因而室内温度上升不是十分迅速,烟气的最高温度也不是很高。《建筑钢结构防火技术规范》(CECS 200:2006)规定大空间空气升温可采用式(4.16)计算:

$$T_{(x,z,t)} - T_g(0) = T_z[1 - 0.8e^{-\beta t} - 0.2e^{-0.1\beta t}] \cdot [\eta + (1-\eta)e^{(b-x)/\mu}] \qquad (4.16)$$

式中 $T_{(x,z,t)}$——对应于 t 时刻,与火源中心水平距离为 x (m),与地面垂直距离为 z (m) 处的烟气温度 (℃);

$T_g(0)$——火灾发生前大空间内平均空气温度,取 20℃;

T_z——火源中心距地面垂直距离为 z (m) 处的最高空气升温 (℃);

β——根据火源功率类型和火灾增长类型取值,具体可参考 CECS 200:2006。

2. 场模型及 FDS 火灾动力模拟软件简介

场模型是基于计算流体力学(CFD)发展起来的火灾模拟技术,从火灾过程中的质量守恒、动量守恒、能量守恒及化学反应定律出发,通过对火场空间的离散化,使用数值方法求解火灾各时刻各空间点的状态参数,如温度、速度、组分浓度等。

场模型综合利用计算流体力学和燃烧学原理,利用计算机同时求解流体速度场和密度场,是一种高级精确的火灾模拟方法。随着数值模拟技术的发展,利用软件进行火灾模拟的准确性和效率正在大幅提高。场模型通常具有较大的计算工作量,适用于使用计算机进行。目前已出现多种基于计算流体力学的火灾模拟软件,包括通用软件和专门软件,通用软件有 Fluent、CFX 等,专用软件有 FDS。其中由美国国家标准研究所(NIST)建筑火灾研究实验室开发的火灾动力模拟软件 FDS 在实际中得到了较为广泛的应用,用于进行火灾消防设备的研究开发、火灾事故调查等领域。这个软件是火灾模拟软件中最容易使用的软件。

FDS 火灾动力模拟软件由 FDS 和 Smokeview 两部分组成。FDS 用于建模和进行计算,Smokeview 用于对计算结果进行显示。

FDS 流体力学模型采用热驱动下低速流动的 N-S 方程,核心算法为显式预估校正方案,时间和空间采用二阶精度，湍流采用 Smagorinsky 形式的大涡模拟；使用拉格朗日粒子法追踪洒水和燃料喷雾模型；其燃烧模型大多数情况下为混合物燃烧模型。图 4.76 为某建筑的建筑温度场数值模拟的 FDS 计算模型，典型的 FDS 温度场分析结果如图 4.77 所示。

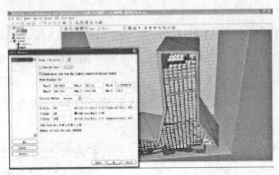
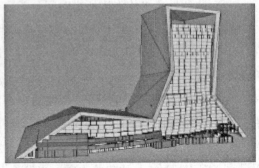

图 4.76　建筑温度场数值模拟的 FDS 计算模型

4.9.4　建筑结构耐火性能分析

4.9.4.1　构件传热分析

传热分析是火灾下建筑结构高温温度场分析，它是建筑结构耐火性能分析的基础。本节首先介绍一下传热分析需要的材料热工性能，然后介绍传热分析的原理，最后给出一个传热分析的实例。

1. 材料的热工性能

进行构件抗火设计时首先需要确定火灾下构件的温度场，确定构件温度场需要材料的热工参数，材料的热工性能是构件温度场分析计算的基础数据。在进行构件温度场分析时涉及到的材料热工性能有 3 项，即导热系数 λ、热容 C 和密度 ρ。钢材和混凝土材料的导热系数、热容和密度读者可查阅相关参考书。

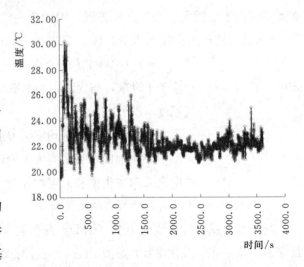

图 4.77　典型的 FDS 温度场分析结构

2. 构件传热计算

结构的温度场计算是进行结构耐火性能计算的前提和基础，温度场取值的准确性直接影响结构高温性能的准确性。结构的温度场研究主要有试验研究和理论分析两种方法，但由于火灾试验的代价昂贵，理论研究弥补了试验研究的不足。对于比较简单的传热，可以导出解析解，对于大多数传热问题，无法得到解析解，目前普遍采用数值方法、利用成熟软件进行求解。本节首先介绍传热分析的基本原理，并介绍利用 ABAQUS 进行传热分析的实例。

（1）传热分析基本原理。

瞬态热传导的基本微分方程：

$$\frac{\partial T}{\partial t}=\frac{1}{c\rho}\left[\frac{\partial}{\partial x}\left(\lambda\frac{\partial T}{\partial x}\right)+\frac{\partial}{\partial y}\left(\lambda\frac{\partial T}{\partial y}\right)+\frac{\partial}{\partial z}\left(\lambda\frac{\partial T}{\partial z}\right)\right] \qquad (4.17)$$

式中　T——温度；

　　　ρ——密度；

x，y，z——空间坐标。

结构构件的温度场计算就是在给定的初始条件和边界条件下求解此方程。

（2）初始条件和边界条件。求解上述瞬态热传导方程还需要初始条件和边界条件。

初始条件，由式（4.18）表示：

$$t=0 \text{ 时} \quad T=\varphi(x,y,z) \qquad (4.18)$$

边界条件分为三类：

1）第一类边界条件：已知固体表面温度。固体表面温度是时间 t 的已知函数，见式（4.19）：

$$T=T_B(t) \qquad (4.19)$$

2）第二类边界条件：对流边界条件。固体表面与流体（如空气）接触时，通过固体表面的热流密度与固体表面温度 T 与流体温度 T_C（C 表示边界）之差成正比：

$$\lambda\frac{\partial T}{\partial x}l_x+\lambda\frac{\partial T}{\partial y}l_y+\lambda\frac{\partial T}{\partial z}l_z=-\beta_1(T-T_\mathrm{C}) \qquad (4.20)$$

式中　β_1——对流换热系数。

3）第三类边界条件：辐射边界条件。

辐射边界上的热流量可用式（4.21）表示：

$$q_r=\phi\varepsilon_r\sigma\left[(T+273)^4-(T_\mathrm{C}+273)^4\right] \qquad (4.21)$$

式中　ϕ——形状系数；

　　　ε_r——综合辐射系数；

　　　σ——Stefan - Boltzmann 常数，$\sigma=5.67\times10^{-8}\,\mathrm{W/(m^2 \cdot K^4)}$。

（3）有限元解法。瞬态热传导方程的理论解很难得出，在空间域可采用有限元方法，在时间域可采用有限差分法求解。实际中，一般通过通用有限元分析软件计算构件的温度场。

3. 构件传热分析实例

（1）型钢混凝土梁柱节点温度场计算。ABAQUS 是通用有限元软件，解决稳态和瞬态传热的一维、二维和三维传热问题。要进行传热分析，首先需要在材料特性模块 Property 中定义热传导系数、比热和密度。然后在相互作用模块 Interaction 中定义边界条件。另外，还需要定义初始条件。

节点温度场是分析节点耐火性能的基础工作，精确的节点温度场分析有限元模型可为准确的确定节点的温度场提供保障。

考虑对流和辐射传热边界条件，混凝土用实体单元、钢筋用一维传热单元、型钢用壳单元建立了型钢混凝土梁柱连接节点温度场分析的有限元模型，可用来对型钢混凝土节点的温度场进行分析。温度场分析有限元模型如图 4.78 所示。

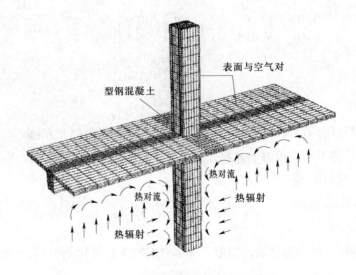

图 4.78　节点温度场分析有限元模型

　　分析表明，ISO-834 标准升温作用下，对于典型的节点模型，自周围的节点梁和柱到核心区温度逐渐降低，表明节点核心区升温滞后，升温 180min 时节点的温度如图 4.79 所示。

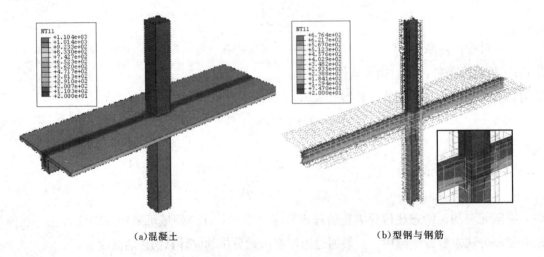

(a)混凝土　　　　　　　　　　　　　　(b)型钢与钢筋

图 4.79　180min 时节点温度分布

　　温度场分析表明，ISO-834 标准升温作用下，节点梁柱截面温度场表现出外高内低的趋势，截面角部温度最高，距离混凝土表面 50mm 区域温度梯度较大，内部温度变化趋于平缓。由于内部型钢的存在，加快了截面内的热传导，在一定范围内降低了温度梯度，在型钢附近这种影响更为显著。不同受火时间下节点核心区边缘梁板、节点核心区中心和边缘柱截面温度分布分别如图 4.80～图 4.82 所示。

　　(2) 钢构件温度场计算。当钢构件壁较厚或者壁较薄受热不均匀时，钢结构截面内温度场分布不均匀，需要在已知边界条件和初始条件的前提下求解二维热传导方程。实际计算中，一般利用成熟的软件进行钢构件截面的传热计算，例如 ANSYS 和 ABAQUS 软件都有成熟的结构传热分析功能。

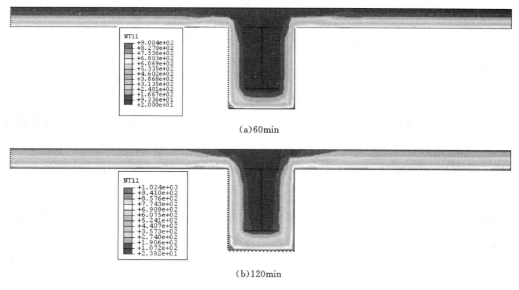

(a)60min

(b)120min

图 4.80   节点核心区边缘梁板截面温度分布

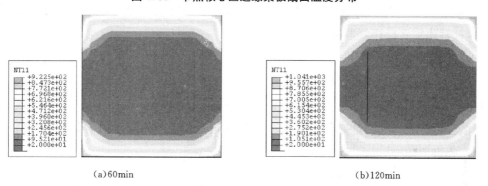

(a)60min

(b)120min

图 4.81   节点核心区中心柱截面温度分布

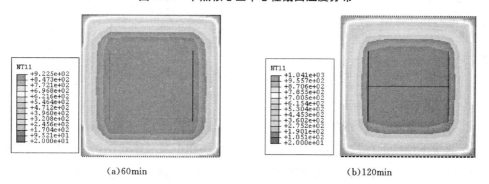

(a)60min

(b)120min

图 4.82   节点核心区下边缘柱截面温度分布

当钢构件壁较薄且受热均匀时，整个构件截面温度场比较均匀，可把截面温度场近似看做均匀，按照一维问题进行求解。《建筑钢结构防火技术规范》（CECS 200：2006）给出了这类构件的温度场的计算方法。在边界条件和初始条件已知的条件下，在时间域利用有限差分法求解一维热传导方程，即可得出温度均匀钢构件温度的增量计算公式：

$$T_s(t+\Delta t)=\frac{B}{\rho_s c_s}\left[T_g(t)-T_s(t)\right]\cdot\Delta t+T_s(t) \tag{4.22}$$

式中　Δt——时间增量，s，不宜超过 30s；

　　　　T_s——钢构件温度，℃；

　　　　T_g——火灾下钢构件周围空气温度，℃；

　　　　B——钢构件单位长度综合传热系数，W/(m^3·℃)，可查《建筑钢结构防火技术规范》（CECS 200：2006）；

　　　　c_s——钢材的热容；

　　　　ρ_s——钢材的密度。

（3）查表法。适用于混凝土构件内温度场分布不均匀，不能采用上述钢构件温度均匀截面的一维传热计算公式的情况。如果混凝土构件沿轴线长度受火均匀，混凝土构件可按照截面二维温度场进行计算，也可通过查表法确定截面温度场分布。一般情况下，混凝土耐火设计规范都提供了截面温度场分布的查表法，图 4.83、图 4.84 为广东省地方标准《建筑混凝土结构耐火设计技术规程》（DBJ/T 15—81—2011）提供的 ISO‐834 标准升温作用下混凝土构件截面的温度场分布。

4.9.4.2　建筑结构抗火设计基本原理

1. 材料的高温性能

常温下构件配筋计算时需要材料的弹性模量、抗压或抗拉强度。高温下，构件抗火验算时需要高温下材料弹性模量和强度指标。混凝土材料需要高温下的弹性模型、抗压、抗拉强度，钢材需要高温下的屈服强度。因为火灾是一种偶然作用，火灾下荷载组合一般采用偶然组合，所以上述材料强度指标采用标准值。

2. 火灾极限状态下荷载效应组合

《建筑钢结构防火技术规范》（CECS 200：2006）规定，火灾作用工况是一种偶然荷载工况，可按偶然设计状况的作用效应组合，采用下列较不利的设计表达式：

$$S_m=\gamma_{0T}(S_{Gk}+S_{Tk}+\phi_f S_{Qk}) \tag{4.23}$$

$$S_m=\gamma_{0T}(S_{Gk}+S_{Tk}+\phi_q S_{Qk}+0.4S_{Wk}) \tag{4.24}$$

式中　S_m——作用效应组合的设计值；

　　　　S_{Gk}——永久荷载标准值的效应；

　　　　S_{Tk}——火灾下结构的标准温度作用效应，对于单层和多高层建筑钢结构，可不考虑此效应；

　　　　S_{Qk}——楼面或屋面活荷载标准值的效应；

　　　　S_{Wk}——风荷载标准值的效应；

　　　　ϕ_f——楼面或屋面活荷载的频遇值系数，按国家现行标准《建筑结构荷载规范》（GB 50009—2012）的规定取值；

　　　　ϕ_q——楼面或屋面活荷载的准永久值系数，按国家现行标准《建筑结构荷载规范》（GB 50009—2012）的规定取值；

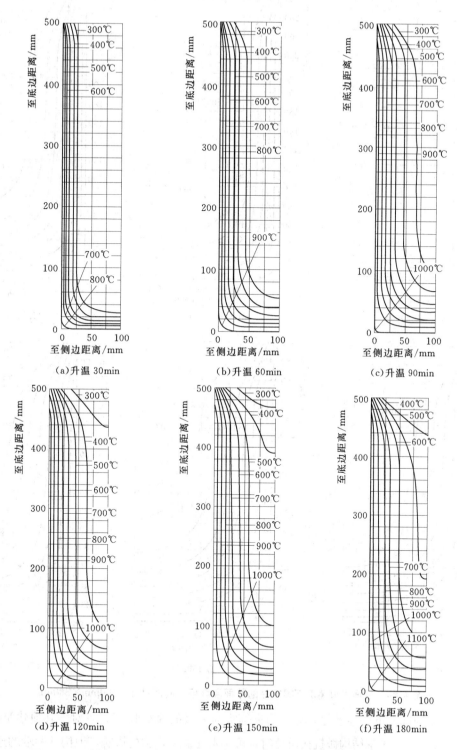

图 4.83　三面受火情况下梁或柱的截面温度场（截面尺寸：200mm×500mm）

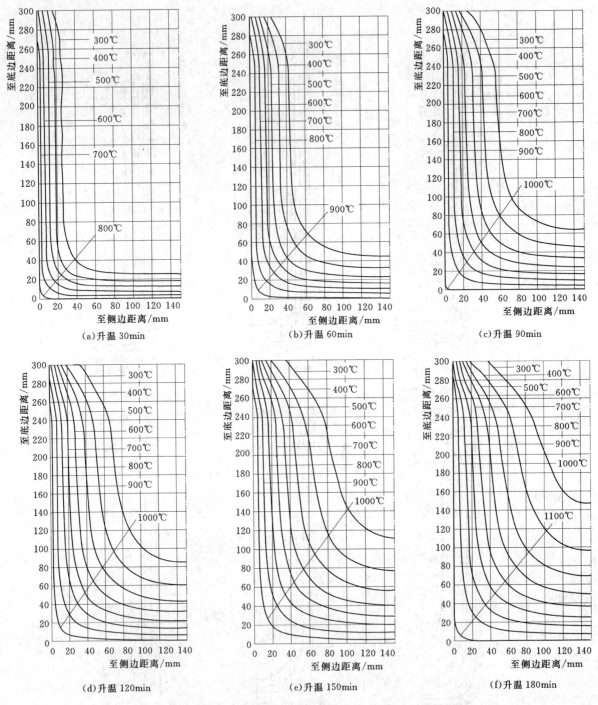

图 4.84　三面受火情况下梁或柱的截面温度场（截面尺寸：300mm×300mm）

γ_{0T}——结构抗火重要性系数，对于耐火等级为一级的建筑取 1.15，对于其他建筑取 1.05。

对单层和多高层建筑钢结构做抗火设计时，可不考虑温度内力的影响，但构件两端的连接应按与构件截面等强原则进行设计；对大空间建筑钢结构做抗火设计时，应考虑温度内力和变形的影响。按结构各构件进行抗火设计时，受火构件在外荷载作用下的内力，可采用常温下相同荷载所产生的内力。

3. 建筑结构及构件抗火验算基本规定

（1）耐火极限要求。《建筑设计防火规范》（GB 50016—2014）和《建筑钢结构防火技术规范》（CECS 200：2006）采用都提出了重要性不同的建筑结构构件的耐火极限要求，进行结构抗火设计时可依据相关规范采用。

（2）构件抗火极限状态设计要求。根据《建筑设计防火规范》（GB 50016—2014）和《建筑钢结构防火技术规范》（CECS 200：2006）提出的耐火极限要求确定建筑结构及构件的耐火极限要求。然后，确定构件受火时间等于耐火极限时的构件温度场分布。最后，验算上述耐火极限时构件温度场作用下构件或结构的承载能力是否大于荷载效应组合。

国家标准《建筑钢结构防火技术规范》（报批稿）提出了基于计算的构件抗火计算方法。国家标准《建筑钢结构防火技术规范》（报批稿）规定：对于跨度大于80m或高度大于100m的建筑结构和特别重要的建筑结构应采用整体计算模型进行结构的抗火计算，单层和多层建筑结构可只进行构件的抗火验算。此时，仍需要考虑结构整体作用对受火构件的影响，构件验算时的效应组合要考虑火灾下整体结构的效应。由于火灾是一种偶然作用工况，根据国家标准《建筑钢结构防火技术规范》（报批稿），火灾下只进行整体结构或构件的承载能力极限状态的验算，不再需要正常使用极限状态的验算。构件的承载能力极限状态包括以下几种情况：①轴心受力构件截面屈服；②受弯构件产生足够的塑性铰而成为可变机构；③构件整体丧失稳定；④构件达到不适于继续承载的变形。对于一般的建筑结构，可只验算构件的承载能力，对于重要的建筑结构还要进行整体结构的承载能力验算。

基于承载能力极限状态的要求，钢构件抗火设计应满足下列要求之一。

1）在规定的结构耐火极限时间内，结构或构件的承载力 R_d 不应小于各种作用所产生的组合效应 S_m，即：

$$R_d \geq S_m \tag{4.25}$$

2）在各种荷载效应组合下，结构或构件的耐火时间 t_d 不应小于规定的结构或构件的耐火极限 t_m，即：

$$t_d \geq t_m \tag{4.26}$$

3）结构或构件的临界温度 T_d 不应低于在耐火极限时间内结构或构件的最高温度 T_m，即：

$$T_d \geq T_m \tag{4.27}$$

对钢结构来说，上述3条标准是等效的。由于钢构件温度分布较为均匀，因此，钢结构构件验算时采用上述第3）条的最高温度标准。由于混凝土构件截面温度分布不均匀，混凝土构件可采用前面两条标准。

（3）构件抗火验算步骤：

1）采用承载力法进行单层和多高层建筑钢结构各构件抗火验算时，其验算步骤如下。

a. 设定防火被覆厚度。

b. 计算构件在要求的耐火极限下的内部温度。

c. 计算结构构件在外荷载作用下的内力。

d. 进行荷载效应组合。

e. 根据构件和受载的类型，进行构件抗火承载力极限状态验算。

f. 当设定的防火被覆厚度不合适时（过小或过大），可调整防火被覆厚度，重复步骤 a. ～e.。

2）采用承载力法进行单层和多高层混凝土结构各构件抗火验算时，其验算步骤如下。

a. 计算构件在要求的耐火极限下的内部温度。

b. 计算结构构件在外荷载作用下的内力。

c. 进行荷载效应组合。

d. 根据构件和受载的类型，进行构件抗火承载力极限状态验算。

e. 当设定的截面大小及保护层厚度不合适时（过小或过大），可调整截面大小及保护层厚度，重复步骤 a. ～d.。

4. 钢结构构件抗火验算

高温下钢结构构件抗火验算的内容和常温下一致，包括强度和稳定性验算。《建筑钢结构防火技术规范》（CECS 200：2006）提出了较为系统的钢结构抗火设计方法，国家标准《建筑钢结构防火技术规范》（报批稿）对上述规范进一步完善，本书不再赘述，读者可参阅上述文献。

5. 钢筋混凝土构件火灾下承载能力验算

这里仅给出构件截面火灾下的承载能力计算方法，火灾下的荷载效应组合可参考相关规范。需要说明的是，火灾下构件热膨胀变形很大，热膨胀产生的效应很大，钢筋混凝土构件及钢构件可能在热膨胀压力下提前发生破坏，构件的热膨胀效应不能忽略。

（1）简化算法：

1）500℃等温线法基本原理和适用范围。

a. 本方法适用于标准升温条件（即空气温度遵循 ISO－834 标准火灾升温曲线），或与 ISO－834 标准升温条件产生的构件温度场相似的其他升温条件。当不符合这一原则时，需根据构件截面温度场并考虑混凝土和钢筋的高温强度进行综合分析。

b. 本方法适用于构件截面尺寸大于表 4.42 中最小截面尺寸的情况。对于标准升温条件，最小截面尺寸取决于构件的耐火极限；对于其他升温条件，最小截面尺寸取决于火灾荷载密度。

表 4.42　　　　　　　　　　　　　　　最 小 截 面 尺 寸

(a) 最小截面尺寸取决于构件耐火极限					
耐火极限/min	60	90	120	180	240
最小截面尺寸/mm	90	120	160	200	280
(b) 最小截面尺寸取决于火灾荷载密度					
火灾荷载密度/(MJ/m²)	200	300	400	600	800
最小截面尺寸/mm	100	140	160	200	240

c. 简化计算方法采用缩减的构件截面尺寸，即忽略构件表面的损伤层。损伤层厚度 $a_{z,500}$ 取为截面受压区 500℃ 等温线的平均深度。假设温度大于 500℃ 的混凝土对构件承载力没有贡献，而温度不大于 500℃ 的混凝土的抗压强度和弹性模量采用常温取值，其中常温抗压强度采用标准值。

2）压弯截面的设计步骤。在上述缩减截面的基础上，高温混凝土截面的承载力计算可采用下述步骤。

a. 确定截面 500℃ 等温线的位置。

b. 去掉截面上温度大于 500℃ 的部分，得到截面的有效宽度 $beff$ 和有效高度 $heff$（图 4.85）。等温线的圆角部分可近似处理成直角。

c. 确定受拉区和受压区钢筋的温度。单根钢筋的温度可根据钢筋中心处位置由构件截面温度场曲线获得。对于落在缩减后的有效截面之外的部分钢筋（图 4.85），在计算该截面的高温承载力时仍需予以考虑。

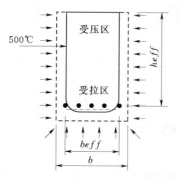

（a）三面受火，其中一个受火面为受拉区

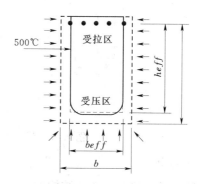

（b）三面受火，其中一个受火面为受压区

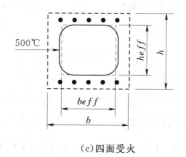

（c）四面受火

图 4.85　混凝土梁和柱缩减后的有效截面

d. 根据钢筋的温度确定钢筋强度，确定过程中钢筋的常温强度采用标准值。

e. 针对缩减后的有效截面以及由步骤 d. 获得的钢筋强度，采用常温计算方法确定截面的高温承载力。

f. 比较并判断截面的高温承载力是否大于相应的作用效应组合。

（2）缩减截面方法。从混凝土强度-温度关系曲线可以看出，800℃ 混凝土的残余强度很小，而 300℃ 以内混凝土强度下降很小。为了简化计算，可忽略超过 800℃ 部分混凝土截面的强度，而 300℃ 以内的截面强度无折减，300～800℃ 近似按折减系数 0.5 考虑。详细内容如下。

高温下普通混凝土构件的截面可近似以缩减后的有效截面予以等效，有效截面可采用下述步骤获得：①确定构件截面上的 300℃ 和 800℃ 等温线；②将 300℃ 和 800℃ 等温线近似为矩形；③保留 300℃ 等温线以内的全部面积，忽略 800℃ 等温线以外的全部面积，300℃ 和 800℃ 等温线之间的部分宽度减半。图 4.86 分别举例给出构件三面受火和四面受火时，根据上述步骤获得的有效截面。图中 b_3 和 h_3 分别为与 300℃ 等温线对应的近似矩形的宽度和高度，b_8 和 h_8 分别为与 800℃ 等温线对应的近似矩形的宽度和高度，$b_{T_1} = b_3 + 0.5(b_8 - b_3)$，$b_{T_2} = 0.5b_8$。

　　有效截面内混凝土的抗压强度和弹性模量采用常温取值，有效截面之外的钢筋在构件高温承载力计算时仍需予以考虑，钢筋强度按所在位置处的温度逐一确定。

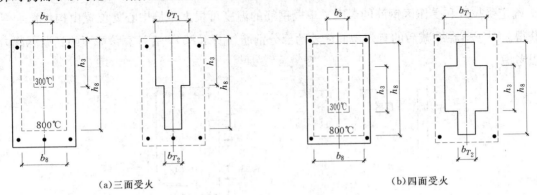

(a)三面受火　　　　　　　　　　　　　(b)四面受火

图 4.86　混凝土构件缩减截面

　　6. 整体结构抗火验算

　　(1) 整体结构抗火极限状态。整体结构的承载能力极限状态为：①结构产生足够的塑性铰形成可变机构；②结构整体丧失稳定。对于一般的建筑结构，可只验算构件的承载能力，对于重要的建筑结构还要进行整体结构的承载能力验算。

　　(2) 整体结构抗火验算原理。上面给出的规范抗火设计方法是基于计算的抗火设计方法，要求结构的设计内力组合小于结构或构件的抗力。火灾高温作用下，结构的材料力学性质发生较大变化。基于防火设计性能化的要求，对于一些复杂、重要性高的建筑结构，需要考虑高温下材料本构关系的变化、结构的内力重分布、整体结构的倒塌破坏过程，这就需要对火灾下建筑结构的行为进行准确确定。对火灾下建筑结构的内力重分布、结构极限状态及耐火极限的确定，需要采用基于性能的结构耐火性能计算方法。整体结构耐火性能计算方法需要采用非线性有限元方法完成，其计算步骤一般包括：

　　1) 确定材料热工性能及高温下材料的本构关系和热膨胀系数。

　　2) 确定火灾升温曲线及火灾场景。

　　3) 建立建筑结构传热分析和结构分析有限元模型。

　　4) 进行结构传热分析。

　　5) 将按照火灾极限状态的组合荷载施加到结构分析有限元模型，进行结构力学性能非线性分析。

　　6) 确定建筑结构整体的火灾安全性。

　　7) 按照上节要求进行构件的验算。

（3）整体结构抗火验算步骤：

1）对单层和多高层建筑钢结构整体抗火验算时，其验算步骤为：

a. 设定结构所有构件一定的防火被覆厚度。

b. 确定一定的火灾场景。

c. 进行火灾温度场分析及结构构件内部温度分析。

d. 荷载作用下，分析结构整体和构件是否满足结构耐火极限状态的要求。

e. 当设定的结构防火被覆厚度不合适时（过小或过大），调整防火被覆厚度，重复步骤 a.～d.。

2）对单层和多高层钢筋混凝土结构整体抗火验算时，可采用如下步骤。

a. 确定一定的火灾场景。

b. 进行火灾温度场分析及结构构件内部温度分析。

c. 荷载作用下，分析结构整体和构件是否满足结构耐火极限状态的要求。

d. 当整体结构和构件承载力不满足要求时，调整截面大小及其配筋，重复步骤 a.～c.。

4.9.4.3 钢筋混凝土框架梁耐火性能分析示例

这里以一实际工程中的钢筋混凝土框架梁的耐火性能分析为例介绍钢筋混凝土框架梁的耐火性能分析，分析的对象为钢筋混凝土框架结构厂房框架梁，分析的目的是确定框架梁耐火极限是否大于 3h，计算中考虑了建筑结构的整体性。

1. 计算模型的选择

由于利用三维实体单元计算框架的计算量很大，这里选择一榀典型框架中的部分框架进行分析。选择计算的框架的平面位置如图 4.87 所示，框架立面如图 4.88 所示。

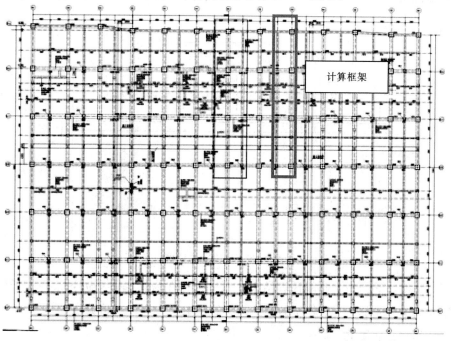

图 4.87　计算框架和次梁的位置

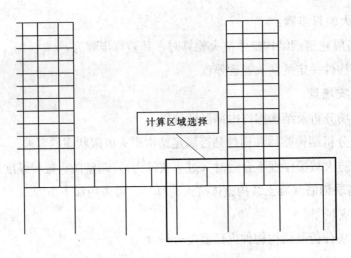

图 4.88　计算框架的立面图

　　进行钢筋混凝土结构的耐火性能分析，精确地确定每根钢筋和混凝土的温度至关重要，而为了准确的确定钢筋和混凝土的温度，应该对直接受火的钢筋混凝土梁利用实体单元模拟混凝土、利用桁架单元模拟钢筋。本节利用上述方法对钢筋混凝土梁进行模拟，并利用梁单元对其余的梁柱进行模拟。

　　欧洲规范 EC2 规定，如果整体结构计算量过大，可以取部分结构进行计算。确定部分结构的边界条件和荷载时，可以将受火前的边界条件和力的边界条件施加到部分结构的边界上，并假设这些边界条件在受火过程中不变。根据这项规定，本节取部分框架进行计算，这部分框架可称为子框架，子框架部分的范围如图 4.89 所示。计算框架边界上的力取受火前静力作用下的主要内力。

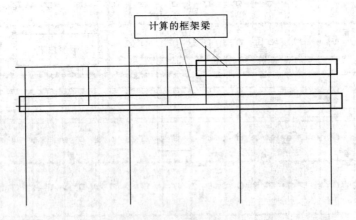

图 4.89　计算梁的范围

　　本节主要关注框架梁的耐火性能计算结果，而柱的存在为梁提供了边界条件。子框架的一层梁是框支梁，梁要向下传递其上支撑柱子的荷载，梁的作用很重要。这里分析图 4.87 中一层框架和框支梁，以及二层的部分框架梁。

2. 计算模型的选择

本部分主要目的是确定梁的耐火极限是否能达到 3h，根据《建筑设计防火规范》（GB 50016—2014）规定，本部分计算时火灾温度可采用 ISO-834 标准升温曲线：

$$T = T_0 + 345\lg(8t+1) \qquad (4.28)$$

式中 t——构件升温经历的时间，min；

T——升温 t 时刻火灾平均温度，℃；

T_0——室内初始温度，℃。

室温为 20℃时标准升温曲线如图 4.90 所示。

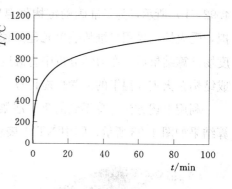

图 4.90 ISO-834 标准升温曲线

为了使计算结果适当偏于安全，受火区域尽量选择较大区域，图 4.91 是计算一层梁和二层梁选用的火灾范围。

（a）一层框架梁的受火范围   （b）二层框架梁的受火范围

图 4.91 设定的受火范围

3. 梁温度场计算模型及温度场计算结果

火灾下只需要对受热构件的温度场进行模拟，由于本节力学模型是通过梁单元和实体单元混合建模的方式进行模拟，所以进行构件温度场模拟时分别建立梁柱温度场的计算模型。计算框架第一层计算范围内梁的温度场计算模型如图 4.92（a）所示，第二层计算范围内梁的温度场计算模型如图

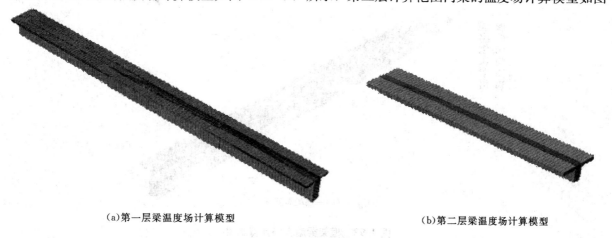

（a）第一层梁温度场计算模型   （b）第二层梁温度场计算模型

图 4.92 框架（支）梁温度场计算模型

4.92（b）所示，为了准确确定构件温度场分布，两个构件均考虑楼板的作用。因为柱用梁单元模拟，受火柱均采用二维传热单元建立模型。计算中均考虑火灾的辐射边界和对流边界条件，获得温度场计算结果后，在力学分析中将温度场的计算结果读入，利用 ABAQUS 顺序耦合场的计算功能完成结构在火灾高温下的力学性能计算。

利用上述方法计算得到的第一层梁和第二层梁受火时间 t 为 120min 和 180min 时刻的温度场计算结果如图 4.93 所示，图中 NT11 表示温度，单位为℃。

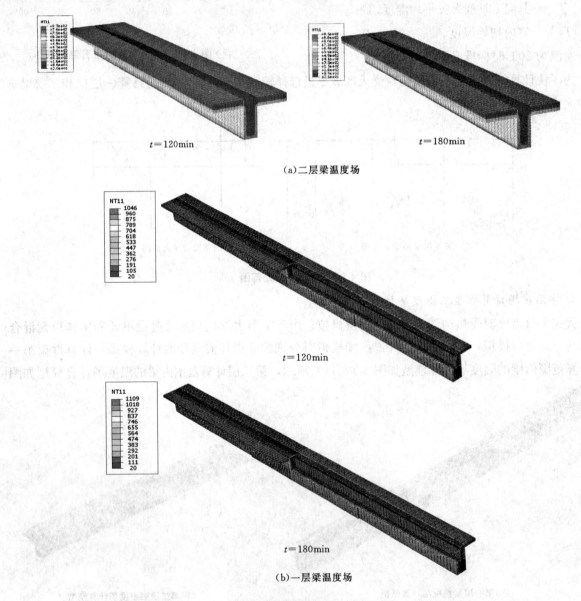

图 4.93 框架梁温度场计算结果

4. 火灾下框架梁力学性能计算模型

火灾下结构中的梁既不是简支梁，也不是两端固结梁，而是两端弹性嵌固，梁端的约束刚度要受柱的约束刚度和强度的影响。极限承载能力状态下，如果梁端柱的抗弯强度大于梁的极限抗弯强度，梁的破坏是由于梁端截面达到承载能力，而不是支座的破坏，这时梁的受力性能及破坏方式与梁端固结梁一致。因此，如果柱的破坏晚于梁的破坏，一般情况下，梁可按照梁端固结梁计算，但有时为了安全起见，梁端有时也采用简支边界，简支边界的计算结果偏于保守。

为了尽可能使计算模型反映框架梁的实际受力情况，本项目分析中选择子框架的计算模型，第一层梁火灾下力学性能的计算模型如图 4.94 所示。火灾作用下，当梁的挠度过大时，框支梁上部的柱子有可能拉住框支梁，增加框架梁的抗火能力，偏于保守的情况下，可以不考虑这种有利作用。本节模型中框支梁跨内的柱子与梁脱开，但把柱子的内力作为荷载加在框支梁上。

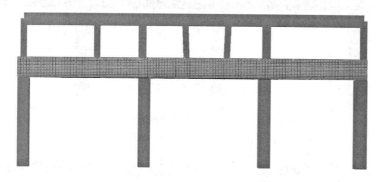

图 4.94　第一层框架计算模型

二层梁取跨度较大的一跨及其相连跨分析。计算二层梁的耐火性能时，不考虑一层框架的作用，将二层框架的底部施加固结约束条件，二层梁的计算模型如图 4.95 所示。

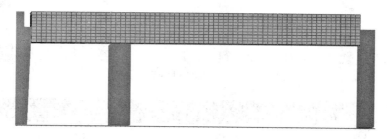

图 4.95　第二层框架计算模型

5. 火灾下框架梁耐火性能计算结果

（1）第一层梁。计算得到的第一层框架梁在火灾各时刻的竖向位移云图如图 4.96 所示，图中 U2 表示竖向位移，单位为 m。可见，火灾发生的 180min 内框架梁的竖向变形不超过 30mm，变形不大。跨度较大的中跨梁跨中竖向位移与火灾时间的关系曲线如图 4.97 所示。可见，框架梁受火 250min 内，框架梁跨中最大挠度不超过 30mm。而且梁跨中挠度随受火时间变化缓慢，并没有破坏的现象和趋势发生。因此，由图 4.97 可以判断该梁的耐火极限大于 300min。

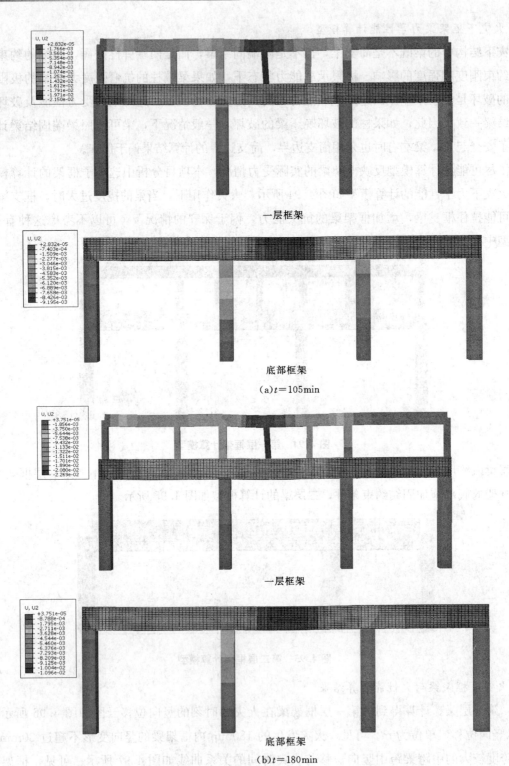

一层框架

底部框架

(a) $t = 105\,\mathrm{min}$

一层框架

底部框架

(b) $t = 180\,\mathrm{min}$

图 4.96　一层框架受火变形

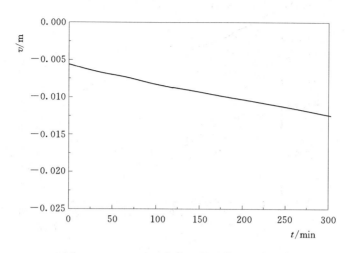

图 4.97 中跨梁跨中竖向位移与受火时间关系

（2）二层梁。计算得到的第二层框架梁在火灾各时刻的竖向位移云图如图 4.98 所示，图中 U2 表示竖向位移，单位为 m。可见，火灾发生 180min 内框架梁的竖向变形不超过 30mm，框架梁的变型不大。跨度较大的右跨梁跨中竖向位移与火灾时间的关系曲线如图 4.99 所示。可见，框架梁受火 250min 之内，框架梁跨中最大挠度不超过 50mm。而且梁跨中挠度随受火时间变化缓慢，并没有破坏的现象和趋势发生，因此和一层梁类似，可以判断该梁的耐火极限大于 250min。

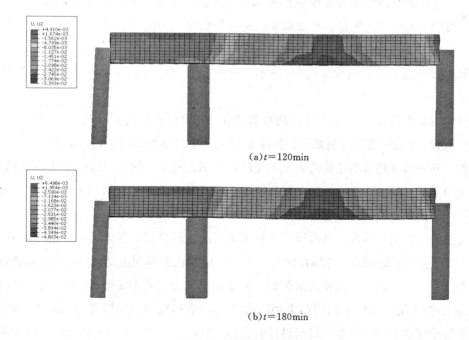

（a）$t=120$min

（b）$t=180$min

图 4.98 第二层梁变形

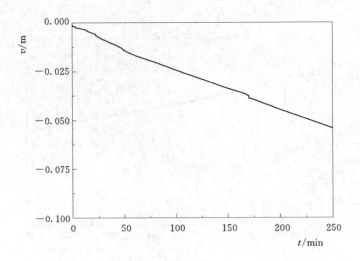

图 4.99 右跨梁跨中竖向位移与受火时间关系

4.9.4.4 钢管混凝土柱—钢梁平面框架耐火性能分析示例

1. 火灾下钢管混凝土平面框架结构有限元计算模型

（1）典型框架的确定。某居民小区住宅楼高 11 层，为钢管混凝土柱-钢梁框架-剪力墙结构，标准层建筑平面图如图 4.100 所示。由于需进行非线性分析，整体结构耐火性能的计算十分耗时。欧洲规范规定，对整体结构的耐火性能计算可以采取子结构以简化计算，子结构的范围要充分考虑火灾的影响范围。为了节约计算时间，这里选择典型的 3 层 3 跨钢管混凝土平面框架子结构作为典型代表进行分析，选择的平面框架计算模型如图 4.101 所示。平面框架的结构布局及荷载均取自某居民小区钢管混凝土框架住宅的底部。平面框架的跨度分别为 4.8m、4.4m、4.6m，层 2.8m，梁截面为 H350×150×6.5×9。柱钢管外径 320mm，壁厚 8mm。

混凝土采用 C30 混凝土，钢梁采用 Q235 钢，钢管采用 Q345 钢，材料强度根据现行结构设计规范取标准值。

顶层柱顶作用集中荷载 N_i，梁上作用均布荷载 q，荷载布置见图 4.101。N_i（$i=1$，2，3 和 4）表示柱顶集中荷载，q 表示梁均布荷载，根据国家标准《建筑结构荷载规范》（GB 50009—2001）确定恒载和活载，并根据《建筑钢结构防火技术规范》（CECS 200：2006）进行火灾的荷载效应组合。柱顶荷载情况为 $N_1=1024kN$、$N_2=1036kN$、$N_3=1322kN$、$N_4=773kN$ 且 $q=59kN/m$ 是火灾时实际结构底部第 4 层柱底端的轴力组合值。

考虑火灾发生位置的偶然性，共设计了 9 种火灾工况进行分析，各火灾工况见图 4.102。室内升温采用 ISO-834 标准升温曲线，室温取 20℃。受火区域内柱采用周边受火，受火区域边柱靠近内侧的 3/4 的柱表面受火，外侧 1/4 面积为散热面。框架传热分析中考虑楼板对结构温度场的影响。

钢管混凝土柱-钢梁平面框架采用厚涂型防火涂料，梁和柱保护层厚度分别取 20mm 和 12mm，实际建筑保护层厚度满足国家标准《建筑设计防火技术规范》（GB 50016—2014）对耐火等级为二级建筑的防火要求，即梁的耐火极限为 1.5h，柱的耐火极限为 2.5h。

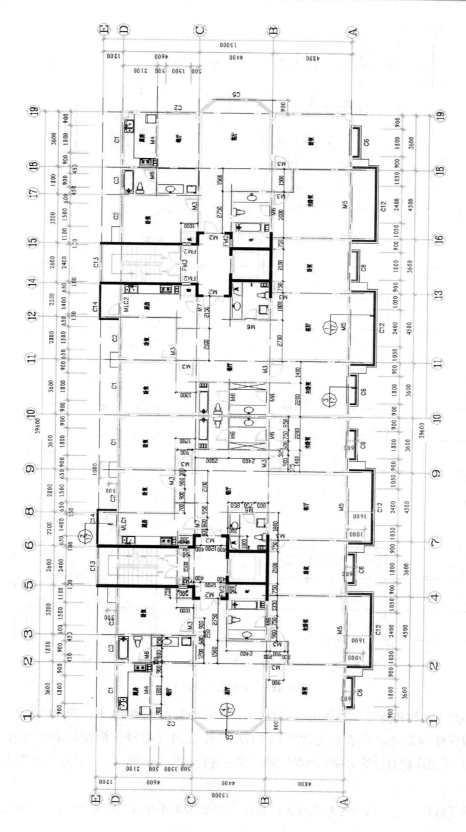

图 4.100 某居民小区标准层建筑平面图

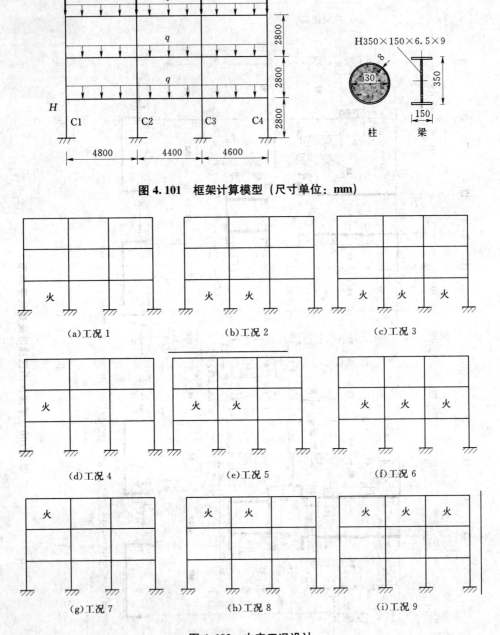

图 4.101　框架计算模型（尺寸单位：mm）

(a)工况 1　　　　(b)工况 2　　　　(c)工况 3

(d)工况 4　　　　(e)工况 5　　　　(f)工况 6

(g)工况 7　　　　(h)工况 8　　　　(i)工况 9

图 4.102　火灾工况设计

（2）材料热工参数和高温力学模型。材料热工参数和高温力学性能均取自前面的模型。

（3）有限元模型概述。本节采用软件 ABAQUS 建立钢管混凝土框架的有限元模型，利用 ABAQUS 软件的顺序耦合计算火灾下力学性能。首先进行结构的传热分析，然后进行升温条件下的力学分析。

为精确的了解结构受火部分的力学行为，有限元模型采用梁单元、壳单元和实体单元混合建模方式，受火钢梁和钢管采用壳单元 S4R 模拟，受火混凝土采用实体单元 C3D8R 模拟。当火灾发生在第 2 层或第 3 层时，底部受火梁也采用壳单元模拟。钢管混凝土框架的温度场分析有限元模型及高温下力学性能分析有限元模型及其网格划分如图 4.103 所示，在力学分析模型柱底层底端均施加固结边界条件。

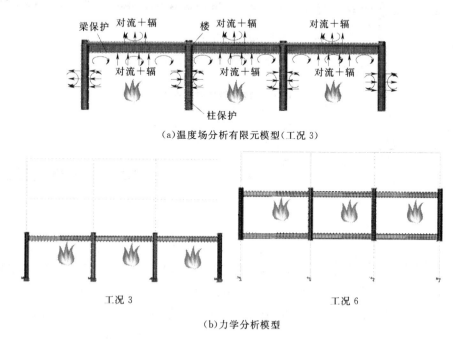

（a）温度场分析有限元模型（工况 3）

工况 3　　　　　　　　　　　　工况 6

（b）力学分析模型

图 4.103　钢管混凝土框架温度场和力学性能分析有限元模型及网格划分

实际工程中，钢梁通过抗剪连接件与楼板相连，楼板限制了钢梁上翼缘的侧移。为模拟楼板对钢梁的侧向支撑作用，在钢梁上翼缘的中心线上施加垂直框架平面方向平动约束和转动约束。

2. 火灾下钢管混凝土平面框架结构破坏形态

分析表明，梁柱保护层厚度分别为 20mm 和 12mm 情况下，各火灾工况下均发生了跨度最大的左跨受火梁的整体屈曲破坏。

（1）破坏形态。图 4.104 中给出典型工况 3 和工况 6 框架破坏时的变形，图中框架的变形放大 3 倍。首先以上述荷载情况下工况 3 为例对框架的破坏过程进行分析。从图 4.104（a）可见，跨度最大的左边跨发生的挠曲变形发展最大，最右跨的挠曲变形次之，跨度最小中间跨挠曲变形最小。可见，跨度越大，受火梁的挠度发展越快。受火过程中，框架左跨受火钢梁首先发生自下翼缘开始的整体失稳破坏，而右跨梁出现梁端附近下翼缘和腹板的屈曲破坏，但整个梁尚未发生整体失稳破坏。

工况 3 左跨受火梁的屈曲过程如图 4.105 所示。首先，受火梁的两端腹板发生受剪屈曲，下翼缘发生受压屈曲。然后，由于两端腹板和下翼缘的局部屈曲，引发梁中部下翼缘的扭转和侧移。最后，由于梁跨中下翼缘的扭转和侧移，梁中部腹板在竖向发生屈曲变形，从而加剧下翼缘的扭转和侧移变形。随着受火梁局部变形的累加，逐步形成整体失稳。

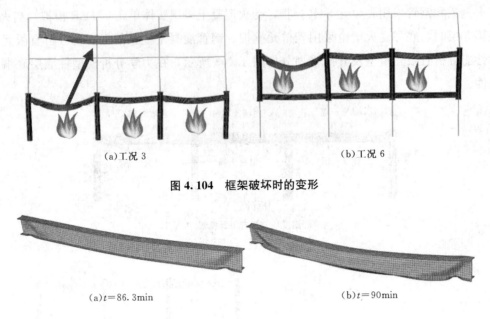

(a)工况 3　　　　　　　　　　　　(b)工况 6

图 4.104　框架破坏时的变形

(a)$t=86.3$min　　　　　　　　　　(b)$t=90$min

图 4.105　受火梁的变形过程

分析表明，随温度升高，框架中左边跨梁两端腹板首先发生屈曲，带动下翼缘整体侧向变形，导致跨中下翼缘侧移。由于跨中下翼缘侧移，跨中腹板在竖向压应力作用下屈曲，最后形成受火梁自下翼缘开始的整体屈曲。横向荷载作用下梁端剪力较大，形成斜向主压应力有使梁两端腹板屈曲的趋势。受火梁受热膨胀产生压应力与荷载产生的斜向主压应力的共同作用也加剧了梁端腹板屈曲的趋势。在上述两种主压应力共同作用下，当温度升高引起钢材强度下降达一定程度，钢梁两端腹板就会发生局部屈曲，进而逐步诱发钢梁的整体屈曲。因此，梁横向荷载和钢梁受热膨胀的共同作用导致了钢梁的整体屈曲。为了保证框架结构受火时构件的安全，可将受火梁的整体屈曲当做框架的耐火极限状态。

(2) 框架内力分布规律。本例以工况 3 为例分析框架梁柱的内力分布规律，工况 3 左跨受火梁跨中截面的轴力 N、弯矩 M 与受火时间 t 的关系曲线如图 4.106 所示。可见，受火后梁跨中截面的轴力经历由压力先增加后减小、最后转变为拉力的过程。受火梁跨中截面轴力增加的主要原因是受火梁受热膨胀时受到周围构件约束引起的。受火后期，由于梁的挠曲变形和材料的高温软化，轴力绝对值开始减小。梁整体失稳后，轴力由压力迅速转变为拉力。由图 4.106 (b) 可见，受火过程中梁跨中弯矩经历了一个略为减小然后又增加的过程，除梁接近破坏时弯矩大幅度减小外，受火过程中弯矩变化的幅度不大。

工况 3 底层柱底端的轴力和弯矩与受火时间的关系如图 4.107 所示，图中轴力以拉力为正，柱端弯矩以顺时针方向为正。可见，受火过程中，各柱底截面轴力变化不大。从图 4.107 (b) 还可看出，随受火时间的增加，各柱底弯矩绝对值首先增大，然后减小，而两根边柱的柱底弯矩变化幅度更大。这是因为框架底层受火后发生热膨胀作用，导致底层边柱梁端水平位移之差增加，从而使柱

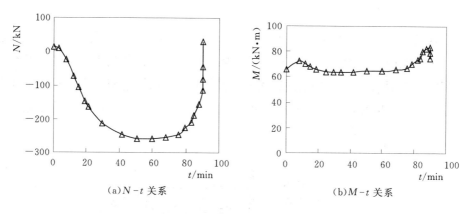

(a) N-t 关系   (b) M-t 关系

图 4.106　左跨梁跨中截面轴力、弯矩-受火时间关系

底弯矩绝对值增加。随受火时间的增加，受火梁挠度增加，轴压力减小，导致边柱上端向外膨胀的位移减缓；又随温度增加，柱材料性能劣化，二者的共同作用导致边柱底端弯矩的绝对值减小。

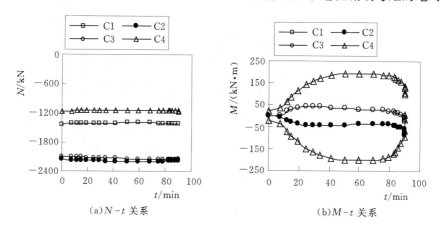

(a) N-t 关系   (b) M-t 关系

图 4.107　柱底轴力、弯矩-受火时间关系

3. 结论

通过本例分析，火灾下钢管混凝土-钢梁平面框架出现了受火梁的整体屈曲破坏，这种破坏方式与常温下不同。

4.9.4.5　大跨钢桁架结构耐火性能分析示例

桁架结构中的杆件为轴向受力杆件，轴向受力杆件可充分利用材料性能，适用于大跨度结构。大跨桁架结构是一种常用的大跨结构，常用于剧院、展览馆和厂房等建筑。大跨钢结构受力复杂，保证其火灾下的安全十分重要，而现行国家防火规范均没有给出大跨钢桁架结构的防火保护方法。另外，大跨钢桁架结构的防火保护施工难度大、费用高，进行性能话结构抗火计算可能节约大量涂料费用，经济效益高。因此，对大跨钢桁架结构进行性能化抗火计算是这类结构进行防火保护的必由之路。

1. 有限元模型

本例以北京天桥剧院的防护保护设计为例讲述大跨刚桁架结构的性能化防火保护设计的过程。这座剧院观众厅上方钢桁架结构是由八榀平面钢桁架结构组成，桁架的平面位置以及桁架的施工详图如图 4.108 所示。八榀桁架之间通过铰接钢梁相连。因此，八榀桁架在受力形式上主要是以平面桁架的形式各自受力，空间作用较差。建模过程中，为了简化建模，边榀桁架跨度取与中间榀桁架相同，通过这种简化方式得到的结果偏于安全。

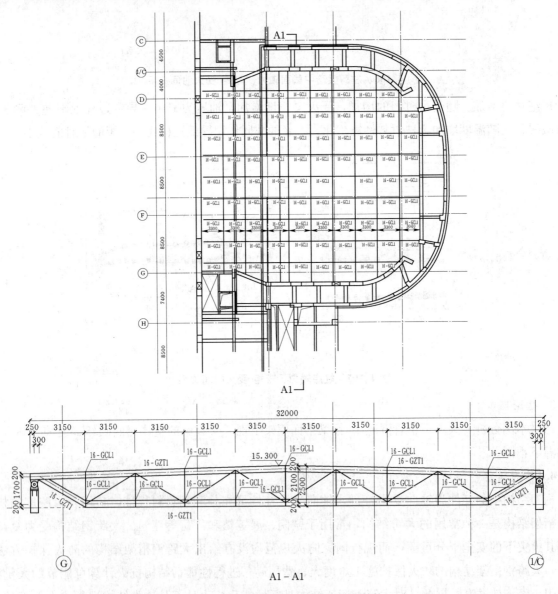

图 4.108　剧院观众厅屋面钢桁架结构

利用 ABAQUS 软件建立的剧院观众厅钢桁架结构的有限元模型如图 4.109 所示，模拟中采用空间梁单元 Beam31 进行网格划分，横向支撑梁放松两端的弯曲约束模拟铰接。

2. 温度场计算结果

梁截面温度沿梁长度方向基本不变，可以利用二维温度场计算模型计算钢梁温度。温度场计算时选择 20mm 和 30mm 两种保护层厚度，研究两种厚度条件下钢桁架结构的耐火性能对比情况。

利用 ABAQUS 建立钢梁的二维温度场计算模型，考虑对流边界条件和辐射边界条件，计算在 ISO-834 标准升温曲线作用下钢梁各个时刻的截面温度场分布。防火保护层厚度为 20mm 时桁架上弦杆截面温度场以及截面中典型节点 A、B、C 的温度-时间关系曲线分别如图 4.110、图 4.111 所示。可见，由于支撑在桁架上弦的混凝土板的吸热作用，上弦梁截面上翼缘的温度明显比下翼缘偏低。

图 4.109　剧院观众厅屋面钢桁架结构有限元计算模型

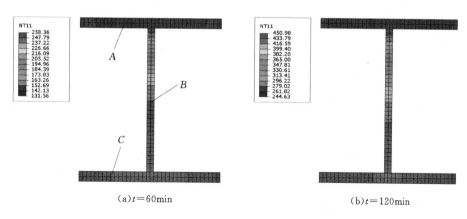

(a) $t=60\text{min}$　　　　　　　　(b) $t=120\text{min}$

图 4.110　桁架上弦截面温度场

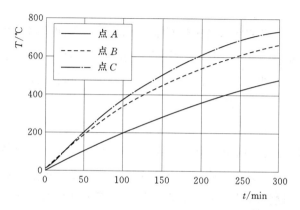

图 4.111　桁架上弦截面节点温度-时间关系曲线

桁架下弦杆各个时刻的截面温度场以及截面上典型节点 A、B、C 的温度时间关系曲线分别如图 4.112、图 4.113 所示。可见，由于下部翼缘没有与混凝土板相连，截面温度总体相差较小。

3. 耐火性能计算结果及分析

在此分别计算了厚型防火涂料厚度分别为 20mm 和 30mm 时，钢桁架在 ISO-834 标准升温曲线作用下的耐火性能，两种防火保护层厚度作用下钢桁架结构的跨中竖向位移 u 与受火时间 t 的关系曲线如图 4.114 所示。

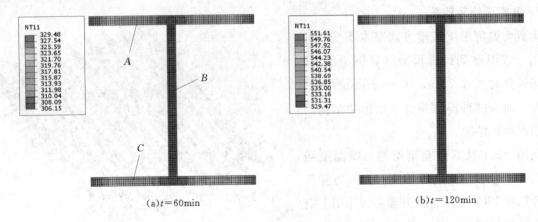

(a)t=60min   (b)t=120min

图 4.112 桁架下弦截面温度场

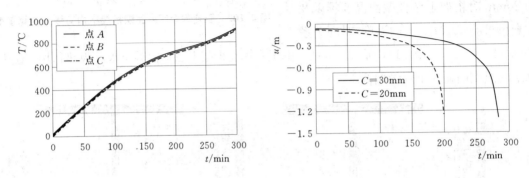

图 4.113 桁架下弦截面节点温度-时间关系曲线

图 4.114 不同防火保护层厚度时桁架跨中竖向位移-时间关系

根据国家标准《建筑构件耐火试验方法》（GB/T 9978.1—2008），本桁架支座之间的跨度为 32m，当挠度到达 1.26m 时桁架到达耐火极限。从图 4.114 可见，防火保护层厚度为 30mm 时桁架的耐火极限大于 200min，防火保护层厚度为 20mm 时桁架的耐火极限大于 150min。可见，采用 20mm 厚的保护层厚度时桁架的耐火极限大于 120min。因此，本工程中钢桁架结构可采用 20mm 厚的厚型防火保护层。

受火时间分别为 60min 和 120min 时，采用 20mm 厚的厚型防火保护层的钢桁架的竖向位移云图如图 4.115 所示。图中可见，受火时间分别为 60min 和 120min 时，钢桁架结构的最大竖向位移分别为 11mm 和 22mm。受火时间 120min 时，结构变形较小，没有发生破坏，可知结构的耐火极限大于 120min。

4. FDS 模拟火灾温度场作用下结构的耐火性能

《建筑设计防火规范》（GB 50016—2014）和《建筑钢结构防火技术规范》（CECS 200：2006）都规定了可以采用 ISO - 834 标准升温曲线进行结构的耐火性能评估。剧院观众厅建筑为典型的大空间建筑，大空间建筑火灾有其自己的特点，本例中，利用火灾模拟软件 FDS 对剧院观众厅的建筑火灾进行数值模拟，并利用 FDS 数值模拟得到的火灾温度场对剧院观众厅的钢桁架结构做耐火性能计算。

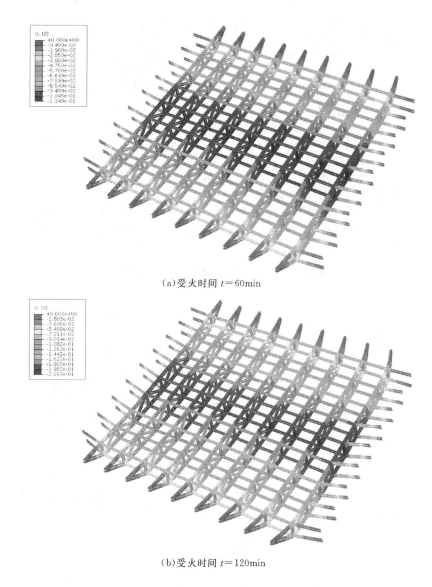

(a)受火时间 $t=60\text{min}$

(b)受火时间 $t=120\text{min}$

图 4.115　C 为 20mm、受火时间分别为 60min 和 120min 时
桁架竖向位移云图（单位：m）

　　无喷淋的公共场所的火源功率一般为取 8MW，本节火源功率设定为 8MW，火源位置设置于高度最高的座椅附近，这样得到的钢桁架火灾温度偏高，计算结果偏于安全。建筑火灾 FDS 模型及其火源位置如图 4.116 所示，火灾模拟过程中温度探点的布置如图 4.117 所示。

　　计算得到温度较高的典型探点的温度与时间关系曲线如图 4.118 所示。从图 4.118 可见，1000s之后计算的温度已经稳定，为节约计算时间，计算至 2400s 时停止计算，并假设 2400s 后各个探点的温度不再变化。

　　计算不涂防火涂料时观众厅屋面钢桁架结构在 FDS 模拟火灾作用下的反应，受火时间为 120min时钢桁架的竖向位移（U3）云图如图 4.119 所示。可见，受火 120min 时刚桁架结构最大竖向位移为

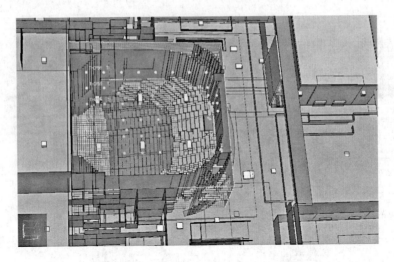

图 4.116　剧院观众厅建筑火灾 FDS 模型

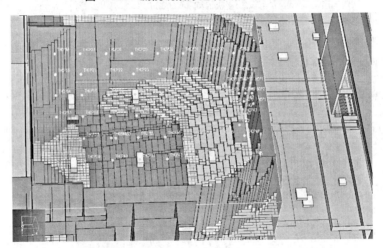

图 4.117　温度探点布置及其编号

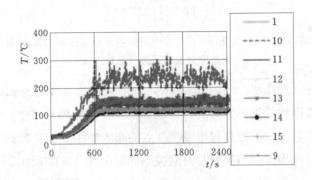

图 4.118　典型探点的温度-时间关系曲线

88mm，变形较小，结构没有破坏。因此，基于 FDS 数值模拟的火灾作用下，玻璃钢桁架结构的极限耐火时间仍大于 120min。

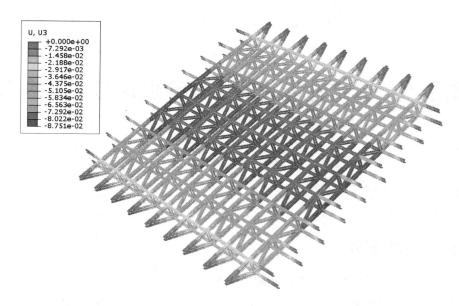

图4.119 受火时间为120min时剧院观众厅屋面钢桁架竖向位移云图（单位：m)

5. 结论

计算分析表明，本项目剧院观众厅屋面钢桁架结构采用20mm厚的厚涂型钢结构防火涂料可满足规范120min的耐火极限要求。

本 章 参 考 文 献

［1］ 中华人民共和国国家标准. GB 50396—2014 钢管混凝土结构技术规范［S］. 北京：中国建筑工业出版社，2014.

［2］ 中国工程建设标准化协会. CECS 200：2006 建筑钢结构防火技术规范［S］. 北京：中国计划出版社，2006.

［3］ 中国工程建设标准化协会. CECS 392：2014 建筑结构抗倒塌设计规范［S］. 北京：中国计划出版社，2014.

［4］ Eurocode 2. BSEN1992-1-2：2004 Design of concrete structures-Part1-2：General rules：Structural fire design［S］. Brussels (Belgium)：European Committee for Standardization，2004.

［5］ 王广勇，韩林海. 局部火灾下钢筋混凝土平面框架结构的耐火性能研究［J］. 工程力学，2010，27（10）：81-89.

［6］ 王广勇，李玉梅. 局部火灾下钢管混凝土柱-钢梁平面框架耐火性能［J］. 工程力学，2013，30（10）：236-243.

［7］ 王广勇，张东明，郑蝉蝉，等. 钢管混凝土柱-钢梁平面框架耐火性能的参数研究［J］. 工程力学，2014，31（6）：138-144.

［8］ 王广勇，王娜. 网架结构耐火性能分析［J］. 北京工业大学学报，2013，39（10）：1509-1515.

［9］ 王广勇，刘广伟，李玉梅. 火灾下型钢混凝土平面框架的破坏机理［J］. 工程力学，2012，29（12）：156-162.

［10］ 韩林海. 钢管混凝土结构——理论与实践［M］. 2版. 北京：科学出版社，2007.

［11］ 郑永乾. 型钢混凝土构件及梁柱连接节点耐火性能研究［D］. 福州：福州大学，2007.

第 5 章　建筑性能化防火设计理论与工程应用

5.1　概述

5.1.1　性能化设计的概念

随着我国经济的发展，更大、更高、更复杂、更新颖的建筑层出不穷。建筑理念的变化，带来了对建筑防火设计变化的需求。近些年来，在国际上开始流行一种新的防火设计理念，称为以性能为基础的防火设计，简称为性能化防火设计或性能化设计。这种性能化设计，就是适应了市场的需求，在确保实现建筑效果的前提下，追求有效的安全性。

5.1.1.1　处方式的防火设计

目前，世界各国建筑物的防火设计都是根据各自国家有关部门制定的防火规范进行的。这些规范中的大多数规定是依照建筑物的用途、规模和结构形式等提出的，通常都详细地规定了防火设计必须满足的各项设计指标或参数，设计人员只需要按照规范条文的要求按部就班地进行设计，不用考虑所设计的建筑物具体达到什么样的安全水平，而是认为按规范要求进行的设计能够保证所设计的建筑物达到一个可以接受的安全水平。至于具体达到什么样的安全水平，规范里一般都没有明确地说明。依据这种规范进行防火设计，只要循规蹈矩就可以，有些像医生看病开处方一样。这种设计方法被称为"处方式"的设计方法，源于英文"prescriptive"一词，因此也有的人称之为"规格式的""规范化的"或"指令性的"设计方法，这种规范称为处方式的规范。

处方式的防火设计规范，是长期以来人们与火灾斗争过程中总结出来的防火灭火经验的体现，同时也综合考虑了当时的科技水平、社会经济水平以及国外的相关经验。因此，处方式的防火设计规范，在规范建筑物的防火设计、减少火灾造成的损失方面起到了重要作用。但是，随着科学技术和经济的发展，各种复杂的、多功能的大型建筑迅速增多，新材料、新工艺、新技术和新的建筑结构形式不断涌现，都对建筑物的防火设计提出了新的要求。这主要表现在以下几个方面：

（1）建筑规模越来越大，功能越来越复杂。例如，当前非常流行的摩天大楼最先崛起于美国，后逐渐风靡于世界。近些年来世界第一摩天大楼的竞争主要在亚洲。仿佛摩天大楼越多越高才是现代化城市的标志。以上海为例，建于 20 世纪 80 年代的高层建筑有 650 幢，平均每年 65 幢；建于 20 世纪 90 年代的有 2000 多幢，其中 1997 年新建成的高层建筑就多达 484 幢。目前上海 18 层以上的高层建筑已达 3000 幢，其中百米以上的超高层建筑有 100 多幢。在向高度发展的同时，建筑物的占地面积也在不断增加。如北京金源购物中心总占地面积为 18.2 万 m^2，一期单体建筑面积 55 万 m^2，每层建筑面积约 6 万 m^2。在建筑物规模越来越大的同时，其功能也越来越复杂，一座建筑物常常具有餐饮、娱乐、酒店、商业、办公等多种功能的组合，形成了一个综合的建筑群。这类新型建筑往往在人员安全疏散设计、防火防烟分区的划分、防火救援等方面按照现行规范难以实现。

（2）新的建筑形式的出现。当前，我国许多大城市正面临旧城市改造和新城市建设的任务，但是地面土地的过度开发和缺乏成为现代城市发展的一个主要问题，因此地下空间的开发成为未来城市建设的热点。在城市空间的立体化开发的过程中出现了很多新的建筑形式，比如地下商业街、城市地下公路交通、自动化停车库系统等。现行防火规范中涉及此类建筑形式的内容很少，因此在防火设计中可能会出现无法可依的情况。另外，由于地下空间建筑具有一些与地上建筑显著不同的特征，而且地下建筑往往受到各方面的限制，所以在参照地上建筑进行防火设计时会面临很多现行规范无法解决的问题。

（3）结构形式的个性化。建筑物新颖的结构形式往往能够达到标新立异的效果，这也是建筑师们追求的一个目标。目前这类新颖的结构大多采用钢结构，并配合玻璃、膜材料或其他材料。采用钢结构不但使得建筑物的跨度增大、负荷减轻，而且可以使得整个建筑轻盈通透，为整个建筑增色不少。采用钢结构的同时也使得整个建筑的耐火等级降低。但是出于结构本身艺术效果和自身承重的考虑，这类钢结构往往不希望或不能够采用自动喷水灭火系统或喷涂防火涂料进行防火保护。例如，国家大剧院的钢结构空间网架和国家游泳中心（又称"水立方"）的 ETFE "泡泡"构成的外部结构，就是两个比较典型的例子。

（4）中庭类建筑的出现。中庭类建筑不能算是新的建筑形式，建筑物中的中庭这个概念由来已久。希腊人最早在建筑物中利用露天庭院（天井）这个概念。后来罗马人加以改造，在天井上盖屋顶，便形成了受到屋顶限制的大空间——中庭。今天的"中庭"还没有确切的定义，也有称"四季庭"或"共享空间"的。虽然对于"中庭"还没有一个确切的定义，但是我们还是常常用"中庭"这个词描述建筑物中高大的、通常跨越两层楼层以上的共享空间。中庭这种建筑形式能够增加建筑物内部各区域的交互功能，使得整个建筑内部环境更自然、和谐、通透，因此近些年来这类建筑形式在宾馆、饭店、办公楼等公共建筑中被广泛采用。但是这种建筑形式却使得传统的建筑防火分区的措施难以落实，火灾的排烟设计更加困难。

在这种形势下，如果仍然简单地按照现有的处方式防火规范进行防火设计，其科学性、合理性和经济性均存在大量有待解决的问题。这些问题主要表现在以下几个方面：

（1）处方式的防火设计规范，通常都详细地规定了设计必须满足的各项设计指标或参数，这严重束缚了建筑师和设计人员的创造性，限制了新技术的应用，往往导致设计千篇一律。

（2）尽管规范的规定是按照建筑的用途、规模、结构形式等进行划分的，但是不能否认这只是在某一范围内对各个不同的建筑物比较粗的划分。这使得在规范应用中会出现一些不应有的偏差，对一些建筑物要求过严，而对另一些建筑物则过松。例如两栋若干层的公共建筑，一座建筑高度为

24.1m、另一座建筑高度为 23.9m，虽然高度仅差 0.2m，但是必须分别要按照高层建筑和多层建筑来进行防火设计，在同样的室内条件下需要按照完全不同的安全等级进行防火设计。

（3）规范中的一些内容来自于经验，缺乏科学的定量的论据。我国规范中有相当一部分的规定参考了国外的做法。国内外地理环境、社会文化的不同，直接采用国外的做法不完全适合我国的情况；更何况我国幅员辽阔，在地理环境、人文环境方面本身就具有较大的差异，完全相同的规范也难以适应地域差异。

（4）规范的制定或修订过程的周期较长，从准备修订到正式出版至少需要一年甚至更长的时间。规范的更新速度与实际设计需求之间存在时间上的滞后，在一定程度上限制了新技术、新材料、新工艺、新建筑形式的应用和发展。

（5）难以达到"安全性"和"经济性"的合理匹配。处方式防火设计规范一般不明确指出合理的安全目标或标准是什么，而是给出设计的最低标准。比如，防火分区面积不能超过 1500m²，疏散距离不能超过 30m，中庭的排烟量按照每小时 4 次或 6 次换气量计算等。因此，这种设计很难综合考虑整个建筑物的防火安全水平，可能导致防火安全有效性较低或存在安全设施重复建设的现象。

同时我们应该注意到，目前的防火设计规范都是根据一定时期的社会经济水平、建筑技术水平和防火技术水平提出的。因此处方式的防火设计规范具有一定的局限性是无可厚非的，目前面临的问题是如何削弱或消除这些局限性对建筑技术发展的束缚。

5.1.1.2 性能化的防火设计

性能化的防火设计方法是 20 世纪 80 年代中期由英国和日本首先提出的。到目前为止，性能化的防火设计方法在国际上已受到了广泛的关注，其中英国、日本、澳大利亚、加拿大、芬兰、新西兰、美国等国在这一领域发展比较迅速。"性能化设计"源于英文词汇"performance - based design"，它是以某一（或某些）安全目标为设计目标，基于综合安全性能分析和评估的一种工程方法。性能化的防火设计是建立在火灾科学和消防工程学基础之上的。在 21 世纪学科发展丛书《降伏火魔之术》中，对火灾科学和消防工程有如下的定义："火灾科学与消防工程是一门以火灾发生与发展规律和火灾预防与扑救技术为研究对象的新兴综合性学科，是综合反映火灾防治科学技术的知识体系。火灾科学是反映火灾发生与发展规律的知识，如物质的燃烧与爆炸机理、火焰的化学反应机理、燃烧抑制与灭火机理、烟气的生成及其毒性，以及火灾的发展、蔓延与控制等，这是本学科的基础理论部分。消防工程是反映应用科学与工程原理的防止火灾的知识，如对火灾危险性、危害性的分析评估、火灾模化、性能化设计、性能化规范、建筑防火技术、火灾探测报警技术、自动灭火技术、阻燃与耐火技术、防火装备技术、火灾原因鉴定技术、火场通信指挥技术，以及人在火灾中的反应（体能的、心理的和生理的）等，这是本学科的应用基础理论和应用技术部分。"

从上述定义可以看出，火灾科学和消防工程是一个综合性的学科，性能化规范和性能化防火设计是建立在该学科基础之上的一种应用技术。性能化防火设计人员应具备火灾科学和消防工程相关的理论知识和实践经验，这是传统的防火设计人员难以胜任的。另外，性能化防火设计与处方式的防火设计相比较具有以下特点。

1. 基于目标的设计

在传统的防火设计中，设计人员对于设计所要达到的最终安全水平或目标并不关心。实际上，安全目标是存在的，不过这可能只是制定规范的专家们应该关心的事情，对设计人员来说则是隐含的。在性能化防火设计中，安全目标却是设计人员必须关心的内容之一。安全目标是防火设计应该达到的最终目标或安全水平，除非规范中有明确的规定，一般应该同消防主管部门、建筑业主、建筑使用方共同协商确定。安全目标确定后，设计人员应根据建筑物的各种不同空间条件、功能要求及其他相关条件，自由选择达到防火安全目标而应采取的各种防火措施并将其有机地结合起来，构成建筑物的总体防火设计方案。为了更好地理解两种设计方法的区别这里打个比喻，假如几个人约好早晨6：00到天安门看升旗，早晨6：00到天安门就是我们的目标，至于如何实现这一目标，各人可能有各人的路线和交通工具，可以骑自行车，可以乘公共汽车，也可以开车去，只要按时到达就可以。这就是性能化设计方法的重要特征。但是，在传统的防火设计中，不仅隐含了安全目标，同时限定了所采用的行动路线和工具。

2. 综合的设计

在性能化设计中，应该综合考虑各个防火子系统在整个设计方案中的作用，而不是将各个子系统单纯地叠加。综合设计包含两方面的含义。首先，要了解探测报警、灭火、疏散、防排烟、被动防火措施、救援等子系统的性能，再针对可能发生的火灾特性，具体实现各子系统的功能。最后用工程学的方法对发生火灾时的火灾特性进行预测，并判断其结果是否与所规定的安全目标相一致。要达到某一安全目标，可能需要组合多种防火措施，而组合方法可能并不是一种，如果加强了某项措施，另一项措施则可能处于次要的地位，反之亦然。其次，只考虑建筑物的设计是不够的，而必须同时考虑在施工阶段应该体现设计中所要求的性能，防止在维护管理时功能下降，并要正确合理地使用。设计时提出的要求，如果在建筑物竣工后不能恰当地进行维护管理，或使用方法不当，也不能有效地发挥其功能，建筑物也不能达到应有的安全水平。

3. 合理的设计

性能化防火设计方法的研究，就是要改进现行防火设计方法中存在的问题，以达到设计的合理性。换句话说，性能化的防火设计，并不是直接提高安全标准或降低防火措施的成本。而是在保证建筑物需要满足的防火安全水平的前提下，更合理地配置各个防火子系统。

许多国家在性能化防火设计方面进行了大量的研究，并在相关规范制定和工程应用方面取得了相当的进展。英国早在1985年修订其建筑规范时就已经将性能化的设计方法作为一种可供选择的防火设计方法。新西兰、日本和澳大利亚在大量研究工作的基础上，提出了性能化的设计规范和指南。美国、加拿大、法国、芬兰、瑞典等国也都在积极开展性能化设计方面的研究工作。目前，美国、英国、日本、澳大利亚等国关于性能化方法的研究是比较超前的。尽管各国都明确提出，应当以火灾安全工程学的思想为指导来发展性能化设计，但不同国家所采取的方式却存在不少差别。

虽然我国从20世纪80年代初就开始进行火灾科学和相关工程技术的研究，但是直到1995年国家开展"九五"科技攻关项目"地下大型商场火灾研究",人们才开始关注建筑物的性能化防火设计,2000 年国家"十五"科技攻关项目"重大工业事故与城市火灾防范及应急技术的研究"的开展,标志着我国建筑物性能化防火设计的理论研究和应用研究开始进入了全面发展的阶段。

就目前而言,虽然处方式的防火设计方法向性能化防火设计方法的转变,是防火设计的一种发展趋势,但是这个转变过程是一个渐进的过程,在一个很长的时期内我们还不能完全脱离处方式的设计方法,原因有以下 4 点。

(1) 处方式的设计方法虽然有局限性,但是已经形成了系统化的分析和设计方法,而性能化防火设计在这一方面还不够完善。

(2) 人们对性能化防火设计需要一个认识和接受的过程,包括已经习惯于采用处方式防火设计的设计人员、防火法规的执行官员等。而且开展性能化的设计工作,需要培养一批具备性能化防火设计资质的设计人员。

(3) 性能化的设计需要进一步的规范。特别是在设计指标、设计方法和分析工具选择方面没有统一的标准。

(4) 从目前国际上性能化防火设计技术发展的情况来看,虽然在性能化防火设计的理论和工程技术方面已经取得了巨大的发展,但是还有许多问题需要进一步地研究,包括火灾试验数据库的建立和适合工程应用的分析工具的开发等。

5.1.2　性能化设计的步骤

性能化消防设计的基本程序如下:

(1) 确定建筑物的使用功能和用途、建筑设计的适用标准。

(2) 确定需要采用性能化设计方法进行设计的问题。

(3) 确定建筑物的消防安全总体目标。

(4) 进行性能化消防试设计和评估验证。

(5) 修改、完善设计并进一步评估验证确定是否满足所确定的消防安全目标。

(6) 编制设计说明与分析报告,提交审查与批准。

一般来说,需要解决的消防问题不同,所采用的分析方法不同,性能化防火设计的步骤可能会不同,但是多数情况下还是遵循一定的设计流程。例如,美国卡斯特(Custer)和米切姆(Meacham)提出了性能化的七步设计法,SFPE 的《建筑物性能化防火分析与设计工程指南》中则将实质性的设计步骤归纳为 9 个步骤,而英国建筑标准草案 BS DD240 中提出了四步设计法。这些设计步骤主要是针对性能化设计中定量分析部分提出的。性能化设计的步骤如图 5.1 所示。

5.1.2.1　确定性能化设计的内容

前面提到,性能化防火设计运用消防工程学的原理和方法,根据建筑物的结构、用途、内部可燃物等方面的具体情况,对建筑物的火灾危险性和危害性进行定量的分析和评估,从而得出优化的防火设计方案,为建筑物提供足够的安全保障。原则上,性能化设计能够用来解决处方式设计方法

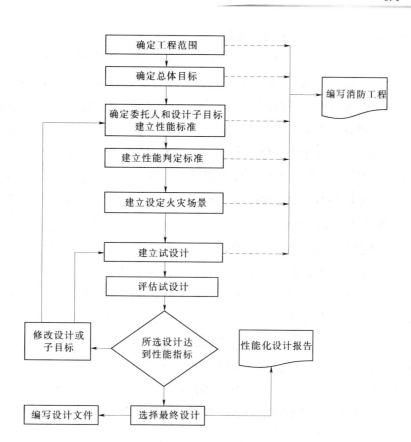

图 5.1 性能化消防设计基本步骤框图

无法解决的问题，也能够用来解决处方式设计方法能够解决的问题，而且通过定量的分析还能够得到比处方式设计方法更合理的解决方案。但是，在实际工程设计中，并不是所有的建筑物都应该或必须按照性能化的工程方法进行设计。

目前，在一些开展性能化设计工作比较早的国家中，一般也只有1%～5%的建筑项目需要采用性能化的方法进行设计。建筑物的防火设计必须依据国家现行的防火规范进行，只有在下列情况下才允许采用性能化的设计方法。

（1）防火规范和标准没有涵盖、按现行规范和标准实施确有困难或影响建筑物使用功能的建筑工程。

（2）由于采用新技术、新材料、新的建筑形式和新的施工方法，在实际应用中有可能产生防火安全问题的建筑工程。

（3）重大建筑工程，安全目标超出一般要求的政治敏感度高的工程，一旦发生火灾危害严重、影响大的工程。

（4）特殊工程，如地铁、隧道、地下建筑工程等。

（5）根据具体情况可以是整座建筑物、建筑物中的某些特殊部分或建筑物的某一特定系统。也就是说，不论是国外还是国内，性能化的防火设计应该在现行防火设计规范和相关规定的框架下进行，只有一些特殊的建筑采用性能化的设计方法。

在性能化防火设计内容的确定方面，一般需要建筑业主、建筑使用方、建筑设计单位、性能化防火设计咨询单位会同消防主管部门协商确定。对于设计者提出的需要进行性能化防火设计的内容，设计者应提供充足的理由说明需要采用性能化设计的必要性，并报消防主管部门审批，取得消防主管部门的认可后，才可以开展下一步的性能化防火设计工作。为了顺利地开展下面的设计工作，性能化设计人员从该阶段开始就应注意收集有关设计项目的相关资料。收集的资料应包括但不限于以下内容：建筑的用途、功能、使用与管理方法，建筑的规模、尺寸、结构形式和布局，特殊的需要重点保护的区域，可燃物的分布、数量和性质，人员的数量、类型、精神状态、健康状况等。

5.1.2.2　确定性能化设计的安全目标

通常情况下，当我们准备解决某个问题的时候，首先应该建立一个针对该问题的初步解决方案或分析思路，包括面临的问题是什么、影响该问题的关键因素是什么、是否存在任何限制条件，以及从什么地方入手、可能出现的结果等。同样，在性能化防火设计过程中，进行定量的计算分析之前，首先应该建立一套分析问题和解决问题的方案。解决方案的确定是建立在完成"确定性能化设计的内容"这一步骤基础之上的，并且需要对所涉及的内容有比较全面和深入的了解。例如，针对"防火分区面积超出规范要求"的问题，首先要分析防火分区面积增加将会对建筑物的防火安全性造成哪些方面的影响，由此确定解决该问题的安全目标，再进一步讨论实现该安全目标应该达到的技术条件。由于各个建筑物具体情况不同，对于同样的防火分区超面积问题，所确定的安全目标可能不一样。

安全目标是防火设计应该达到的最终目标或安全水平，除非规范中有明确的规定，一般需要建筑业主、建筑使用方、建筑设计单位、性能化防火设计咨询单位会同消防主管部门协商确定。安全目标确定后，设计人员根据建筑物的各个不同空间条件、功能要求及其他相关条件，按照工程学的方法针对建筑物内部发生火灾时的火势、烟气扩散等火灾特性、人员的疏散行动、建筑物各部分的情况进行分析和评估，判断已有设计方案是否达到期望的安全目标，最终选择达到防火安全目标而应采取的各种防火措施，并将其有机地结合起来，构成建筑物的总体防火设计方案。

有的文献中将安全目标分为以下3类。

（1）总体目标。防火安全的总体目标包括：保护生命安全、保护财产安全、保护建筑的使用功能或服务的连续性、保护环境不受火灾的有害影响。对于上述的防火安全总体目标，一般都能得到大家的认可，不过这只是一个比较广泛的概念，至于如何达到总体目标是通过功能目标来说明的。

（2）功能目标。其要求常常可以在性能化规范中找到。例如，"使不临近起火位置的人员有足够的时间达到一个安全的地方，而不受火灾的危害。"也就是说，为了达到保护生命安全的目标，建筑及其系统所具有的功能必须能够保证人员在火灾发生时疏散到安全的地方。一旦功能目标确定后，下一步需要确定建筑及其系统具备上述功能应该达到的性能要求，即性能目标。

（3）性能目标。是对建筑及其系统应具备的性能要求的表示。为了实现防火总体目标和功能目标，建筑材料、建筑构件、系统组件以及建筑方法等必须满足一定性能水平的要求。性能水平是可以量化的，在性能化设计中还将对其进行计量和分析计算。例如，在性能化规范中，为了保证人员的生命安全，可能会遇到这样的性能目标，如"将火灾的传播限制在起火房间内，在火灾烟气蔓延出起火房间之前通知所有的现场人员，保证疏散通道处于可以使用的状态，直到建筑物内的所有人员到达安全地点。"该性能目标将对建筑的防火分隔、火灾探测与报警系统、防排烟系统，甚至自动喷水灭火系统的性能提出要求。

这里需要强调的是，在研究解决方案之前应该收集尽量多的关于设计项目的资料，认真分析各种影响因素及其相互关系，考虑各种可能的系统组合情况，这样得出的解决方案一般不会出现大的纰漏。如果方案中出现大的失误往往会导致事倍功半，甚至重新设计，造成时间和精力上的不必要的浪费。俗话说，"磨刀不误砍柴工"，在该阶段应该投入较多的时间和精力。另外，到目前为止，我国还没有颁布性能化的设计规范，所以在进行性能化防火设计过程中，可以借鉴国外的相关规范来确定防火设计的安全目标，也可以根据自己的经验和判断，从现行防火设计规范或有关规定中总结出设计的安全目标。但是，不论采用什么方法确定安全目标，最终都应该取得消防主管部门的认可。

5.1.2.3 确定设计方案的性能指标

在"确定性能化设计的安全目标"中提到，防火设计的安全目标可以最终分解为一系列的性能目标，即为了实现防火总体目标，设计必须达到的性能水平。这里的性能水平应该是可以量化的，通过量化指标表示的，设计必须达到的性能水平，称为性能指标，有时也称为设计指标或设计目标。因此，性能指标是评估设计方案是否能够达到总体安全目标的最终依据。

对于相同的安全目标，在两个不同的建筑物或同一建筑物不同的防火设计方案的情况下，其设计的性能指标一般也不同。例如，在预防火灾蔓延方面大家公认的判断标准是起火房间内不发生大面积剧烈的燃烧，即不出现轰燃现象。对于一间办公室和一间宾馆客房来说，由于房间内可燃物的不同，通风条件的不同，防止火灾蔓延所要求的性能指标也不一样。对于同样的房间，针对设置自动喷水灭火系统和不设置喷水灭火系统两种方案，其要求的性能指标也不相同。性能指标一般不在性能化设计规范中给出，而是由设计小组依据工程的特点进行选择。由于性能指标是判断设计方案安全与否的重要指标，所以设计小组确定的性能指标应该取得权威机构或第三方咨询机构的认可。

为了更好地理解这些不同目标和指标的意义和相互关系，下面以保护生命安全为总体目标，举一个简化的例子。

（1）防火总体安全目标是保护生命安全。

（2）功能目标为保证整个建筑物内的人员能够有充足的时间疏散到安全的地点，在疏散过程中必须保护人们不会受到火灾热辐射和火灾产生的烟气的危害。

（3）性能目标为限制着火房间内火灾的蔓延。如果火灾没有蔓延到着火房间以外，那么起火房间以外的人员就不会受到火灾热辐射和火灾烟气的影响。

（4）为了满足上述目标，应该制定防止着火房间发生轰燃的指标，设计小组根据房间的具体情况可能会建立一个性能指标，比如控制着火房间内烟层的温度不超过 500℃。因为在这个温度下，烟层的热辐射不会点燃室内的其他物品，从而不会发生轰燃。

5.1.2.4 设计方案的安全性评估

1. 防火设计方案的安全性评估

防火设计方案的安全性评估是建筑物性能化防火设计的核心。防火安全评估不仅是为了验证设计方法及其结果是否能够达到与现行规范规定的同等的防火安全水平或者与该建筑相适应的防火安全水平，同时也为进一步改进和完善现有的设计方案提供有力的依据。设计方案的安全性评估包含建筑物的火灾危险性分析和火灾危害分析两方面的内容。

（1）火灾危险性分析主要是对特定火灾从点燃、发展到充分燃烧，直至熄灭整个过程中建筑内环境和火灾可能造成的破坏的分析和描述。分析建筑物的火灾危险性，首先要了解建筑的结构特点，例如防火防烟分区的划分、建筑结构的防火措施、建筑构件的耐火极限等，然后根据可燃物的分布、数量与性质大体确定危险源的位置和危险程度。可燃物的分布位置和着火特性不同，其着火的可能性和着火后的危险性也不同，所以应当按照可能出现的最危险的情况进行分析，保证火灾产生的危害都不超过评估中所考虑的情况。

（2）火灾危害分析是针对建筑物内部发生火灾时的规模、烟气扩散等火灾特性、人们的疏散行动、建筑物各部分的情况等，按照消防工程学的方法进行分析和预测，并判断其结果是否满足规定的防火设计的目标和评价标准。在性能化防火设计中，这两部分的工作过程分别称为火灾场景的设计和设计方案的评估。

2. 火灾场景

火灾场景（fire scenario），描述了影响火灾后果的各种关键因素。一个火灾场景代表一组对建筑本身、建筑内的人员、建筑内的物品的安全性产生影响的工况。每个火灾场景都应该涉及火灾特性、建筑物特性和人员特性 3 部分的内容。

（1）火灾特性具体包括火灾位置、起火源、可燃物特性，火灾增长规律等。

（2）建筑物特性包括建筑布局、建筑结构、建筑材料、建筑的运营管理情况、门窗的状态、通风条件、消防系统的状况以及其他环境条件等。

（3）人员特性包括建筑内人员的数量、人员的分布、人员的状态（睡眠或清醒）、对环境的熟悉程度、人员的类型（老人、中青年、儿童、残疾）等。

在性能化防火设计中，火灾场景并不是用来描述建筑内的真实的火灾是如何发生发展的，而是用来评估在该火灾条件下防火设计方案的安全水平是否达到设计的要求，因此所选择的火灾场景应具有典型性和代表性，并应该使得所采用的防火措施具有一定的安全裕度。选用根本不可能的或过于保守的火灾场景，可能会导致建筑物防火安全水平过高，造成不必要的浪费。相反，采用不保守的火灾场景，可能使得建筑物不能达到应有的安全水平。在有些情况下，可能的火灾场景数量会有很多，而我们不可能对每个火灾场景都进行安全性评估，这时，设计人员就应该综合考虑影响到火灾发生的可能性、火灾发展和蔓延的途径以及火灾对人员、结构和财产造成损害的因素，选择有代表性的火灾场景。在选择火灾场景时，除了考虑危险性比较大的情况外，还应考虑发生频率比较高或特殊部位处的火灾场景。

在设计方案的评估过程中，火灾场景的设计，尤其是火灾增长曲线的设计是影响方案评估结果的重要因素。另外，火灾场景设计中的一些假设条件需要反映到建筑施工、管理和应用等方面。因此，火灾场景的设计需要建筑业主、建筑使用方、建筑设计单位、性能化防火设计咨询单位会同消防主管部门协商，并取得大家的认可。

5.1.2.5 编写性能化设计报告

由于设计报告是性能化设计能否被批准的关键因素，所以设计报告需要包括分析和设计过程中的全部步骤，并且编写的格式和方式应符合权威机构的要求和用户的需要。编写的报告中应包含以下内容。

（1）工程范围及性能化设计的内容 例如，建筑特征、人员特征、原有的防火措施、来自各方面的对设计的限制条件，以及需要进行性能化设计的范围等。

（2）安全目标应包括建筑业主、建筑使用方、建筑设计单位、性能化防火设计咨询单位会和消防主管部门共同认定的总体安全目标和性能目标，并说明性能目标是怎样建立的。

（3）性能指标应该说明对应不同性能目标的性能指标是什么，是如何确定的，考虑了哪些不确定因素，采用了哪些假设条件。

（4）火灾场景设计需要说明选择火灾场景的依据和方法，并对每一个火灾场景进行讨论，列出最终需要分析的典型火灾场景。

（5）设计方案的分析与评估应包括：分析与评估中采用的工具、方法和参考资料，计算中的边界条件和输入参数，并说明设计方案是如何满足安全判定指标的。

（6）总结是对前面所有工作的总结，应包括此次设计的内容、目标、最终设计方案、相关的假设条件或要求。

（7）设计单位和人员资质说明包含设计单位的名称、经营范围、设计资质，参与本设计项目的防火工程师的相关工作经历等。

由于设计报告非常重要，其内容必须做到详尽、清晰、明确。另外，消防主管部门、建筑业主、建筑保险公司和其他相关人员可能还会对设计报告进行审阅，这些人不一定都受过防火技术的培训，因此报告还应该通俗易懂。

5.1.2.6 专家评审

由于设计过程中存在许多非规范化的内容，如性能指标的确定、火灾场景的设计、一些边界条件的设定等，同时也为了保证设计过程的正确性，减少设计中可能出现的失误，一般有必要对设计报告进行第三方的复核或再评估。对于特殊的工程项目还需要组织专家论证会，对设计报告与复核或再评估报告进行论证，接受专家的评审和质疑，最后以论证会上形成的专家组意见作为设计与施工的依据。

5.1.2.7　深化设计

性能化防火设计一般开始于建筑设计的方案设计与初步设计阶段。在初步设计中，有些条件和参数是不明确或未知的，这些信息可能只有在后续的施工设计阶段才能确定下来，而这些条件或参数却是性能化设计所需要的。例如，性能化设计在确定排烟量的同时会对排烟口的布置、每个风口的风量等提出要求，而排烟口的数量、排烟口的布置以及每个风口的风量一般要等到施工设计时才能完全确定。另外，性能化设计中提出的假设和边界条件，在施工设计阶段也可能会被改变。诸如此类的问题都需要在后续的设计工作中不断深化。所以，性能化设计应该存在于建筑设计的整个过程中。

5.2　火灾场景设计

5.2.1　火灾场景

5.2.1.1　火灾场景的确定原则

确定火灾场景时应根据最不利原则，选择火灾风险较大的场景作为设定火灾场景。例如假设火灾发生在疏散出口附近，相应地假设该疏散出口被封闭，或假设自动灭火系统、防排烟系统由于某种原因失效等。火灾风险较大的火灾场景包括两种情况：最有可能发生，但火灾危害不一定最大；或者火灾危害大，但发生的可能性较小。

5.2.1.2　火灾特性的反映

设定的火灾场景应当能够准确反应火灾特征，才能够对火灾进行相对准确的数值模拟。火灾特性火灾场景必须能描述火灾引燃、增长和受控火灾的特征以及烟气和火势蔓延的可能途径、设置在建筑室内外的所有灭火设施的作用、每一个火灾场景的可能后果。

5.2.1.3　火源的位置

火源的位置，决定了空气的卷吸量。因而在设计火灾场景时，应指定设定火源在建筑物内的位置及着火房间的空间几何特征，例如火源是在房间中央、墙边、墙角还是门边等以及空间高度、开间面积和几何形状等。

5.2.1.4　疏散场景

疏散场景的选择应考虑建筑的功能及其内部的设备情况、人员类型等因素，反映可能的火灾场景对影响人员疏散过程的人员条件及环境条件。

5.2.1.5　确定火灾场景的方法

确定可能火灾场景可采用下述方法：故障类型和影响分析、故障分析、如果－怎么办分析、相关统计数据、工程核查表、危害指数、危害和操作性研究、初步危害分析、故障树分析、事件树分析、原因后果分析和可靠性分析等。

5.2.2 设定火灾

图 5.2 为设定火灾的示意图。图中，X 轴代表时间，Y 轴代表热释放速率，1 为初始阶段，2 为增长阶段，3 为充分发展阶段，4 为衰退阶段，5 为喷头动作时刻，6 为轰燃阶段，7 为通风控制型，8 为喷淋控制型。

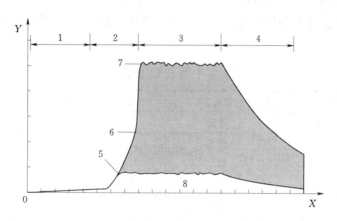

图 5.2 设定火灾示意图

在设定火灾时，一般不考虑火灾的引燃阶段、衰退阶段，而主要考虑火灾的增长阶段及全面发展阶段。可采用用热释放速率描述的火灾模型和用温度描述的火灾模型。在计算烟气温度、浓度、烟气毒性、能见度等火灾环境参数时，可选用采用热释放速率描述的火灾模型，如 $\dot{Q} = f(t)$ 或 $\dot{Q} = f(t,w,c,q)$；在进行构件耐火分析时，则可以选用温度描述的火灾模型，如 $T = f(t)$ 或 $T = f(t,w,c,q)$。

设计火灾时，应首先分析和确定建筑物的基本情况，例如建筑物内的可燃物、建筑的结构和布局、自救能力与外部救援力量。对于建筑物内可燃物的分析，一般包括潜在的引火源、可燃物的种类及其燃烧性能、可燃物的分布情况、火灾荷载密度等。对于建筑的结构布局分析，一般包括起火房间的外形尺寸和内部空间情况、通风口形状及分布、开启状态、疏散通道的相互关系、围护结构构件和材料的燃烧性能、力学性能、隔热性能、毒性性能及发烟性能等。对于自救能力与外部救援力量的分析，包括建筑物的消防供水情况、室内外的消火栓系统、自动喷水灭火系统和其他自动灭火系统（包括各种气体灭火系统、干粉灭火系统等）的类型与设置场所、火灾报警系统的类型与设置场所、消防队的技术装备、到达火场的时间和灭火控火能力、烟气控制系统的设置情况等。

在确定火灾发展模型时，应考虑下列参数：初始可燃物对相邻可燃物的引燃特征值和蔓延过程；多个可燃物同时燃烧时热释放速率的叠加关系；火灾的发展时间和火灾达到轰燃所需时间；灭火系统和消防队对火灾发展的控制能力；通风情况对火灾发展的影响因子；烟气控制系统对火灾发展蔓延的影响因子；火灾发展对建筑构件的热作用。

5.2.2.1　点燃

点燃表示火灾中可燃物有效燃烧的开始，在火灾场景设计中常常将这一时刻作为火灾发生的时间的起点。实际上，大多数火灾在燃烧的初期都有一个酝酿或阴燃阶段，在这个阶段会产生少量的热和大量的烟或不可见的微粒。虽然在设定火灾时不考虑火灾的引燃阶段，但是研究点燃前燃烧的特性对于火灾的早期探测是很有意义的。

可燃物在满足一定温度的条件下将会被点燃，点燃的条件可被用于分析火灾的蔓延。一些可燃物的燃点可参见表 5.1。

表 5.1　　　　　　　　　　　　　　　　　　若 干 物 质 的 燃 点　　　　　　　　　　　　　　　　单位：℃

可燃物名称	燃　点	可燃物名称	燃　点	可燃物名称	燃　点
黄磷	34	橡胶	120	布匹	200
硫	207	纸张	130	松木	250
樟脑	70	棉花	210	灯油	86
蜡烛	190	麻绒毛	150	棉油	53
赛璐珞	100	烟叶	222	豆油	220

5.2.2.2　火灾增长

火灾在点燃后热释放速率将不断增加，热释放速率增加的快慢与可燃物的性质、数量、摆放方式、通风条件等有关。对于建筑物内的初期火灾增长，可根据建筑物内的空间特征和可燃物特性采用下述方法之一确定：实验火灾模型；t^2 火灾模型（式 5.1）；MRFC 火灾模型；按叠加原理确定火灾增长的模型。

1. 实验火灾模型

在有条件时可采用实验模型，但由于目前很多实验数据是在大空间条件下大型锥形量热计的实验结果，并没有考虑维护结构对实验结果的影响，在应用中应注意实验边界条件和通风条件与应用条件的差异。

2. t^2 火灾模型

大量实验表明，多数火灾从点燃发展到充分燃烧阶段，火灾产生的热释放速率大体上按照时间的平方的关系增长，只是增长的速度有快有慢，因此在实际设计中我们常常采用这一种称为"t^2 火灾增长模型"对实际火灾进行模拟。火灾的增长规律可用下面的方程描述：

$$Q = \alpha t^2 \tag{5.1}$$

式中　Q——热释放速率，kW；

　　　α——火灾增长系数，kW/s²；

　　　t——时间，s。

t^2 火灾增长模型的增长速度一般分为慢速、中速、快速、超快速四种类型，如图 5.3 所示，其火灾增长系数见表 5.2。

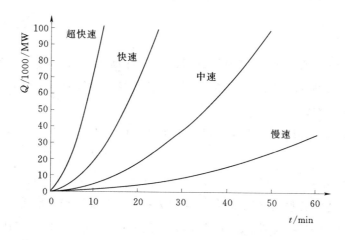

图 5.3　4 种 t^2 火灾增长模型曲线

表 5.2　　　　　　　　　　　　　　　　　　　四种标准 t^2 火

增长类型	火灾增长系数 /$(kW \cdot s^{-2})$	达到 1MW 的时间 /s	典型可燃材料
超快速	0.1876	75	油池火、易燃的装饰家具、轻的窗帘
快速	0.0469	150	装满东西的邮袋、塑料泡沫、叠放的木架
中速	0.01172	300	棉与聚酯纤维弹簧床垫、木制办公桌
慢速	0.00293	600	厚重的木制品

　　实际火灾中，热释放速率的变化是个非常复杂的过程，上述设计的火灾增长曲线只是与实际火灾相似，为了使得设计的火灾曲线能够反映实际可能发生的火灾的特性，设计时应作适当的保守的考虑，如选择较快的增长速度，或较大的热释放速率等。

5.2.2.3　最大热释放速率曲线

　　火灾的最大热释放速率可根据火灾发展模型结合灭火系统的灭火效果来计算确定。灭火系统的灭火效果可以考虑以下 3 种情况（图 5.4）：在灭火系统的作用下，火灾最终熄灭（曲线 f_1）；在灭火系统的作用下，热释

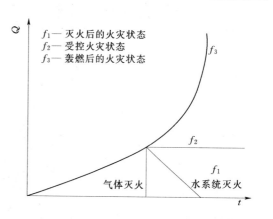

图 5.4　灭火系统的灭火效果示意图

放速率的不再增长，而是以一个恒定热释放速率燃烧（曲线 f_2）；火灾未受限制，这代表了灭火系统失效的情况（曲线 f_3）。

　　灭火系统的有效控火时间可按下述方式考虑：对于自动喷水灭火系统，可采用顶棚射流的方法确定喷头的动作时间，再考虑一定安全系数（如 1.5 倍）后确定该系统的有效作用时间；对于智能控制水炮和自动定位灭火系统，水系统的有效作用时间可按火灾探测时间、水系统定位和动作时间之和乘以一定安全系数计算；对于消防队控火，从火灾发生到消防队有效地控制火势的时间可按

15min 考虑。

5.2.2.4　最大热释放速率预测

对于从轰燃到最高热释放速率之间的增长阶段，可以假设当轰燃发生时，热释放速率同时增长到最大值，此时房间内可燃物的燃烧方式多为通风控制燃烧。热释放速率到达最大值以后会出现一段稳定的燃烧阶段。由于性能化设计中涉及到的火灾烟气温度、火灾烟气的生成量等都与火灾的最大热释放速率有关，所以最大热释放速率是描述火灾特征的一个重要参数。火灾的最大热释放速率可通过下面的方法预测。

1. 根据燃烧实验数据确定

根据物品的实际燃烧实验数据来确定最大热释放速率是最直接和最准确的方法，一些物品的最大热释放速率可以通过一些科技文献或火灾试验数据库得到。例如，NFPA92B 中提供的部分物品燃烧时最大热释放速率的数据见表 5.3，图 5.5 所示为美国国家技术与标准研究院（NIST）火灾试验数据库 FASTDATA 中提供的席梦思床垫的火灾实验热释放速率曲线。

表 5.3　　　　　　　　　　　　NFPA92B 中提供的最大热释放速率的数据

物　　品	质量/kg	最大热释放速率/kW
废纸篓	0.73～1.04	4～18
天鹅绒绵窗帘	1.9	160～240
丙烯酸纤维绵窗帘	1.4	130～150
电视机	27～33	120～290
实验用座椅	1.36	63～66
实验用沙发	2.8	130
干燥的圣诞树	6.5～7.4	500～600

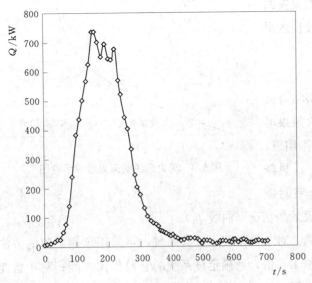

图 5.5　席梦思床垫燃烧热释放速率曲线

2. 根据轰燃条件确定

在火灾发展过程中，将在屋顶形成一个高温的烟气层。烟层产生的热辐射会加剧室内可燃物的燃烧和蔓延速度，最终导致火灾从局部燃烧快速发展到室内可燃物大面积燃烧，这种现象称为轰燃。轰燃是火灾从初期的增长阶段向充分发展阶段转变的一个相对短暂的过程。发生轰燃时室内的大部分物品开始剧烈燃烧，热释放速率快速增长并达到最大值。为了简化设计一般忽略发生轰燃到热释放速率达到最大值的时间，并认为发生轰燃后热释放速率立即达到最大值。

根据英国学者托马斯（Thomas）的研究结果，室内火灾发生轰燃时的临界热释放速率可以用式（5.2）表示：

$$Q_{fo} = 7.8A_t + 378A_v H_v^{1/2} \tag{5.2}$$

式中　Q_{fo}——房间达到轰燃所需的临界火灾功率，kW；

　　　A_t——房间内扣除开口后的总表面积，m^2；

　　　A_v——开口的面积，m^2；

　　　H_v——开口的高度，m。

　　由于上述结果是以一个面积为16m^2大小的房间内的火灾实验数据得出的，因此对于小房间的情况预测结果能够比较好地反映实际情况，而对于较大的房间上述公式可能会有较大的误差。

　　当室内可燃物产生的火焰的连续高度达到屋顶，燃烧产生的热使得屋顶烟层的温度达到600℃，可以认为将发生轰燃。相反，如果火焰触及不到屋顶，或者烟层温度保持在600℃以下，则不会发生轰燃。另一个轰燃发生的判断指标是烟层对地面的辐射达到20kW/m^2，这个辐射强度可以引燃大多数的可燃物。对于面积较大的着火空间，可采用上述两个指标作为着火房间达到轰燃的标志。

　　另外有一些学者通过木材和聚亚安酯（polyurethane）实验得出，轰燃时的平均热释放速率为：

$$Q_{fo} = 1260A_v H_v^{1/2} \tag{5.3}$$

式中　Q_{fo}——房间达到轰燃所需的临界火灾功率，kW；

　　　A_v——开口的面积，m^2；

　　　H_v——开口的高度，m。

　　这里$A_v H_v^{1/2}$称为通风因子，是分析室内火灾发展的重要参数。在通风因子的一定范围内，可燃物的燃烧速率主要由进入燃烧区域的空气流量决定，这种燃烧状况称为通风控制。如果房间的开口逐渐增大，可燃物的燃烧速率对空气的依赖逐渐减弱，当开口达到一定程度后可燃物的燃烧主要由可燃物的性质决定，此时的燃烧状况称为燃料控制。对于木质纤维物质的燃烧，可用下面的条件判断燃烧的状态。

　　通风控制：

$$\frac{\rho g^{1/2} A_v H_v^{1/2}}{A_f} < 0.235 \tag{5.4}$$

　　燃料控制：

$$\frac{\rho g^{1/2} A_v H_v^{1/2}}{A_f} > 0.290 \tag{5.5}$$

式中　A_f——可燃物燃烧的表面积，m^2。

　　3. 燃料控制型火灾的计算方法

　　对于燃料控制型火灾，即火灾的燃烧速度由燃料的性质和数量决定时，如果知道燃料燃烧时单位面积的热释放速率，那么可以根据火灾发生时的燃烧面积乘以该燃料单位面积的热释放速率得到最大的热释放速率，NFPA92B中提供的部分物质单位地面面积热释放速率见表5.4。如果不能确定具体的可燃物及其单位地面面积的热释放速率，也可根据建筑物的使用性质和相关的统计数据，来预测火灾的规模，例如 NFPA92B 中建议对于零售商店火灾单位面积热释放速率可取为 $500kW/m^2$，办公室内火灾可取为 $250kW/m^2$。

表 5.4　　　　　　　　　　**NFPA92B 中提供的单位地面面积热释放速率**

物　　质	每平方英尺面积的热释放速率/kW	物　　质	每平方英尺面积的热释放速率/kW
堆叠起 1.5ft 高的木架	125	甲醇	65
堆叠起 5ft 高的木架	350	汽油	290
堆叠起 16ft 高的木架	900	煤油	290
堆叠起 5ft 装满东西的邮袋	35	柴油	175

注　1ft=0.3048m。

5.3　烟气控制系统设计

在进行建筑性能化防排烟设计时，由于不同于以往规范中规定的设计方法，设计方案和设计参数也不再单纯依靠规范中规定的数据进行设计，而需要细致地研究火灾烟气在特定建筑内的蔓延特性，并通过火灾烟气模型对建筑内的防排烟系统进行模拟计算，以确定防排烟系统设计方案及设计参数。

5.3.1　烟气羽流计算公式

火灾中，燃烧产生的热烟气由于浮力的作用上升并在火焰上方形成烟羽流。烟羽流在上升的过程中不断卷吸空气，因此随着高度的增加烟羽流水平断面的直径和质量流量逐渐增加。这些热烟气在屋顶形成一个热烟层，随着烟气的聚集烟层高度逐渐下降。这样，烟羽流、烟层和周围的空气构成了火灾分析模型中的三个不同的区域。针对烟羽流的特性、烟层的厚度、烟层温度、密度、能见度等特性，研究人员进行了大量的试验，依据质量和能量守恒方程和从试验中总结出的试验数据，推导出了一套应用于工程设计的经验公式。根据烟气蔓延的不同形态，将烟羽流分为轴对称羽流、阳台羽流和窗口羽流三种情况进行讨论。

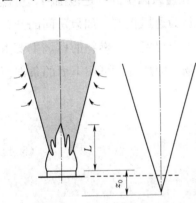

图 5.6　轴对称羽流示意

5.3.1.1　轴对称烟羽流

火灾中产生的烟气不受遮挡垂直向上蔓延时，形成的羽流近似倒锥形，称为轴对称羽流，如图 5.6 所示。火灾中烟气的生成量主要由火焰上方烟羽流卷席的空气量决定。空气的卷吸量与火源的直径、热释放速率以及距离火源燃烧面的高度有关，下面分别进行讨论。

（1）火焰的平均高度。火焰的平均高度可以用式（5.6）预测。

$$L = -1.02D + 0.235Q^{2/5} \tag{5.6}$$

式中　L——平均火焰高度，m；

　　　D——有效燃烧直径，m；

Q——总热释放速率，kW。

（2）虚火源点。虚火源点表示烟羽流的有效源点，火焰上方的烟羽流就像是从这个点开始形成的。它是描述烟羽流的一个重要参数。虚火源点可能位于燃烧面的上方也可能在下方，可以由式（5.7）计算得出。

$$z_0 = 0.083Q^{2/5} - 1.02D \tag{5.7}$$

式中　z_0——虚火源点距离燃烧面的高度，m；

　　　Q——总热释放速率，kW；

　　　D——有效燃烧直径，m。

（3）羽流流量。羽流中的质量流量与位置高于平均火焰高度还是低于平均火焰高度（或火焰高度是低于烟层分界面还是高于烟层分界面）有关。当平均火焰长度 L 低于分界面，并且 z 位于火焰的高度或火焰高度之上且低于分界面的高度，则烟羽流的质量流速可以由式（5.8）计算。

$$m_p = [0.0071Q_c^{1/3}(z-z_0)^{5/3}][1 + 0.027Q_c^{2/3}(z-z_0)^{-5/3}] \tag{5.8}$$

式中　m_p——羽流的质量流速，kg/s；

　　　Q_c——对流热释放速率（约 $0.7Q$），kW；

　　　z——距离燃烧表面之上的高度，m；

　　　z_0——虚点距离燃烧地面之上的高度（当低于燃烧底面时为负值），m。

当平均火焰长度 L 低于分界面，并且 z 位于分界面以下时烟羽流的质量流速可以由式（5.9）计算。

$$m_p = 0.0056Q_c\frac{z}{L} \tag{5.9}$$

式中　m_p——羽流的质量流速，kg/s；

　　　Q_c——对流热释放速率，kW；

　　　z——距离燃烧表面之上的高度，m；

　　　L——平均火焰高度，m。

羽流的体积流量可以用式（5.10）计算。

$$V = \frac{m_p}{\rho_0} + \frac{Q_c}{\rho_0 T_0 c_p} \tag{5.10}$$

式中　V——羽流的体积流量，m³/s；

　　　m_p——羽流的质量流速，kg/s；

　　　ρ_0——环境空气的密度，kg/m³；

　　　T_0——环境温度，K；

　　　Q_c——对流热释放速率，kW；

　　　c_p——空气的比定压热容，kJ/(kg·K)。

（4）温度。根据热力学第一定律，可得出烟羽流的平均温度为

$$T_p = T_0 + \frac{Q_c}{mc_p} \tag{5.11}$$

式中　T_p——高度 z 处的平均羽流温度，K；

　　　T_0——环境温度，K；

　　　Q_c—— 对流热释放速率（约 $0.7Q$），kW；

　　　m——羽流的质量流速，kg/s；

　　　c_p——空气的比定压热容，kJ/(kg·K)。

烟羽流的中心温度可用式（5.12）预测。

$$T_{cp} = T_0 + 9.1 \left(\frac{T_0}{gc_p^2 \rho_0^2} \right)^{1/3} \frac{Q^{2/3}}{z^{5/3}} \tag{5.12}$$

式中　T_{cp}——高度 z 处的羽流中心线绝对温度，K；

　　　T_0——环境温度，K；

　　　g——重力加速度，$9.8 \mathrm{m/s^2}$；

　　　c_p——空气的比定压热容，kJ/(kg·K)；

　　　ρ_0——环境空气密度，$1.2 \mathrm{kg/m^3}$；

　　　Q——燃烧的热释放速率，kW；

　　　z——距离燃烧面的高度，m。

5.3.1.2　阳台烟羽流

　　阳台羽流指火灾烟气在阳台下部流动并蔓延，直到从开口处向上流出所形成的羽流，如图 5.7 所示。阳台羽流中烟气的流动包括烟气从火焰上方上升到达屋顶，水平蔓延到烟台边缘，然后留出阳台三个部分。阳台羽流的流量可以由式（5.13）计算。

$$m = 0.36(QW^2)^{1/3}(Z_b + 0.25H) \tag{5.13}$$

式中　m——羽流质量流速，kg/s；

　　　Q——热释放速率，kW；

　　　W——阳台下溢出羽流的宽度，m；

　　　Z_b——阳台以上的高度，m；

　　　H——阳台距离燃烧面的高度，m。

　　当 $Z_b > 13W$ 时，阳台羽流的流量与对称羽流近似，因此烟气生成量可以采用对称羽流的计算方法。羽流宽度 W 可以是挡烟垂壁或其他任何存在的限制羽流水平蔓延的障碍物之间的间距。如果烟台下面没有任何障碍物，则可以由式（5.14）进行计算。

$$W = w + b \tag{5.14}$$

式中　W——羽流宽度，m；

　　　w——火源于阳台之间的开口的宽度，m；

　　　b——阳台边缘到开口之间的距离，m。

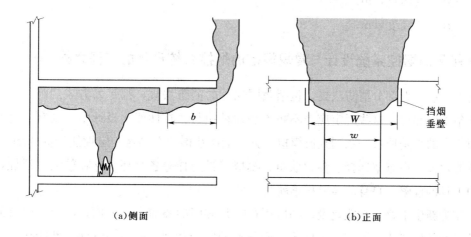

（a）侧面　　　　　　　（b）正面

图5.7　阳台羽流示意

5.3.1.3　窗口烟羽流

从门或窗等开口直接流进大空间内的羽流成为窗口羽流，如图5.8所示。此时羽流流量可用式（5.15）计算。

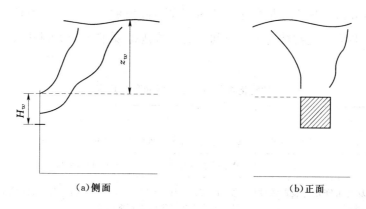

（a）侧面　　　　　　　（b）正面

图5.8　窗口羽流示意

$$m = 0.071Q_c^{1/3}(z_w+a)^{5/3}+0.00182Q_c \tag{5.15}$$

式中　m——羽流的质量流速，kg/s；

　　　Q_c——对流热释放速率（约$0.7Q$），kW；

　　　z_w——距离窗户顶的高度，m；

　　　a——有效高度，m。

有效高度用式（5.16）确定。

$$a = 2.40A_w^{2/5}H_w^{1/5}-2.1H_w \tag{5.16}$$

式中　a——有效高度，m。

A_w——开口的面积，m^2；

H_w——开口的高度，m。

5.3.2　性能化的烟控系统设计与常规规范的烟控系统设计的不同之处

从历史上来说，大部分消防法规，包括我国现行的消防法规，都是处方式规范。设计师依据详尽的规定逐条予以实现，这些规定应当不折不扣地被执行。在性能化设计中，没有了这种条文式的束缚，取而代之的则是通过一系列数值模拟计算，最终获得一个满足一定性能指标的烟控系统设计。正是因为性能化设计在方案选择、参数获得、模拟工具选择等各个环节存在较大灵活性，设计师对于所采用的工具的理解、自身的经验积累就起了很大的作用。

但是，作为新生事物，性能化设计的应用存在几方面的障碍：一方面，习惯于原有处方式设计的设计人员对新的性能化不了解、不熟悉，而导致的质疑和回避；另一方面，性能化设计人员对性能化设计掌握不够深入，而导致的不合理或者错误的应用。

下文将根据从事消防性能化研究、工程实践的经验，对基于性能化规范和处方式规范的烟控系统进行探讨，以加深工程师对两种规范设计方法的了解。

5.3.2.1　防烟分区面积

所谓防烟分区（smoke bay），是指在建筑内部屋顶或顶板、吊顶下采用具有挡烟功能的构配件进行分隔所形成的，具有一定蓄烟能力的空间。处方式规范要求每个防烟分区的建筑面积不宜超过 $500m^2$，见表 5.5。

表 5.5　　　　　　　　　　　　　性能化规范对防烟分区面积的规定

规　范	规　定
《建筑防排烟技术规程》（DGJ 08-88—2006）	防烟分区不宜大于 $2000m^2$，长边不应大于 60m
TM19	储烟舱的最大面积不应大于 $2000\sim3000m^2$，以避免烟气过度冷却沉降
《最低限度之消防装置及设备守则与装置及设备之检查、测试及保养守则》	当采用火灾工程学的方法确定排烟速率时，储烟舱的面积不应超过 $2000m^2$，并且该方法应当经消防主管部门认可

性能化规范的面积指标来自于实验结论，认为烟气蔓延 30m 后会发生沉降，因此以半径为 30m 圆的面积 $2000\sim3000m^2$ 和其直径 60m 作为对防烟分区的面积限制。事实上，处方式规范"排烟口距最远点的水平距离不应超过 30.0m"的规定，与上述认识是一致的。

防烟分区面积扩大后具有什么好处呢？首先，直观地说，对于具备相同高度挡烟垂壁的防烟分区，面积大则储烟仓体积大、储烟能力强、排烟效率高，反之则储烟仓体积小、储烟能力弱、排烟效率低。其次，面积扩大后，有利于布置更多的排烟口，性能化的烟控系统设计一般会要求设置多个排烟口，面积小则难以布置。

事实上，用 CFD 软件对依据处方式规范所划分的防烟分区进行模拟时，常常可以发现，烟气很快就从防烟分区中溢出，特别是对于大空间的商业、会展类建筑，防烟分区根本没有起到其应有的作用。但是由于依据处方式规范所进行的防排烟系统设计不需要进行 CFD 模拟验证,这类问题通常得不到揭示。

5.3.2.2 挡烟垂壁高度

处方式规范规定了挡烟垂壁的最小尺寸,在常规设计中,除了采用梁作为挡烟垂壁外,一般均采用这个最小值。处方式规范一般要求应采用挡烟垂壁、隔墙或从顶棚下突出不小于 0.5m 的梁划分防烟分区,即挡烟垂壁高度大于 0.5m,见表 5.6。

表 5.6 性能化规范对挡烟垂壁高度的规定

规 范	规 定
《建筑防排烟技术规程》(DGJ 08 - 88—2006)	其下垂高度应由计算确定,且应满足疏散所需的清晰高度
烟气控制的计算关系,TM19 技术备忘录	防火卷帘的下降高度应与烟气层的计算厚度相同

而性能化规范则提出了挡烟垂壁高度应有计算决定,目标是满足人员安全疏散。根据烟气理论,火灾空间内可以分为上下两层,上层为烟气层,下层为洁净空气层。设置挡烟垂壁的目的防止烟气蔓延到其他空间,只有挡烟垂壁的高度大于烟气层的高度,才能具备阻挡烟气蔓延的最基本条件。

购物中心、中庭和大面积建筑的烟气管理系统指南,美国消防规范,92B 指出烟气层的最小设计厚度取决于顶棚射流的厚度和防止"抽漏"现象(plugholing)的厚度、顶棚射流(ceiling jet)的厚度在火源顶部到空间顶部距离的 10%~20% 范围之间。建筑高度不同,顶棚射流的厚度也不同,单一高度的挡烟垂壁显然不能满足所有高度的空间,难以实现划分防烟分区的目的。相比而言,性能化规范提出的由计算烟层厚度来确定挡烟垂壁高度的方法,显然更为科学合理。

5.3.2.3 排烟量

排烟量的计算方法不同,是处方式规范与性能化规范最大的不同之处。处方式规范简单地按照地面面积来确定排烟量(每平方米面积不小于 60m³/h),保护面积大、排烟量就大,或者按照换气次数决定排烟量(中庭体积小于 17000m³ 时,其排烟量按其体积的 6 次/h 换气计算;中庭体积大于 17000m³ 时,其排烟量按其体积的 4 次/h 换气计算)。处方式规范对于排烟量的计算,是基于过去对烟气控制认识的程度和社会经济的条件决定的,就现阶段而言,这种计算方法已经落伍了。很明显,如果按照处方式规范,则具备同样地面投影面积的高大空间与低矮空间需要采用的排烟量是不同的。对于中庭建筑,无论空间的上部是否有人使用,排烟量都一样也是不尽合理的。

性能化的法规引入了烟气羽流的计算公式(表 5.7),例如式(5.16)~式(5.22)可以计算轴对称羽流所产生的烟气生成量。由上述公式可知,影响烟气的生成量主要因素有火灾规模和清晰高度。采用该方法,可以获得稳态时(或者称为达到平衡状态)的烟气生成量,但是在烟气层形成的过程中,也就是火灾的初期,计算结果并不准确。因此,还需要通过 CFD 软件对计算结果进行模拟验证。

表 5.7 性能化规范对排烟量的规定

规　范	规　定
《建筑防排烟技术规程》（DGJ 08-88—2006） 烟气控制的计算关系，TM19 技术备忘录 购物中心、中庭和大面积建筑的烟气管理系统指南，美国消防规范 NFPA92B	$H_q = 1.6 + 0.1H$ (5.17) $Q = \alpha t^2$ (5.18) $z_1 = 0.166Q_c^{2/5}$ (5.19) $z > z_1, M_\rho = 0.071Q_c^{1/3}z^{5/3} + 0.0018Q_c$ (5.20) $z \leqslant z_1, M_\rho = 0.032Q_c^{3/5}z$ (5.21) $T_p = T_0 + \dfrac{Q_c}{m_\rho C_p}$ (5.22) $V = \dfrac{M_\rho T_p}{\rho_0 T_0}$ (5.23)

表中参数说明如下：H_q 为最小清晰高度（m）；H 为排烟空间的建筑净高度（m）；z_1 为火焰极限高度（m）；z 为燃料面到烟层底面的高度（取值应大于等于最小清晰高度）（m）；Q 为火灾热释放速率（kW）；Q_c 为热释放速率的对流部分，一般取值为 $0.7Q$（kW）；α 为火灾增长系数（kW/s²）；t 为排烟系统启动时间（s）；M_ρ 为烟缕质量流量（kg/s）；T_p 为烟气平均温度（K）；T_0 为环境温度（K）；C_p 为环境空气的定压比热（kJ/kg·K）；V 为排烟量（m³/s）。

5.3.2.4　每个防烟分区排烟口数量

处方式规范没有关于排烟口数量的直接规定，仅规定排烟口距最远点的水平距离不应超过 30m。由表 5.8 中的条文可以大致推断出规范允许的排烟口数量。以排烟口中心为圆心画一个半径为 30m 的圆，其面积为 2826m²，远大于规范允许的 500m² 的防烟分区面积。因此，一般情况下，对于一个形状较为规整的防烟分区，只需要布置一个排烟口即可满足规范要求。

表 5.8 性能化规范对排烟口数量的规定

规　范	规　定
《建筑防排烟技术规程》（DGJ 08-88—2006） 烟气控制的计算关系，TM19 技术备忘录 购物中心、中庭和大面积建筑的烟气管理系统指南，美国消防规范 NFPA92B	$V_{max} = 0.537\beta d^{5/2}[T_0 \Delta T]^{1/2}$ (5.24) $n_{min} = \dfrac{V}{V_{max}}$ (5.25)

表中参数说明如下：V_{max} 为排烟口最大体积流速（m³/s）；d 为排烟口下烟层的厚度（m）；β 为无因次系数；n_{min} 为排烟口的最少数量（个）。

性能化法规则明确地给出了对排烟口数量的要求。这个要求来自于对"抽漏"现象的发现与解决。所谓"抽漏"现象，即由于排烟口排烟流量过大，导致排烟口直接将烟层下部的洁净空气而非烟气排走的现象。式（5.23）给出了防止"抽漏"现象的最大流速，超过这个流速"抽漏"现象就会产生，如图 5.9 所示。最大流速与火灾规模、清晰高度、烟气层厚度、排烟口的位置都有关系，特别是与烟气层的厚度（挡烟垂壁高度）关系最为密切。通过计算可以发现，对于某大空间商店，净高 3.2m、火灾规模 3.0MW，如果按照处方式规范选择 0.5m 的挡烟垂壁，则每个防烟分区需要的排烟口数量多达 11 个，按照 0.8m 选择挡烟垂壁，需要 3 个排烟口，而按照 1.2 m 选择挡烟垂壁，只需要 1 个排烟口。

5.3.2.5　排烟口间距

与对排烟口数量的要求一样，处方式规范没有关于排烟口之间间距的直接规定，仅规定排烟口距最远点的水平距离不应超过 30m。由表 5.9 中的条文可以推断出规范允许的排烟口间距

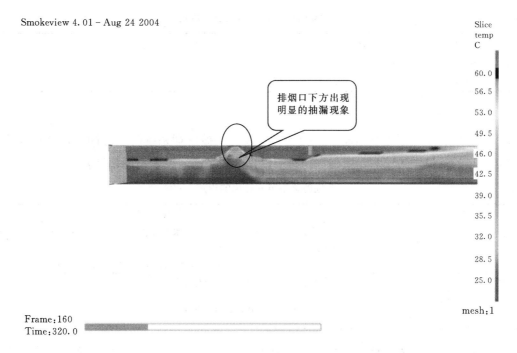

Smokeview 4.01 – Aug 24 2004

排烟口下方出现明显的抽漏现象

Slice temp C
60.0
56.5
53.0
49.5
46.0
42.5
39.0
35.5
32.0
28.5
25.0

mesh:1

Frame:160
Time:320.0

图 5.9　排烟口截面温度云图

为 60m。

表 5.9　　　　　　　　　性能化规范对排烟口间距的规定

规　范	规　定
《建筑防排烟技术规程》(DGJ 08 - 88—2006)	室内或走道的任一点至防烟分区内最近的排烟口或排烟窗的水平距离不应大于 30m,当室内高度超过 6m,具有对流条件时其水平距离可增加 25%
烟气控制的计算关系,TM19 技术备忘录 购物中心、中庭和大面积建筑的烟气管理系统指南,美国消防规范 NFPA92B	$S_{\min}=0.3227\beta V_e^{1/2}$　　　　　　(5.26)

表中参数说明如下:$S_{\min}$ 为排烟口之间最小距离(m);V_e 为排烟口体积流速(m³/s)。

　　国外性能化法规给出了排烟口最小间距的计算公式,见表 5.9 中式(5.26)。之所以要限制排烟口之间的距离,是因为排烟口距离过近,其效果就类似于一个排烟口,这样虽然一个排烟口的流量低于产生"抽漏"现象的临界流速,但是几个口叠加,仍旧会产生"抽漏"现象。

5.3.2.6　排烟口风速

　　处方式规范与性能化规范都对排烟口的风速做出了限定,但是略有不同:处方式规范规定排烟口的风速不宜大于 10.0m/s,限定的是风口风速,国外性能化规范限定的是风口风量。根据处方式规范的条文说明,限制风速的目的是为了避免吸入下层洁净空气。这个目的与性能化设计避免"抽漏"现象的目的是一致的。但是显然,光限制风速、不限制总流量,还是会造成"抽漏"现象,从而影响排烟效率。性能化规范对排烟口风速的规定见表 5.10。

表 5.10	性能化规范对排烟口风速的规定
规　　范	规　　定
烟气控制的计算关系，TM19 技术备忘录 购物中心、中庭和大面积建筑的烟气管理系统指南，美国消防规范 NFPA92B	式（5.24）

5.3.2.7　是否设置补风

处方式规范中要求地下建筑和地上密闭场所中设置机械排烟系统时，应同时设置补风系统。性能化规范对补风的认识较为深刻，明确提出对于设排烟的场所应设置补风，见表5.11。

表 5.11	性能化规范对补风的规定
规　　范	规　　定
《建筑防排烟技术规程》（DGJ 08 - 88—2006）	设有排烟系统的部位宜设自动喷水灭火系统，并应设补风系统。补风系统可采用机械送风方式或自然进风方式 设有机械排烟的走道或小于 500m² 的房间，可不设补风系统
烟气控制的计算关系，TM19 技术备忘录	任何排烟系统有效工作，应有补风
购物中心、中庭和大面积建筑的烟气管理系统指南，美国消防规范 NFPA92B	排烟风机有效运转，必须提供补风

实际上，补风非常重要，且作用复杂，一定要予以重视。一方面，从物质守恒角度出发，没有补风，排烟根本不可能实现；另一方面，如果补风过大，其与火灾所产生的热压共同作用将大于排烟的作用，导致火灾区域呈现正压，会驱使烟气四溢。

5.3.2.8　每个防烟分区补风量

处方式规范给出了补风量的下限——50%，《建筑防排烟技术规程》也采纳了这种提法。国外的性能化法规则更加深入地涉及到了平衡。其中 TM19 明确指出，对于机械排烟系统，设计补风时应考虑体积平衡，对于自然排烟系统，设计补风时应考虑质量平衡。NFPA92B 指出了补风不应导致火灾区域成为正压的原则。两种类型的规范对于补风量的要求虽然完全不同，但是参照性能化法规的要求（表 5.12），处方式规范所要求 50% 的下限还是基本合理的，除非是大规模火灾发生在较小的空间内，一般情况下不会导致火灾区域正压。

表 5.12	性能化规范对补风量的规定
规　　范	规　　定
《建筑防排烟技术规程》(DGJ 08 - 88—2006)	补风量不应小于排烟量的 50%
烟气控制的计算关系，TM19 技术备忘录	在设计机械排烟系统时，应根据体积守恒计算置换空气量；设计自然排烟系统时，应根据质量守恒计算置换空气量
购物中心、中庭和大面积建筑的烟气管理系统指南，美国消防规范 NFPA92B	补气流速不能超过排烟流速
防火工程设计指南	排烟量应用等效的补气量代替计算

5.3.2.9　补风口位置

处方式规范对于补风口位置并没有明确的限制，这无疑反映了处方式规范对补风重要性的认识不足。《建筑防排烟技术规程》（DGJ 08 - 88—2006）、TM19 技术备忘录和 NFPA92B 都明确指出了补风口应当在储烟仓之下的设计原则，这个原则是非常重要的！补风如直接加到储烟仓内，无异于直接增加了烟气量，导致烟气层下降。如果引入的补风风速较大，还会扰乱烟气层、破坏烟气的分层结构，从而造成整个空间烟雾弥漫。性能化规范对补风口位置的规定见表 5.13。

表 5.13　　　　　　　　　　性能化规范对补风口位置的规定

规　范	规　　定
《建筑防排烟技术规程》（DGJ 08 - 88—2006）	机械送风口或自然补风口应设在储烟仓以下 送风口位置宜设在同一空间内相邻的防烟分区且远离排烟口，两者距离不应小于 5m
烟气控制的计算关系，TM19 技术备忘录	补气必须设置在烟层下方
购物中心、中庭和大面积建筑的烟气管理系统指南，美国消防规范 NFPA92B	补气必须设置在烟层下方

《防排烟技术规程》明确对排烟、补风口的分布、间距提出了原则性要求，避免了烟气的"短路"现象，是一个很有意义的要求。经常可以看到这样的设计——用本防烟分区顶棚上的空调送风口作为本防烟分区火灾时的补风口，这种设计完全符合现行规范，既有排烟又有补风。这种设计的效率是难以保证的，排烟口排除的大部分是新风而不是烟气。如果按照《防排烟技术规程》，补风口设在相邻分区且保持一定距离，则不会出现这种现象。

5.3.2.10　补风风速

处方式规范要求送风口的风速不宜大于 7m/s，其目的是为了避免人员感觉不适角度出发的，这个出发点在性能化法规中也是认同的，但是 TM19 提出了一个近乎苛刻的补风风速要求——200ft/min（1.016m/s），其目的是防止补风直吹火灾羽流导致羽流歪斜。如果火灾羽流被吹歪或者吹散，一方面会造成烟气的分层结构被破坏、整个空间烟雾弥漫，另一方面有可能会造成火焰直接接触相邻物体形成大范围火灾蔓延。性能化规范对补风风速的规定见表 5.14。

表 5.14　　　　　　　　　　性能化规范对补风风速的规定

规　　范	规　　定
《建筑防排烟技术规程》（DGJ 08 - 88—2006）	机械送风口的风速不宜大于 10m/s，公共聚集场所不宜大于 5m/s，自然补风口的风速不宜大于 3m/s
烟气控制的计算关系，TM19 技术备忘录	建筑中一般不大于 5m/s，隧道通风系统中不大于 11m/s
购物中心、中庭和大面积建筑的烟气管理系统指南，美国消防规范 NFPA92B	最大补风风速不大于 200ft/min
防火工程设计指南	最大补风风速不大于 3m/s

5.4　人员安全疏散设计

5.4.1　安全疏散设计概况

安全疏散设计是建筑防火设计的重要组成部分，保证建筑内火灾情况下的人员疏散安全是建筑防火安全设计的最基本的目标，对于人员密集的公共建筑疏散安全设计就更为重要。基于性能的疏散安全设计方法以及评估技术正越来越受到人们的关注，各国在这个领域的研究也取得了一定的成果和进展。

5.4.1.1　常规安全疏散设计方法

按照现行建筑设计规范进行人员疏散设计，应先按照使用功能确定建筑的类型，如商业建筑、办公建筑、剧场、体育馆等。按照建筑使用功能特点确定建筑内的设计使用人数，再根据建筑的高度、层数和建筑面积等因素，确定建筑内不同区域疏散设施（疏散走道、安全出口、疏散楼梯等）的数量、位置、型式，并根据不同建筑规范要求，确定建筑内人员到达疏散出口的距离，以及疏散及安全出口的宽度等指标。

建筑物内的疏散通道是疏散时人员从房间门至疏散楼梯或外部出口等安全出口的通道，包括疏散走道、疏散楼梯和安全出口等。

由于疏散走道的长度直接影响到人员疏散时间的长短，疏散走道的长度和宽度共同决定疏散走道的容量，并与出口宽度一起影响着火灾紧急情况下疏散人员的群集流动状况，从而影响人员疏散时间。因此，为了达到安全疏散要求，各个国家的建筑物防火设计规范，对建筑物的疏散走道设计均制定了一系列的规范条款，详细规定了疏散走道的建筑结构与材料，疏散走道的设置位置、长度与宽度，出口数量和宽度，疏散走道的照明以及相关管理规定。

（1）疏散走道。为了保证人员在火灾紧急情况时的安全疏散，疏散走道要简洁平缓，尽量避免弯曲和突起突落，尤其不要往返转折，否则会造成疏散阻力和产生不安全感；疏散走道内不应设置阶梯、门槛、门垛、管道等突出物，以免影响疏散；疏散走道的结构和装修具备一定的耐火性能。

（2）疏散楼梯。疏散楼梯是建筑物中主要垂直交通设施，是安全疏散的重要通道。楼疏散梯的疏散能力大小，直接影响着人员的生命安全与消防队员的救灾工作。因此，建筑防火设计时，应根据建筑物的使用性质、高度和层数，合理设置疏散楼梯，为安全疏散创造有利条件。

（3）安全出口。安全出口是供人员安全疏散用的房间的门、楼梯或直通室外地平面的门。为了在发生火灾时，能够迅速安全地疏散人员和抢救物资，减少人员伤亡、降低火灾损失，在建筑防火设计时，除按要求设置疏散走道、疏散楼梯外，必须设置足够数量的安全出口。安全出口应分散布置，且易于寻找，并应有明显标志，以便尽是缩短人员疏散所需的时间。

5.4.1.2　性能化安全疏散设计方法与评估技术

性能化安全疏散设计就是指根据建筑的特性及设定的火灾条件，针对火灾和烟气传播特性的预测及疏散形式的预测，通过采取一系列防火措施，进行适当的安全疏散设施的设置、设计，以提供合理的疏散方法和其他安全防护方法，保证建筑中的所有人员在紧急情况下迅速疏散，或提供其他方法以保证人员具有足够的安全度。

性能化疏散设计引入了设计火灾的概念，提出了疏散安全的功能要求是"建筑中的所有人员在设计火灾情况下，可以无困难和危险的疏散至安全场所"，由此，建筑安全疏散的性能要求可分解为以下几个方面：

（1）在疏散过程中，建筑中的人员应不受到火灾中的烟气和火焰热的侵害。

（2）从建筑的任何一点至少有一条可利用的通向最终安全场所的疏散通道。

（3）对于不熟悉的人员应能容易找到安全的疏散通道。

（4）在门和其他连接处不发生过度的滞留或排队现象。

如果一项建筑疏散设计通过一定的工程措施满足了以上的各项要求，即使某一部分不满足原有的标准，仍旧是合理的。这是同常规安全疏散设计方法的差别所在。

安全疏散设计同许多因素相关联，如建筑的类型和功能、人员的组成和特性、人员密度及分布情况、火灾探测报警的设置情况、防灭火设施的设置情况等。安全疏散是一个非常复杂的系统。特别是人员的心理和行为能力对疏散安全的影响，一直是国际上众多科研机构关注的问题。如何判定一项建筑疏散设计是否达到了功能和性能要求，需要评估的方法（或工具）的支持，因此基于性能化的疏散设计规范中不但包含了性能要求还包括其评估方法（或工具）。

一般地，疏散评估方法由火灾中烟气的性状预测和疏散预测两部分组成。烟气性状预测就是预测烟气对疏散人员会造成影响的时间，也即危险来临时间的预测，众多火灾案例表明，烟气是火灾中影响人员安全疏散和造成人员死亡的最主要因素，因此预测烟气对安全疏散的影响成为安全疏散评估的一部分，该部分应考虑烟气控制设备的性能以及墙和开口部对烟的影响等。疏散预测则包括了疏散开始时间和疏散行动时间的预测，通过危险来临时间和疏散所需时间的对比来评估疏散设计方案的合理性和疏散的安全性。疏散所需时间小于危险来临时间，则疏散是安全的，疏散设计方案可行，反之，疏散是不安全的，疏散设计应加以修改，并再评估。

值得指出的是，基于目前人们对火灾及人员安全疏散的认识，疏散安全评估也仅是对其中的一部分性能要求进行工程模拟、计算和判断，而对于人员的行为特性等重要因素的考虑尚有待于进一步的科研进展。

火灾时的危险不仅仅是烟气，还有火焰热。人员的恐慌因素也可造成人员的危险。在紧急的情况时，人群得到了不确实的情报，众人笼罩在共同的不安中，当人员密度进一步加大时，更造成人们感情的单一化，而使人做出不顾一切、丧失理智的行为，最终导致人群失去控制的状态，这种人群恐慌同样是疏散的危险。

安全疏散评估方法是性能化安全疏散设计不可分割的一部分，从国外性能化规范的研究过程看，大部分是首先或同时研究与性能设计有关的消防安全设计评估技术。

疏散安全性能检证评估一般分为两个阶段，一是火灾楼层疏散安全评估，另一个是全楼疏散安全评估。在每个阶段，疏散时间都应与烟气危险来临时间作对比，以判断其安全性。

在建筑有序疏散过程中，建筑物在什么地方形成人流、在什么地方滞留，可通过疏散行为模拟来进行预测，这对于建筑方案的修改和完善是有益的。随着性能化安全疏散设计技术的发展，世界各国都相继开展了疏散安全评估技术的开发及研究工作，目前较为人们所知的应用软件有SIMULEX、STEPS、Building Exodus、PathFinder 等，我国建筑防火科研单位也已开展了此项研究工作。

需要说明的是这些软件工具仅是建立了疏散模型、对疏散时间进行预测，为完成评估还需建立烟气性状预测模型，对由于烟气导致的危险时间进行预测，进而实现对整个疏散安全进行预测。

5.4.2　疏散时间的构成及其影响因素

安全疏散是建筑中所有人的疏散，即疏散的主体是人，因此影响安全疏散的因素离不开建筑本身特征和建筑内的人员。

5.4.2.1　疏散时间的构成

建筑火灾中的人员疏散过程大体上分为以下 3 个阶段：

（1）察觉（外部刺激）。这个阶段包含人员经历了外部的刺激或信号的流失时间，那些刺激或者信号能够告诉他们有异常情况发生。这种刺激可能是发现烟味，听见或者看见火灾，通过自动报警系统或他人传来的信息。在许多案例中，察觉的时间可能会很长，尤其是如果没有安装自动报警系统。因此察觉阶段是从火灾开始到人开始意识到有不同寻常的事情发生这段规定的流逝时间，也即从火灾发生到人员感知到火灾发生的时间。

（2）行为和反应（行为举止）。行为和反应阶段就是从开始意识到有情况发生到去采取一些行动所花费的时间。首先，我们要去识别和解释某些不期而至发生的事情，这些信号给了人们去采取行动的冲动，采取的行动可能是要去寻找更进一步的信息，去试图灭火、帮助他人、抢救财产、通知消防队、离开建筑物。这些活动与疏散不同，是不必要的，会导致从火场中安全逃生的可能性降低。在经历了一个时间过程后，人们才决定疏散，这段时间即从感知火灾至开始采取疏散行动的时间。

（3）运动（行动）。疏散过程的最后阶段是行动阶段，即指从开始行走一直到人员安全到达安全场所的整个过程。这个过程可分解为从疏散开始至到达相对安全地点时间、从相对安全地点至避难区或室外时间。

5.4.2.2　影响疏散时间的因素

一般地，影响安全疏散、逃生的因素包括建筑因素，建筑防火、控烟因素，人的因素，以及外部救援力量等。这些因素相互关联又相互影响，现从疏散过程出发分析影响建筑安全疏散、逃生的主要因素。表 5.15 中影响因素根据影响大小按 1、2、3、4 顺序列出。

表 5.15　　　　　　　　　　　　　影响不同疏散时间的因素

因　素		时　间				
		从起火至人的感知火时间	从感知火至开始疏散时间	从疏散开始至到达相对安全地点时间	从相对安全地点至避难区或室外时间	从起火至火势难以控制的时间
（1）探测系统	气体	1				1
	烟感	2				2
	温感	3				3

续表

因　素		时　间				
		从起火至人的感知火时间	从感知火至开始疏散时间	从疏散开始至到达相对安全地点时间	从相对安全地点至避难区或室外时间	从起火至火势难以控制的时间
（2）报警系统	可听系统	1	2			
	可视系统	1	2			
	可触知系统	2	3			
（3）人的因素	听觉	1	2	3	3	
	视觉	1	1	2	2	
	触觉	4	4	4	3	
	味觉	2				
	心理	1	2			4
	体能			1	1	
	生理		2	2	2	
	社会习俗	2	2	2	3	2
	数量		3	1	1	4
	人群种类		3	1	1	
	人员分布	4	4	1	2	
	密度			1	1	
	活动能力			1	1	
	合理疏散形式			1	1	
	训练	3	3	1	1	2
	管理		2	2	2	2
	一天的时间	2	2	3	3	2
（4）建筑的因素	房间尺寸		3	2		3
	房间形状	3	3	2		3
	烟荷载	2	2	2	3	1
	火荷载	2	2	2	3	1
	出口位置		3	1		
	出口尺寸			1		
	疏散通道尺寸			2	1	
	疏散方向指示				1	
	楼梯几何形状				1	
	避难区				2	
	第二供电电源			3	2	

续表

因 素		时 间				
		从起火至人的感知火时间	从感知火至开始疏散时间	从疏散开始至到达相对安全地点时间	从相对安全地点至避难区或室外时间	从起火至火势难以控制的时间
(5) 其他消防措施	阻火			3	2	3
	有效灭火			2	3	2
	控烟			3	2	1
	应急照明			3	2	
	通信系统	3	2	2	3	
(6) 消防队	到现场的时间			3	2	3
	到达建筑时间			3	2	2
	救护			2	1	
	管理已逃生人员				3	
	实施灭火能力					2

由表 5.15 可知，影响人员安全疏散的众多因素分别对不同疏散时间和危险来临时间产生影响，同一因素对不同疏散阶段的影响是不同的。疏散设计的主要内容应考虑建筑特性、人员特性以及室内外消防设施、外部灭火救援力量的综合作用影响，对建筑与疏散设施进行配置和设计。

5.4.3 安全疏散设计原则与评估方法

建筑火灾疏散安全设计的根本目的就是保证建筑中所有人员在火灾时的安全，这个目标将随着人们对火灾认识的提高、科技的进步、性能化设计方法的不断完善和更好的评估检证工具的开发，得到更好的实现。

5.4.3.1 安全疏散设计原则

一般地，保证建筑人员安全疏散的基本的必要条件是：

(1) 限制使用严重影响疏散的建筑材料。

(2) 妥善的疏散计划。

(3) 确保安全的避难场所。

(4) 保证安全的疏散通道。

安全疏散设计方法就是通过使建筑物满足安全疏散的基本条件而进行的一系列设施配置和设计。安全疏散方法应保证建筑内有人存在的任何时间、任何位置的人员都能自由地、无阻碍地进行疏散。安全疏散设计在一定程度上保证行动不便的人足够的安全度。安全疏散方法应是多种疏散方式而不仅仅是一种，因为任何一种单一的疏散方式都会由于人为或机械原因而失败。

5.4.3.2 安全疏散判定准则

安全疏散目标是保证建筑物内的人员在火灾发展到威胁人员安全之前到达安全区域，即建筑物

内发生火灾时，整个建筑系统（包括消防系统）能够为建筑中的所有人员提供足够的时间疏散到安全的地点，整个疏散过程中不应受到火灾的危害，也即人员疏散所需时间（RSET）要小于危险情况的来临时间（ASET）。保证安全疏散的判定准则为

$$REST + T_s < AEST \tag{5.27}$$

式中　REST——疏散所需要的时间；

　　　AEST——开始出现人体不可忍受情况的时间；

　　　T_s——安全裕度。

RSET 即建筑中人员自疏散开始至全部人员疏散到安全区域所需要的时间。疏散过程大致可分为感知火灾、疏散行动准备、疏散行动及到达安全区域等几个阶段。ASET 即疏散人员开始出现生理或心理不可忍受情况的时间，一般情况下，火灾烟气是影响人员疏散的最主要因素，常常以烟气降下一定高度或浓度超标的时间作为危险来临时间。安全裕度 T_s，即防火设计为疏散人员所提供的安全余量。

火灾时人员疏散过程与火在发展过程的关系可用图 5.10 来表示。在人员疏散时间与火势蔓延时间之间引入安全系数，以解决在发生火情时可能出现的不确定性问题。

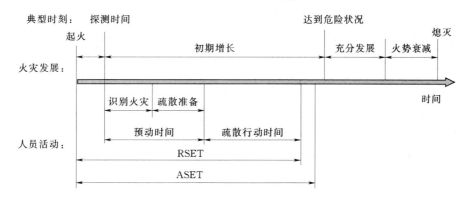

图 5.10　火灾发展与人员疏散参数关系

火灾对人员的危害主要来源于火灾产生的烟气，主要表现为烟气的热作用和毒性，另外，对于疏散而言烟气的能见度也是一个重要的影响因素。在分析火灾对疏散的影响时，一般从温度、有毒气体的浓度、能见度等方面进行讨论。各国判断危险来临时间的指标见表 5.16，我国一般采用来自于澳大利亚《消防工程指南》之 4.3.4.2 "生命安全标准"，以及《中国消防手册》第三卷 "消防规划·公共消防设施·建筑防火设计" 之 "可用安全疏散时间判断指标"，见表 5.17。

表 5.16　　　　　　　　各国危险来临时间（ASET）控制判断指标

国　别	对　流　热	辐　射　热	烟　气　遮　蔽
新西兰	烟气层温度≤65℃，暴露时间>30min	<2.5kW/m²（烟气层温度 200℃）	减光度<0.5m⁻¹ 能见度 2m
BSI	烟气层温度<60℃，暴露时间>30min	<2.5kW/m²，暴露时间>5min	减光度<0.1m⁻¹ 能见度 10m

续表

国　别	对　流　热	辐　射　热	烟　气　遮　蔽
澳大利亚	烟气层温度＜60℃，暴露时间＞30min	＜2.5kW/m²，暴露时间＞5min	减光度＜0.1m⁻¹ 能见度 10m
爱尔兰	烟气层温度＜80℃，暴露时间＞15min	2～2.5kW/m²	能见度 7～15 m

表 5.17　人员疏散安全判据指标

项　目	人体可耐受的极限
热辐射	2m 以上空间，＜2.5kW/m²（温度 180℃）
对流热	2m 以下空间，＜60℃（持续 30min）
能见度	对于大空间，低于 2m 的空间，＞10m； 对于小空间，低于 2m 的空间，＞5m
毒性	2m 以下空间，CO 浓度＜0.25%

5.4.3.3　常用安全疏散评估方法和工具

利用计算机技术模拟研究人在紧急情况下的运动是在 20 世纪 80 年代初开展起来的。1982 年发表了最早的一篇研究火灾紧急疏散模化的论文。到目前为止世界上已经开发出了多种用以描述建筑物中疏散模式的模化方法，相应地出现了许多计算机疏散模型。归纳起来基本分为两类模式。

第一类模式仅仅考虑建筑物及其各部分的疏散能力。这类模型通常称为"水力"模型，或称"滚珠"模型。"水力"模型以人群整体运动作为分析目标；其典型的模化方法为：优化法（OP-TIMIZATION），此法将 Pauls 和 Fruin 等人在实验调查的基础上提出的"经验公式"算法作为数学基础；对于建筑空间的构造通常为以节点和连接为单位的粗略网络模型（COARSE NETWORK MODEL）。该模式的特点是：计算速度快，但无法描述疏散过程中人的行为细节，计算结果较实际情况偏差大。通过该模式开发出的软件模型主要有：EVACSIM、EXITT、EVACNET、WAY-OUT 等。

第二类模式不仅考虑了建筑空间的物理特性，而且考虑每个人对火灾信号的响应及其个体行为。这类模型通常称为"行为"模型。"行为"模型以人员在人群中的个体特性作为分析目标，依靠某一特定算法来驱动人员向出口行走，人的行为受到与环境间相互作用的影响；其典型的模化方法为模拟法（SIMULATION）；对于建筑空间的构造通常为精细网格模型（FINE NETWORK MODEL）。此类模型的特点是强调疏散过程描述、体现人员特性、体现人与周围环境之间的相互作用，但计算量大、计算结果受驱动算法的影响大。通过该模式开发出的软件模型主要有 EXODUS、AEA E-GRESS、SIMULEX 等。

随着我国经济建设的稳步进行，经济实力明显增强，各种新型、大型建筑不断涌现，尤其是北京、上海及其他沿海经济发达城市，为迎接奥运会、世博会等重要活动，更是创造了一些大规模、造型新颖的建筑。而如何在大型活动空间、人员密集场所正确安排疏散通道，有效组织疏散人流，提供科学支持的安全应急预案，已经成为国际上人员疏散研究的热点领域。

在当前及今后一段时间的疏散安全性分析中，人们越来越希望在预测必需的人员疏散时间的同时，了解不同情况下人员疏散的行为特征和人群的流动趋势。除了继续开展实地调查进行数据采集，组织模拟演习以外，应用计算机进行仿真模拟研究逐渐成为疏散研究的重要手段。随着计算机处理和存储能力的飞速提高，计算机软件技术的不断进步，利用计算机疏散模拟软件进行人员疏散行为和组织的仿真模拟大大缓解了疏散实验研究中耗费大量人力、物力，实施过程复杂、数据采集困难、无法重复利用等问题，将会对疏散研究的发展起到巨大的推动作用。目前国际上较为流行的常用疏散模拟软件见表 5.18。

表 5.18 疏散模拟软件一览表

软件名称	设计开发者	应用特征
DONEGAN'S ENTROPY MODEL	Donegan 等	适用于单一出口的多层建筑物，可应用于调查建筑物避难上的相对复杂性问题
EXIT89	NFPA	用来模拟大量人员的移动（上限至 700 人），人员由区域移动至最近出口的方法是应用最短路径演算法
PAXPORT	Halcrow Fox	模拟大量旅客移动（上限至 30000 人）的模拟，以用来设计航站大厦内的旅客容量与流量
EXITT	Levin	针对住宅避难者设计，模拟人在火灾中所做的决策和不连续行动的状态
EVACSIM	澳洲环境安全与危险工程中心（CESARE）	以不连续性事件来模拟高层建筑物火灾的避难模式，可模拟大量人员情况，仍考虑人的行为特性
E-SCAPE	Kendik	模拟行动的结果成功与否，检验完成行动所需的时间
MAGNET MODEL	Okazakim 与 Matsushita	用库仑定律的磁场来代表避难空间，个体人依据磁场强弱来选择出口和逃生路径
SIMULEX	Edinburgh 大学设计，苏格兰继续发展	看重个体空间、碰撞角度及避难时间等生理行为，同时考虑个人在其他避难者、环境影响下的心理反应
BGRAF	Michigan 大学	利用图解的界面工具，来模拟避难时认知过程的一种随机模式
EXODUS	Greenwich 大学消防安全工程系（FSEG）	可在个人电脑或工作站系统中运行，用来模拟大型空间内大量人员避难的软件。对于避难者的避难时间、移动现象、人群摩擦冲突情形及逃生人数皆可在电脑中显示出来
EGRESS	AEA	以人工智能技术来计算单一或多层建筑物避难的模式，适用六角形坐标系统，在移动角度表现上更显精细
VEGAS	Colt VR	以虚拟现实技术所发展的逃生性能模式，适用在单一或多层建筑物中，使用者必须提供每一避难者的指定路径
EVACENT+	Florida 大学	以 FORTRAN 语言写成，分析多层建筑物避难模式，输出值有避难者流率、人群滞留长度及平均等待时间等
TAKAHASHI'S MODEL (FLOW MODEL)	日本建筑研究所	以 FORTRAN 语言写成，假设避难者以群流形态移动的概略网络模式，适用在个人电脑运算，其假设人群同质性且如流体般在每一空间内移动

5.4.4　疏散计算关键参数确定

疏散计算的方法多种多样，其涉及到的关键参数也众多。如何选取这些关键参数，对于疏散时间的计算、计算结果的可靠性，起到了直接影响。

5.4.4.1　人员荷载的选取

建筑物内疏散人数数量的确定是疏散设计中非常重要的一环。建筑物内的疏散人数应根据建筑场所功能不同，分别按密度或座位数进行计算。人员数量也可以按照建筑设计容量选取，或者按照业主使用时最大容量选取。

（1）我国规范对人员荷载的规定。我国规范对于建筑人员荷载的规定不是很系统，只有少量类型的建筑有相应人员荷载规定，大部分建筑类型没有相关依据，给广大工程设计人员带来很大困惑。下面是我国规范中有明文规定的建筑类型和场所的人员荷载的归纳总结。

1）体育场馆。在设计体育场馆时，看台区属于有固定座椅的场所，观众的人员荷载可以按照坐席数目考虑，还应当根据实际情况确定一定比例工作人员的数量。

《体育建筑设计规范》（JGJ 31—2003）4.4.2 条给出了辅助用房的观众（含贵宾、残疾人）用房最低标准，参见表 5.19，据此可以计算这些场所的人员荷载。

表 5.19　　　　　　　　　　　　　　　观 众 用 房 标 准

等级	包厢	贵宾休息区休息室	观众休息区
特级	2～3m²/席	0.5～1.0m²/人	0.1～0.2m²/人
甲级			
乙级	无		
丙级		无	

2）商业区域。根据《建筑设计防火规范》（GB 50016—2014）5.5.21.7 条规定：商店的疏散人数应按每层营业厅建筑面积乘以人员密度计算，参见表 5.20 确定。对于建材商店、家具和灯饰展示建筑，其人员密度可折减为 30%。

表 5.20　　　　　　　　　　　商店营业厅内的疏散人数计算　　　　　　　　　　单位：人/m²

楼层位置	地下二层	地下一层	地上第一、第二层	地上第三层	地上第四层及四层以上各层
密度指标	0.56	0.60	0.43～0.60	0.39～0.54	0.30～0.42

3）餐厅区域。首先根据餐厨比确定餐厅的面积，再根据《饮食建筑设计规范》（JGJ 64—89）第 3.1.2 条规定的餐厅与饮食厅每座最小使用面积（见表 5.21）确定餐厅的人员荷载。

表 5.21　　　　　　　　　　　　　　餐厅与饮食厅每座最小使用面积　　　　　　　　　　　　单位：m²/座

等级	类别	餐馆餐厅	饮食店饮食厅	食堂餐厅
一		1.30	1.30	1.10
二		1.10	1.10	0.85
三		1.00		

　　4) 办公区域。根据《办公建筑设计规范》(JGJ 67—2006) 4.2.3 条规定：普通办公室每人使用面积不应小于 4m²；设计绘图室，每人使用面积不应小于 6m²；研究工作室每人使用面积不应小于 5m²；中小会议室每人使用面积，有会议桌的不应小于 1.80m²，无会议桌的不应小于 0.80m²。

　　5) 电影院。《电影院建筑设计规范》(JGJ 58—2008) 3.3.1 条规定观众厅每座面积：甲等不宜小于 0.80m²，乙等不宜小于 0.70m²，丙等不应小于 0.60m²。可以根据观众厅的面积来确定观众数量。还有一种确定人员荷载的方法：观众厅属于有固定座椅的场所，观众的人员荷载可以按照坐席数目考虑。

　　《电影院建筑设计规范》(JGJ 58—2008) 4.3.2 条对电影院门厅和休息厅的设计要求的条文解释中指出："关于人数计算的取值：电影院属有标定人数的建筑物，可按标定的使用人数计算。"

　　6) 电视演播室。《广播电视技术手册》第 12 分册提供电视演播室的工作人员数量，参见表 5.22。

表 5.22　　　　　　　　　　　　　电视演播室标称面积与工作人员数量

电视演播室标称面积/m²	工作人数/人	电视演播室标称面积/m²	工作人数/人
50	4/10	400	30/120
80	5/15	600	40/140
120	10/20	800	40/160
160	10/30	1000	50/180
250	15/60		

注　表中人数分子为正常工作人数，分母为最多工作人数。

　　7) 歌舞娱乐放映游艺场所。《建筑设计防火规范》(GB 50016—2014) 5.5.21.4 条规定：录像厅的疏散人数应按厅、室的建筑面积 1 人/m² 计算确定；其他歌舞娱乐放映游艺场所的疏散人数应按厅、室的建筑面积 0.5 人/m² 计算确定。

　　(2) 日本从事疏散研究的时间较长、基础数据较为完备，表 5.23 给出了不同区域人员数量计算参数。

表 5.23　　　　　　　　　　　　　人数确定选取依据表

建筑物用途	空间用途		计算避难者数单位	
			(A) 密度/(人/m²)	(B) 人数/人
公共建筑或区域	办公室		0.125	
	会议室		0.2	座位数
	接待室		0.5	座位数
	图书室	开架式书房	0.2	
		阅览室	0.5	座位数
	食堂		1.0	座位数
	厨房		0.1	
	集会室（包括剧场、电影院等）	固定席		座位数
		可移动席	1.5	座位数
		临时看台	3.3	座位数
	前厅		0.2	
	案内、等候室		1.0	
饮食店	食堂、餐厅、料理店、酒吧等		1.0	座位数
商店	和服、衣料、寝具、家电、厨房、生活用品、食品、书籍、宝石、贵金属、超市等		0.35（包括店铺内通道）	
	连续店铺及商店街的过道		0.25	
文化，集会	美术馆、博物馆、展览室		0.5	
剧场	舞台	戏剧	0.25	
		演唱会	1.0	
		传统戏剧	0.1	
	后台		0.1	
娱乐	围棋象棋		0.7	座位数
	弹子房等		1.5	座位数
	迪斯科、摇滚音乐会		2.0	

注　表中数据来源于日本建筑学会资料。

（3）英国文献 TM19 给出了英国 Approved Document B 和苏格兰技术标准对建筑物使用人员荷载的规定，见表 5.24。

表 5.24　　　　　　　　英国文献推荐的人员荷载指标　　　　　　　　单位：m²/人

建 筑 类 型	面 积 因 子
酒吧、站席区（无固定座椅，密集）	0.3
娱乐商店、集散厅、宾果游戏厅（无固定座椅，不密集）	0.5
展厅	1.5
饭馆、委员会房间、职员房间等	1.0

续表

建 筑 类 型	面 积 因 子
商店零售区	2.0～7.0
办公室	6.0
图书馆	7.0
厨房	7.0
艺术画廊或者博物馆	5.0
工业生产	5.0

（4）新西兰文献《火灾工程设计指南》给出了该国对建筑物使用人员荷载的规定，见表5.25。

表 5.25　　　　　　　　　　　新西兰文献推荐的人员密度指标

建 筑 场 所	人员密度/（人/m²）或（人/m）
机场、行李领取	0.50
机场、大厅	0.10
机场、等候区、检票	0.70
无座椅区或者走廊	1.00
艺术画廊或者博物馆	0.25
酒吧、坐席	1.00
酒吧、站席	2.00
露台、长凳或者类似于长凳的座椅	2.2人/m
教室	0.50
舞厅	1.70
日托中心	0.25
餐饮、酒水和咖啡区	0.80
展览区、商品交易会	0.70
健身中心	0.20
体操馆	0.35
室内游戏区、保龄球场等	0.10
图书馆、书架区	0.10
图书馆、其他区域	0.15
前厅、休息室	1.00
购物中心、用于集散目的场所	1.00
购物中心、用于交通和购物目的场所	0.30
阅读或写作室和休息厅	0.50
饭馆、餐厅和休息厅	0.90
商业区和购物街	0.30

续表

建筑场所	人员密度/（人/m²）或（人/m）
家具、地毯、大型建筑设施商业区	0.10
陈列室	0.20
有固定座椅区域	同座椅数
有松散座椅区域	1.30
有松散座椅和桌子区域	0.90
体育场和看台	1.80
文艺演出舞台	1.30
站立区	2.60
游泳池水面	0.20
游泳池周围和座椅区	0.35
教学实验室	0.20
学校的职员训练室	0.10
睡眠区	同床数
工作、仓储区	<0.50
间歇性活动区	<0.50

（5）美国规范 NFPA101 也给出了不同类型建筑物的人员使用荷载因子，见表 5.26。

表 5.26   **美国 NFPA101 推荐的人员荷载因子**

建筑用途	人员荷载因子/（m²/人）或（mm/人）
公共用途	
人员密集，无固定座位	0.65（净值）
人员稀少，无固定座位	1.40（净值）
条形座椅	455mm/人
固定座位	固定座位数目
等候区域	
厨房	9.30
图书馆书库	9.30
图书馆阅览室	4.60（净值）
游泳池水面	4.60（水面面积）
游泳池护岸	2.80
配有设备的练功房	4.60
未配有设备的练功房	1.40
舞台	1.40（净值）
设有照明和通道的 T 型台、美术陈列室和舞台支架	9.30（净值）

建 筑 用 途	人员荷载因子/(m²/人) 或 (mm/人)
娱乐赌博场所	1.00
溜冰场	4.60
教学用途	
教室	1.90（净值）
商店、图书室和休息室	4.60（净值）
日托用途	3.30（净值）
卫生保健用途	
住院部	22.30
睡眠区	11.10
日间卫生保健用房	9.30
拘留所和监狱用途	11.10
居住用途	
宾馆和宿舍	18.60
公寓	18.60
大型寄宿式用房	18.60
工业用途	
普通和高危工业用房	9.30
特殊用途工业用房	
营业用途	9.30
仓储用途	
库房	
商业用房	27.90
其他仓储用房和营业用房	46.50
商业用途	
街面层的卖场区域	2.80
临街2层以上的卖场区域	3.70
街面层以下的卖场区域	2.80
街面层以上的卖场区域	5.60
仅用作办公区域的楼层或某一区域	见营业用途
仅用作储存、收货和装运的不对外开放的楼层或区域	27.90
购物中心	
候机楼区域	
中央大厅	9.30
候机室	1.40
行李领取	1.90
行李寄放	27.90

5.4.4.2　人员疏散参数的确定

（1）我国规范对人员疏散参数的规定。我国规范对人员疏散参数，如人员尺寸、速度并没有直接予以规定，但是在疏散时间的计算中，间接地提到了一些人员的参数：

1）人员属性。我国《建筑设计防火规范》（GB 50016—2014）条文说明中在进行疏散宽度计算时，对每股人流的宽度按照 0.55m 计算，即考虑人员的宽度为 0.55m。

2）人流通过速度。在《建筑设计防火规范》（GB 50016—2014）条文说明中在进行疏散宽度计算时，对每股人流通过能力规定是：门和平坡地面 43 人/min，阶梯地面和楼梯 37 人/min。

（2）国外疏散软件对人员参数的规定。来自于苏格兰的疏散软件 SIMULEX 用三个圆来代表每一个人的平面面积，精确地模拟了实际的人员，见表 5.27。每一个被模拟的人由一个位于中间的不完全的圆圈，和两个稍小的、与中间的圆重叠的肩膀圆圈所组成，它们排列在不完全的圆圈两侧。SIMULEX 软件的人员行走速度范围 0.8～1.7m/s，如图 5.11 所示。

表 5.27　　　　　　　　　　　SIMULEX 软件不同类型人员的参数

身体类型	体圆半径/m	肩圆半径/m	圆心间距/m
平均值	0.25	0.15	0.10
男性	0.27	0.17	0.11
女性	0.24	0.14	0.09
儿童	0.21	0.12	0.07

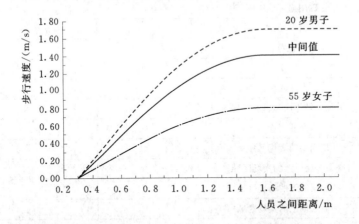

图 5.11　速度与前方人员间距的关系示意图

表 5.28　　疏散出口的最大通行能力

类　别	通行能力 /[人/(m·min)]
平地	89
楼梯/斜坡	70

（3）国外规范对人员疏散参数的规定。英国《体育场安全指南》提供了各种疏散出口的最大通行能力，即：

1）所有经过坐席的路线（包括坐席间横向过道、纵向过道/坡道）和场馆内所有楼梯的最大通行能力为 73 人/(m·min)。

2）其他部分场馆的所有路线（包括集散区）最大通行能力为 109 人/(m·min)。模拟中将疏散出口最大通行能力分为平地和楼梯/斜坡两种情况，见表5.28。

美国规范《SFPE消防工程手册》给出了有效流出系数和步行速度同人员密度的关系，而日本的《避难安全检证法》没有反映这一关系，见表5.29。新西兰《火灾工程设计指南》则更加具体地对各种类型场所给出了人员密度与步行速度，并给出了一般情况下速度与密度的关系，见表5.30。

表 5.29 　　　　　　　　　　　有效流出系数和步行速度数据表

疏散设施	拥挤状态	《SFPE消防工程手册》			日本避难安全检证法	
		密度 /(人/m²)	速度 /(m/min)	流出系数 /[人/(min·m)]	速度 /(m/min)	流出系数 /[人/(min·m)]
楼梯	最小	0.5	45.7	16.4	27(上) 36(下)	60(楼梯有足够容量时,其他情况应通过计算获得)
	中等	1.1	36.6	45.9		
	最优	2.0	29.0	59.1		
	大	3.2	12.2	39.4		
走廊	最小	0.5	77.2	39.4	60 (一般)	80(走廊有足够容量时,其他情况应通过计算获得)
	中等	1.1	61.0	65.6		
	最优	2.2	36.6	78.7		
	大	3.2	18.3	59.1		
对外出口					60(一般)	90

表 5.30 　　　　　　新西兰《火灾工程设计指南》人员密度与步行速度的关系

人员密度/(人/m²)	最大速度/(m/min)	人员密度/(人/m²)	最大速度/(m/min)
0.5	73	2.5	28
1.0	62	3.0	17
1.5	50	3.5	6
2.0	39		

5.5 几种特殊建筑形式的消防性能化设计

5.5.1 机场航站楼建筑的消防性能化设计

一般情况下，机场具有完善的管理机制和较好的管理水平，很少发生火灾。可是，一旦发生火灾，即使是小规模火灾，也会造成重大的社会影响，甚至影响到国家形象。

我国目前尚没有正式颁布专门针对航站楼建筑的消防设计规范，只能按照《建筑设计防火规范》（GB 50016—2014）设计。但是，由于机场航站楼建筑固有的人流交通场所的特点，其运营和设计目标与消防安全设计之间存在潜在的冲突，例如：

（1）从航站楼的功能及建筑设计效果出发，航站楼需要建成高大空间，但是却难以进行防火分隔，疏散距离也难以限制在规范允许的范围之内。

（2）为保证飞机的安全，机场有严格的安保措施，并有严格的分区限制（例如国际与国内的分隔、空侧与陆侧的隔离），这些措施导致人员无法就近疏散。

（3）候机厅、办票大厅设置商业、餐饮设施，是国内外各机场营运的通常做法，如何保证这些区域的消防安全，我国现行规范并无明确规定。

由于航站楼建筑的消防设计存在前述众多困难，采用常规消防设计已经难以实施，因此性能化的消防设计开始普遍应用于航站楼建筑，诸如：英国斯坦斯特德机场、英国希思罗机场 5 号大楼、日本关西机场、马来西亚吉隆坡国际机场、美国肯尼迪机场 4 号大楼、我国香港赤蜡角新机场、北京首都机场、武汉天河机场、长沙黄花机场、南昌昌北机场、广州白云机场、天津滨海国际机场、重庆机场、新疆乌鲁木齐地窝堡国际机场、云南昆明机场和西安机场等。

5.5.1.1　航站楼建筑常见的消防问题

新建的航站楼建筑均有追求高大、通透的取向，与规范限制空间大小的思路发生碰撞，带来了一系列消防问题，见表 5.31。

表 5.31　　　　　　　　　　　　　　　主要消防安全问题一览表

序号	问　　题	规　范　要　求
1	高大空间防火分区面积超过 5000m²	对于一、二级耐火等级多层建筑每个防火分区最大允许建筑面积为 2500m²，设有自动灭火系统的防火分区，其允许最大建筑面积为 5000m²
2	高大空间疏散距离超过 40m	位于两个安全出口之间的房间门至最近的外部出口或楼梯间的最大距离为 40m
3	利用登机桥为疏散设施	我国规范对于以登机桥作为疏散设施无明确规定
4	高大空间大空间内房中房消防保护措施	设置排烟系统
5	高大空间烟控系统设计	公共建筑中经常有人停留或可燃物较多且建筑面积大于 300m² 的地上房间、长度大于 20.0m 的内走道应设置排烟设施。 排烟口的净面积宜取该场所建筑面积的 2%～5%。 机械排烟设置的相应要求
6	高大空间钢结构防火涂料喷涂范围	各级耐火等级建筑各类建筑构件的耐火等级

5.5.1.2　消防性能化解决策略

（1）关于防火分区面积扩大的问题。航站楼可燃荷载呈分散分布，发生火灾大范围蔓延的可能性极低；空间开阔，火灾可以在早期被及时发现而扑灭或采取其他措施；空间高大，烟气在高空形成烟气层，难以对下部人员产生威胁。由于航站楼建筑自身的这些特点，通过采用下述措施，可以在防火分区面积扩大的情况下避免火灾的大范围蔓延：

1）根据建筑的结构特点、布局形式、使用功能、疏散流线尽可能划分防火分区。

2）采用自动喷水灭火系统对房间内的火灾危险源（商业、餐饮、商务贵宾候机、头等舱候机、母婴候机、吸烟室、办公区等）进行保护；采用自动喷水灭火系统对夹层旅客到达廊道进行保护；

采用自动喷水灭火系统对行李提取厅、行李分拣厅和迎客大厅进行保护。

3）通过具备一定宽度的通道，将办票岛、商铺、贵宾厅、座椅、安检设备等火灾荷载分隔成若干独立的"燃料岛"，以防止火灾的大范围蔓延。

4）高大空间与其他防火分区之间应当按照国家规范进行防火分隔。

（2）关于疏散距离超长的问题。由于航站楼建筑自身的特点，人员难以受到烟气的威胁，通过采用下述措施，可以在疏散距离限制适当放宽的情况下保证人员疏散的安全性。

1）增加疏散出口的数量、调整疏散出口的布局，参照《生命安全规范》（NFPA101）12.2.6 "公共建筑出口的布局安排应使从该区域内任一点到达出口的疏散距离总长≤200ft（61m）"限制疏散距离。

2）利用登机桥楼梯的出口作为疏散出口，可以为候机厅、旅客到达廊道内人员提供多个疏散方向、充足的疏散宽度并有效缩短疏散距离。

3）采用自动喷水灭火系统对房间内的火灾危险源进行保护；采用自动喷水灭火系统对夹层旅客到达廊道进行保护；采用自动喷水灭火系统对行李提取厅、行李分拣厅和迎客大厅进行保护。

4）通过烟控系统延缓烟气层的下降时间，在人员疏散行动过程中始终维持一定高度的清洁空气层，保证人员疏散安全性。

5）在出发大厅内发生较大规模火灾的情况下，取消空陆隔离措施，工作人员对旅客进行适当引导，使其能够就近疏散。

（3）关于烟控系统设计的问题。

1）高大空间。高大空间自身具有极强的蓄烟能力、可以有效地稀释烟气的浓度和温度。采用自然排烟或者机械排烟可以有效地排出火灾烟气、延缓烟气层的下降时间，为人员疏散提供充足的疏散可用时间、为灭火救援者提供一个可以进入建筑内部的条件。烟控系统设计参数应当通过 CFD 模拟验证，应当考虑补风系统的设置。感烟探测系统应可有效避免"热障效应"，在系统选型时应考虑地区气候差异对探测器的影响。

2）房中房。对于面积较大的房中房，比较好的方案是采用开放舱或者封闭舱的概念，确保火灾烟气能够被有效地排除到室外且不影响室内其他区域。以首都机场 T3 航站楼为代表的重大项目均采用此方案。

对于面积较小的房中房，单独设置机械排烟存在一定困难，可以采用自然排烟的方式，将烟气排出到大空间，由大空间进行排烟。这种方案在一些地方机场航站楼项目上有所采用，应当进行 CFD 模拟验证，对这种方式对大空间的影响进行分析。

3）其他区域。除高大空间外的其他区域，应按照规范的要求设置自然排烟或者机械排烟。

（4）关于钢结构防火保护的问题。超过一定高度的钢结构，虽然受到火灾羽流威胁，但是温升不超过判定标准，不需要进行防火保护；低于此高度的钢结构需要进行防火保护。性能化防火设计内容主要包括以下几个方面：

1）根据消防安全总体目标，参照有关规范要求，确定不同部位钢结构的耐火极限要求；根据建筑布局、使用功能以及火灾危险性特点等，确定结构性能化防火分析重点。

2）根据建筑布局及结构特点，设置对结构最不利的火灾场景；进行火灾模拟及环境温度场分析，确定结构体系的周边环境温度状况。

3）钢结构体系在设计火灾场景下的构件升温计算，确定结构体系内构件的最大升温及体系温度场分布特征。

4）钢结构体系在危险火灾场景下的结构反应计算，分析火灾时荷载工况组合下结构整体的响应特性及耐火性能，识别火灾影响的关键区域和构件，确定结构体系的防火保护范围及其措施和建议。

5）根据火灾危险性分析，选取具有较高结构火灾风险的关键区域进行抗火承载力验算，提出具体的防火保护措施。

（5）采用登机桥作为疏散出口。在国内外新建的大型机场航站楼中，使用登机桥的固定连接天桥疏散是航站楼消防疏散一般性策略的组成部分。在每个固定连接天桥远离航站楼的远端转换平台处，有一个 1.2～1.5m 宽的通向停机坪的完全开敞的钢梯。从航站楼的二层候机厅和夹层到达廊道，沿着固定连接天桥，可以分别到达这些楼梯。这些固定连接天桥只用于人员流通，因此火灾荷载很小。

综合国内各项目的经验，对登机桥应采用如下消防措施：

1）登机桥疏散出口门应采用丙级防火门，平时不得使用机械锁具将其锁闭，火灾时应联动开启。

2）登机桥固定连接桥处设置光电感烟探测器。

3）登机桥固定连接桥不安装喷淋系统。

4）登机桥疏散钢梯不小于 1.2m 宽。

5.5.2　体育馆建筑的消防性能化设计

体育馆是室内建筑，虽然规模相对于体育场较小，但仍可算作是庞然大物。例如中国国家体育馆可以容纳 1.9 万名观众，北京五棵松体育馆可以容纳 1.8 万名观众等。体育建筑的突出特点是人员密集、空间高大。除了比赛大厅、训练大厅、休息大厅等大空间场所，一般区域的排烟设计都可以依据常规规范进行设计。但是对于体育建筑中的高大空间，其排烟设计，特别是排烟量的确定，一直是困扰设计人员的一个主要问题。

在常规的排烟设计中，体育场馆高大空间的排烟量设计主要参照规范对中庭排烟量的要求进行设计。对于体育场馆内的超大空间按照上述方法计算得出的排烟量往往非常大，给设计与施工带来很大的难度，设计人员也常对如此大排烟量的必要性产生疑问。

由于性能化设计的突出优点，目前其已被广泛应用于奥运场馆的工程设计中。据不完全统计，北京新建的 9 个奥运体育馆中的 8 个都采用了性能化设计。

5.5.2.1　采用"处方式"设计的体育馆烟控系统

我国规范对机械排烟的规定是当前消防设计人员进行排烟量设计的重要依据。但是，在实际应用中该规定存在一定的局限性。主要体现在以下几个方面：

（1）没有考虑火灾荷载的大小。可燃物多、火灾规模较大，排烟量也应该较大；反之，则火灾规模较小，排烟量也应该较小。同样是中庭，可燃物少、仅作为人流通道的中庭，与每层布满各种各样商铺的中庭，如果都采用同样的排烟量显然是不合适的。

（2）排烟量与防烟分区的面积成正比。按照这个逻辑，在被保护区域的可燃物数量和分布等条件不变的前提下，仅仅缩小防烟分区面积就可以降低设计排烟量，显然是不合理的。

（3）没有考虑储烟仓的高度。储烟仓的高度越小，排烟效率越低，甚至会造成"抽漏"现象。

（4）没有考虑清晰高度。需要的清晰高度越高，对烟控系统的排烟能力要求就越高；反之，对烟控系统的排烟能力要求就越低。

（5）没有考虑大空间建筑，只能套用中庭的规定进行设计。大空间建筑无论是从高度、体量、形状、可燃物的位置及数量等，都与中庭有着较大差异，仅按照空间体积设计排烟量显然是不具有强大说服力的。

（6）体育馆的体积一般较大，参照中庭排烟量的规定设计的排烟量非常大，实际工程中实现困难。

除此之外，还存在一些规范未涵盖的、或没有明确规定但是非常重要的方面，例如：

（1）对于高度超过 6m 的空间是否有必要划分防烟分区，如何划分防烟分区。

（2）当采用自然补风时，对自然补风量或补风口的面积没有明确的要求。

（3）在消防设计中，排烟系统不是一个完全独立的消防系统，它与其他消防系统密切相关。对于一个配备了自动灭火系统的空间和一个没有灭火系统的空间来说，可能的火灾规模是不一样的，因此排烟量的设计也应该有所不同。另外，排烟系统采用不同火灾报警联动控制方式，排烟的效果也会有很大的不同。

因此，有必要针对目前排烟设计方法的局限性进行深入的研究和讨论，以解决体育馆中的排烟设计问题。

5.5.2.2 基于性能化设计的体育馆烟控系统

在性能化设计时，一般先采用 NFPA 92B 为依据，进行烟气控制系统的初步设计，然后通过 CFD（Computational Fluid Dynamics）软件对火灾发展过程及烟气控制过程进行数值模拟计算，验证初步设计所达到的烟气控制效果，并及时对初步设计的烟气控制系统及其参数进行调整，以满足设计要求并确定最终的烟气控制系统及其设计参数值。

5.5.2.3 体育馆烟控系统计算过程

（1）火灾规模的确定。

1）使用用途对火灾规模的影响。体育馆的用途除了作为体育比赛，还经常作为文艺演出之用，例如舞台，这将导致火灾荷载的大幅度增高。在进行性能化设计时，务必事先向业主调查清楚该体育馆今后可能的使用用途，根据用途来预设火灾规模。如果用途不确定，应当设计为可能的、最大的火灾规模。

2）自动灭火设施对于火灾规模的影响。现阶段，应用最广泛的自动灭火设施是自动喷水灭火系统。我国规范规定设置自动喷水灭火系统的防火分区面积可以扩大一倍，事实上是认可了自动喷水灭火系统对于控制火灾规模、火灾蔓延的作用。对于自动喷水灭火系统，其火灾规模的计算方法已经得到了广泛的国际承认。即认为设有自动喷水灭火系统的场所，喷淋系统启动后火灾规模将不再进一步发展、增加，假设喷淋系统的启动可以控制火灾规模，但不减少热释放率，这是个非常保守的假设，目前性能化分析中常常采用这一原理确定火灾规模。性能化设计中经常采用诸如 FPETool 之类的软件计算喷头的动作时间，从而推导出喷头动作时刻火灾的最大规模。其规律是，建筑高度越低、喷头的响应时间指数（RTI）越小、喷头间距越近，喷头动作越快，相应地，火灾规模也就越小。可以利用这个规律，通过调整自动喷水灭火系统的设计参数来实现对火灾规模的控制。

近年来，还出现了包括智能消防水炮和大空间智能灭火装置的新兴自动灭火设施。我国现有的消防技术规范仅规定了 12m 以下空间的设计参数，对于 12m 以上则未作明确规定，难以满足日益增长的建筑工程防火设计需要。对于建筑高度较高的室内大空间，特别是体育馆，目前仅靠室内消防栓系统及移动式灭火器材，自动灭火问题一直没有得到解决。智能消防水炮和大空间智能灭火装置的出现，则有效地解决了体育馆及其他高大空间的自动灭火问题。

但是，必须指出的是，采用智能消防水炮和大空间智能灭火装置时，与采用自动喷水灭火系统不同，没有得到国际广泛认可的火灾规模计算方法。目前计算中主要还是借鉴自动喷水灭火系统以喷头动作时间确定火灾规模的方法，以智能水炮/大空间智能灭火装置出水时间确定火灾规模。

3）座椅火灾规模的确定。看台区的火灾荷载主要为座椅。目前的座椅材料一般都添加阻燃成分，具有自熄性，即离开火焰立即熄灭。因此，坐席区发生大规模火灾蔓延的可能性较小。根据 NFPA92B，有扶手的座椅最大热释放速率为 160kW。一般保守地选择一排座椅同时发生燃烧时的规模，最大热释放速率选取 2.5~3MW。

4）媒体区火灾规模的确定。媒体区包括转播设备以及桌椅，火灾危险性较大。比赛大厅如设有智能水炮系统/大空间智能灭火装置保护，大范围蔓延的可能性较小，一般考虑一个转播席位发生火灾。根据每个转播席位的可燃荷载可以确定其热释放速率，一般介于 3~4MW 之间。如果没有设置智能水炮系统/大空间智能灭火装置保护，则应当适当考虑火灾蔓延导致火灾规模增大的可能性。

（2）清晰高度的确定。清晰高度，即清洁层空气的高度，也即轴对称型烟羽流的烟气生成量公式（参见 NFPA92B）中的 z。由该公式可知，清晰高度 z 与烟气的生成量 M_p 成正比，清晰高度越高、需要的排烟量也就越大。该公式反映了基于烟气羽流计算的性能化设计与基于面积、体积的"处方式"常规设计的本质不同。对于同一个建筑，如果要求烟控系统提供的清晰高度更高，则必然要求排烟量更大，这是符合一般逻辑规律的。而按照常规设计，当底面积一定时，排烟量就固定了，无法根据清晰高度的不同去确定不同的排烟量。

清晰高度的确定是非常关键，它直接确定了最终排烟量的大小。一般按照体育馆观众停留的最高位置再加上一个人的平均身高确定。例如，观众停留的最高高度为 20m，则清晰高度取为 21.8m。由于体育馆的设计千差万别，其观众停留的最高位置也各不相同，因此其最终的排烟量也有非常显著的差别。

（3）烟控系统参数的初步确定。确定了建筑高度、清晰高度、火灾规模，根据文献［9］提供的烟气控制计算公式即可初步确定烟气的生成量。令排烟量等于烟气的生成量即可确定排烟量。

（4）补风系统参数的确定。我国规范对于地上建筑的补风，没有提出明确要求。但是，如果排烟量过大，建筑缝隙的补风将不足以满足排烟的需要，这将直接导致排烟的不足。因此，对于体育馆及其他大空间建筑，排烟量较大，应相应设置补风。补风可以采用机械补风或自然补风的方式提供，也可以采用两者相结合的方式。

补风具有双面性，它一方面会起到助燃的作用，另外一方面又是排烟不可或缺的条件，因此对于补风系统的设置一定要慎之又慎，宁缺毋滥。要注意补风口的位置，尽可能布置在空间的下部，切忌布置在空间的上部，特别是严禁布置在储烟仓内，以避免补风对烟气层的扰乱。补风风速过大，既会影响疏散人员的行走，又会导致火焰歪斜引起蔓延，还会扰乱烟气羽流的上升过程形成大范围的湍流。为了克服上述影响，建议补风风速 $2\sim3$ m/s，最大不超过 5 m/s。对于补风量，我国规范对于地下建筑，明确要求是排烟量的 50%，不足部分由缝隙补足。对于地上建筑，缝隙补风的能力显然要强于地下建筑，因此仍旧参照排烟量的 50% 设置补风是可行的。

5.5.2.4　用 CFD 软件对烟控系统初步计算进行验证和优化

（1）用 CFD 软件验证烟控系统初步计算。基于烟气羽流的烟控系统计算公式已经有几十年的历史了，得到了国际上的消防工程学学者和消防设计人员的广泛认可。但是，来自于试验的经验公式，其适用范围是有很大局限性的，一旦条件改变，计算结果将与实际情况产生较大偏差。

通过 CFD 软件，可以对设定的火灾场景进行模拟，以获得对火灾发展过程的预测。必须指出的是：CFD 软件的预测结果仍旧不能被称为实际的烟气蔓延结果，它仅仅反映了一种可能的规律性的结果，即产生这种结果的可能性较大。与不能盲目相信基于烟气羽流的烟控系统计算公式一样，不可过于相信 CFD 软件的预测结果，应当为设计赋予一定的安全系数，在参数取值时也应当尽量保守地选取。

（2）用 CFD 软件对烟控系统初步计算进行优化。

1）对排烟量的优化。基于烟气羽流的烟控系统计算公式的思路是首先计算烟气的生成量，再令排烟量等于烟气生成量，即排烟量与烟气生成量达到动态平衡。在计算中，经验公式忽略了火灾规模的增长过程，亦忽略了烟气水平扩散的过程，这个过程发生在火灾发展的前期。而消防设计考虑的恰恰是这一阶段，因为人员疏散主要发生在这一阶段。一方面，由于火灾规模是逐渐增长的，烟气的生成量也是逐渐增长的，因此烟气的生成量并不是瞬间达到最大值，而排烟量则可以迅速达到最大值；另一方面，烟气上升到顶棚后，通过顶棚射流横向流动并填充储烟仓是需要时间的，特别是大空间，由于体量巨大，这个时间更加不可忽略。因此，在一般情况下，按照经验公式计算所获得的初步设计结果都是可以优化缩减的。

由表 5.32 可见，经过性能化设计优化并验证的排烟量较按照规范计算出来的排烟量，缩小了许多，既保证了安全、又节约了设备造价和维护成本。对比按照烟气羽流计算所获得的初步计算结果与经 CFD 优化验证的结果，后者有了不同程度的降低。这既说明优化的可行性和必要性，又说明了优化结果的参数敏感性。因此，应当尽可能在保证项目消防安全性、提供充分安全裕量的前提下，对基于烟气羽流计算公式的计算结果进行充分的优化验证，将烟气羽流计算结果作为定性分析工具、定量分析的初始值，而将经过 CFD 优化验证的结果作为最终设计取值，以最大限度地实现消防安全与业主经济利益的统一。

表 5.32　　　　　　　　　　　　　奥运体育馆排烟量的优化统计表

序号	体育馆名称	用途	按照国家规范的常规设计		性能化设计			
			体积 /m³	排烟量 /(m³/h)	建筑高度 /m	清晰高度 /m	初步设计排烟量 /(m³/h)	优化后排烟量 /(m³/h)
1	北京五棵松体育馆	篮球	4.5×10^5	1.8×10^6	35.5	27.5	8.7×10^5	4.4×10^5
2	北京大学体育馆	乒乓球	约 1.4×10^5	5.6×10^5	33.0	18.9	485083	3×10^5
3	北京工业大学体育馆	羽毛球	约 1.2×10^5	4.8×10^5	26.0	15.0	477898	2.5×10^5

2）对控烟分区的优化。体育馆及许多高大空间，高度远胜过 6m，是否就不需要划分防烟分区呢？首先，对于高大空间，烟气的顶棚射流一般为空间高度的 10%～20%，常规的挡烟垂壁一般为 0.5～0.8m，高度根本就不足以阻挡大空间烟气流动。其次，如果不划分防火分区，则整个大空间作为一个防烟分区在发生火灾时排烟系统同时启动，那么距离火源点较远的排烟口的排烟效率将会很低。因此，建议对那些地面面积相对较小的体育馆及其他大空间建筑，可以不必划分防烟分区，而对那些地面面积相对较大的体育馆及其他大空间建筑，则最好能够划分防烟分区。当然，挡烟垂壁的高度要按照建筑空间高度的 10%～20% 选取。

对于那些既无法设置挡烟垂壁、又无法设置挡烟垂帘的场所，基于 CFD 技术通过对模拟效果的对比，可以采用设置虚拟控烟分区的方案。即不采用实体的挡烟垂壁来划分防烟分区，虚拟地将空间划分为一定数量的控烟分区，在各分区分别设置一定的排烟设施，当某个区域发生火灾时，通过开启若干控烟分区内的排烟设施，达到控制烟气蔓延的目的。虚拟控烟分区，并不可能将烟气完全限制在某一区域，但是这个概念的提出，有助于优化配置排烟资源，提高排烟效率，相对于完全不划分防烟分区的方式，是一个有益的尝试。虚拟控烟分区的设计理念，已经在北京五棵松体育馆（奥运会篮球馆）、中国国家博物馆的消防性能化设计中得到了良好的应用。下面以北京五棵松体育馆为例，简述虚拟控烟分区的实现。

北京五棵松体育馆比赛大厅具有两个显著特点：与休息大厅连通和体积巨大。体育馆的体积达到了 $4.5 \times 10^5 \mathrm{m}^3$，按照规范关于中庭的要求，则需要 $1.8 \times 10^6 \mathrm{m}^3/\mathrm{h}$ 的排烟量。如此巨大的排烟量，实现起来是相当困难的，即使能够实现，其所耗用电量也将是惊人的。

在性能化设计中，首先根据 NFPA92B 进行排烟系统以及补风系统的初步设计。计算中，设计清晰高度为比看台观众站立的最高点高 2m 的高度，所获得的排烟量为 87 万 m^3/h。

经过 CFD 验证和优化，最终的比赛大厅、休息大厅烟控系统设计方案为：①比赛大厅、休息大厅作为一个整体；②在体育馆顶部设置排烟口，休息大厅不再另行设置排烟口；③设置 9 台风机，均匀布置在体育馆的顶部，总排烟量 44 万 m^3/h；④借用空调的送风管道进行补风，补风量为排烟量的 50%。

3）对补风系统的优化。对补风系统的优化，亦是烟控系统设计的重要组成部分。在建筑的流场中，除了有内外空气的压力差、排烟所造成的压力差之外，还存在火源所造成的热压力，真实的补风量是不易获得的。通过 CFD 软件所提供的点、面监测功能，可很准确地知道补风口的风速，进而对补风口的面积进行调整。

较大的排烟量，对应着较大的补风量。大量补风持续地流入建筑的内部流场，会极大地改变烟气的上升规律。常规设计难以清楚这个过程，而通过 CFD 软件的模拟效果，可以尝试了解热烟气、低温补风的流动和混合规律，从而对破坏烟气上升的流径加以避免。例如，在北京五棵松体育馆的烟控系统设计中，性能化工程师就明确指出"除着火区域附近看台机械补风关闭外，其他区域的机械补风均开启"。

5.5.3　剧院建筑的消防性能化设计

经济的发展，必然带来文化事业的发展，相应地，各地都兴建了一些新型的剧院组合建筑。剧院建筑在消防方面存在的固有问题是观众厅的防火分区面积超过规范规定却难以进一步划分、观众厅的人员需要借用休息厅进行疏散。组合式剧院的出现，更加大了问题的严重性。比较典型的组合式剧院建筑是国家大剧院和天桥文化艺术中心，国家大剧院组合了歌剧院、戏剧院和音乐厅，天桥文化中心则组合了 1600 座大剧场、1000 座中剧场、400 座小剧场、300 座多功能厅。

5.5.3.1　通过性能化解决的消防问题

多个剧场组合在一起，构成一个组团建筑，其防火设计主要问题体现在防火分区、人员疏散、消防系统设置等，详见表 5.33。

表 5.33　　　　　　　　　拟进行消防性能化设计的主要消防安全问题一览表

序号	问　　题	规　范　要　求
1	将休息厅作为准安全区，各观众厅防火分区安全出口开向休息厅准安全区	规范无准安全区的概念，仅有安全出口定义： 安全出口，供人员安全疏散用的楼梯间、室外楼梯的出入口或直通室外安全区域的出口
2	观众厅、准安全区防火分区面积超大	一级、二级耐火等级建筑防火分区的最大允许建筑面积为 2500m²。 注：建筑内设置自动灭火系统时，该防火分区的最大允许建筑面积可按本表的规定增加 1.0 倍。局部设置时，增加面积可按该局部面积的 1.0 倍计算
3	楼梯出口设置在准安全区内，距离室外出口距离超过 15m	楼梯间的首层应设置直通室外的安全出口或在首层采用扩大封闭楼梯间。当层数不超过 4 层时，可将直通室外的安全出口设置在离楼梯间小于等于 15m 处
4	准安全区内各层最远点距离本层安全出口疏散距离超长	高层建筑位于两个安全出口之间的房间门至最近的外部出口的最大距离为 40m

5.5.3.2　性能化的解决方案

在剧院建筑中，观众厅的防火分区面积超大问题、无法设置直接对外出口问题，不通过性能化设计，很难解决。而性能化设计是如何解决呢？性能化设计解决剧院建筑的消防问题主要是靠两种手段来解决。

（1）引入准安全区的概念。在这种组合建筑中，解决疏散问题的最有效的方法就是将各个厅室之间的共享空间设计成为准安全区。一旦共享空间可以作为准安全区，则相邻厅室可以将通往准安全区的出口定义为疏散出口、在准安全区内的行走距离可以适当放宽，绝大部分消防问题都可以迎刃而解。

共享空间如何达到准安全区的水平呢？有的人认为既然是准安全区，就不用设置消防设施了。其实不然，所谓准安全区是有前提条件的安全区。准安全区还是存在可燃荷载、具备起火的可能性的，只是即使发生火灾，也不会发生大规模的火灾蔓延、不会对人员产生威胁。既然存在着火的可能性，就一定要设置消防设施，而且还应当全面地防控。

一般将可燃物较少的大空间区域作为准安全区，它可以自然地稀释烟气的浓度和温度。

（2）加强消防措施：

1）准安全区。对于准安全区，应当从以下几个方面进行全面的保护：

a. 地上部分的顶棚、墙面应采用 A 级装修材料，其他部位应采用不低于 B1 级的装修材料；地下部分的顶棚、墙面和地面的装修材料应采用 A 级装修材料。

b. 仅作为人流交通场所，不得作为商业用途场所，可以设置火灾荷载密度较低、产烟量较低、烟气毒性较小的休息座椅、绿色植物等。

c. 各观众厅、其他使用功能区与休息厅之间应当按照规范进行防火分隔。

d. 采用自动灭火系统/大空间智能灭火装置对观众厅、休息厅、回廊等区域进行全面保护，限制火灾的规模，避免火灾的大范围蔓延。

e. 休息厅通高部分在顶棚设置机械排烟；各层回廊、休息厅地下部分单独划分为防烟分区设置机械排烟；首层入口大门自然补风。

通过上述措施，可以保证休息厅自身火灾危险性较低。即使发生火灾，也可以保障人员疏散的安全进行。因此，可将休息厅作为人员疏散的准安全区，供其他区域人员进行疏散。

2）观众厅：

a. 采用自动灭火系统/大空间智能灭火装置对观众厅进行全面保护，限制火灾的规模，避免火灾的大范围蔓延。

b. 机械排烟应当满足最高处人员的清晰高度的要求。在火灾烟气规律模拟计算中，应当分别对池座、楼座设定火灾场景。在疏散模拟计算中，应采用全楼模型进行模拟，以充分评估疏散途径的容纳能力。

c. 合理设置补风，既要满足顺畅排烟的需要，又要满足不吹散火羽流、不助燃。

5.5.3.3　特殊的消防措施

对于剧院建筑，由于顶排的人员所处位置较高、顶部蓄烟空间较小，烟控系统经常难以满足人员清晰高度的要求。在性能化设计中，可以采取一些特殊的措施来满足安全疏散的需要。

（1）利用吊顶之上空间排烟。当吊顶下部由于储烟空间不足而导致人员疏散面临威胁之时，可以考虑将吊顶上部的闲置空间利用起来作为储烟仓。排烟口设置在吊顶上部空间内，在吊顶上开设一定数量的孔洞，以便烟气能够顺畅流入排烟口所在空间内，这就是所谓的"过烟孔"。在常规设计中，并没有确定"过烟孔"面积及其位置的办法，而性能化设计将轻松地解决这类问题。下述即为通过 CFD 软件确定"过烟孔"面积及其位置的成功案例。

原建筑设计单位在吊顶中部开有用于布置灯光的条状开孔三条，洞口面积为 $109m^2$，如图 5.12

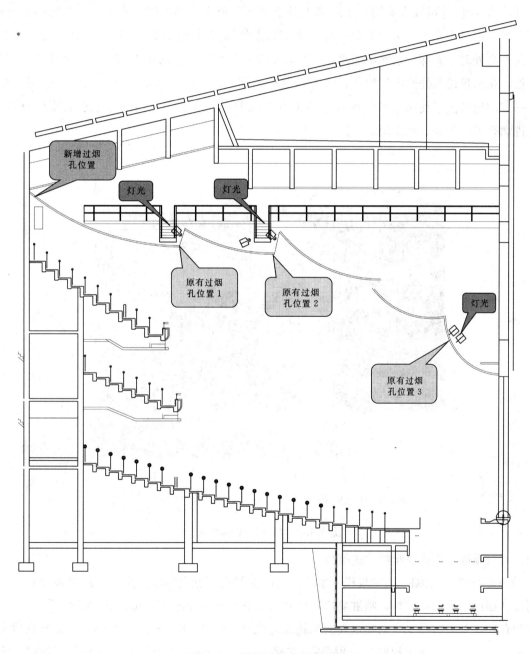

图 5.12　增设过烟孔纵剖面图

所示。这些条状开孔将吊顶上下部空间连通，自然构成过烟孔，火灾烟气可以通过这些过烟孔进入到吊顶上部。经过模拟验证，原设计过烟孔难以满足烟气顺畅进入吊顶上部空间的目的，因此应当在适当位置增加过烟孔。根据吊顶的倾斜波浪状特点以及烟气流动规律，建议在吊顶最高位置处增加开设过烟孔，开设宽度为 2m，面积为 21m²。

图 5.13 为 CFD 模拟计算的能见度云图（图中黑色为能见度达到临界指标的区域；红色为能见度超标区域），由图片可知火灾烟气从底部上升到吊顶后形成顶棚射流，由于吊顶具有一定的坡度，除少部分烟气通过烟孔流入吊顶上部空间，大部分烟气顺着吊顶的坡面继续向高处蔓延。当烟气蔓延至吊顶最高处时，大部分烟气都能通过最高处增设的过烟孔进入吊顶上部空间，并由排烟口排出。由此可见，在吊顶最高处开设过烟孔，一方面避免了烟气在吊顶下部蓄积从而威胁到楼座人员的安全，另一方面也解决了使烟气顺畅流入吊顶上部的问题，吊顶上部空间的蓄烟能力得以有效利用，提高了排烟系统的效率，从而使烟气控制效果较好。

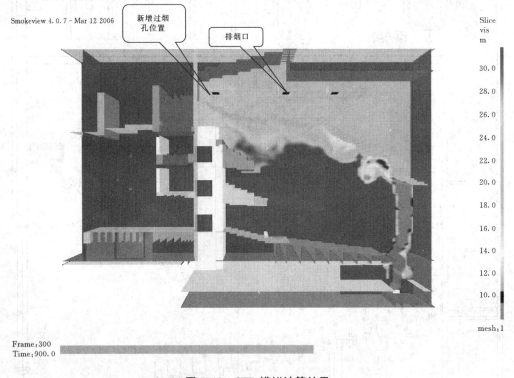

图 5.13　CFD 模拟计算结果

（2）对自动喷水灭火系统的改进措施：

1）加密喷头间距以缩小火灾规模。鉴于缩短喷头与火源点之间的距离，可以有效缩短喷淋的响应时间，从而减小火灾的规模，喷淋响应时间和火灾规模可以通过 FPEtool 软件进行计算。

某观众厅，如果按照《自动喷水灭火系统设计规范》（GB 50084—2001）中正方形布置喷头（边长 3.6m），可以计算出火灾规模为 1.8MW；在修改后的设计中，观众厅所有区域都可被以喷头为圆心、1.77m 为半径的圆所覆盖如图 5.14 所示，火灾规模降低为 1.3MW，考虑 1.2 倍的安全因子为 1.5MW。

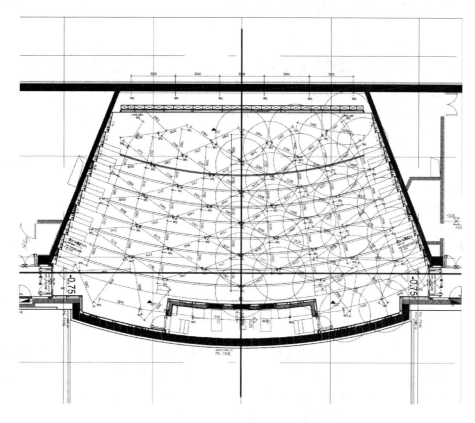

图 5.14　某观众厅顶棚喷淋分布示意图

2）对侧墙面的保护措施。假设观众厅属于中危 I 级，喷水强度 6L/（min·m²），按照规范的要求，喷头与端墙的最大距离为 1.8m。在上述观众厅中，喷头距离墙面 1.47m 布置，以保证所有墙面距离喷头的间距小于 1.77m。缩短喷头与端墙的距离，以尽可能早期抑制发生在侧墙上的火灾，从而降低墙面发生纵向火灾蔓延的可能性，以降低发生大规模火灾的概率。

5.6　实验验证

性能化设计对建筑的评估，是基于数值模拟计算的结果产生的。如果实际发生火灾，火灾烟气是否如模拟结果那样能够被顺畅地排出呢？同样的，在性能化设计中引入的一些新的做法、新的产品，在火灾中是否能够实际发挥作用呢？当然，我们不可能真正地制造一起火灾去进行验证，但是我们可以通过实体火灾试验来对新技术、新设计进行验证。下面，介绍几个有代表性的验证试验，有新式的玻璃防火分隔有效性、大空间排烟效果、座椅火灾特性、隧道探测与灭火联动、奥运火炬热辐射影响等验证试验。

5.6.1　水保护钢化玻璃用于防火分隔的实验验证

1. "准安全区"概念引入玻璃作为防火分隔

从视觉效果、舒适性出发,现代商业建筑大量引入中庭。一些不规则的洞口难以采用防火卷帘分隔。如果能够用玻璃来进行防火分隔,这个问题就可以迎刃而解。但是,防火玻璃和钢化玻璃加喷淋保护作为防火分隔的方式却没有得到我国规范认可。不过,以防火玻璃或者钢化玻璃加喷淋保护进行防火分隔的方式却得到 NFPA101 的认可——NFPA101 8.3.3.5 条指出:"在耐火极限要求为 1h(含)以下的防火隔断中允许使用防火玻璃,但应具有与该隔断所安装位置相符的耐火等级的认定型式。"

在中庭采用玻璃进行防火分隔,其前提应当是中庭能够达到"准安全区"的水平,否则一旦火灾失控后果不堪设想。此思路来源于 NFPA101 第 8.6.7 条:"除第 12 章至第 42 章明文禁止的以外,下列情况允许设置中庭:

1)用耐火至少 1 小时的防火隔断将中庭和邻近区间分开,且走廊墙壁上的开口做了防火保护,下列情况除外:(a)……(c)当满足下列条件时,玻璃幕墙和不可开启的窗户允许作为防火隔断使用:①自动洒水喷头沿玻璃幕墙和不可开启的窗户两侧分散布置,间距不大于 1.83m;②自动洒水喷头与玻璃墙的距离不超过 0.305m,当喷头启动时能打湿玻璃的整个表面;③玻璃应是钢化玻璃、嵌丝玻璃或迭层玻璃,并以填充系统定位,使喷头开启前,框架系统即使变形,也不会打碎(加负荷于)玻璃;④靠中庭一面无走廊和其他楼层区域时,则靠中庭一侧不需布置喷头。

2)允许出口通道在中庭内,并允许出口场地设在中庭内。

3)该空间用途符合低或普通危险等级分类。

4)整幢建筑安装有经检测合格的受监控的自动喷水灭火系统。

5)除经批准的现有中庭外,均需进行工程分析,以表明建筑设计可在预计疏散时间的 1.5 倍或者 20min 内(取大值)保持烟层界面高于通往相邻空间的未保护开口的最高点或高于开向中庭的出口通道的最高层楼面 1.83m。"其原理如图 5.15 所示。

2. 中庭防火分隔方式的对比

对于中庭,我国规范认可的防火分隔方式,除了防火墙外主要是防火卷帘。规范不涵盖,但在实际工程中采用的方式主要有受喷头保护的钢化玻璃和防火玻璃两种方式。不同方式的特点对比参见表 5.34。

3. 实验验证

(1)项目概况。北京某高档商业购物中心,由剧院、电影院、商场、俱乐部、酒店等几部分功能组成,占地 33630m²,总建筑面积 205282m²。其中:地上 92994m²,地下 112288m²。建筑地上部分层数为:剧院 3 层,商场及俱乐部 5 层,酒店 18 层,地下部分共 4 层。该购物中心包括一个连通地下一层、首层、二层、三层和四层的中庭。中庭上有很大的天窗屋顶,中庭面积约 36597m²。中庭顶部最低处约为 30m,局部地方接近 40m。中庭呈一个长弯弓型,可以从庭院和街道进入。

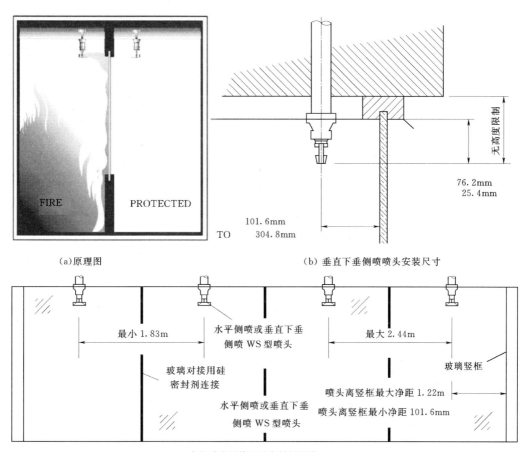

(a)原理图　　　　　　　　　　　　　　　（b）垂直下垂侧喷喷头安装尺寸

（c）组合玻璃隔断和喷头布置

图 5.15　窗玻璃喷头保护系统

表 5.34　　　　　　　　　　　　　　　防火分隔方式特点对比

分隔方式	优 点	缺 点	应 用 案 例
防火卷帘	规范认可	产品可靠性、耐久性差； 难以可靠实现同时启动多樘防火卷帘	普遍应用
受喷头保护的钢化玻璃	(1)美国规范认可； (2)钢化玻璃造价相对便宜； (3)钢化玻璃通透性较好； (4)钢化玻璃幅面较大	(1)需要试验验证； (2)特种窗式喷头供应商少、价格昂贵； (3)边墙型喷头造价虽然便宜，但是使用效果应经实验认定	宝龙城市广场 万达广场 北京金融街购物中心 北京爱立信研发中心 河北邯郸文化艺术中心 天津恒隆广场 天津团泊湖多功能体育馆 天津大悦城 天津水上运动世界 成都华置广场 成都华润 24 城 武汉泛海城市广场 新疆昊泰友好商业步行街

续表

分隔方式	优　点	缺　点	应　用　案　例
防火玻璃	(1) 防火玻璃具备一定耐火极限； (2) 防火玻璃通透性可接受	(1) 需要验证试验； (2) 单片防火玻璃不防辐射热，不能完全满足规范的耐火极限要求； (3) 造价昂贵，至少比钢化玻璃贵一倍； (4) 安装严格，要设置框架； (5) 玻璃最大幅面受限，可能需要拼接； (6) 玻璃之间的防火胶难以满足耐火极限的要求，所以很多项目要求使用喷淋系统保护玻璃接缝	中国国家博物馆 北京将台商务中心 北京电视台新台 北京来福士广场 大部分新建铁路旅客车站站房的大空间防火分隔

该项目拟采用替代方式划分中庭与商业空间的防火分隔，具体措施为在钢化玻璃墙的两边采用窗式喷头进行保护。分隔系统的要求为：

1) 应为墙的每一面提供长达 2h 的喷水持续时间保护。

2) 玻璃墙上的门应为玻璃门或能阻烟的其他材质的门。门应当能自行关闭，或者在感烟探测器探测到烟后联动自动关闭。

3) 应对玻璃墙中的门采用同等保护。

4) 所用玻璃应是钢化玻璃、嵌丝玻璃或迭层玻璃，并以填充定位，使喷淋头开启前，玻璃框架系统即使变形，也不会打碎（加负荷于）玻璃。

5) 中庭周边各层 5m 宽度的回廊应采用不燃材料装修，禁止设置固定可燃荷载。

(2) 实验情况。本次实验模拟商业场所的火灾，商场火灾时的火灾载荷为 960MJ/m²，单位面积火灾热释放速率为 500kW。实验火灾规模设定为 5MW，将火灾燃烧时间设定为 2h，并以松木为主要燃料进行试验。图 5.16 为实验现场图片。

图 5.16　实验现场

图 5.17 20min 时的现场照片

（3）实验结论。利用 5MW 木垛火考察窗式玻璃喷头的启动及对钢化玻璃的保护效果明显，窗型玻璃喷头启动正常，布水效果较好，能在钢化玻璃上形成均匀水膜，保护完全，没有出现死角的现象，钢化玻璃背火面温度较低，钢化玻璃完整性保持良好。实验过程图片见图 5.17。

5.6.2 共享空间自然排烟的实验验证

（1）建筑概况。北京某高档办公楼，包括四座高层建筑，如图 5.18 所示，其中 A 座与 B 座建筑地上共 21 层（含下沉层），顶层地面标高为 84.1m；C 座与 D 座建筑地上共 11 层（含下沉层），顶层地面标高为 45.8m。四座建筑笼罩在一个透明的环保罩下，环保罩顶部采用可开启的 ETFE 充气薄膜，环保罩四周为玻璃幕墙，四座建筑的立面也采用玻璃幕墙。

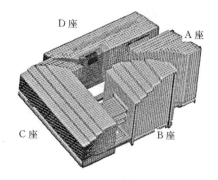

图 5.18 模型

（2）环保罩的排烟方案。火灾时可用于自然排烟的排烟口总面积为 2056.37m²，包括以下三部分（图 5.19）：

1）环保罩顶部共计 407.8m² 的自然通风可开启气枕。该部分排风口兼有平时自然通风和火灾时自然排烟的作用，发生火灾时，由火灾探测系统联动打开或由消防控制室远程控制打开。

2）环保罩侧面高栋共计 452.08m² 的自然通风电动开启窗。该部分排风口兼有平时自然通风和火灾时排烟的作用，发生火灾时，由火灾探测系统联动打开或由消防控制室远程控制打开。

3）环保罩顶部共计 1196.49m² 的专用自然排烟口。该部分排烟口只在发生火灾时打开，由电熔丝通电后熔掉 ETFE 膜，形成自然排烟口进行自然排烟。

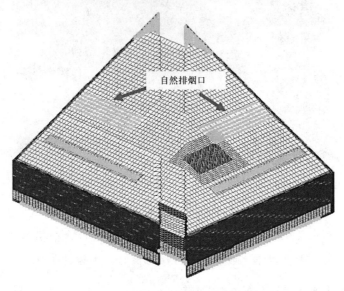

图 5.19　环保罩顶棚排烟口位置示意图

（3）实验验证。为了测试环保罩下共享空间的自然排烟的效果进行本次热烟试验。设定火源位置位于 A 座与 D 座之间的下沉二层公共区，如图 5.20 所示。稳定燃烧功率为 1500kW。

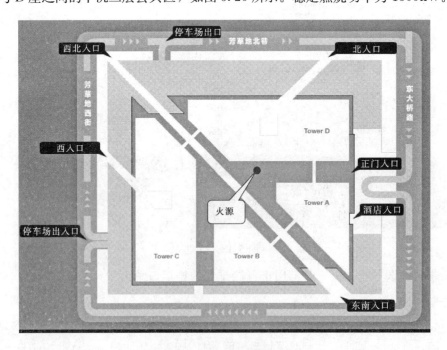

图 5.20　火源位置示意

图 5.21 实验中烟气上升情况

（4）实验结论：

1）点火后约 40s 时火灾自动报警系统报警同时联动开始开启 A 座、B 座、C 座、D 座屋顶排烟窗，排烟窗完全开启时间约 4min。火灾烟气在点火后 40s 上升到屋顶，排烟窗开启后中庭烟气逐渐变淡。烟气上升情况见图 5.21。

2）整个试验过程持续时间约 23min，试验过程中下沉层和首层疏散通道的能见度良好，火灾烟气未影响到这两个楼层人员的疏散。

3）试验中发现高、低位排烟窗之间可形成自循环的气流组织。

试验结果与分析表明，环保罩共享空间自然排烟系统的排烟效果达到设计要求，火灾烟气不会影响到利用中庭疏散的人员的安全。

5.6.3 体育馆座椅火灾特性试验

某奥运体育馆选用的普通观众座椅为分体型中空固定翻板椅，主要材料采用吹塑级高密度聚乙烯，如图 5.22 所示，座椅的阻燃处理仅能够达到 B2 级要求。

试验结果表明，座椅材料具有一定的阻燃特性。在 30min 试验时间内，火灾仅限于着火座椅区域，后排座椅仅有局部变形，前排座椅后背烧损，其试验结果为该项目性能化评估提供了主要论据。

5.6.4 隧道火灾探测器与自动灭火系统联动试验

（1）设备情况。某地下交通联络通道设置了水喷雾消防系统。自消防泵房内水喷雾泵组的出水管上引出一根 DN250 的消防总管，分别经信号蝶阀、水流指示器后敷设在隧道的侧墙内，全线环通。主隧道内以 25m 为一个喷雾区间，在每个喷雾区间的顶部均匀设置中速水雾喷头，喷头的性能

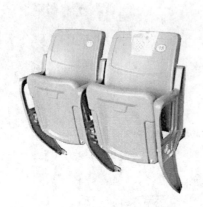

图 5.22　座椅及其火灾试验现场照片

为 K 值系数为 54，雾化角 180°，最不利点的水压力为 0.35MPa，单个喷头流量为 100L/min。火灾时任意相邻两组系统同时作用，尽量将火灾区域控制在这 50m 的范围内。每组水喷雾系统由一只雨淋阀控制，并与消防报警系统一一对应。

　　在地下通道内暗埋段侧墙上设置双波长火焰探测器，间隔约 50m，与消防防火分区相对应。水喷雾系统和双波长火焰探测器如图 5.23 所示。

图 5.23　水喷雾系统和双波长火焰探测器

　　（2）试验情况。双波长探测器的检验报告中没有有关火灾探测距离与安装角度的相关检验结果，并且相关国家标准中也没有相应的检验要求。因此对地下交通联系隧道双波长火焰探测器进行实体火灾报警灵敏度试验，以验证该探测器是否能够满足性能化设计和消防安全的要求。试验设备为 0.5m² 燃烧用容器、双波长火焰探测器、秒表、激光测距仪、钢卷尺等。

　　在距离双波长火焰探测器 60m 处放置 0.5m² 容器一套，倒入 5L 工业乙醇，进行点火测试，当火焰充满容器后开始计时，记录双波长火焰探测器报警时间。试验测试过程如图 5.24 所示。

图 5.24　试验现场照片（火源及水喷雾动作）

（3）试验结果。双波长火焰探测器距离火源为 60m 时，其最长报警时间为 16s＜30s。

水喷雾系统对固体火灾有很好的防护冷却效果，甚至能达到灭火效果。水喷雾带应根据火灾的位置进行联动，水喷雾带应能完全覆盖火源控制火灾，防止火灾在车辆中蔓延。对于液体（B 类）火灾，也能起到一定的防护冷却作用，基本能将火情控制在一定的状态。

5.6.5　奥运主火炬热辐射影响试验研究

（1）试验目的和试验方法。本次试验主要是测量火炬燃烧对周边环境（鸟巢顶部）的热影响，采取以下的试验方法进行：将国家体育场顶部材料（膜和钢板）制成边长 120mm 的方块，安装在俯仰角可调节的测试工装上，布置在试验火炬的周围。通过测试材料表面的温度变化过程，可以了解热辐射对被试材料的影响。采用热辐射计在每个测量点同时测量热辐射通量。要求记录时间过程数据，并配套燃气流量数据。

（2）试验结果。热像仪测试结果如图 5.25 所示。

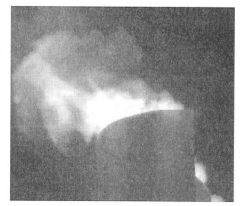

(a)无风状态下火焰的形状　　　　　　　　(b)有风情况下火焰的形状

图 5.25（一）　热像仪测试结果

(c)火焰内部温度场

(d)热辐射通量计视线方向的火焰形状

图 5. 25（二） 热像仪测试结果

火炬以最大可视面积朝向鸟巢顶部材料时（估计相对距离）为 20m，产生的热辐射通量为：2300W/m²。距火焰中心 20m 处，钢板最高温度为 85.8℃，平均为 59.9℃，ETFE 膜最高温度为 73.1℃，平均为 50.9℃。

本 章 参 考 文 献

［1］ M T Puchovsky. Performance‐based Fire Code and Standards，SFPE Handbook of Fire Protection Engineering ［M］. 3rd ed. Society of Fire Protection Engineers and National Fire Protection Association，Boston，USA，2002.

［2］ BS DD240，Fire Safety Engineering in Building，Brithish Standards，1997.

［3］ NFPA 92B Standard for Smoke Management Systems in Malls，Atria and Large Area ［S］，Technical ommittee on Smoke Management Systems，2005.

［4］ 公安部上海消防局科学研究所，上海市消防局 . DGJ 08‐88‐2006 建筑防排烟技术规程 ［S］. 上海：上海市建设和管理委员会，2000.

［5］ 中华人民共和国公安部 . GB 50084—2001 自动喷水灭火系统设计规范（2005 年版）［S］. 北京：中国计划出版社，2014.

［6］ Relationship for Smoke Control Calculations，Technical Memaranda TM 19 ［S］. The Chartered Inetitution of Building Service Engineers，1995.

［7］ Codes of Practice for Minimum Fire Service Installations and Equipment and Inspection，Testing and Maintenance of Installations and Equipment ［S］. Fire Engineering Design Guide，Hong Kong，2012.

［8］ 公安部消防局 . 中国消防手册 ［M］. 上海：上海科学技术出版社，2005.

［9］ 中华人民共和国建设部，国家体育总局 . JGJ 31—2003 体育建筑设计规范 ［S］. 北京：中国建筑工业出版社，2007.

［10］ 中华人民共和国建设部，中华人民共和国商业部，中华人民共和国卫生部 . JGJ 64—89 饮食建筑设计规范 ［S］. 北京：中国建筑工业出版社，1990.

［11］ 中华人民共和国建设部 . JGJ 67—2006 办公建筑设计规范 ［S］. 北京：中国建筑工业出版社，2007.

［12］ 中华人民共和国建设部 . JGJ 58—2008 电影院建筑设计规范［S］. 北京：中国建筑工业出版社，2008.

［13］ 冯锡增 . 广播电视技术手册［M］. 北京：国防工业出版社，1996.

［14］ Buchanan，AH（Editor）. Fire Engineering Design Guide［M］. 2nd ed. Centre for Advanced Engineering（CAE），University of Canterbury，New Zealand，2001.

［15］ National Fire Protection Association，NFPA 101 Life Safety Code［S］，Quincy，MA：NFPA，2006.

［16］ The SFPE Engineering Guide to Performance-based Fire Protection Analysis and Design［M］. Society of Fire Protection Engineers and National Fire Proceeding Association. Bethesda，USA，2000.

第6章 多层综合交通枢纽防火设计

6.1 多层综合交通枢纽建筑及火灾特点

随着我国城市化进程的发展，一线大城市地铁方兴未艾，二、三线城市大规模建设地铁的浪潮已经到来，2010 年全国有将近 50 个城市都具备了地铁建设的需求和条件，22 个城市已经开展了地铁和轻轨的建设。2012 年国务院印发了《"十二五"综合交通运输体系规划》，提出按照零距离换乘和无缝化衔接的要求，全面推进综合交通枢纽建设，基本建成 42 个全国性大型综合交通枢纽。随着我国交通枢纽建设的高速发展，多层综合交通枢纽将在更多的大城市建设。

根据《北京城市总体规划（2004 年—2020 年）》，中心城规划建设交通枢纽 33 处，其中大型综合换乘交通枢纽（公交与轨道、铁路）13 处；对外与铁路换乘接驳的综合交通枢纽 4 处；与省际长途客运换乘接驳的综合交通枢纽 4 处，其他综合换乘交通枢纽 5 处。其发展目标为建成完整、统一、协调的城市地上地下综合交通系统，上下部各种交通方式之间衔接、组合、换乘方便合理。逐步形成以地铁线网为骨架、以地铁车站和交通枢纽为重要节点、以中心城区为主体、包括地下停车系统和地下快速路系统的城市地下交通系统。在这个系统中，多种交通方式的换乘使得多层综合交通枢纽占有特别重要的地位。例如：北京东直门交通枢纽，有北京地铁 2 号线、首都机场轨道交通线及城市轨道交通 13 号线等三条轨道交通线之间的换乘，并与地上有公共交通枢纽进行地上与地下之间的交通换乘。在北京南站交通枢纽中，地铁 4 号线与北京南站地下一层的联通，使北京南站成为真正意义上的多层交通枢纽工程（图 6.1）。

《上海市综合客运交通枢纽布局规划》在"十一五"期间建设完成综合交通枢纽 60 个，其中包括 A 类枢纽 3 个［虹桥综合交通枢纽、浦东国际机场枢纽和铁路上海站枢纽（扩建）］、B 类枢纽 36 个、C 类枢纽 16 个、D 类枢纽 5 个，加上目前已建成的枢纽 24 个，2010 年上海市共建成综合交通枢纽 84 个。其中 A 类枢纽为规模最大，有对外交通功能，即以航空、铁路等大型对外交通设施为主，配套设置轨道交通车站、公交枢纽站等。将形成虹桥综合交通枢纽（图 6.2）、浦东国际机场枢纽、铁路上海站枢纽等一体化市内外综合交通枢纽。B 类枢纽以轨道交通为主体的综合交通换乘枢纽，包括以三线及以上轨道交通换乘站为主体的大型枢纽。上海地铁人民广场站交通枢纽（图 6.3）即属 B 类综合交通枢纽，有上海地铁 1 号线、2 号线和 8 号线三条轨道交通线之间的换乘。具有 3 个岛式站台，1 个侧式站台，至少 20 个出入口，两个换乘大厅，每日承担数以万计的换乘客流，是典型的现代大型综合交通枢纽。C 类枢纽分布在外环周围，主要是轨道交通与机动车换乘，赋予便捷

图 6.1　北京南站多层地下综合交通枢纽

的换乘和优惠的停车收费条件。D 类枢纽为公交换乘枢纽，距离轨道交通站点较远的、多条常规公交始末线集中布局而形成的枢纽。

图 6.2　虹桥综合交通枢纽

图 6.3　上海地铁人民广场站交通枢纽

集机场、高速及城际铁路、磁浮、长途客运、城市轨道交通、公交、出租等不同交通工具于一体、人员密集、人员流动性大的多层综合交通枢纽已成为城市交通系统中的关键性节点。作为城市交通的关键节点且集多种功能于一身的交通枢纽系统，其安全性是城市公共交通系统安全的核心，也是城市稳步发展、社会稳定的核心。

火灾是当今世界上多发性灾害中发生频率较高的一种灾害。随着建筑物高层化、大型化及用途的复杂化，火灾规模日趋扩大，火灾已经成为世界各国人民所面对的共同性灾难问题之一。综合交通枢纽因空间封闭、疏散困难、救灾困难等，系统安全比较脆弱，一旦发生火灾，将产生重大的伤亡事故和巨大的财产损失，并可能导致交通瘫痪甚至影响到社会稳定。

6.1.1　多层综合交通枢纽的建筑特点

1. 建筑规模大

为满足城市交通的组织和运营，多层综合交通枢纽的应用将越来越广泛。多层综合交通枢纽通常采用立体空间布置方式，不同的交通方式沿高度分层布置，将车流和人流分开，保证平面和竖向交通流线的畅通；同时，多层综合交通枢纽通常需要设置餐饮、商业等配套设施，因此综合交通枢纽多为空间高大开阔、功能多样的交通建筑综合体，建筑用地往往超过 10 万 m^2。如北京东直门综合交通枢纽总占地 15.44hm^2，建筑用地 10.60hm^2，总建筑面积 59 万 m^2，其中交通枢纽部分建筑面积 7.8 万 m^2，枢纽公交换乘厅部分的交通枢纽首层地面公交换乘厅面积为 29430m^2。上海虹桥枢纽长约 1000m，宽约 160m，地下 4 层、地上 2 层、局部 8 层，航站楼上部还设有商业建筑，总建筑高度达 45m。

2. 配套设施多、功能齐全

综合交通枢纽往往集铁路、城市轨道交通、城市公共汽车运输系统为一体，并与城市地面干道相连接，系统复杂。随着运营服务水平的提高，为满足乘客需求和方便乘客出行，通过交通枢纽功能的延续性开发，建立了商业中心、服务中心和娱乐中心等公共场所，包括休息厅、咖啡厅、购物区域以及办公区域等。商业设施的设置给人流密集的轨道交通带来更大的火灾风险，同时复杂的建筑空间加大了人员疏散的难度。

3. 人员密度大

随着综合交通枢纽交通服务直接辐射覆盖区域广，客流聚集效应明显，换乘客流量巨大。例如上海虹桥机场西航站楼一期满足旅客吞吐量 5.7 万人次/天，未来将要发展到 8.2 万人次/天的能力；地铁东站设在东广场内，有 2 号线与 10 号线两条线路经过，并服务于机场和"磁浮"站，日客运量为 6.4 万人次；"磁浮"虹桥站是我国首个大型"磁浮"客运站，定位为始发终到高速站，日旅客量 2 万～6 万人次；铁路旅客日流量 5.2 万人次，整座建筑的日人流量在 23.3 万人次左右。北京东直门综合交通枢纽日均客流量约为 28.2 万人次，节假日客流量约为 34 万人次/天。如此密集的人员给安全疏散带来巨大的挑战，如果管理不善或者组织不力，很容易引发群死群伤的特大安全事故。

6.1.2 多层综合交通枢纽的火灾特点

综合交通枢纽是集多种交通方式于一体的建筑,其建筑形式复杂、使用功能多样、消防设计特殊,其火灾危险性的特点也与地上建筑及其他标准轨道车站有较大区别。

1. 火灾隐患多

城市综合交通枢纽用电负荷较多、供电区域广、配电系统复杂、管线众多,各种用电设施和内敷电缆及用电设备如有质量问题或管理不善,极有可能引发火灾。如 1983 年日本名古屋地铁因整流器短路发生火灾,1995 年阿塞拜疆巴库地铁因机车电路故障引发火灾。

综合交通枢纽建筑内的商业中心、服务中心和娱乐中心等公共场所等区域为火灾风险高的区域,该区域内装修材料、装饰物品、所售商品等均为可燃物,极易引起火灾。

综合交通枢纽人员密度高,出入频繁,人员构成比较复杂。作为一个服务性的公共设施,不可能对进入枢纽内的人员进行全面细致的检查,这给恐怖分子混迹其中留下了可乘之机。恐怖组织和对社会不满分子常常把综合交通枢纽作为发泄目标,人为引起火灾。英国、法国、俄罗斯等国家都发生过由于恐怖分子在地铁车站实施爆炸活动而引发火灾。

2. 安全疏散困难

综合交通枢纽建筑体量巨大,内部功能复杂,即使在正常运营状态下,人们也需要导向系统的引导。在火灾情况下,人容易产生非适应性行为,大空间的交通枢纽给人带来迷失感,不利于人们快速寻找逃生路线,且交通枢纽具有复杂的结构断面,同时换乘路线的交叉、换乘高差带来的行走难度等因素增加了疏散的复杂性。交通枢纽中人流庞大,发生险情时所处的空间位置与状态不同,要把枢纽内庞大的人群在短时间内有序地组织疏散,难度非常大。

3. 疏散距离长、逃生路线单一

综合交通枢纽内部通道布置错综复杂,疏散通道较长,存在盘旋、弯道等。火灾发生时人员往往不能有序的向最近的安全出口撤离,从而造成混乱,不利于人群的疏散。

交通枢纽通常是由地上以及地下多层建筑组成,由于受条件限制,出入口较少。另外,由于地面规划的控制及周边商业的需求,安全出口的布置也不十分合理,部分疏散距离长。火灾时人员疏散只能步行通过出入口或联络通道进行疏散,当出入口没有排烟设施或排烟设施效果较差时,排烟设施将成为喷烟口。由于高温烟气的流动方向与人员逃生的方向一致,而烟气的扩散流动速度往往比人群的疏散逃生速度快,人们在高温浓烟的笼罩下逃生,能见度低,人群心理更加恐慌,同时烟气中的有毒气体,如氨气、氟化氢和二氧化硫等的刺激,使行人睁不开眼睛,可能会发生拥挤踩踏,造成严重伤亡。

4. 救援难度大

多层综合交通枢纽内,分属于不同线路的换乘车站站厅、站台分层设置,与外界的联系主要为站厅层的出入口。枢纽内发生火灾时,由于浓烟、高温、缺氧、有毒、视线不清、通信中断等原因,救援人员很难了解现场情况,无法及时拟定灭火方案,致使灭火时间长、难度大,可能错过最佳施救时间。

综合交通枢纽通向地面的安全出入口有限，消防队员没有进行外部灭火的条件，救援人员通过有限的安全出入口进入枢纽内时，往往会与车站内向外疏散的人流产生对撞，影响进入火场的速度，贻误救援时间。

5. 灾情严重

综合交通枢纽作为大型现代化交通枢纽，人流量巨大，人群密度高，一旦发生火灾，极易造成严重的社会不良影响，导致巨大的人员伤亡和财产损失。1986 年英国伦敦地铁 King's Cross 站发生重大火灾，造成 32 人死亡，100 多人受伤。1995 年韩国大邱地铁施工时煤气泄露发生爆炸，103 人死亡，230 人受伤。2003 年韩国大邱广域市的地铁车站因为人为纵火而产生火灾，12 辆车厢被烧毁，192 人死亡，148 人受伤。1999 年，南京火车站候车大厅发生火灾，将 2000 多 m^2 的候车室化为灰烬，火灾造成的直接经济损失约为 92 万元，并造成 1 名员工死亡。

6.2　发展现状与趋势

6.2.1　多层综合交通枢纽防火设计面临的挑战

多层综合交通枢纽建设总体规模较大，为了实现日常交通的流线组织，其建筑空间要求开敞、通透。建筑体量巨大，现有建筑防火规范、地铁、铁路设计规范等设计标准不能完全涵盖遇到的特殊消防问题。

1. 防火分区面积的划分

设置防火分区的目的是为了控制火灾的最大规模，限制火灾的大面积蔓延，从而减少由此而带来的财产损失和人员伤亡。为了实现上述目的，一种做法是严格依照现行消防规范进行设计，即"处方式"的方法；另外一种做法是根据建筑物的建筑结构形式、可燃物的分布、火灾的危险性等条件，具体分析火灾蔓延的条件、对人员疏散的影响等因素，来确定防火分区的范围及其分隔方式。

枢纽内交通功能的开敞通透要求必然会引起建筑防火分区扩大的问题，按照现有规范的要求将要设置大量的防火卷帘或者防火墙，必然会影响建筑的设计理念。同时防火分区的划分也需要设置大量的直通室外的楼梯间，这在城市规划、现有城市地面建筑及交通道路上也是很难实现的。

2. 烟气控制

由于枢纽的内部空间比较封闭，发生火灾后，烟、热不能及时排出去，使热量集聚，内部空间温度上升很快，发生轰燃的时间也比较短。发生轰燃后，由于通风量的限制，轰燃之后的燃烧速度比地面建筑慢，而且燃烧产物中的毒性成分、一氧化碳等浓度较高，散热慢，由烟、热造成的危害更大。

296

3. 人员安全疏散

对交通枢纽内的人员安全疏散分析尚缺乏大量的数据统计，缺乏能够准确反映我国交通枢纽行人流特征的数学模型，缺乏对交通枢纽内滞留人数进行估算的依据。对行人速度与密度和流率的关系、结伴同行的比例、携带行李多少、恐慌和从众心理的影响、年龄及性别差异、对环境的认知程度、火灾烟气的影响、指挥监控的实际效能、安全标识的优化等还不能准确把握。需要研发具有自主知识产权的人员安全疏散数值仿真软件，并综合考虑疏散人员在紧急情况下逃生的生理、心理和环境等因素的影响。需要综合理论研究和设计经验，建立适合我国国情的人员安全疏散设计标准。

4. 安全评价体系

城市交通综合枢纽作为各种交通方式相互连接的中心环节，具有线路多、人员密度大、风险因素复杂等特点。针对枢纽的空间致灾机理及影响因素需要突破宏观概念，细化到具体指标环节；枢纽综合安全评价指标体系的完善性需要大量的基本调研数据进行支持，对此需要进行深入的调研，从而避免所建立的指标带有较大的主观性；具体实施综合评价计算时将多指标问题综合成一个单指标的形式，以便在一维空间中实现综合评价，为此，需要合理地确定评价指标的权重，同时，应采用多种计算方法，充实计算结果；完善计算软件，建立分级评价标准，对评估计算结果进行深入分析，并给出改进的建议和措施。

5. 安全监控体系

轨道交通安全监控系统是指对地铁设备进行监视和控制的计算机监控系统，是地铁安全可靠运行的重要保障。目前，多层综合交通枢纽内技术层面上的安全监控，仅局限于枢纽内单独个体的研究。伴随着枢纽内部交通规模越来越庞大，系统监控自动化水平越来越高，亟需针对区域范围内枢纽体系的协作发展，以及枢纽体系的系统效应问题进行研究。

综合交通枢纽中，多线地铁同时运营，由于同一车站的不同站台分属于不同的线路，站台间安全警示系统的共享与联动是实现枢纽安全运行、防灾减灾的重要内容。因此，如何构建地铁综合监控系统及其子系统，在此基础上进一步构建适合多层交通枢纽的监测和控制系统，最大限度地减少各种灾害损失是研究的重点。

6.2.2 多层综合交通枢纽防火设计的发展现状

近20年来，火灾科学在推动火灾防护和防火灭火技术工程方面进步显著，特别表现在：

（1）已经提出了工程中可以应用的计算机程序，如建筑物火灾模型，可用于计算火焰、烟气、毒气蔓延运动，计算逃生时间，计算结构的火灾承受能力和稳定性，及作为火灾灾害评定的专家系统。

（2）已研发了材料可燃性能和毒性测试的试验设备，并建立了相关测试方法，研制了一批新的耐火、阻火、灭火材料。

（3）出现了火灾安全防护的新措施、新结构、新系统，并且为这些火灾安全防护工程建立了计算机辅助的火灾火险或安全评估方法。

（4）为城市、城市街区、建筑物制定了安全防护设计方法并可进行鉴评。

（5）火灾统计、火灾评定、火灾安全防护工程更加重视谋求实效和经济效益的结合。

火灾科学现在已发展到了应用现代科学技术进入定量分析的阶段，火灾科学在控制火灾损失方面已取得了明显效果。

英国、美国、澳大利亚等国家已经编写了性能化防火设计规范及设计指南。尽管我国还没有相应的性能化防火设计规范，但我国在火灾科学的基础理论和防治原理方面开展了深入研究，也编写开发了相应的软件。在过去的十几年间，我国曾多次召开关于消防新技术的国际讨论会和报告会，会议的重要议题之一就是性能化防火设计。中国建筑科学研究院建筑防火研究所利用自身的优势，在广泛汲取英国、美国、澳大利亚、加拿大、日本等国的先进技术的基础上，开始将性能化防火设计的理念运用到工程中，是国内最早运用该项新技术的单位之一。随着我国加入 WTO，许多国外知名的设计公司进入国内市场，其先进的设计理念也推动了我国性能化防火设计的发展。2008 年北京奥运会的众多场馆与配套设施，通过采用性能化设计的技术已经付诸实施。

多层综合交通枢纽立体交叉换乘的功能要求使交通枢纽的层间不能被分隔为传统意义上的防火分区，因此，必然会出现防火分区面积超大、人员疏散距离较长的问题。现行建筑防火规范已经不能有效指导多层综合交通枢纽的消防设计。为了定量的计算多层综合交通枢纽消防安全水平，必须采用性能化消防设计的方法。性能化防火设计应重点考虑划分防烟分区、防火单元，合理布置交通枢纽商业服务设施，严格限制商业服务规模，对这些火灾荷载较大的场所应重点控制，设置灭火及排烟措施将火灾控制在初期甚至被扑灭。采取合理的消防措施将烟气控制在一定区域，避免对上、下层建筑内人员的影响。性能化防火设计根据防火安全评估目标，通过对多层综合交通枢纽各个建筑空间内部的火灾危险性的评估，选择合理的消防设施，确定其最佳排烟控制方案、人员疏散方案，应用 CFD 技术模拟计算火灾烟气的流动，对建筑内人员安全疏散进行定量的计算，在满足建筑的防火安全要求的前提下，确定最终建筑设计方案。

6.2.3　交通枢纽人员安全疏散的发展现状

随着人员疏散研究的不断深入，研究内容已经呈现出多学科交叉的趋势，涉及系统仿真、人群心理学、人工智能、安全工程等，当前研究的热点之一是将人工智能与计算机仿真技术应用于交通枢纽人员疏散。然而到目前为止，还没有一个模型能完全充分认识和完全量化疏散群体所有的行为，因此在未来的发展中，新的模型或理论仍然会不断出现。

20 世纪 80 年代研究人员开始利用计算机技术模拟人员疏散运动，1982 年发表了最早的一篇研究火灾紧急疏散模拟的论文。到目前为止世界上已经开发出了多种用以描述建筑物中疏散模式的模拟方法，相应地出现了许多计算机疏散模型，如流体模型、元胞自动机模型、磁力模型、格子气模型、排队网络和社会力模型。

疏散安全对策是在生命安全上的最后一道防线。决定疏散安全与否主要关键在于避难行动与火、烟气等危害之间的竞赛中，避难者若能在容许时间内进入安全区即为避难成功。由于手算式的疏散时间计算已是经过了简略及概化的过程，并无法得知人员真正避难安全性，选择适当的计算机评估软件作为评估避难安全的方式，不仅可以带给设计者较大的设计空间，同时也让消防安全主管机关与设计者在评估避难安全时，有明确而清楚的沟通界面和衡量工具。在表6.1中列出了若干疏散计算模拟软件。

表 6.1　　　　　　　　　　　　　　疏散模拟软件一览

数理方法	软件名称	设计开发者	应 用 特 征
模拟方式	DONEGAN'S ENTROPY MODEL	Donegan 等	适用于单一出口的多层建筑物，可应用于调查建筑物避难上的相对复杂性问题
模拟方式	EXIT89	NFPA	模拟大量人员的移动（上限至700人），人员由区域移动至最近出口的方法是应用最短路径演算法
模拟方式	MAGNET MODEL	Okazakim 与 Matsushita	用库仑定律的磁场来代表避难空间，个体人依据磁场强弱来选择出口和逃生路径
模拟方式	SIMULEX	Edinburgh 大学设计	看重个体空间、碰撞角度及避难时间等生理行为，同时考虑个人在其他避难者、环境影响下的心理反应
最佳化方式	EVACENT+	Florida 大学	以FORTRAN语言写成，分析多层建筑物避难模式，输出值有避难者流率、人群滞留长度及平均等待时间等
最佳化方式	TAKAHSHI'S MODEL	日本建筑研究所	流体模型，以FORTRAN语言写成，假设避难者以群流形态移动的概略网络模式，适用在个人电脑运算，其假设人群同质性且如流体般在每一空间内移动
危险度评估方式	WAYOUT	澳洲联邦科学即工业研究组织	消防安全工程套装软件FIRECALC3.0的一部分，合并交通流量的模式，可适用于单一或多层建筑物
危险度评估方式	CRISP Ⅱ	英国消防研究所（UKFRS）	运用区域火灾模式计算火灾生成物的传播，适用家庭空间的危险评估
模拟方式	SimWalk	Savannah Simulations AG	探究火车站行人的交通行为、机场的行人流以及体育场馆的疏散时间等
模拟方式	VISSIM	PTV	社会力模型，将城市和公路交通环境细致化描述的能力，其中包括行人、自行车和各种机动车
模拟方式	STEPS	Mott MacDonald 设计	网格模型，确保在正常情况下的简单运输，在紧急情况下快速疏散，主要用于办公区、体育馆、购物中心和地铁站等地方的疏散
模拟方式	Legion	Crowd Dynaics Limited	Legion能够模仿行人在行走时的细致行为，以及与周边设施和其他人群的互动联系。这些详细的分析可以被用作实现设计

　　然而无论采用何种先进的疏散仿真软件，首先必须掌握交通枢纽行人流的特征和数学模型，掌握行人速度与密度和流率的关系、结伴同行的比例、携带行李多少、恐慌和从众心理的影响、年龄

及性别差异、对环境的认知程度、火灾烟气的影响、指挥监控的实际效能、安全标识的优化等，并能够对交通枢纽内滞留人数进行准确的估算。对滞留人数估算往往困难很大，例如在北京西站改造工程中，地下换乘大厅中有下火车的行人、换乘地铁的行人、买票的人、接站的人、穿行的人、休息的人、还有车站工作人员等，准确地确定滞留人数难度很大。因此，进行大量数据的调查和统计分析是必不可少的前提，也是行人疏散分析结果可靠性的保障。

考虑到疏散过程中存在的某些不确定性因素（实际人员组成、人员状态等），需要在分析中考虑一定的安全余量以进一步提高建筑物的疏散安全水平。安全余量的大小应根据工程分析中考虑的具体因素、计算模拟结果的准确程度以及参数选取是否保守，是否考虑了足够的不利因素（如考虑在火灾区附近的疏散出口被封闭）等多方面进行确定。

6.2.4　交通枢纽安全监控体系的发展现状

多层综合交通枢纽安全监控系统是轨道交通安全可靠运行的重要保障。它包括列车自动监控系统（ATS）、电力监控系统（PSCADA）、火灾自动报警系统（FAS）、环境与设备监控系统（BAS）、屏蔽门系统（PSD）、防淹门（FG）以及与运行相配套的广播系统（PA）、闭路电视系统（CCTV）、车载信息系统（TIS）、车站信息系统（SIS）、自动售检票系统（AFC）、时钟系统（CIA）等。轨道交通监控系统经历了一个较长的发展历程：人工监控系统、分立监控系统和综合监控系统。

早期的地铁运营管理采用人工监控系统。由于当时技术的局限，供电、通信、信号等专业的监控管理主要依靠人工进行，操作者与管理者之间的通信联系多以电话方式进行，运营、站务和设备运转并未实现自动化。

随着计算机技术和自动控制技术的进步，人工监控系统发展到分立监控系统阶段。分立监控系统根据控制功能、控制对象、控制范围、控制特点或操作管理上的分界，将全线系统划分为若干个子系统。每个子系统按照自身的技术特点，不同程度地应用计算机技术、网络技术实现控制，各计算机控制系统相互独立。在这种方式下，各控制系统独立运行，互不干扰，但同时也导致资源无法实现共享，子系统之间无法实现功能联动。广州地铁 1 号、2 号线，上海地铁 1 号、2 号线，上海明珠线一期工程，还有深圳地铁一期工程均采用了分立监控系统。

20 世纪 90 年代，随着计算机、自动控制系统、通信网络特别是分布式计算机监控系统技术的长足进步，分立监控系统逐步过渡到综合监控系统。综合监控系统将地铁中已有的各自独立的自动控制系统组合成一个系统，利用一个公共的信息传输网络和一个综合的计算机信息平台，完成原独立系统所能完成的全部功能。综合监控系统在集成的网络平台上，将各专业信息有机地集成在一起，实现各专业资源的交互，改进了分立监控系统在功能上的不足，是轨道交通监控系统自动化发展的必然方向。

从国内外综合监控系统的发展现状来看，国外城市轨道交通的发展历史较长，发展规模较大，其中的自动化技术应用也较为成熟，有一些类似的系统已经建成。例如：西班牙毕巴尔巴额地铁、韩国的仁川地铁、首尔地铁 7 号线和 8 号线、法国巴黎地铁 14 号线等都采用综合自动化系统。香港地铁将军澳线（5座车站）的机电设备和通信设备主控系统于2002年完成最终验收；新机场快线也采用了综合自动化监控系统。墨西哥城地铁B线（长20km，设有21座车站）采用了以机电设备综合监控系统为基础并与信号系统互连的综合监控系统，该系统也于2000年6月投入了运营。一些著名的新线，如西班牙马德里地铁、新加坡东北线则进行了更现代化的综合自动化监控。新加坡地铁首次成功地实现完全无人驾驶、全部智能化运行，已正式投入运营，这在世界上尚属首次。

国内各地铁公司根据以前地铁线路建设和运营中积累的丰富经验，参考国内外轨道交通监控自动化的各种方案，在新建设的地铁线路中陆续采用综合监控系统。由于研发还处于起步阶段，目前仅能将关系比较密切的几个子系统进行综合和集成。例如，深圳轨道交通1号线工程将BAS、监控与数据采集（SCADA）、FAS3个系统集成在一起，同时也要求在综合监控系统中接入乘客信息导引系统、安全保卫系统及车站信息服务系统；广州市轨道交通3号线和4号线集成了全线变电所自动化系统、火灾报警系统、环境与设备监控系统、屏蔽门、防淹门5个子系统，同时与广播、闭路电视、时钟、车载信息、车站信息、自动售检票、信号等子系统进行互联。

在多层综合交通枢纽内，分属于不同线路的换乘车站站厅、站台分层设置，与外界的联系主要为站厅层的出入口。不管是站台还是站厅发生火灾，人员的逃生方向和烟气的扩散方向都是从下往上，疏散路线长，人员的出入口可能就是喷烟口。由于浓烟、高温、缺氧、有毒、视线不清、通信中断等原因，救援人员又很难了解现场情况。此时，各线路的救灾控制动作均由线路控制中心集中管理。牵涉到换乘车站，各线路的控制中心位于不同地点，线路之间的信息沟通与共享存在很大困难。一条线路的列车发生故障或火灾等状况，而另一条线的列车无法及时了解情况，仍然将大批乘客运送到车站，将会使情况进一步恶化。

多层综合交通枢纽是一个完整的建筑，除地铁换乘外可能还有公交、国铁，地铁层的救灾疏散必定要牵涉到其他几层交通系统的消防联动。目前，枢纽内各交通部门管理独立。各交通监控系统平台采用不同程度的计算机网络技术，每个系统的网络结构、服务器和工作站各自独立，系统之间很难实现信息互通，只能依靠人工电话方式知晓灾害情况。例如，地铁线路控制中心将车站发生灾害的情况通报给轨道交通指挥中心，轨道交通指挥中心再联系公交中央监控中心，枢纽的公交车站才会得到公交中央监控中心的处理方案。同时，轨道交通指挥中心还会联系交通运输部，交通运输部再把情况通知枢纽所在的国铁管理部门，此时枢纽的铁路站区才能得到相应的处理措施。

随着密集人群监控新技术水平的发展，越来越多的高新技术将逐渐应用到多层综合交通枢纽的安全监控中。目前一些客流监控技术还处在发展阶段，各种监控体系均有其优势及不足，未来多层交通枢纽的客流监控或将实现多种技术联合应用。目前采用的客流监控技术主要有以下几种技术。目前应用较多的客流监控体系包括基于AFC的客流监控、基于视频智能分析技术的客流监控、基于热敏传感技术的客流监控、基于蓝牙微定位技术的客流监控、基于移动互联网技术的客流监控、基于3D微波探测技术的客流监控以及基于手机信令技术的客流监控等。

1. 基于 AFC 的客流监控

轨道交通自动售检票系统（Automatic Fare Collection System，AFC）（图 6.4），是一种由计算机集中控制的自动售票、自动检票以及自动收费和统计的封闭式自动化网络系统，是城市轨道交通系统的核心之一。AFC 系统采用了信息技术、自动控制技术和光机、机电一体化等多项高新技术，进行了系统集成，实现了轨道交通自动售票、自动收费、自动计费、自动收益清算和客流统计等综合智能化信息管理职能。

图 6.4 轨道交通自动售检票系统

基于 AFC 的客流监控通过 AFC 系统获取乘客进出站数据，掌握断面客流、客流总量等数据，实现对客流状态的监控。售检票终端设备获得乘客刷卡后的进出站数据，通过车站计算机、中央计算机层层传递至清分系统，清分系统根据原始交易数据，统计汇总得到各车站的进出站客流等客流数据，结合清分规则对乘客的出行行为进行分析，继而计算得到相关客流指标。

AFC 系统较适用于轨道交通客流整体指标统计，对换乘客流、站厅、站台客流无法做到实时、精确统计。

2. 基于视频智能分析技术的客流监控

基于视频智能分析技术的客流监控是一种基于摄像机输出图像的分析，采用运动目标识别技术，根据模型算法对人体进行检测和统计，进而精确检测出通过该断面或区域客流量数据的客流监控方法。

基于视频检测采用的算法基本分为两类，即采用运动区域检测和跟踪算法以及基于图像特征（例如图像边缘密度）的算法。运动目标边缘轮廓检测提取可采用帧间差分法与背景差分法相结合的算法，以提高运动体的检测准确率。其基本流程如图 6.5 所示。

一般情况下，会将摄像头固定于行人上方，摄像头距离地面的高度最好保持在 3~5m，如图 6.6 所示。

视频智能分析技术融合了视频处理技术、图像处理技术、模式识别技术以及人工智能等多个领

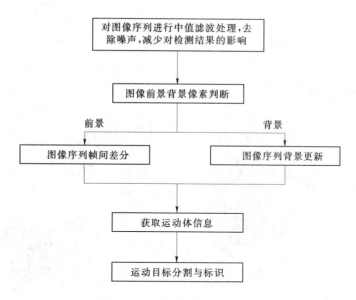

图 6.5 运动目标检测方法流程

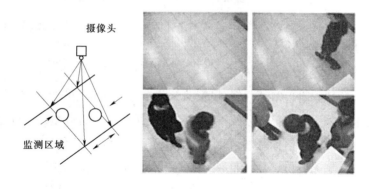

图 6.6 摄像机采集客流信息

域的技术，彻底颠覆了一直以来依赖人工、红外感应等传统的统计方式。具有统计准确、功能多样、操作方便等特点。不过通过研究结合现场试验发现，基于视频智能分析技术统计客流对于监控设备的清晰度、安装位置和安装角度存在特殊要求，既有车站视频监控设备无法完全满足，在现场试验中，测得监测精度较低；若对车站视频监控设备进行改造，则需要增加较多的专用硬件，工程投资和实施复杂度都很高，很难实际运用于轨道交通的复杂环境。

3. 基于热敏传感技术的客流监控

热敏传感技术利用热敏传感器中 PN 结电阻的温度特性，感应不同温度。基于热敏传感技术的客流监控使用光学技术，在 60°的角度范围内，把下方人流的热气通过锗透镜转为红外辐射，从而达到客流识别统计的目的。

热敏传感器的感应面积是在地面上的正方形的形状，宽度大约与高度基本一致，一般在 2.5～4.5m 之间，如图 6.7 所示。人体的感应图像就如图中圆点，同时还能捕捉乘客的行走路径。在设置进、出基准路线后，便能精准地区分两种不同的方向了。基于热敏传感技术的客流监控分为采集、统计和发布 3 个步骤。首先由热敏传感器将热气转为红外辐射，再由信号转换器输出数据包，最后由数据记录器进行保存；随后需对这些数据进行处理，使之成为有用的序列；最后利用这些客流数据，进行有针对性的运营调整和预警。

图 6.7　热敏传感系统

热敏传感统计准确度较高，但存在单设备统计范围小、安装要求高、成本较高等缺点，且只是能获知统计数据，无法知晓现场环境。

4. 基于蓝牙微定位技术的客流监控预警

蓝牙定位即是用蓝牙搜索附近基站或者外置 GPS 仪器来起到定位效果。蓝牙微定位技术，就是在蓝牙定位的基础之上，采用低功耗蓝牙技术，以更低能耗产生更加精准的定位技术。

通过使用蓝牙微定位技术，信标基站可以创建一个信号区域，当设备进入该区域时，便可以接入这个信号网络。通过小型无线传感器和低功耗蓝牙技术，用户便能使用安装有信标应用的智能手机来实现传输数据，定位导航等功能。同时，本地服务器可以接收手机 App 上传的定位数据信息，进行实时运算，形成分析报表，还可将数据上传至云服务器，进行更深层次的数据挖掘。

蓝牙微定位技术可以实现较精确的终端定位、从而实现客流统计，前提是乘客携带的手机等智能终端配置有 4.0 以上版本的蓝牙设备、蓝牙开启、并且安装了对应的微定位 App 软件。考虑到目前大众多是在固定场景（如利用蓝牙耳机等）才会开启蓝牙设备，而安装微定位 App 软件也需要较长时间来培养用户，因此，蓝牙微定位技术检测的样本量非常有限，统计到的客流量仅是较小的一部分，技术的应用条件目前尚不成熟。

5. 基于移动互联网技术的客流监控预警

移动互联网即是通过移动设备连接互联网获取信息。基于移动互联网技术的客流监控预警需要在进行监控的区域配备无线信号，当用户通过手机等移动设备接入该区域的 Wi-Fi 信号时，便可以对其进行实时定位，从而进行客流监控预警。

利用移动互联网技术进行客流监控时，需要开通 Wi-Fi 服务，乘客可以通过携带的手机连接车站内提供的无线热点，而 Wi-Fi 设备也可以通过定位引擎在一定范围内识别手机数量及机型、滞留时间和滞留地点、行动轨迹等信息。目前市场上主流厂家生的 Wi-Fi 探针等设备，能够实现每秒扫描 200 多个终端设备，成功率和定位位置准确度高，已经在各大商场、购物中心投入使用，取得了良好的效果。

6. 基于 3D 微波探测技术的客流监控预警

基于 3D 微波探测技术的客流监控预警通过使用国际先进的世界首创独特 3D 微波测距传感器 3DSensor 来实现地铁区域的拥挤度检测，并对大客流数据进行预警。

微波脉冲飞行时间测量法是通过测量微波脉冲到目标为止往返的时间，来换算成距离的方法。由微波测距传感器 3DSensor 精确测定区域内人流的所占区域面积的比率，并通过精确的软件算法，来实现是否拥挤以及拥挤程度的判定。

7. 基于手机信令技术的客流监控预警

信令是指移动通信网络中专门用来控制数据回路的信号。当手机用户进行收发短信、开关机、通话、所处基站位置区变化时，均会产生信令数据。基于手机信令技术的客流监控可以通过采集手机信令信息，对手机用户进行定位，获得客流分析所需的基本数据。

通过收集手机网络定位数据及结合路径匹配算法，并结合 Internet 技术、数据库技术、GIS 技术等，可以获得手机使用者的出行轨迹，包括出行时间、平均速度、出行距离信息。当交通枢纽内按位置配备了不同编号的移动通信基站后，便可利用手机信令网，将获取的信令数据进行分析、处理、统计，可以实现进入和离开地下各车站区域的客流检测、地下轨道线路间换乘的客流检测（换乘站不同线路设置基站不同）、乘客换乘路径选择等特征统计（稍延迟，但数据较精准）功能。

基于手机定位的交通信息采集技术得到了国内外许多科研机构和技术公司的普遍关注，并逐步成为国内外研究的热点前沿。国外手机定位技术发展相对成熟，较早开展了应用手机定位技术进行交通信息采集的研究，如法国 INRETS 公司于 2000 年率先开展了基于手机定位的交通信息采集技术仿真试验研究。

目前国内基于手机定位技术应用于交通信息采集的研究资源较为分散，且主要侧重在理论方面如交通出行特征研究、灾害搜救等方面。2008 年，上海将手机信令数据纳入上海综合交通信息平台，实现了对上海移动运营商 1800 万用户量数据的接入和大范围应用，主要是用于在高速公路的路况判别，判断高速公路的拥堵情况和交通规律。但是，这部分数据在上海综合交通信息平台的各类交通数据中，目前仍处于辅助地位。2013 年，无锡市城市规划编制研究中心与上海云砥信息科技公司合作，基于无锡移动通信数据平台，在 11—12 月两个月内，对占无锡总人口 78.4% 的无锡移动 505 万手机用户进行了连续不间断追踪，动态采集无锡市域范围内手机用户的信令数据，进行无锡市手机用户出行调查，获得全市区常住人口职住分布、市区居民出行客流 OD、重点区域集散客流、校核线客流等数据，确定不同区域间的轨道线网结构安排。计划在无锡轨道交通 1 号线开通一段时间后，进行基于轨道站点进出人流的轨道站点吸引范围分析、重要站点客流集散特征分析等相关研究。

利用手机信令检测客流具有统计较准确、无需增加硬件设备、较易实现等优点，在地铁地下车站客流的宏观、中观分析方面有着明显优势。然而在多层交通枢纽中，手机信令技术不能区分上下层，需要结合 Wi-Fi 等技术区分各层人数；此外，手机信令目前检出的客流仅限于移动公司的部分用户，出行人群中也存在携带多部手机和未带手机行人，还需进行一定的数据校正。此方案适用于大面积地下交通枢纽的客流监控，对于地面和高架线路还需进行进一步的研究。

6.3　烟气控制研究

6.3.1　烟气流动分析

烟气流动分析是针对火灾情况、烟控设计情况，分析火灾烟气的流动规律，进而预测其对人员疏散的影响时间和评价烟控系统的设计合理性。

目前在国外先进国家大都将烟控设计视为影响避难逃生的重要因素之一，有效的烟控设计可适当的防止或延阻烟层的扩散或沉降，当然也就相对增加避难安全所需的逃生时间。通过对烟气流动的分析研究，从而指导防排烟系统设计，有效的控制烟气流动以降低烟气造成的危害。

6.3.1.1　火灾蔓延的方式

火灾蔓延的方式是多种多样的，主要是通过热传导、热对流、热辐射等进行的，在这个过程中，通常伴随着发光发热现象，进行着能量的传递。

（1）热传导。燃烧产生的热量，经建筑构件或建筑设备传导，能够使火焰蔓延到相邻或上下层房间。例如，薄壁隔墙、楼板、金属管壁都可以把火灾分区的燃烧热传导至另一侧的表面，使地板上或靠着隔墙堆积的可燃、易燃物体燃烧，导致火场扩大。导热系数大的物体，更容易成为火灾发展蔓延的途径。

（2）热对流。炽热的烟气与冷空气之间相互对流的现象。热对流是建筑物内火灾蔓延的一种主要方式。建筑火灾发展到旺盛期后，窗户的玻璃破坏，内走廊的木质门被烧穿，导致烟火涌入内走廊，若在走廊里放可燃、易燃物品，或者走廊里有可燃吊顶等，被高温烟火点燃，火灾就会在走廊里蔓延，再由走廊向其他空间传播。除了在水平方向对流蔓延外，火焰在竖向管井也是通过热对流方式蔓延的。

（3）热辐射。当火灾处于发展阶段时，热辐射传递了大部分的热量，建筑物内着火之后，由于房间的密封性，在建筑物的顶部形成了热烟气层，热烟气层通过热辐射对室内未燃物加热，可能引起室内未燃物的热解、气化、燃烧，甚至出现轰燃。

（4）火焰蔓延。火灾蔓延最直观的表现在火焰蔓延上，火焰蔓延的速度主要取决于火焰传热的速度，火焰蔓延速度可由下式求得：

$$\rho VH = Q \tag{6.1}$$

式中　ρ——可燃物的密度，kg/m^3；

V——火焰蔓延速度，m/s；

H——单位质量可燃物的温升的焓的增量，kJ；

Q——火焰传热速度，m/s。

（5）延烧。固体可燃物表面或易燃、可燃液体表面上的一点起火，通过导热升温点燃，使燃烧沿物体表面连续不断地向周围发展下去的燃烧现象。

（6）其他形式。除了以上几种基本形式外，火灾蔓延还有一些随机的方式，例如飞火、融滴、火旋风、扬沸等，这些方式是偶然的，也是不可避免的。

6.3.1.2 火灾蔓延影响因素分析

建筑火灾蔓延发展的过程主要可以分为初期增长阶段、轰燃阶段（不是必须发生的）、充分发展阶段和减弱阶段，如图 6.8 所示。在初期增长阶段和充分发展阶段之间，一般会有一个温度急剧上升的狭窄区，此时室内可燃物大面积同时开始燃烧，称为"轰燃"，它标志着火灾发生质的转变。

从整体上来看，建筑内部火灾蔓延的影响因素包括：火源位置、火灾荷载、火源功率、可燃物材料属性、建筑的结构形式和通风条件等。

（1）火灾荷载。火灾荷载直接影响着火灾的持续时间和室内的温度变化。因而，在进行建筑结构防火设计时，合理确定火灾荷载数值显得尤为关键。

所谓火灾荷载是指着火空间内所有可燃物燃烧时所产生的总热量能。一座建筑物其火灾荷载越大，发生火灾的危险性也就越大，需要的防火措施越严。一般地说，总的火灾荷载并不能定量地阐明其与作用面积之间的关系，为

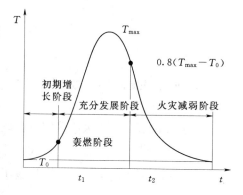

图 6.8 建筑火灾蔓延过程曲线

此需要引进火灾荷载密度的概念。火灾荷载密度是指房间中所有可燃材料完全燃烧时所产生的总热量与房间的特征参考面积之比，即火灾荷载密度是单位面积上的可燃材料的总发热量。

火灾荷载分为固定火灾荷载、活动火灾荷载和临时火灾荷载三种，如果想要弄清楚一个建筑的火灾荷载究竟有多大，就需要进行相应的火灾荷载调查和火灾荷载统计。

在过去火灾荷载调查时，一般是对固定可燃物品种类进行分类、统计等，而很少对活动火荷载的分布以及分布密度等进行系统的调查和研究，又由于活动火灾荷载的不稳定性，从而对建筑火灾荷载统计时一般都偏重于固定火灾荷载的研究。

（2）火灾荷载的确定。不同种类的可燃物转化成能量 MJ 来表示，有时，也采用一些我们熟悉的方法，通过把一个空间内所有可燃材料的热能等值地转化成当量的木材数量来表示该区间内的火灾荷载。

1）热释放速率。火灾荷载的大小决定了火灾中能释放出能量的大小，而对于这些能量释放速度的快慢，就需要用衡量释能速率的指标——热释放速率来表示。前人在实验研究的基础上总结出许

多描述火灾过程中火源的热释放速率的数学模型，比较著名的有 t^2 模型，MRFC 模型、FFB 模型以及针对一些大型燃烧实验得出的特定可燃材料、家具等的热释放速率曲线，热释放速率模型是设置火源模型最重要的指标，直接影响着初期火灾的增长情况和火灾的发展规模，这些热释放速率模型在许多火灾模拟中被广泛使用。

火灾荷载的大小决定了火灾中能释放出能量的大小，而对于这些能量的释放速度的快慢，就需要用衡量释能速率的指标——热释放速率来表示。

通过分析，我们可以知道，热释放速率曲线和时间轴所包围的面积等于室内的最大火灾荷载量。也就是说，在分析火灾功率时，对于一定量的火灾荷载，选取不同的热释放速率模型所得到火灾功率输出是不同的，火灾荷载和热释放速率的关系如图 6.9 所示。

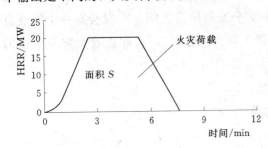

图 6.9　火灾荷载和热释放速率的关系

正常情况下，火灾荷载和 HRR 曲线需要设计人员根据实际情况和材料测试对比的基础上进行判断取舍，或者参考有关的资料和文献来确定，这也是性能化设计思想的体现。

2）燃烧热值。相同质量的不同物品燃烧释放的热量并不相同，因此定义单位质量的材料完全燃烧后所释放出来的总热量，称为该材料的燃烧热值。

因此，火灾荷载可以通过两种方式确定，即由热释放速率曲线围成的面积大小确定或者通过材料燃烧热值的统计确定。

（3）火灾功率。一般来说，火灾功率（kW）是单位时间内释放出热量的多少（kJ），即火灾荷载的大小，不同时刻的火灾功率即形成了热释放速率曲线，火灾荷载与火源功率有下面的关系，即

$$火灾功率(kW) = \frac{火灾荷载(kJ)}{火灾持续时间(s)}$$

对于火灾功率来说，又可以换算成相应的质量燃烧速率，他们之间是等价的。一般来说，可燃材料的质量燃烧速率是可以通过试验测出来的，取平均的质量燃烧速率，室内火灾荷载可以通过材料来简单地计算出来，因此，通过下面的公式可以大概知道火灾的持续时间。

$$t_c = \frac{m_f}{\dot{m}} \tag{6.2}$$

式中　t_c——火灾持续时间，s；

　　　m_f——室内火灾荷载，kg/m^2；

　　　$\dot{m}$——质量燃烧速率，$kg/(m^2 \cdot s)$。

6.3.2　烟气流动现场试验

试验是认识火灾发展及烟气流动的重要方法。在一特定的建筑内，通过设置合适的火源，令烟气在现场条件下流动，可以清楚、直观地了解烟气流动状况，并可对烟气控制系统的工作状态进行

检测，能够反映出数值计算难以解决的问题。下文以北京市地铁二号线阜城门站为工程北京说明烟气流动现场试验的过程与方法。

6.3.2.1 阜成门站排烟工况测试

（1）实验设计：

1）实验设备。实验采用手持风速仪人工测量，测试断面17个，分布于总排烟管、站厅排烟口、隧道口、站厅出入口、楼梯口等位置。

2）实验工况。测试工况总共为7个，测试站台、站厅的排烟效果，分两个晚上完成。具体实验工况见表6.2，其中工况3、6和7由于现场调度原因，并未按计划进行测试。

表 6.2   测 试 工 况 汇 总

实验工况编号	排 烟 工 况
工况 1'	区间风机开启，车站排风机开1台，公共区风管上各风阀开，两侧站厅上常闭排烟阀关
工况 1	车站排风机开1台，公共区风管上各风阀开，两侧站厅上常闭排烟阀关
工况 2	车站排风机开1台，站台公共区风管上DT阀关，距风道平台远端站厅上常闭排烟阀开；距风道平台近端站厅上常闭排烟口关
工况 3	车站排风机开1台，站台公共区风管上DT阀开，距风道平台远端站厅上常闭排烟阀关；距风道平台近端站厅上常闭排烟阀开
工况 4	车站排风机开1台，站台公共区风管上DT阀关，距风道平台远端站厅上常闭排烟阀关；距风道平台近端站厅上常闭排烟阀开
工况 5	车站排风机开2台，公共区风管上各风阀开，两侧站厅上常闭排烟阀关
工况 6	车站排风机开2台，站台公共区风管上DT阀开，距风道平台远端站厅上常闭排烟阀开；距风道平台近端站厅上常闭排烟口关
工况 7	车站排风机开1台，风量经变频器调整至施工图中的通风风量。公共区风管上各风阀开，站厅常闭排烟阀关

3）实验编号。实验测试了阜成门地铁站主要位置风速，各个典型位置排烟口的编号和站厅出入口测点位置图分别如图6.10和图6.11所示。

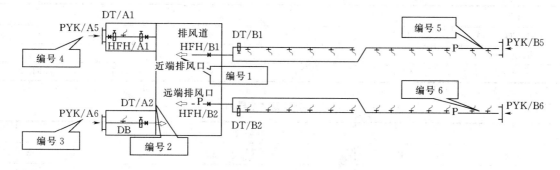

图 6.10 总排烟口位置

（2）实验测试结果。具体测试结果汇总于表6.3～表6.8。

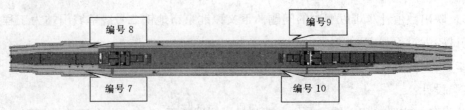

(a)隧道洞口位置编号图

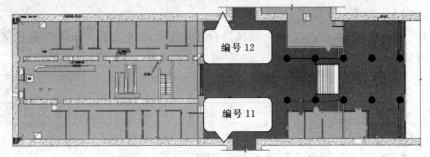

(b)北站厅编号图

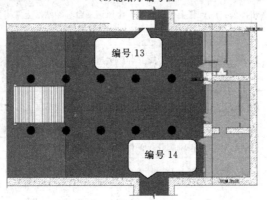

(c)南站厅编号图

图 6.11　站厅出入口测点位置图

表 6.3　　　　　　　　　　　　　轴流风机出风口测试结果

工况	1′	1	2	4	5
平均风速/(m/s)	4.55	4.72	3.89	3.9	10.51
面积/m²			9		
风量/m³	40.95	42.48	35.01	35.1	94.59

表 6.4　　　　　　　　　　　　　总排烟口测试结果

A出口测试结果					
工况	1′	1	2	4	5
平均风速/(m/s)	5.74	4.93	6.21	6.07	11.46
面积/m²			3.3		
风量/m³	18.942	16.269	20.493	20.031	37.818

续表

B 出口测试结果					
工况	1′	1	2	4	5
平均风速/(m/s)	5.77	5.95	4.48	4.36	9.52
面积/m²			3.3		
风量/m³	19.04	19.64	14.78	14.388	31.416

表 6.5 南端楼梯口测试结果 (多点风速仪)

工况	1′	1	2	4	5
平均风速/(m/s)	0.67	0.84	0.48	0.50	1.40
面积/m²			17.60		
风量/m³	11.79	14.78	8.45	8.80	24.64

表 6.6 隧道洞口测试结果 (各个洞口综合风速)

工况	1	2	4	5
各个洞口综合风速平均值/(m/s)	0.127	0.164	0.446	0.308

表 6.7 站厅排烟口测试结果

A 出口测试结果					
工况	1′	1	2	4	5
平均风速/(m/s)	0.28	0.30	0.31	0.38	0.29
面积/m²			3.6		
风量/m³	1.01	1.08	1.12	1.36	1.05

B 出口测试结果					
工况	1′	1	2	4	5
平均风速/(m/s)	0.32	0.33	0.37	0.50	0.50
面积/m²			3.6		
风量/m³	1.14	1.17	1.33	1.81	1.81

C 出口测试结果					
工况	1′	1	2	4	5
平均风速(m/s)				1.64	0.9
面积/m²			3.6		
风量/m³				5.9	3.24

D 出口测试结果					
工况	1′	1	2	4	5
平均风速/(m/s)				0.61	0.4
面积/m²			3.6		
风量/m³				2.2	1.44

表 6.8　　　　　　　　　　　　**风量汇总统计**

工　况	1	2	4	5
平均风速/(m/s)	42.5	35	35.1	94.55
面积/m²	35.9	35.3	34.4	69.2(封堵不严实)
风量/m³	32.9	30	46.5	79.9
风机效率	71%	64%	63%	74.4%

注　风机效率计算方法：轴流风机出风口处的风量与总排烟口风量的和的平均值与轴流风机额定风量的比值。

（3）实验测试结果分析。通过测试分析，可得如下结论：

1）开启 1～2 台排烟风机后，效率相近。当 DT 阀关闭时，效率降低。

2）隧道洞口处，开两台风机时其补风风速为 0.3m/s；开 1 台时为 0.15m/s。

3）在不同测试工况下，南端楼梯口处的风速较低，为 0.5～1.4m/s 之间，建议应在楼梯口周边做封堵。

4）测试近、远端站厅排烟口的风量时，其排烟口风速很小。

6.3.2.2　阜成门热烟实验

（1）实验目的。就火源性质来说，现场实验又分为冷烟实验和热烟实验，冷烟实验是指没有辅助可控热源条件下的烟雾实验，不采用真实火源，完全依靠烟饼燃烧后产生的烟自身浮力在建筑内蔓延，可以测试报警系统的可靠度以及防排烟系统的排烟能力；热烟实验是对建筑烟控系统进行测试的方法。它利用受控的火源和烟源，形成接近真实火灾场景的模拟条件，呈现热烟在建筑内的流动情况，以及空调系统的关闭、排烟系统的启动等过程。测试人员可以实地观察排烟系统的效果，评估各个消防子系统的实际效能以及整个系统的综合效能。经过综合比较，本次测试采用了热烟实验，鉴于我国并没有形成统一的现场实验标准及规范，而且现场测试可能会对建筑造成不同程度的污染或破坏，因此借鉴了澳大利亚所推出的一种新式热烟测试方法及其标准。

（2）实验设计：

1）实验装置。测试的烟气产生装置如图 6.12 所示，主要包括水盘、油盘和发烟器等。水盘的使用是因为燃料燃烧时，油盘和周围环境会不断的吸热，使得燃烧产生的热释放速率不稳定，因此需要一个水盘冷却火盘，以减少误差。水盘中注入水应尽可能多，但不可使空油盘浮起来。热烟测试根据建筑的安全温度，即触发烟控系统的温度，选择合适的测试火源。因此，测试用的油盘有不同的尺寸标准，不同尺寸油盘对应不同的火源功率。燃料采用 95% 的工业酒精。

参考澳大利亚的热烟测试标准（AS4391：1999，Hot Smoke Test），综合国内的一些实际实验，选取的火源是尺寸为 0.84m×0.60 m 的油盘及其配套水盘；示踪烟气应由任何无害可燃物燃烧或加热而产生，可以采用制造舞台效果的发烟机或者是烟饼。实验中可根据现场实际情况选择火源大小，不同油盘数目对应的火源功率见表 6.9。

表 6.9　　　　**火源功率对照表**

油盘个数/个	相应火灾功率/kW
4	1500
2	700
1	340

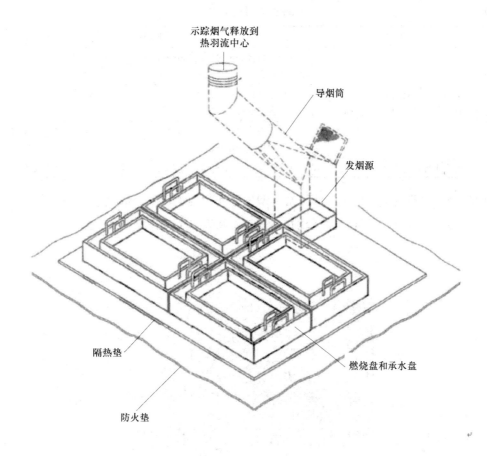

示踪烟气释放到
热羽流中心

导烟筒

发烟源

隔热垫

燃烧盘和承水盘

防火垫

图 6.12 热烟测试装置

2）实验工况。测试在北京地铁 2 号线阜成门站站台内进行，实验中火源位置设于站台中部及站台南侧靠近楼梯口处，如图 6.13 所示，实验场景设置见表 6.10。

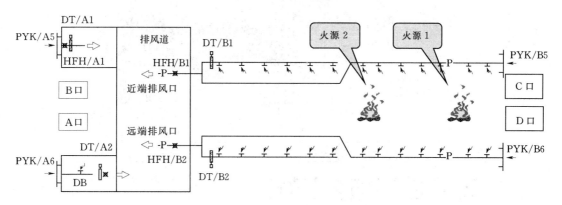

图 6.13 火源位置示意图

表 6.10　　　　　　　　　　　　　**实验场景设置**

实验工况编号	火源位置	排烟工况
工况 1	靠近南站厅楼梯口的站台处,即立柱 1 与立柱 2 中间(火源 1)	开启 2 台排烟风机,DT 阀开启,远端站厅排烟口关闭,近端站厅排烟口关闭,站台上的排烟口全开
工况 2		开启 2 台排烟风机,DT 阀开启,远端站厅排烟口开启,近端站厅排烟口关闭,站台上的排烟口全开
工况 3		开启 2 台排烟风机,DT 阀关闭,远端站厅排烟口开启,近端站厅排烟口关闭,远端排烟管排烟口开启
工况 4	站台中部,即立柱 9 处(火源 2)	开启 2 台排烟风机,DT 阀开启,站厅排烟口关闭,站台排烟口全部开启

3)实验编号。实验测试了阜成门地铁站典型位置处的气流速度、烟气浓度及烟气下降高度。各个典型位置的编号以及内容、仪器统计分别如图 6.14 和表 6.11 所示。

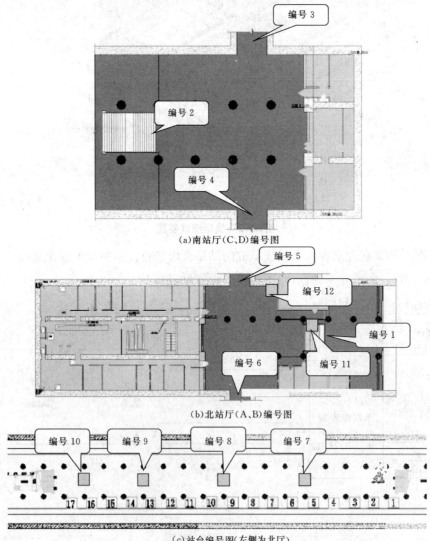

(a)南站厅(C、D)编号图

(b)北站厅(A、B)编号图

(c)站台编号图(左侧为北厅)

图 6.14　测试编号

表 6.11   测试编号、内容及仪器统计

编 号	位 置	测试内容	测试仪器	备 注
编号 1	北厅楼梯口	风速	手持风速仪	
编号 2	南厅楼梯口	风速	手持风速仪	
编号 3～6	站厅通道口	风速	手持风速仪	
编号 7～12	站台、站厅	浓度	空气采样管	6 点
编号 7～11	站台、站厅	温度	无线温度记录仪	5 台
编号 7～10	站台	烟气下降高度	摄像仪（4 台）、标尺及秒表	
编号 11	北站厅	烟气下降高度	摄像仪（1 台）、标尺及秒表	

测量站台的空气采样点设置在站台相应编号处的柱子处，距离地面 3m，用胶带固定。

（3）实验测试结果：

1）风速测试结果（表 6.12）。

表 6.12   南北站厅楼梯口处风速测试结果

工况编号	排烟方式	楼梯口平均风速/(m/s)		测试时间（h：min）
		南站厅	北站厅	
工况 1	热排	1.442	0.343	0：29—0：39
	冷排	1.229	0.559	0：41—0：44
工况 2	热排	1.618	0.676	0：46—0：53
	冷排	1.712	0.634	0：59—1：02
工况 3	热排	1.828	0.576	1：09—1：16
	冷排	1.693	0.744	1：20—1：26
工况 4	热排	1.917	0.936	2：01—2：08
	冷排			2：09—2：12

分析表 6.12 中结果，可知 4 个工况下南站厅楼梯口处的平均风速在 1.3～1.9m/s 之间，基本可防止烟气蔓延至站厅，而北站厅的风速为 0.3～0.9m/s 之间，不足以有效地防止烟气蔓延，因而北站厅人员的安全疏散存在一定的安全隐患。

2）烟气下降高度结果（表 6.13）。

表 6.13   站台烟气下降时间统计

工况编号	标注位置	烟雾下降时间/（h：min）			
		编号 7	编号 8	编号 9	编号 10
工况 1	标尺 1	0：42：46	0：31：13	0：30：16	0：29：43
	标尺 2		0：31：20		
	标尺 3		0：31：34		
	标尺 4				

续表

| 工况编号 | 标注位置 | 烟雾下降时间/（h：min） | | | |
		编号7	编号8	编号9	编号10
工况2	标尺1	0：52：19	0：51：43	0：51：34	0：51：28
	标尺2	0：54：09	0：52：00	0：52：16	0：52：20
	标尺3		0：52：50	0：52：51	
	标尺4				
工况3	标尺1	1：11：40	1：13：53	1：12：17	1：11：50
	标尺2	1：13：09	1：17：04		1：14：30
	标尺3	1：14：59			
	标尺4	1：17：50			
工况4	标尺1	2：01：38	1：59：58	2：01：24	2：01：05
	标尺2	2：04：12			
	标尺3	2：05：18			
	标尺4	2：07：03			

统计数据表明，烟气在蔓延扩散过程中不断地被周围空气及壁面冷却，因而位于火源远端的烟气呈现出较早沉降的现象。

3）空气管采样仪烟雾减光度测试结果。探测器不同工况下的监测界面如图6.15所示。通过采用空气管采样仪监测烟雾的绝对减光度，可换算出烟雾的绝对浓度，从而可准确了解烟气在车站内的分布状况，也可用于检验软件模拟结果的准确性。

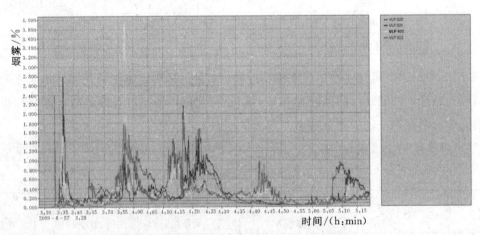

图6.15 不同工况下探测器的实时监测结果

（4）实验测试结果分析。通过热烟实验及测试分析，可得如下结论：

1）在排烟风机没有启动前的火灾初期，热烟很快上升至火源上方顶棚处，并在其两侧蔓延、扩散，直至远端的站厅。由于热浮升力的作用，烟气仅在顶棚内漂浮，始终没有降低至地面以上

2.1m 处。

2）4 个排烟工况下（站台全排），南站厅楼梯口处的平均风速在 1.3～1.9m/s 之间，基本可防止烟气蔓延至站厅，而北站厅的风速为 0.3～0.9m/s 之间，不足以有效地防止烟气蔓延，因而北站厅人员的安全疏散存在一定的安全隐患。

3）对烟气下降高度的统计数据表明，烟气在蔓延扩散过程中不断地被周围空气及壁面冷却，因而位于火源远端的烟气呈现出较早沉降的现象。

4）通过采用空气管采样仪监测烟雾的绝对减光度，可换算出烟雾的绝对浓度，从而可准确了解烟气在车站内的分布状况，也可用于检验软件模拟结果的准确性。

6.3.3 烟气控制

1. 挡烟垂壁及活动挡烟垂帘

火灾时产生的热烟气的危害问题现在已是人所共知，建筑物内如何更好地防烟、排烟，最大限度地减少这种热烟气的危害早已引起各国消防机构以及所有关心消防的人士的极大重视。火灾时物质燃烧产生大量的烟和热形成炽热的烟气流，这种烟气流和周围常温空气容重不同，产生的浮力使其首先垂直上升直至顶棚，然后沿水平方向向四周蔓延扩散。如果我们不对烟气加以控制，火灾初期，它将在水平方向以 0.1～0.3m/s 的速度自由扩散，在火灾中期以 0.5～0.8m/s 的速度对流扩散。在电梯、楼梯等竖井内，热烟气流将以 3～4m/s 的速度迅速地垂直扩散。火灾时产生的烟气在建筑物内的这种流动和扩散，必然会浸入疏散通道，造成非火灾房间的人员因烟气而窒息死亡，或者找不到疏散通道，或者因烟气阻挡视线脱离不了危险区而造成人员伤亡，同时也严重地影响了火灾的扑救工作。

从烟气的危害及蔓延规律人们清楚地认识到，室内发生火灾时首要任务是把火场高温烟气控制在一定的区域范围之内（即形成防烟分区），并迅速排出室外。消防设计规范表明，机械排烟通常需要形成相应的防烟分区以提高排烟效率。对于防烟分区的形成，除了主要利用建筑物固有的分隔墙外，下垂不小于 500mm 的挡烟垂壁是最普遍采用的挡烟设施形式。

在火灾时，尤其在火灾初期，阻止热烟在顶棚下沿水平方向流动蔓延，将热烟阻挡在垂壁保护区内，在该保护区形成蓄烟池，以便加速启动排烟装置，及时有效的将热烟排除，从而延长疏散时间。在设有自动喷水灭火系统的建筑物中，由于挡烟垂壁限制了烟气和热量向四周蔓延，挡烟区内热烟温度相对较高，从而加速了喷水喷头动作，喷水灭火，还可防止无需开启的位于远处的喷头动作，有效地保护人身和财产的安全，减少火灾损失和水渍损失。挡烟垂壁分固定式与活动式两种类型。固定式挡烟垂壁采用混凝土或其他不燃材料如夹丝玻璃等制成梁或挡烟幕板，从顶棚向下突出 50cm 以上，长期地固定在顶棚面上。这类挡烟垂壁只有在建筑装修要求不高且不影响通行的情况下才采用，如某些要求不高的车库、仓库建筑等。活动式挡烟垂壁，按照垂壁挡烟板的材质不同可分为硬质和软质两种，按照垂壁动作原理的不同又可分为转动式和卷帘式两种类型。

2. 风幕系统

目前建筑大都在楼梯间前室组成防烟系统阻止烟气进入竖井通道，其广泛采用的前室防排烟方式主要有前室机械排烟，楼梯间加压送风、前室不加压，走廊排烟、前室机械送排风等三种形式。众所周知，理想的防排烟方式为既能严格地阻止火灾烟气侵入疏散通道或避难区域、确保这些区域的绝对安全，又能允许受灾人员和消防救援人员自由地进出这些区域，做到畅通无阻。上述三种防排烟形式要求前室须是封闭区，故此一般用防火防烟门进行隔断，这种隔断我们称之为刚性隔断，虽然防烟效果好，但不利于人员疏散和扑救人员的进入，故国内外火灾科学研究者提出了一种新的防排烟技术——防烟空气幕技术。

气幕技术作为一种新型防排烟技术，早期主要应用于矿井和隧道的防尘、商场和仓库门口的隔热。由于空气幕具有较好的隔断特性，近年来，国内外已有研究人员建议将其应用于建筑防排烟系统，认为防烟空气幕作为一种柔性阻碍，不仅能阻挡烟流的扩散蔓延，又不影响人们的正常通行，有利于人员安全疏散和消防队员顺利进入建筑内部实施火灾扑救工作；在疏散通道上应用此技术来代替防火门卷帘的作用，是比较理想的；因此，气幕防排烟技术具有广阔的应用前景。

传统的空气幕是利用特制的空气分布器，喷射出一定温度和速度的幕状气流，借以封闭建筑物大门，以减少或隔绝外界气流侵入或使外部气流和空气幕气流混合，以改变外部冲入气流的温度或使流向门口的气流遇到喷射气流而改变方向，以维持室内或某一工作区域内一定的气象条件，也可阻挡灰尘和有害气体的侵入。在防排烟工程设计中，空气幕通常设置在高层建筑每层无直接外窗的疏散楼梯间前室、消防电梯前室和内走道交接处，避难区或避难层与内走道的交接处，防排烟分区在内走道的交界处。用于防排烟的空气幕主要有2种类型，即吹吸式气幕加防排烟系统、单吹式气幕加防排烟系统。研究表明，吹吸式防烟空气幕虽挡烟防烟效果略高于单吹式防烟空气幕，但是效果不明显，从实用性的角度来说单吹式防烟空气幕具有较大的优势。

未来为了进一步优化空气幕的性能，可以从以下几个方面进行探索：

(1) 全面考虑各种横向压力对空气幕性能的影响。

(2) 研究圆形喷射多股射流空气幕特性。

(3) 探索多层条缝型射流的空气幕特性。

3. 正压送风系统

目前一些体型庞大、功能复杂的建筑，在设计防火分区的安全出口时，往往不能满足现有消防规范的规定。通常的解决办法是在建筑中设置正压送风的疏散通道，可称其为"正压送风通道"，对于其送风量的合理确定，目前国内还没有可直接引用的规范，且已有文献对此研究也较少。

国内的一些消防规范，如《建筑设计防火规范》（GB 50016—2006 [1]）（简称为《建筑》、《高层民用建筑设计防火规范》（GB 50045—2005 [2]）（简称为《高规》）、《人民防空工程设计防火规范》（GB 500098—20016.2 [3]）（简称为《人防》）、《上海市工程建设规范—建筑防排烟技术规程》（DGJ 08‑88—2006 [4]）（简称为《沪规》）等，提出了关于防烟楼梯间及其前室以及封闭式避难层的机械加压送风量的计算方法，这些资料可作为"正压送风通道"送风量的计算参考。

"正压送风通道"的特点是：

（1）采用正压送风进行防烟，从而保证人员的安全疏散。

（2）通道多为水平布置，烟气的扩散方向与人员的疏散方向一致。

（3）可被多个防火分区共用，且与每个防火分区相连接的疏散门可能多于1个。

（4）与安全出口相连，主要为对外出口。

"正压送风通道"的特点与无自然排烟条件的防烟楼梯间有相似之处，如特点1及特点4，但仍有所不同，如整个防烟楼梯间为垂直式通道，且1个楼梯间一般只与1个疏散门相对应。因此，"正压送风通道"的防烟设计要求更高、也更复杂，今后有必要对此进行深入探讨和研究。

4. 地下车站防火屏蔽门系统研究

地铁站台长隔断可由固定防火玻璃、防火玻璃自动门、防火玻璃逃生应急门组成一道防火屏障，其防火时限可达到1h。下文为某地下交通枢纽所采用的防火屏蔽门系统：

（1）防火隔断及防火门主框架选用专用防火钢制型材制作。

（2）由于自动感应防火门及应急门都是双开门，其中缝隙处理是保障防火门不窜火的关键，该工程采用了比利时梅瓦赫公司特殊的防火密封系统，在火灾发生时，防火密封条就会迅速反应膨胀，将火焰封堵，保证无火焰窜出。

（3）自动感应防火门，其感应系统采用 TORMAX 德国公司的产品，由于既要保障其防火性能，又要保障在使用中频繁开启无故障，门体总重量不超过85kg；所以此防火门玻璃可选用防火稳定性好，密度又相对较小的 6mm 硼硅防火玻璃。

（4）防火应急门加装自动闭门器逃生推杠锁，以适应人员疏散及防火应急自动关闭的需要。

（5）防火应急门及固定防火隔断中的防火玻璃采用单片防火加一层防火胶及双层玻璃结构，总厚度12mm。即保证达到1h完整性的防火要求又能在火灾中由于防火胶阻燃性的功效减少热辐射和人们的恐慌心理，同时又降低了全部选用硼硅防火玻璃的成本。

（6）防火门及隔断上方采用防火板封堵，既防止了火焰的蔓延，又能保护电源等控制系统在火灾中免受损坏。

6.3.4　烟气控制设计案例——以深圳北站为例

6.3.4.1　深圳北站车站概况

本案例站房建筑屋面最高点 43.430m、最低点 32.575m；建筑楼层面最高 26.530m（轨道交通4号、6号线）；站房屋面面积 411.416m×208.000m＝85574.528m²；屋盖为"上平下曲"形态；最大柱跨 85.750m×81.000m。

雨棚：屋面最高点 18.983m、最低点 15.660m；雨棚屋面东西长 272.460m，南北总长 259.480m，南北侧雨棚屋面总面积 75071m²；雨棚为"波浪曲线"形态；最大柱跨 43.000m×28.000m。

车站建筑总面积 181035m²，其中：

（1）房屋建筑面积 74573m²：站台层 13211m²，站台层夹层 3295m²，高架候车层 52589m²。

（2）站前平台 34146m²：±0.000m 站台层人行平台 7503m²，9.000m 高架层人行平台 26643m²。

（3）主体屋面南北侧悬挑 4292m²。

（4）无站台柱雨棚 75071m²。

（5）轨道交通 27125m²（不计入建筑面积）。

深圳北站建筑信息和耐火等级详见表 6.14，各区域概况详见表 6.15。

表 6.14　　　　　　　　　　　　　深圳北站建筑概况和耐火等级表

站房建筑面积	建筑主体层数	建筑高度	建筑等级	耐火等级
74573m²	2 层	屋面最高点 43.430m，建筑楼层面最高 26.530m	二类高层建筑	不低于二级

表 6.15　　　　　　　　　　　　　深圳北站建筑各区域概况表

建筑位置		标高/m	概况说明
东站房	站台层	±0.000	基本站台候车室、贵宾候车室、售票厅和办公用房、设备机房等
	夹层	4.450	
西站房	站台层	±0.000	设备用房和宿舍
	夹层	4.450	
站房上部	站厅层/高架候车层	9.000	口岸候车厅、口岸进出站厅、普通旅客候车厅、普通旅客进出站厅、售票厅、管理办公、设备机房、商务候车等
	夹层	15.000	预留商业

6.3.4.2　站房各区域概况

（1）站房第一层——站台层（±0.00m）。站台层（±0.00m）共分为 3 个区域，即东站房、西站房以及站台区，另外在东、西站房外侧分别设置有东、西平台。

站台层地面标高为 ±0.00m，并含一个 4.450m 夹层。站台层平面主要功能包括站台、售票厅、基本站台候车以及后勤服务用房、办公、设备用房等。

1）东站房（部分区域带一个 4.450m 夹层）设置有基本站台候车室、售票厅（室）、3 个贵宾候车室以及办公和配套服务用房。

2）西站房（部分区域带含一个 4.450m 夹层）主要功能为办公及设备机房。外部与城市地下停车库相临。

3）东、西平台分别通过楼、扶梯与上部东、西广场人行平台相连通。东进站平台与下沉广场相接；西落客平台与地下车库相通。

4）站台区共有 11 个站台，每个站台分为 3 段，两端为雨棚区，为半室外空间；中间部位长约 189m，处在高架候车层下方。

（2）站房第二层——高架候车层。高架候车层地面标高为 9.00m，该层主要功能为进站广厅、普通候车厅、售票厅以及出站通道和出站厅，此外还设置有商务候车厅、辅助用房、机房等。

高架候车层夹层位于15.0m，功能为商业服务。

东、西站房外部分别为东、西步行平台，并与分别东、西广场相接。

6.3.4.3 烟气控制设计方案研究

（1）站台层在高架层楼板下区域（±0.000m）。本区域与半室外空间的雨棚相连，尽管该区域顶部有盖，仍属于敞开车道和站台空间。按NFPA130第7章要求，本区域不需设置机械排烟系统。为保证本区域的人员疏散安全和防止火灾烟气向上层蔓延，设计应满足如下要求：

1）利用站台与轨道上方边缘结构作为挡烟设施（结构底面距离站台地面约为6.3m），并利用列车上方围合区域作为储烟舱，延缓烟气向站台扩散时间。

2）对于雨棚下通向高架层出站通廊的楼扶梯口，在其与出站通廊相接的口部，设置风幕系统，以阻挡站台层火灾烟气进入出站通廊。风幕的进风应取自高架候车空间。

（2）高架候车层（9.000m）。高架层采用自然通风排烟方式、利用通风百叶将上升的烟气排出室外。本区域烟控系统设计策略见表6.16。

表6.16　　　　　　　　　　　　　　　　高架层烟控系统设计策略

消防设计类别	消防策略	实施依据/要求
防烟分区与排烟系统	高净空区域设置自然排烟系统	（1）吊顶上的排烟开口有效面积应不低于地面面积的1.5%，且在火灾时保证处于开启状态；
	出站通道：与大空间可为一体空间（应采取防烟分隔措施，防止站台层火灾烟气进入出站通道）	（2）吊顶上部与外界相通部分的有效开口面积应不小于地面面积的25%
	功能用房：当面积大于100m² 时设置机械排烟	GB 50045—95（2005版）
	商务候车厅及按"防火舱"设计区域：设置机械排烟	根据火灾荷载（2.0MW）和清晰高度（3.0m）确定排烟量，确定所需系统排烟量为13m³/s
	夹层：控制其下层火灾烟气不直接向本层蔓延	在夹层与下部空间边缘楼板上设置高度不低于1.1m的挡烟设施

高架层大空间地面面积约为50000m²，所需最小总排烟面积为地面面积的1.5%，约为750m²。所需最小补风总面积为375m²，现有直通室外空间的门及其他缝隙面积可以满足补风要求。

6.3.4.4 高架层进站广厅烟控设计与分析

（1）基本情况。进站广厅拟采用自然排烟的方式排出火灾烟气：广厅地面或商业夹层发生火灾后产生的烟气先由吊顶空隙进入吊顶空间，进而由吊顶空间两侧的百叶排出。为防止标高9.00m地面火灾产生的烟气对15.00m处人员产生影响，建议在15.00m楼板边缘采用挡烟隔断对烟气蔓延路径进行疏导，挡烟隔断高度不低于1.1m。

（2）初步分析。采用NFPA92B区域模型分析进站广厅火灾时的烟气生成量以及设计自然排烟口的面积。

1）基本参数设定。假定火灾位于 +9.0m 标高广厅地面上，有人活动空间位于 15.0m 标高处的地面上，即有人活动空间高于火源面 6.0m，烟气临界高度按空间净空高度 27.0m 分析，得到：

$$z = 1.6 + 0.1 \times (H - h) = 1.6 + 0.1 \times 21 = 3.7 (m)$$

即临界高度应至少距离火源地面高度 6m + 3.7m = 9.7m。基本参数设定见表 6.17。

表 6.17 基本输入参数

变量	参 数 说 明	参数值	单位	备 注
H	天花板高度	27	m	
z	烟气清晰高度	9.7	m	
Q	火源最大热释放速率	2000	kW	快速 T^2 火
Q_c	对流部分的散热率	1400	kW	
d	烟雾层厚度	21.8	m	
q	燃料每单位面积的散热率	500	kW/m²	
To	周围环境温度	26.0	℃	
ρo	空气密度（T_0 时）	1.18	kg/m³	
g	重力加速度	9.81	m/s²	
CP	空气或烟雾的比热	1.02	kJ/kg·K	

2）设计火源限制高度分析。设计火源限制高度见表 6.18。

表 6.18 设计火源信息

变量	参 数 说 明	参数值	单位	备 注
D	火源直径	3.6	m	
H_f	火焰限制高度	4.3	m	

3）烟气生成量及温度分析。烟气生成量及温度分析见表 6.19。

表 6.19 烟气生成量及温度分析

变量	参 数 说 明	参数值	单位	备 注
M	烟雾质量产生速率	53.9	kg/s	不考虑虚点情况
ΔT	烟气羽流温升（超过周围环境）	63.7	℃/K	未考虑喷淋降温作用
T_m	烟气羽流平均温度	83.7	℃	未考虑喷淋降温作用
V	z 高度烟雾体积生成速率	54.4	m³/s	

4）所需最小排烟量分析。所需最小排烟量分析见表 6.20。

表 6.20 所需最小排烟量分析

变量	参 数 说 明	计算值	单位	备 注
$Mcrit$	临界质量烟气排放速率	2987	m³/s	
N	最小排烟口个数	1	个	
Vo	所需最小排烟口面积	21.9	m²	
Vin	所需最小补风口面积	10.9	m²	

5）小结。进站广厅空间发生火灾时，每 2000m² 地面面积上空需至少有 22m² 自然排烟口面积，才能保证火灾烟气及时有效排出，不影响人员安全疏散，相应所需最小补风面积不宜小于 10.9m²。

经以上计算，所需自然排烟口面积约占地面面积的 1.1%，考虑一定的安全系数，建议吊顶开口面积不小于地面面积的 1.5%。

广厅地面面积约为 50000m²，故吊顶所需有效总排烟面积为 750m²，所需最小补风总面积为 375m²，现有直通室外空间的门及洞口面积可以满足补风要求。

（3）烟气控制 CFD 模拟分析。为验证上述排烟方案能否满足所有火灾情况下排烟要求，本书首先利用火灾动力学软件 FDS 对深圳北站站厅进行整体建模，选取 1 个典型场景进行模拟，然后对模拟结果进行分析，给出验证结果和模拟结论。整体模型如图 6.16 所示。

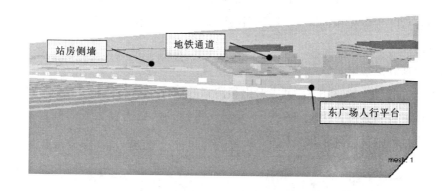

图 6.16　深圳北站站厅模型

场景 GJ1 发生在高架层候车广厅大空间区域内，如图 6.17 所示。火源位于广厅地面候车座椅区，地面标高＋9.00m，空间净高度为 21m；高大空间区内不设防烟分区，不小于地面面积 1.5% 的开口在吊顶上均布，有效总排烟面积为 750m²。

图 6.17　场景 GJ1 模型及位置图

1) 计算参数的设置。

a. 火灾为快速 T^2 增长型，最大热释放速率 2MW。

b. 可燃物的产烟量设置考虑了燃烧物 50% 为塑料、50% 木材。

2) 模拟结果分析。当地面层发生规模为 2MW 的火灾时，火灾产生的烟气由于自身浮力作用不断上升，产生的热烟气达到波浪形顶棚，一部分由自然排烟口排出，其余烟气积蓄于顶棚下。CFD 模拟结果表明：

火灾发生后 1200s 时，距商业夹层地面 2.0m 高处的平面上的温度，除火源上空外最高不超过 30℃。

火灾发生后 1200s 时，距商业夹层地面 2.0m 高的平面上的 CO 浓度，除火源上空外未高于 0.0005‰。

火灾发生后 1200s 时，距商业夹层地面 2.0m 高的平面上的能见度，除火源上空外未低于 30m。

因此，当场景 GJ1 火灾发生时，大厅的烟控系统初步设计能够满足人员安全疏散的要求，因此将其确定为最终的烟控设计方案。

以下是部分计算模拟结果：

a. 烟气三维分布视图。由图 6.18 可以看出很清晰的烟气运动路径，进站广厅的高大空间为烟气的蓄积和排出提供了有利条件，因此烟气层下降至人员活动区域需要很长时间。本场景的火灾规模较小，烟气在上升过程中又得到了很好的稀释，故场景危险性不大。

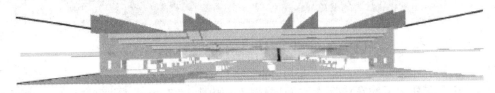

图 6.18　烟气分布三维视图（200s）

b. 穿过火源的能见度切面。由图 6.19 可以看出，火灾初期低空区域的能见度较高，人员可以正常疏散。

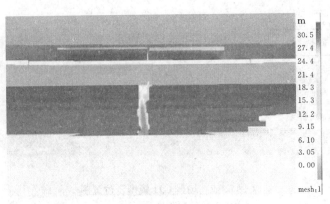

图 6.19　穿过火源的能见度切面示意（200s）

c. 温度分布（图 6.20）。

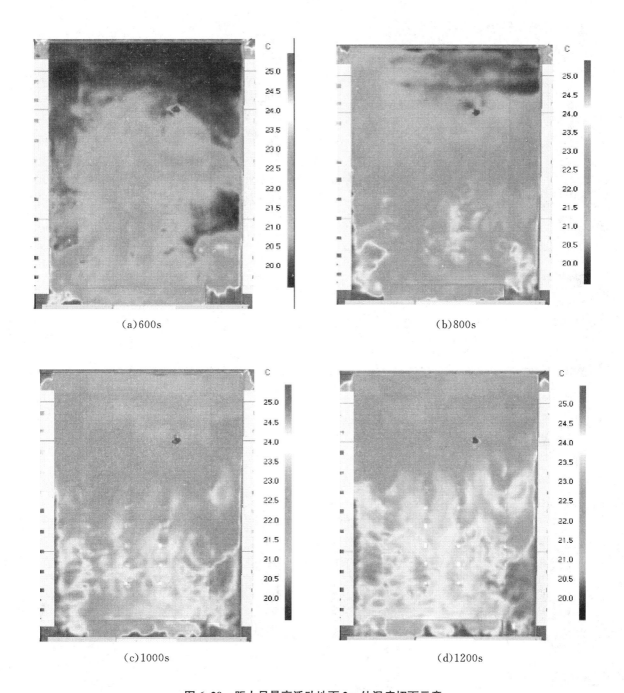

　　　　　　(a)600s　　　　　　　　　　　　　　　　(b)800s

　　　　　　(c)1000s　　　　　　　　　　　　　　　　(d)1200s

图 6.20　距人员最高活动地面 2m 处温度切面示意

d. CO 浓度分布（图 6.21）。

e. 能见度分布（图 6.22）。

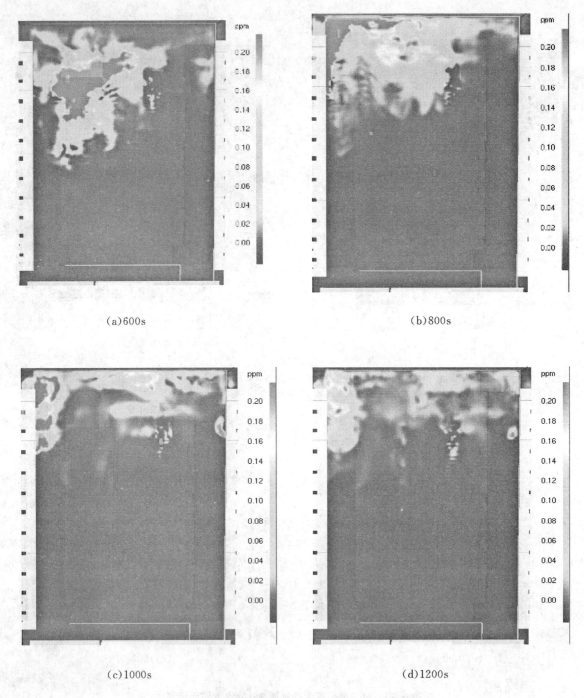

(a)600s   (b)800s

(c)1000s   (d)1200s

图 6.21　距人员最高活动地面 2m 处 CO 浓度切面示意

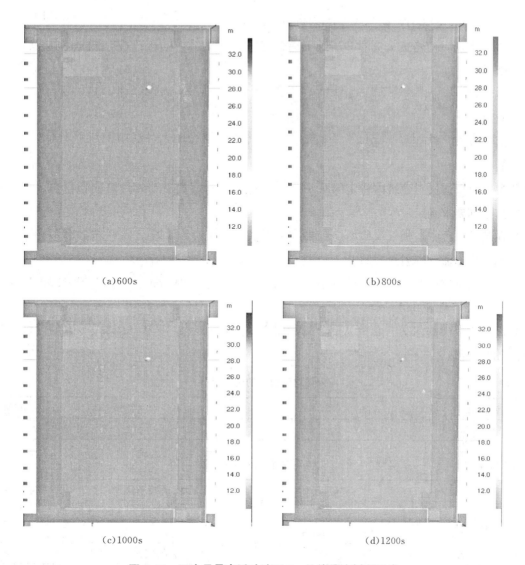

(a)600s

(b)800s

(c)1000s

(d)1200s

图 6.22 距人员最高活动地面 2m 处能见度切面示意

6.4 紧急疏散设计

6.4.1 性能判别标准和规范要求

6.4.1.1 性能判别标准

人员安全疏散分析的目的是通过计算可用疏散时间（ASET）和必需疏散时间（RSET），从而判定人员在多层地下综合交通枢纽内的疏散过程是否安全。人员安全疏散分析的性能判定标准为：

可用疏散时间（ASET）必须大于必需疏散时间（RSET）。

计算 ASET 时，应考虑火灾时多层地下综合交通枢纽内影响人员安全疏散的下列因素：

（1）烟气层高度。

（2）热辐射。

（3）对流热。

（4）烟气毒性。

（5）能见度。

这些参数可以通过对建筑内特定的火灾场景进行火灾与烟气流动的计算模拟得到。各定量参数的计算应按下列要求确定：

（1）在疏散过程中，烟气层应始终保持在人群头部以上一定高度，人在疏散时不必要从烟气中穿过或受到热烟气流的辐射热威胁。

（2）人体对烟气层等火灾环境的辐射热的耐受极限为 $2.5kW/m^2$，即相当于上部烟气层的温度约为 $180\sim200℃$，见表 6.21。

（3）高温空气中的水分含量对人体的耐受能力有显著影响，见表 6.22。人体可以短时间承受 $100℃$ 环境的对流热。

表 6.21　　　　　　　　　　　　人体对辐射热的耐受极限

热辐射强度	$<2.5kW/m^2$	$2.5kW/m^2$	$10kW/m^2$
耐受时间	>5min	30s	4s

表 6.22　　　　　　　　　　　　人体对对流热的耐受极限

温度和湿度条件	耐受时间	温度和湿度条件	耐受时间
$<60℃$，水分饱和	>30min	$140℃$，水分含量<10%	4min
$100℃$，水分含量<10%	12min	$160℃$，水分含量<10%	2min
$120℃$，水分含量<10%	7min	$180℃$，水分含量<10%	1min

（4）火灾中的热分解产物及其浓度与分布因燃烧材料、建筑空间特性和火灾规模等不同而有所区别。在设计和评估时，可简化为：如果空间内烟气的光密度不大于 $0.1OD/m$，则视为各种毒性燃烧产物的浓度在 30min 内达不到人体的耐受极限，通常以 CO 的浓度为主要定量判定指标。在设计与评估中，应根据空间高度与大小以及可能的疏散时间来确定该光密度的大小。表 6.23 为人体在 5min 和 30min 内所能忍受的各种燃烧产物的最大剂量及浓度。

（5）可视度的定量标准应根据建筑内的空间高度和面积大小确定。表 6.24 给出了适用于小空间和大空间的最低光密度和相应的可视距离。

人员安全疏散计算分析的定量判定标准为空间内的火灾环境应同时满足以下两个条件：

1）2m 以上空间内的烟气平均温度不大于 $180℃$。

2）2m 以下空间内的烟气温度不超过 $60℃$ 且可视度不小于 10m。

表 6.23	人体所能忍受的各种燃烧产物的最大剂量及浓度			
火灾产物	5min 暴露时间		30min 暴露时间	
	暴露剂量（浓度×时间）/（%·min）	浓度最大值/%	暴露剂量（浓度×时间）/（%·min）	浓度最大值/%
窒息				
CO	1.5	1	1.5	1
CO_2	25	6	150	6
Low O_2	45（耗尽）	9（耗尽）	360（耗尽）	9（耗尽）
HCN	0.05	0.01	0.225	0.01
刺激性气体				
HCl	—	0.02	—	0.02
HBr	—	0.02	—	0.02
HF	—	0.012	—	0.012
SO_2	—	0.003	—	0.003
NO_2	—	0.008	—	0.003
丙烯醛	—	0.0002	—	0.0002

表 6.24	建议采用的人员可以耐受的可视度界限值	
参　数	小　空　间	大　空　间
光密度/（OD/m）	0.2	0.08
可视度/m	5	10

6.4.1.2　规范要求

多层综合交通枢纽内包含了铁路、航空、地铁等交通建筑设计。虽然在各自的建筑类型范围内都有相应的规定，但是在设计中还将会遇到问题，需要针对多层综合交通枢纽的建筑特点和内部功能区组织对设计中产生的新问题进行研究，利用现有防灾、减灾技术措施提出一套与其相适应的设计方法和技术标准，使多层综合交通枢纽建筑的整体安全水平得到提升，既实现了现代交通设施方便、有序、快捷的目标，又能够满足安全性的要求。

1.《地铁设计规范》（GB 50157—2013）

《地铁设计规范》（GB 50157—2013）规定：车站站台公共区的楼梯、自动扶梯、出入口通道，应满足当发生火灾时在 6min 内将远期或客流控制期超高峰小时一列进站列车所载的乘客及站台上的候车人员全部撤离站台到达安全区的要求。

2. 日本规范

（1）1975 年制定的地铁火灾对策标准为，在列车火灾的情况下，从站台层到站厅层的疏散时间一律为 7min；站厅火灾的情况下，从站台层到地面的疏散时间一律为 10min；并进行排烟能力的设计。

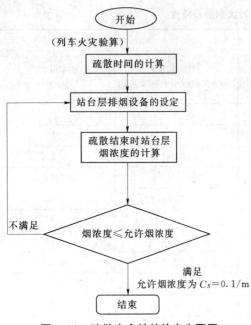

图 6.23　疏散安全性的检查步骤图

（2）疏散安全性的检查主要步骤：①火灾位置；②疏散时间的计算；③排烟设备的设定；④疏散结束时烟浓度的计算；⑤判断是否满足烟浓度要求（见图 6.23）。并考虑车站形态和疏散路径等方面影响［参考《地铁防火规范详解（日）》］。

图 6.23 中 C_S 为光衰减系数，表示烟对透过光的衰减程度（无烟时 $C_S=0$），$C_S=0.0\sim0.1$ 为发烟性极少。单位（1/m），即 C_S 每米的值。

3. 美国规范

美国《固定轨道运输和客运系统标准》（NFPA130）规定：站台疏散时间应该有足够的疏散能力保证安全疏散站台上的人员，应该有充足的出口容量，在 4min 或更短的时间内，将站台上的人员疏散完毕。疏散到安全地点的时间：车站从站台最远端到安全地点的疏散时间小于 6min。

4. 德国规范

《德国铁路基础设施设计手册》规定：疏散要求首先根据美国标准 NFPA130 进行计算。其中人的平均行走速度：1m/s；扶梯行走速度：0.25m/s；人的行走宽度：60cm。狭窄路段通行时间按不同情况分析，Predtechenskii 和 Milinskii 方法应该作为对比验证的补充方法。为了比较发生火灾的适宜疏散时间，考虑火灾开始和疏散开始之间的时间段也有决定意义，这个时间与列车的运行时间和车站的运营时间有关，有时还与报警时间有关。

5. 英国规范

Δt_{RSET} 通过计算获得，并且一般分为三种情况，不同情况的取值不同。例如：取预动时间可查表 6.25。Δt_{trav} 是处于建筑或围护中乘客的行进时间。处在这两种环境下的每一个人的行进时间都需要在设计审查中得到认识和评估，并且包含在行为评估当中。

6. 行进时间、速度和流率可参考以下研究建议

（1）行进时间有两个主要部分：

1）乘客通过疏散通道到达出口所需的时间—行走时间［Δt_{trav}（walking）］。行走时间可以表示成个人时间的分配或代表一个单一时间（如走到出口所需的平均时间或最后一个人走到出口所需的时间）。进而，这个时间取决于每个乘客行走的速度以及此时他们距出口的距离。行走时间由建筑形状、乘客分布情况及他们的行走速度所决定。它表示走到出口所需的最短时间，因为在高密度下缓慢行走的这种可能性在准则中还未得到结论。

2）乘客通过出口和撤离线路所需的时间—流动时间［Δt_{rav}（walking）］。流动时间由出口的流通能力决定。这同样由乘客个人情况所评估，或者由乘客通过出口所需总的时间所描述。假设在乘客

可以自由地选择出口的情况下，流动时间就作为撤离所需的时间。

（2）行进速度：

1）水平行进速度。无阻碍行走速度确定在1.2m/s左右。例如，Pauls取1.25m/s，这个数值取决于经验估计。Nelson和Mowrer取1.19m/s，他们的理论来源于Fruin、Pauls、Predtechenskii和Milinskii的成果。Ando等研究火车站乘客情况，并发现无阻碍时的行走速度由于年龄和性别有所不同。按20年划分为一个年龄段，每个年龄段男女速度也是不同的。男性速度大约为1.6m/s，女性速度大约为1.3m/s。

表6.25　　　　　　　　　　　　　　预动时间取值表

场景、等级及组合	第一种人员 Δt_{pre}（1st percentile）	人员比例 Δt_{pre}（99th percentile）
E：运输工具（例如，铁路、汽车站或者飞机场）		
醒着的和不熟悉的		
M1 B3 A1 - A2*	1.5	4
M2 B3 A1 - A2	2.0	5
M3 B3 A1 - A3	>15	>15

注　1. M代表管理等级；B代表建筑等级；A代表警报等级。M1和M2将通常需要声音警告和广播警报。
　　2. 由于缺乏疏散行为和疏散所需时间等关键数据。数据库有其局限性，这些局限性会对估计或设计应用于与人的行为相关的工程计算有负面作用。
　　尤其是数据库需在获得诸如在真实事故（包括火灾）发生的情况下，疏散的时间记录和影像记录等信息的情况时需要调整。疏散时的监控资料要适当的详细，其中要有各种预先的情况，比如在晚间的居住点。这可以为软件的设计和进一步发展人的疏散行为模型提供重要的数据。

Thompson和Marchant发明了一个新的技术来分析人群移动的步速，并且形成了按人们之间距离来模拟人员移动的理论。Thompson和Marchant认为人员行走时受其他人影响的限值距离是1.6m，因为当人们之间的间距大于1.6m时，他们的行走速度将不会受到影响。因此取无阻碍时男性行走速度为1.7m/s，女性为0.8m/s。当人员之间的间距减小时，人们移动的速度也随之下降。当人们密度非常大时，它就接近于0。

Nelson和Mowrer描述了人员密度对人行速度的影响。如果在出口通道处，人员密集度低于0.54人/m²，人们可以按自己的速度前进，并不受其他人的影响。当人们的密集度超过3.8人/m²，行走将会停止。当在这两者中间时，速度由式（6.3）确定：

$$S = k - akD \tag{6.3}$$

式中　S——行进速度；

　　　D——密集度；

　　　k——对于水平行进为1.4；

　　　a——0.266。

2）竖向行进速度。Ando等人将无阻碍行走时的上楼速度定为0.7m/s，下楼速度定为0.8m/s。根据年龄和性别，Fruin描述了在走楼梯时行进速度的数值范围。对于下楼来说，这个范围从30岁以下男性 1.01m/s 到 50 岁以上女性 0.595m/s。对于上楼来说，它包括了从 30 岁以下男性 0.67m/s 到 50 岁以上女性 0.485m/s。上下楼的速度会随着楼梯的高度下降而变快。

Nelson 和 Mowrer 描述了 4 种不同形式楼梯的人员行进速度。他们得到行进速度的范围在 0.85～1.05m/s 内，并随着梯板高度的下降而上升。上下楼的速度并未有任何区别，年龄和性别对其影响也不大。

3）最大流率。利用 ADB 设计流动率。在最大设计出入口的情况下，人员流动出设计围护所需的时间为 2.5min，对于有 4 个可利用的 1.125m 宽的出口和 900 名乘客的情况下，Nelson 和 Mowrer 的理论给出设计流动时间为 3.5min。

在最大流量的情况下，流动率取决于人员密集度和行进速度。具体计算式见式（6.4）：

$$Fs = SD \tag{6.4}$$

式中　Fs——具体流量；

　　　D——人员密集度；

　　　S——速度。

当人员密集度增加时，具体流动速度也会增加，直到最大密集度（1.9 人/m²）当人员密集度更大并达到 3.77 人/m²，流动速率将变为 0。

4）安全富裕时间。对具体可利用的安全撤离时间和逃离所需时间来说，安全富裕时间由式（6.5）确定：

$$t_{margin} = t_{ASET} - t_{RSET} \tag{6.5}$$

为了确保每一步计算不确定性在允许范围内，它在计算中会引进一个安全因子。（参考英国《建筑设计中应用火灾安全工程原则》PD 7974 - 7）

6.4.2　基本原则和方法

6.4.2.1　确定疏散人数与容量

1. 疏散人员数量的确定方法

在对疏散人员数量的确定中，应根据不同建筑场所使用功能和具体环境，而采用不同的确定方法。

（1）一般建筑场所按建筑面积乘以密度指标进行确定，首先要根据建筑类型或者建筑内的使用区域确定不同功能区域下的最大平均人员密度。疏散人数拟采用功能区域内的平均人员密度和功能区域面积对疏散人数进行核算。如航站楼集散大厅取平均人员密度为：0.1 人/m²。管理用房、办公用房等区域取 0.108 人/m²（参照美国 NFPA101），疏散人数则可由功能区域面积与平均人员密度的乘积得到。该方法更为便捷，利于设计及监督人员控制。

（2）对于固定座位占决定因素的场所应按照固定座位数选取。

（3）对于既有固定座位又有站立面积的场所，应按面积指标或人员密度指标计算，并按固定座位数进行校核，应取其中的较大值。

（4）在业主方和设计方能够确定未来建筑内的最大容量时，则按照该值确定疏散人数。否则，需要参考相关的统计资料，由相关各方协商确定。

（5）如果建筑可能有多种用途，一定要考虑疏散人数最大的情况进行分析。对于一些新建的、大型的公共建筑或某些区域人员疏散数目的确定，在没有任何资料的情况下，可以通过实际观测调查的方法得出。

（6）对于人员流量较大的建筑，如航站楼、火车站、地铁等交通类建筑可以按高峰时期客流量及平均停留时间确定人员荷载。

2. 地铁换乘站疏散人数确定

站厅、站台、出入口通道、人行楼梯、自动扶梯、售检票口（机）等部位的通过能力应按该站远期超高峰客流量确定。超高峰设计客流量为该站预测远期高峰小时客流量（或客流控制时期的高峰小时客流量）乘以 1.1～1.4 超高峰系数。

确定疏散范围内可能的最大容纳人数，在不利情况下疏散人数达到最多。由于人员具有流动性，可能导致在某一瞬间有大量人员聚集某处的情况，这就需要根据实际设计方案对场景内的最大可能疏散人数进行评估，制定出充分的、有代表性的疏散场景。其中涉及到人员密度确定问题应以国内提供数据为主，在缺乏数据的情况下可参考当前国际上权威机构提出的通用数据。

安全疏散设计时，每个站台只考虑一辆列车，一列列车的乘客数为 1860 人，每个站台 1000 人，每个站厅 100 人，每个换乘通道 100 人。

3. 铁路换乘站疏散人数确定

按照《铁路旅客车站建筑设计规范》（GB 50226—2007）中规定，客货共线和客运专线铁路旅客车站的建筑规模应分别根据旅客最高聚集人数（以下简称最高聚集人数）和高峰小时发送量分为四级。其中，客货专线：

特大型车站的最高聚集人数 H，$H \geqslant 10000$ 人。

大型车站的最高聚集人数 H，$3000 \leqslant H < 10000$ 人。

中型车站最高聚集人数 H，$600 \leqslant H < 3000$ 人。

小型车站最高聚集人数 H，$H \leqslant 600$ 人。

旅客最高聚集人数是指旅客车站全年上车旅客最多月份中，一昼夜在候车室内瞬时（8～10min）出现的最大候车（含送客）人数的平均值。

通常，旅客最高聚集人数的计算方法为：按设计年度的平均日旅客发送量乘以相应的百分比计算。对于 7000～10000 人次车站为 12%～10%，对于 10000 人次以上的车站为 10%。

普通候车室设计每人使用面积不应小于 1.1m^2；小型站的综合候车室的使用面积宜增加 15%。

对于进行过专门中远期旅客流量分析的新建车站，可以将车站中远期高峰客流经过处理得到车站旅客最大人数。再结合候车室内一定比例的送客人数，出站口外一定比例的迎客人数，以及车站内的工作人员数量，综合得到车站内的疏散人员数量。

以高峰时刻客流量下站厅中的预测旅客人数为基础，来确定疏散人数适合用于计算交通类建筑物内公共区域的旅客人数：设定每个主要客流区域的人员平均停留时间，并由此转换成瞬时流量，这就是旅客在该空间所停留的平均时间。结合高峰小时客流量数据中的波动变化，在计算瞬时出现的最大人数时选取一个高峰波动系数，则瞬间的楼内人员数量可以由式（6.6）计算：

$$P = p_h k T_s \tag{6.6}$$

式中　　P——楼内人员数量；

p_h——高峰每小时人数；

k——高峰波动系数；

T_s——停留时间，min/60。

考虑不确定情况下人员裕量，可能存在火车误点或由于其他原因人员会滞留在站内，以及站内的迎送人员，因此在疏散分析中考虑的迎送或者滞留人员在此基础上有 20%～30% 的人员安全裕量，将以上总计作为疏散人数是合理的且较保守的。

站台上人数的预测，需要掌握客车的承载能力数据。对于设有多个站台的车站需要结合车辆调度方案，考虑多个站台上同时有满载乘客的列车卸下旅客，而同时其他站台的旅客正在等待上车的情况。但是在缺乏承载能力数据的情况下，也可利用出发和到达双方向旅客高峰小时客流数据再加上高峰波动系数得到。

6.4.2.2　疏散分析要求

1. 疏散设计的一般原则

针对多层地下综合交通枢纽特点提出疏散设计原则：

（1）各自独立、分区域疏散原则。减少产生大规模影响，降低存在大量依赖借用疏散的倾向。

（2）避免疏散方向与正常人流运动方向冲突原则。对于综合交通枢纽，特别注意换乘、换线、换交通形式人流方向与疏散方向之间的冲突。

（3）双向疏散设计原则。每个单独组织疏散的区域内，一旦其中一条疏散路径被火灾阻断，保证至少还存在一条疏散路径不会同时受火灾影响，提供疏散。

（4）疏散报警联动控制系统统一高效原则。

统一设计（同样应统一管理、统一指挥），应急控制方案宜简洁、明确，提高应急预判性要求，减少对临时应变机动性的依赖。

（5）疏散照明、疏散指示设计，信息量充足、连续、到位原则。

2. 疏散距离要求

我国《地铁设计规范》（GB 50157—2013）中对地铁站台上的疏散距离做出了规定，要求站台和站厅公共区的任一点，与安全出口疏散的距离不得大于 50m；对人行通道长度做出了规定，要求地下出入口通道的长度不宜超过 100m，如超过时应采取措施满足人员疏散的消防要求。

美国《生命安全规范》（NFPA101）要求对于公共建筑出口的布局安排应使该区域内任意一点到达出口的疏散距离总长应不超过 61m（200 英尺），而对于按规定要求安装了自动喷水灭火系统实施全保护的公共场所，疏散距离应不超过 76m（250 英尺）。

美国《固定轨道运输和客运系统标准》（NFPA130）要求从站台平台上任意一点到出口的最大行程距离应不超过 91.4m（200ft）。

综合考虑地铁站台通常空间高度较低、到达疏散楼梯或通道的距离较远，但站台空间布局简单、较容易判断出口的位置。站台火灾初期，人员疏散到上层区域就能够保证一定的安全性，再考虑疏散到室外出口，因此站台内任一点到达疏散楼梯或通道的最远距离应控制在 50m 以内。

而对于火车站集散厅、候车大厅，以及机场航站楼值机大厅等属于开敞高大区域，烟气通常在上空聚集，火灾初期烟气不会影响到地面人员的情况下，配合疏散指示和管理方的有效疏导，可以适当延长疏散距离。可以考虑将空间内任意一点到安全出口的最远直线距离控制在 60m 以内。

3. 疏散宽度要求

在进行疏散模拟计算分析时，疏散通道或出口的宽度应采用其有效疏散宽度。有效宽度为疏散通道或出口净宽度减去人员行走时在疏散通道边界部位所需要的边界层宽度。表 6.26 是各类通道或出口的边界层宽度值。

疏散通道或出口的净宽度应按下列要求计算：

（1）走廊或过道，为从一侧墙到另一侧墙之间的距离。

（2）楼梯间，为踏步两扶手间的宽度。

（3）门扇，为门在其开启状态时的实际通道宽度。

（4）布置固定座位的通道，为沿走道布置的座位之间的距离或两排座位中间最狭窄处之间的距离。

4. 流量系数及流量

流量系数［p/(m·s)］为单位时间内通过单位宽度疏散路线上一点的人数，流量为单位时间内通过疏散通道某一截面处的人数，此人数由式（6.7）确定：

$$f = Dv \ (\text{p/m}) \tag{6.7}$$

$$F = fW_e = DvW_e \ (\text{p/s}) \tag{6.8}$$

式中　f——人员比流量，p/(m·s)；

　　　D——人员密度，p/m²；

　　　v——人员行走速度，m/s；

　　　F——人员流量，p/s；

　　　W_e——有效疏散宽度，m。

表 6.26　　　　　　　　　边 界 层 宽 度

疏散路线因素	边界层宽度/cm	疏散路线因素	边界层宽度/cm
楼梯—梯级的墙壁或面	15	障碍物	10
栏杆，扶手	9	宽阔的场所，过道	46
走道，斜坡墙	20	门，拱门	15

5. 穿行时间及通过时间

穿行时间是指人员从初始位置行走至疏散出口或安全出口所需要的时间。用式（6.9）计算：

$$t_w = \frac{L}{v} \tag{6.9}$$

式中 t_w——穿行时间，s；

 L——人员从初始位置行走至疏散出口或安全出口的距离，m；

 v——人员行走速度，m/s。

通过时间是指人员通过疏散出口或安全出口所需要的时间，用式（6.10）计算：

$$t_p = P/F \tag{6.10}$$

式中 t_p——通过时间，s；

 P——总人数，人；

 F——流量，人/s。

当计算交通枢纽内某区域的疏散时间时，需要考虑穿行时间 t_w 和通过时间 t_p 之间的关系。

当 $t_w < t_p$ 时，说明人员从区域内的最远一点到达出口时，人员并没有全部通过出口，因此人员将会在出口处出现滞留现象，此时人员从该区域内疏散出去的时间即为通过出口的时间 t_p。

当 $t_w > t_p$ 时，说明位于区域内最远点的人员在到达出口时，其他人员已经通过了出口，因而不必再在出口处排队等候，因此人员疏散时间就是最远点的人员步行至出口的时间 t_w。

多层地下综合交通枢纽特性主要应分析多层地下综合交通枢纽的布局与几何尺寸、多层地下综合交通枢纽功能与用途、疏散设施、火灾报警系统的类型与方式、建筑消防安全管理等。

6.4.2.3 常用人员疏散分析方法及其适用性

1. 经验公式法

在北美地区、英国、瑞典以及大洋洲地区普遍采用 Pauls 和 Fruin 等人提出的基于有效宽度和密度—速度模型的疏散分析算法。日本《避难安全检证法》提出的基于有效流动系数的疏散分析算法。经验公式算法的特点是：计算速度快、易于掌握和使用，适于进行结构简单场所的疏散容量分析和疏散时间预测。但无法描述疏散过程中人的行为细节，对于结构复杂的场合计算结果较实际情况偏差大。

（1）Togawa 公式（用楼梯的建筑物的最短疏散时间）：

$$T_e = \frac{N_a}{N'B'} + \frac{K_s}{v} \tag{6.11}$$

式中 T_e——疏散运动时间；

 N_a——建筑物疏散人员总数；

 N'——最终出口处的人员流量；

 B'——最终出口处的宽度；

 K_s——最终出口到人流起始端的距离；

v——人流移动速度。

（2）Melink 和 Booth 公式（高层建筑物的最短总体疏散时间）：

$$T_r = \frac{(n-r+1)Q}{(N'b)} + rt_s \tag{6.12}$$

当 $Q/(N'b) \geqslant t_s$ ，则 $r=1$ 时 T_r 为最大值，疏散时间 $T_e = nQ/(N'b) + t_s$ ；

当 $Q/(N'b) < t_s$ ，则 $r=n$ 时 T_r 为最大值，疏散时间 $T_e = nQ/(N'b) + nt_s$ 。

式中　T_r——第 $r[r \in (1,n)]$ 层以上人员疏散下来的最小时间；

　　　n——建筑物层数；

　　　r——第 r 层；

　　　Q——每层楼层人数；

　　　N'——单位宽度楼梯通过的流量；

　　　b——每层的楼梯宽度；

　　　t_s——在不受阻情况下人员下降一层所需的时间，一般取 16s；

　　　T_e——最短疏散时间。

（3）Paul 公式（多层建筑物的最短总体疏散时间）

人流流量在楼梯处的经验拟合公式：

$$f = 0.206p^{0.27} \tag{6.13}$$

式中　f——单位有效宽度楼梯所能通过的人流流量；

　　　p——单位有效宽度楼梯。

$$\begin{aligned} &T = 0.68 + 0.081p^{0.73}（当单位楼梯宽度通过的人数少于 800 人）\\ &T = 2.00 + 0.011p（当单位楼梯宽度通过的人数多于 800 人） \end{aligned} \tag{6.14}$$

式中　T——经楼梯疏散所用的最短时间，以分钟计算；

　　　p——相邻出口层上面的楼层测得的每米有效宽度楼梯所能容纳实际人数。

2. 动态模拟法

借助计算机软件对疏散过程中人们的行动过程进行模拟，模型中考虑了建筑结构因素，人员自身类型条件，人群相互作用因素，甚至心理因素和环境变化因素，综合多种因素可以实现人员疏散在具体场景下的仿真模拟，得到更为可信的疏散分析结果，达到安全性评价的目的。由此计算机动态模拟法越来越普遍应用于新型建筑人员疏散性能化分析中。

利用计算机模拟人员在建筑内部的行走，实现对建筑设计方案疏散情况的预测与仿真分析。当前世界各国都对人员疏散动态模拟技术进行了大量研究工作，已开发或正在开发的疏散动态模拟软件多达二十几种，其中在工程分析上比较流行并普遍应用的疏散模拟软件有：

（1）由 Mott MacDonald 设计的 STEPS 是一个三维疏散模拟软件。该软件是专门用于分析建筑物中人员在正常及紧急状态下的疏散状况。适用建筑物包括：大型综合商场、办公大楼、交通枢纽、地铁站等。此模型的运作基础和算法基于细小的"网格系统"，模型将建筑物楼层平面分为细小系统，再将墙壁等加入作为"障碍物"。模型中的人员则由使用者预先设定。模型内的每个个体行走驱动决策将会针对所知疏散出口计分，计分越低，人员越会选择此出口作为疏散方向。人员疏散出口的计分考虑了许多因素，包括人员到出口的疏散距离，人员对此出口的熟悉程度，出口附近的拥挤程度及出口本身的人员流量，同时考虑人员的心理耐性程度上的差异。此人员疏散出口的计分是以每人每时段计算。此计算机模型需要以下三点相互关联构成要素的详细叙述：楼层平面及人员疏散途径的网格系统，个别人员特性及模型中人员的行动。此计算机模型采用人员决策及网格系统的组合来分析各样几何建筑物。建筑物的楼层平面被细分为网格系统，网格大小取决于人员密度的最大值。建筑物中的楼梯则用倾斜面连接，提供人员在层间行走。详细的人员特性输入包括人员种类，人员体积参数，人员行走速度等。适当运用此种人员界定方法可以便捷地分析多种火灾情况。此计算机模型以三维立体的图像呈现建筑物中的模拟人员疏散情况。使用者可以随意转变视觉角度并生成疏散过程动态演示文件。

（2）英国开发的行人仿真软件 LEGION，利用微观的行人行为模拟活动人群的行为，软件在行人特性研究基础上建立计算模型，能够实现活动人群在公共空间的流动。可被应用于多种环境之中，包括火车站的不同层面，地铁站、飞机场、大型运动场和综合体育馆、人行组织交叉口以及零售商业区等。LEGION 能够模仿行人在行走时的细致行为，以及与周边设施和其他人群的互动联系。这些详细的分析可以被用作实现设计、管理的最优化，以及最大程度地提高公共空间的安全性能。从而减少了工程费用，改善需求预测、安全控制以及遇到紧急事故需要疏散时的情况预测。最近英国的地铁公司（LUL）已确定 LEGION 为他们地铁站改善工程的专业行人模型软件。大部分地区的城市发展项目亦可用 LEGION 的行人预测模型，如北京、伦敦的奥运场馆及周边设施的设计，大型屋苑、商场式商厦的设计等。

（3）中国建筑科学研究院防火研究所研制了具有自主知识产权的人员安全疏散数值仿真计算软件 Evacuator V1.0，采用人员疏散模拟的社会力模型，并将社会力模型的原理和提高计算效率的技巧编制成模块，已经实现了预定的功能。针对 UC-WIN/ROAD 软件开发了插件，实现了三维展示功能。软件应用于地铁交通枢纽进行的仿真计算，并与其他国外同类软件进行了对比，计算分析效果良好。

（4）Exodus 软件是由格林威治大学的火灾安全工学小组（FSEG）开发的。是一个模拟个人、行为和封闭区间的细节的计算机疏散模型。模型包括了人与人之间、人与结构之间和人与环境之间互相作用。它可以模拟大建筑物中的上千人并且包括火灾数据，分为 Building Exodus（建筑模型）、air Exodus（航空器模型）、maritime Exodus（舰船模型）和 vr Exodus（三维可视化）。

Building Exodus 尝试着考虑人与人之间、人与火之间以及人与结构之间的交互作用。模型跟踪每一个人在建筑物中的移动轨迹，他们或者走出建筑物，或者被火灾（例如热、烟和有毒气体）所伤害。Building Exodus 由 5 个互相交互的子模型组成，它们是人员、移动、行为、毒性和危险子模型。该软件采用面向对象技术的 C++编写，是基于规则的，每一个人的前进和行为由一系列启发或者规则决定。

Building Exodus 中，空间和时间用二维空间网格和仿真时钟（SC）表示。空间网格反映了建筑物的几何形状、出口位置、内部分区、障碍物等。多层几何形状可以用由楼梯连接的多个网格组成，每一层放在独立的窗口中。建筑物平面图可以或者用 CAD 产生的 DXF 文件，或者用交互工具提供，然后存储在几何库中以备将来之用。网格由节点和弧线组成，每一个节点代表一个小的空间，每一段弧代表节点之间的距离。人员沿着弧线从一个节点到另外一个节点。

基于一个人员的个人属性，行为子模型决定了人员对当前环境的响应，并将其决定传递给移动子模型。行为子模型在两个层次起作用。这就是众所周知的全局和局部行为。全局行为包括实现这样一个疏散策略，导致人员采用最近的可用疏散出口或者最熟悉的出口来逃生。人员对一个特定的建筑物的熟悉程度取决于用户之前是否来过。可以分配给人员一项任务，例如参观一个预先确定的地方，这个任务必须在疏散之前完成。

6.4.3 行人特征调查与分析

6.4.3.1 地铁换乘站行人特征参数调查

目前，我国对地下交通枢纽尚无系统、全面的调查研究。课题组对北京市三个地铁换乘站行人进行了摄像观测和数据统计，共采集了 313h 的摄像资料，获得数据样本 48304 条，是目前针对城市轨道交通枢纽数据样本量最大、数据最齐全的调查数据（交通部科技信息研究所成果查新报告，编号 09160）。

视频采集行人数据是通过对现场摄像，采集摄像画面，应用辅助软件对摄像画面进行处理，从而获得行人特征数据。这种方法具有准确性高、数据采集时间长、数据全面和可重现等特点，是目前常用的方法。

行人特征参数调查使用视频观测法，调查视频数据通过两个渠道采集获得，一方面，利用地下交通枢纽内部现有的监控系统采集录像；另一方面，在适当的位置架设数码摄像机采集录像。2008—2009 年课题研究小组采用视频观测法对复兴门、西直门和雍和宫地铁换乘站行人进行了观测，分别按工作日和非工作日进行观测，共获得了 313h 的摄像资料。

1. 地铁换乘站行人特性调查内容

（1）流量、密度、速度。主要调查地铁内不同条件下，行人的流量与密度、速度与密度、速度与流量之间的关系。

（2）行人组成。行人组成是指行人中，各种类型人员的性别、年龄、结伴同行、携带行李等。为便于研究行人交通流特性，将行人依据性别、年龄划分为 8 个组别。

2. 铁换乘站行人调查地点

根据调查内容，将调查对象分为三种类型：

（1）换乘通道，主要包括换乘通道上各种类型的楼梯、平面通道、坡道。

（2）站台，各地下车站内各轨道交通线路的站台。

图 6.24　复兴门地铁站 1 号线换乘 2 号线换乘通道

（3）出入口通道，包括出入口的平面通道、楼梯。

复兴门地铁站观测位置的视频截图如图 6.24 所示。

3. 地铁换乘站行人调查时间

地铁交通枢纽内部行人出行目的较为单一，尤其是在早晚高峰时段，行人出行目的以上下班为主。由于早高峰出行人群上班时间较为集中，容易形成行人高峰，因此摄像的时间安排见表 6.27。

表 6.27　　　　　　　　　　　　　　地铁调查时间表

地铁站	日　　期	时 间 段/(h：min)
复兴门	2008 年 6 月 12 日	6：30—9：30
	2008 年 6 月 14 日	8：30—11：30
西直门	2008 年 7 月 16 日	6：30—9：30
	2008 年 7 月 19 日	8：30—11：30
雍和宫	2009 年 3 月 19 日	6：30—10：30
	2008 年 3 月 21 日	7：30—11：30

6.4.3.2　地铁换乘站行人参数统计分析

由于调查的所有数据均为视频数据，课题组采用 Premiere Pro CS3.0 软件进行处理。如图 6.25 内黑线所示，并以次此作为观测区域（如图内两条黑线之间区域为观测区域）。处理中逐帧播放视频，并记录行人进入观测区域和离开观测区域的准确时间，根据观测区域的长度计算行人的步行速度。在记录速度的同时，还记录被观测行人的性别、年龄、周边行人密度、对应时刻的行人流量、行人的身高估计值、体型估计值和身宽估计值，并将所有数据信息录入数据处理表格中，供后续数据处理使用。

图 6.25　数据处理界面

通过对复兴门、西直门和雍和宫地铁换乘站不同位置的摄像资料进行分析，可以获得乘客的基本特征数据，包括乘客的特征、乘客的年龄分布、群体关系特征、乘客携带行李状况、乘客步行速度和行人交通流模型，这些行人的基本数据对于研究地铁人员疏散具有重要的意义。

（1）行人步行速度的统计。在非工作日出行则无固定时间，乘客出行不会太集中，行人较为自由，心情放松，步行速度较快。在工作日出行时间较为集中，通道内发生拥挤排队现象，步行速度较慢。非工作日的速度比工作日的速度快。由表 6.28 调查数据可以看出，通道、上坡、下坡平均步行速度有较大差异。

表 6.28 工作日与非工作日相同平均步行速度对比

	工作日/(m/s)（样本量）	非工作日/(m/s)（样本量）
换乘通道	1.26（554）	1.40（329）
上坡	1.16（923）	1.11（686）
下坡	1.59（3579）	1.49（2966）
上楼	0.71（506）	0.69（450）
下楼	0.75（385）	0.97（339）

（2）行人交通流模型。行人交通流模型是指行人的流量、密度、速度模型，三个参数相互联系、相互制约，其相互关系与行人所处场地、设施、行人的组成及行人出行目的相关，相同条件的行人、流量、密度、速度模型具有一致性。在地铁交通枢纽内，乘客换乘通道主要是由平面通道、楼梯和自动扶梯构成的。

以平面通道内的行人交通流模型为例，图 6.26 为平面通道内行人密度与步行速度的散点图。

图 6.27 为平面通道内行人密度与步行速度建模，考虑格林希尔治线性模型，如式 6.15 所示。

$$u = b_0 + b_1 k \tag{6.15}$$

曲线估计结果为 $b_0 = 1.507$，$b_1 = -0.383$，检验值 $R^2 = 0.307$。由此得到平面通道行人步行速度与密度模型，如式（6.16）所示。

$$u = -0.383k + 1.507 \tag{6.16}$$

其中，u 为行人步行速度，k 为行人密度。

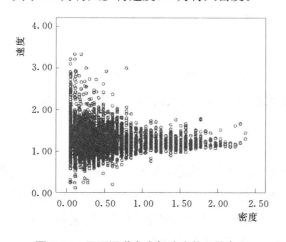

图 6.26　平面通道密度与速度关系散点图

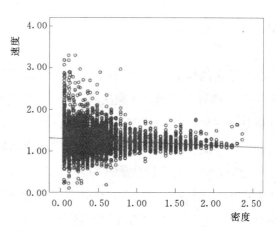

图 6.27　线性模型曲线估计

针对以上情况，选用格林希尔治线性模型作为平面通道内行人密度与流率模型，建立行人步行流率与密度的抛物线模型，估计平面通道内行人步行流率与密度关系，如式（6.17）所示。

$$q = b_0 + b_1 k + b_2 k^2 \tag{6.17}$$

曲线估计结果为：$b_0 = -0.007$，$b_1 = 1.556$，$b_2 = -0.393$，检验值 $R^2 = 0.914$。由此得到平面

通道行人步行流率与密度关系模型，如式（6.18）所示。

$$q = -0.007 + 1.556k + (-0.393k^2) \qquad (6.18)$$

式中　q——行人步行流率；

　　　k——行人密度。

以同样的统计方法得到楼梯内下楼梯行人步行速度与密度模型，如式（6.19）所示。

$$u = -0.383k + 1.507 \qquad (6.19)$$

式中　u——行人步行速度；

　　　k——行人密度。

楼梯内下楼梯行人步行流率与密度关系模型，如式（6.20）所示。

$$q = 0.149 + 0.774k + (-0.145k^2) \qquad (6.20)$$

式中　q——行人步行流率；

　　　k——行人密度。

楼梯内上楼梯行人步行流率与密度关系模型，如式（6.21）所示。

$$q = 0.056 + 0.717k + (-0.082k^2) \qquad (6.21)$$

式中　q——行人步行流率；

　　　k——行人密度。

楼梯内上楼梯行人步行速度与密度模型，如式（6.22）所示。

$$u = -0.221k + 0.939 \qquad (6.22)$$

式中　u——行人步行速度；

　　　k——行人密度。

（3）乘客的性别特征。工作日与非工作日男女比例均保持一致，男性比例约为 54%，女性比例约为 46%。因此，在地铁换乘站内，在样本量足够大的条件下，行人的男女性别比例与社会整体性别比例基本一致，且不受出行时间与出行目的的影响。

（4）乘客的年龄分布。行人的年龄结构比例见表 6.29。在工作日早高峰出行的行人中，以青年和中年为主，分别占出行总量的 64% 和 25%，老年人占 9%，未成年人极少。分析其原因，主要是由于未成年人出行目的是上学，学生就近入学不需要长距离的轨道交通出行。老年人仍然占有一定的出行比例，老年人集中出现的时段为 7:30—9:00 之间，为工作出行时间，且老年人中男性占 84.5%，因此，可以认为老年人有一部分仍然在工作，且男性占绝大多数。

表 6.29　　　　　　　　　　　　　　行人年龄结构比例　　　　　　　　　　　　　　%

状　态	未成年	青年	中年	老年
工作日	2	64	25	9
非工作日	2	81	16	1

在非工作日即周末的出行人群中，青年人所占比例大幅上升，占总量的81%，而中年人和老年人的比例，相比于工作日则大幅下降，仅占16%和1%，其原因是周末出行目的主要为休闲。另外，未成年人因外出学习、游玩比例较平时高，所以未成年人数量增长较大，但由于行人总量增长也较大，所以未成年人所占百分比没有明显变化。

（5）群体关系特征。行人结伴比例见表6.30。调查发现非工作日结伴行走的比例比工作日明显提高，由于结伴出行的目的多为娱乐休闲，也有全家一起结伴出行的情况，这类行人所占比例在工作日中较低，而在非工作日中则大幅上升。在所有结伴步行的行人中，2人结伴占绝大多数，是主要的结伴方式。

表6.30 行人结伴比例

状　态	结伴比例/%	结伴人数	总人数
工作日	2.4	937	38763
非工作日	9.8	3026	30844

（6）乘客携带行李状况。携带行李的行人行走速度慢，占用空间大，对行人流步行速度有很大影响，尤其是携带行李的行人比例较高的情况下，尤为明显。乘客携带行李比例见表6.31。

表6.31 行人携带行李比例

状　态	携带行李比例/%	携带行李人数	总人数
工作日	1.2	462	38763
非工作日	1.4	433	30844

6.4.3.3　对比国内其他研究成果

香港理工大学的 W.H.K, Lam 于 2000 年对香港交通枢纽 MTR、KCR 进行了行人流特性观测，观测地点包括了各种类型的行人设施，如通道、上下楼梯、站台、自动扶梯等，时间选择在高峰时段进行，收集了大量数据，是目前国内对轨道交通枢纽研究较为详细的一次调查。

上海大学的陈然、董力耘于 2003 年对上海市人民广场交通枢纽和南京路步行街进行了观测，该研究分别分析了行人不同年龄段以及不同性别对步行速度的影响，但研究未涉及不同设施对步行速度的影响。

北京地区为了迎接第 29 届夏季奥运会，展开了大量关于行人特性的研究，对北京地区行人各种特性进行了广泛观测。北京工业大学陈艳艳教授及其课题组对奥运场馆内行人交通流特性进行了详细的观测与仿真，研究地点包括场馆室内与室外各种步行设施内行人步行特性参数。

1. 对比香港观测数据

香港理工大学的 W.H.K.Lam 对香港交通枢纽 MTR、KCR 的观测地点选择多样，采用了自由流速度和通行能力对应的速度来描述行人步行速度特性，下面就相同类型的行人设施内，北京地铁换乘站调查观测与香港的观测中通行能力对应速度进行对比，见表6.32。

表 6.32 北京地铁换乘站调查观测数据与香港 2000 年观测数据对比

步行设施	达到最大流量时的速度/(m/min)			最大流量模型估计值/[p/(min·m)]		
	本项目观测	MTR	KCR	本项目观测	MTR	KCR
上行楼梯	27.4	25.6	25	74	80	73
下行楼梯	29.1	36.1	34.2	71	70	70
换乘通道	44.9	36.8	36	91	92	88

由于观测的北京市地铁交通枢纽内上下楼梯坡度与 MTR 枢纽内楼梯的坡度一致，均为 50%，因此 MTR 枢纽的观测数据与北京地铁换乘站相应观测数据具有一定的可比性。从表 6.32 中可以发现，北京地铁上行楼梯速度与香港 MTR 枢纽观测值相近，而下行楼梯速度低于香港 MTR 枢纽观测值。在最大流量状态下，本课题观测的换乘通道内步行速度，明显高于香港观测同类数据。因此，在相近的流量下，北京市地下交通枢纽中换乘通道内的行人密度较香港 MTR 枢纽为低。

2. 对比 2003 年上海大学观测数据

由表 6.33 可见，北京地铁交通枢纽内的行人在最大流量下，步行速度与上海大学观测数据比较，速度稍高。

表 6.33 北京地铁换乘站观测数据与 2003 年上海大学观测数据对比

性 别	年 龄	北京地铁交通枢纽	上海交通枢纽与步行街
		平均步行速度/(m/s)（样本量）	平均步行速度/(m/s)
男性	青年	1.35(6532)	1.32
	中年	1.28(2844)	1.25
	老年	1.22(1053)	1.10
女性	青年	1.25(5761)	1.27
	中年	1.18(2253)	1.20
	老年	1.07(811)	1.08

此外，国家高技术研究发展计划（863 计划）专题课题，多层地下综合交通枢纽安全设计技术（2007AA11Z125）课题组对北京站和北京西站的行人进行摄像观测和数据统计，共采集了 116h 的摄像资料，获得数据样本 39112 条；北京南站空间大，布局复杂且没有具体的通道，作为目前国内针对多层地下综合交通枢纽行人特征的第一次观测，北京南站行人特征调查获得了 82h 的摄像资料，处理样本点共 21129 条。这两次活动中的行人参数调查方法、行人参数统计分析过程与北京地铁交通枢纽类似。

北京地铁换乘站的观测于 2008—2009 年，分别以复兴门地铁站、西直门和雍和宫地铁站为观测对象。北京站和北京西站的观测于 2009 年。上海交通枢纽、北京交通枢纽、北京站、北京西站和北京南站数据见表 6.34。

表 6.34 北京和上海部分交通枢纽观测数据

性别	年龄	北京南站	北京站与北京西站	北京地铁交通枢纽	上海交通枢纽与步行街
		平均步行速度/(m/s)(样本量)	平均步行速度/(m/s)(样本量)	平均步行速度/(m/s)(样本量)	平均步行速度/(m/s)
男性	青年	1.21(8228)	1.23(17794)	1.35(6532)	1.32
	中年	1.11(2307)	1.05(6425)	1.28(2844)	1.25
	老年	1.04(306)	0.99(151)	1.22(1053)	1.10
女性	青年	1.15(5886)	1.17(10365)	1.25(5761)	1.27
	中年	1.08(1115)	0.97(3743)	1.18(2253)	1.20
	老年	0.99(221)	0.66(88)	1.07(811)	1.08

从表 6.34 中，可以发现北京站、北京西站和北京南站数据的平均速度均低于上海 2003 年实测数据和北京地铁换乘站。由于北京站、北京西站观测的地点为火车站，具有其特殊的功能与几何条件，行人携带行李较多，还有时间的紧迫性比地铁站小，使得行人步行速度普遍较低。

6.4.4 人员安全疏散的计算

6.4.4.1 STEPS 疏散软件有效性验证与分析对比

瞬态疏散和步行者移动模拟（Simulation of Transient Evacuation and Pedestrian Movements，STEPS）软件是由 Mott MacDonald 公司设计的三维疏散软件。它可模拟办公楼、体育场馆、购物中心和地铁车站等人员密集区域在正常和紧急情况下的快速疏散。STEPS 软件操作方便，图形界面简单易懂，也可读入多种形式的几何模型，在工程上有着广泛的应用。STEPS 已经被用作一些世界级的大型项目，包括加拿大埃德蒙顿机场、印度德里地铁、美国明尼阿伯利斯 LRT、英国生命国际中心和伦敦希思机场第五出口等铁路/地铁。

1. STEPS 疏散软件有效性验证

为了验证应用疏散软件 STEPS 进行数值仿真计算的可靠性，通过调查视频统计数据与 STEPS 仿真计算数据进行对比，估计数值仿真的误差。验证采用地铁复兴门站换乘通道视频摄像资料，统计出口流量，应用 STEPS 软件进行数值仿真计算时的参数为本项目调查统计所得的行人特征基本数据。

视频数据处理如图 6.28 所示，STEPS 软件模拟仿真如图 6.29 所示。表中编号为观测区域选择的视频记录编号，观测区域人数为被记录人进入观测区域时在观测区域的总人数。视频出口流量为：观测区域人数/[观测区域宽度×(结束时间－开始时间)]；数值仿真出口流量为：观测区域人数/(观测区域宽度×仿真模拟时间)；误差为（仿真出口流量－视频出口流量）/视频出口流量。其中开始时间为被记录人进入观测区域的时间，结束时间为被记录人离开观测区域的时间。通过分析得出的误差为 8.10%。

2. 不同疏散软件模拟计算对比

以复兴门地铁换乘站为研究对象，通过 STEPS 疏散软件和由中国建筑科学研究院建筑防火所自

图 6.28 视频数据处理图

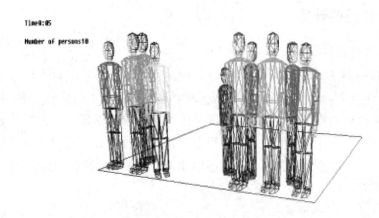

图 6.29 STEPS 软件模拟仿真图

主研发的 Evacuate 疏散软件对复兴门地铁站进行模拟仿真对比分析。Evacuate 疏散软件是一套适用于多层地下综合交通枢纽的人员疏散模拟软件。人员疏散模拟的基础参数适用于中国国情，软件采用目前为止最为成功的社会力疏散模型，能准确反映行人前进时周围的行人、障碍物、环境对其速度和前进方向的影响。能成功再现一些已经观察到的主要行走人群的群体特征。比如：尾随现象、震荡现象、出口处的弧状阻塞、快即是慢现象等。

复兴门地铁换乘站的参数如下：

（1）人数确定见表 6.35。

（2）人员速度、人员比例见表 6.36。

（3）流量。单位流量 q_{max} 为：平面通道 q_{max} =1.53 人/（m・s），上楼梯 q_{max} =1.62 人/（m・s），下楼梯 q_{max} =1.18 人/（m・s）。

表 6.35	复兴门地铁换乘站疏散人数
观测点	人数/人
1号线列车	1860
2号线列车	1860
1号线站台	500
2号线站台	500
3个站厅	300
总计	5020

表 6.36　　　人员速度和人员比例表

观测点 年龄段	换乘通道	上楼梯	下楼梯	比例/%
中青年男性	1.34	0.75	0.93	48.5
中青年女性	1.24	0.66	0.83	40.5
儿童	1.25	0.64	1.02	2
老年人	1.17	0.6	0.64	9

3. STEPS 疏散软件模拟分析结果

疏散仿真模拟如图 6.30 所示，计算出的疏散行动时间为 5min35s。

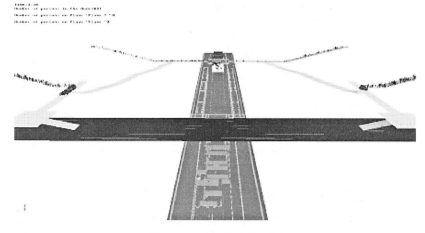

图 6.30　疏散仿真模拟图

4. Evacuate 疏散软件模拟分析结果

疏散仿真模拟如图 6.31 所示，计算出的疏散行动时间为 6min57s。

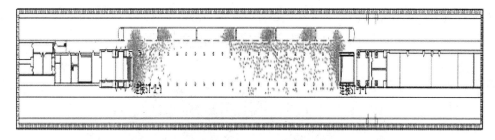

图 6.31　站台疏散仿真模拟图

通过两个疏散软件的模拟计算，得出的误差为 19.7%。

6.4.4.2　STEPS 疏散软件工程应用实例

1. 复兴门、西直门和雍和宫换乘站人员特征调查统计分析

（1）乘客步行速度以及人员所占比例见表 6.37。

表 6.37　　　　　　　　　不同观测地点各年龄阶段平均速度分布　　　　　　　　单位：m/s

观测点 年龄段	换乘通道	上楼梯	下楼梯	上坡	下坡	站台	比例/%
中青年男性	1.34	0.75	0.93	1.23	1.66	1.56	48.5
中青年女性	1.24	0.66	0.83	1.03	1.50	1.41	40.5
儿童	1.25	0.64	1.02	1.27	1.43	1.27	2
老年人	1.17	0.6	0.64	1.36	1.41	1.15	9

（2）行人交通流模型的建立。

平面换乘通道内的行人步行流量与密度流模型为：

$$q = 0.007 + 1.556k + (-0.393k^2) \tag{6.23}$$

楼梯内上楼梯行人步行流量与密度关系模型为：

$$q = 0.056 + 0.717k + (-0.082k^2) \tag{6.24}$$

楼梯内下楼梯行人步行流量与密度关系模型为：

$$q = 0.149 + 0.774k + (-0.145k^2) \tag{6.25}$$

式中　　q——行人步行流率；

　　　　k——行人密度。

求出最大单位流量 q_{max} 为：平面通道 $q_{max}=1.53$ 人/(m·s)，上楼梯 $q_{max}=1.62$ 人/(m·s)，下楼梯 $q_{max}=1.18$ 人/(m·s)。

2. 雍和宫地铁换乘站人员安全疏散分析

（1）雍和宫换乘站概况。雍和宫站是北京地铁 2 号线与 5 号线的换乘车站，是集地铁、公交、出租为一体的综合立体交通枢纽，附近共有近 10 条公交线路，周边有雍和宫、地坛等观光旅游景点，还有拥有大量的区域客流吸引量和换乘流量。同时，雍和宫站 2 号线修建较早，设备老化、安全问题突出，虽然最近几年对雍和宫站进行了大幅度的改造，但是对雍和宫地铁站事故的分析依然存在相当难度和复杂性，进行车站疏散仿真模拟也是非常重要和必要的。雍和宫站示意如图 6.32 所示。

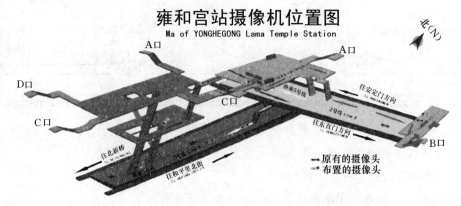

图 6.32　雍和宫地铁站示意图

（2）雍和宫换乘站人员疏散模拟参数设定。

1）人员速度与密度曲线。由调查统计得出的平面内人员速度与密度的关系为：

$$u = -0.383k + 1.507 \tag{6.26}$$

式中　　u——行人步行速度；

　　　　k——行人密度。

由此得到 steps 模型设置中人员速度与密度曲线。

2）人员类型。由调查统计得出人员种类、组成及形体特征并将其输入 steps 模型中，如图 6.33 所示。

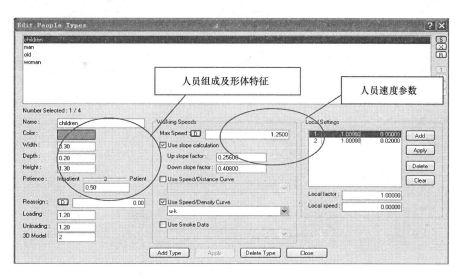

图 6.33　行人参数输入对话框

地铁换乘站乘客换乘量统计如图 6.34 所示。

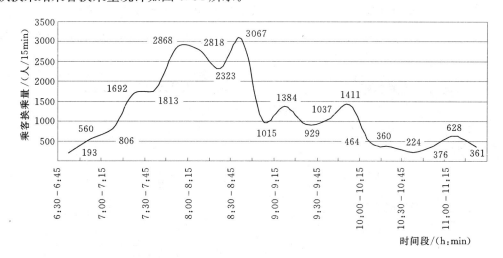

图 6.34　雍和宫站工作日 6：30—11：30 早高峰时段 5 号线到 2 号线乘客换乘量变化

3）人员行走速度。由表 6.37 得出不同观测点的人员行走速度，模型输入参数如图 6.33 所示。

4）人员疏散人数。根据在雍和宫换乘站的实地统计，得到雍和宫站早高峰的换乘量最大值为 3067 人/15min。由此以 3min 为最小时间段，乘以保证系数 1.2，得到站台人数为：3067/5×1.2＝750（人）；每个站厅和通道各有 100 人；列车共 6 节车厢，每节满载 310 人，得到：310×6＝1860（人）。

具体人数统计见表 6.38，模型输入参数如图 6.35 所示。

表 6.38　各观测地点的人数

观测地点	7 个换乘通道	2 号线站台	5 号线站台	3 个站厅	2 号线列车	5 号线列车	总人数
人数	700	750	750	300	1860	1860	6220

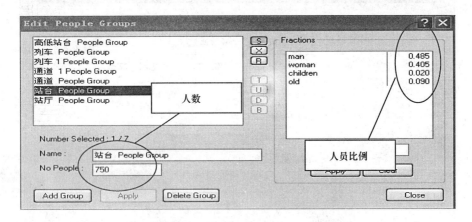

图 6.35　各不同类型行人人数和各占比例

5）地铁列车的参数。地铁车辆编组形式：六节动拖混合编组。车体的外形尺寸（长×宽×高）：19m×2.8m×3.51m。加减速度：启动加速度不小于 0.83m/s²；制动减速度不小于 1.0m/s²；紧急制动减速度不小于 1.2m/s²。列车进站速度为 10～12m/s。列车到站的时间间隔为 3min。模型输入参数如图 6.36 所示。

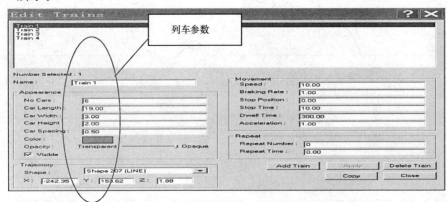

图 6.36　列车参数输入对话框

6)出口的人流流量。有效疏散宽度：各类通道内存在的边界层的宽度值见表 6.39。因此，在考虑防火分区内疏散通道的宽度时，应计算疏散通道或疏散出口的有效宽度，而不是其净宽度。不同观测点的最大单位流量如图 6.37 所示。

表 6.39 各类通道内存在的边界层的宽度值

疏散通道的类型	楼梯	护栏扶手	走廊坡道墙	障碍物	宽阔大厅走道	门拱形门
边界层厚度/mm	150	90	200	100	460	150

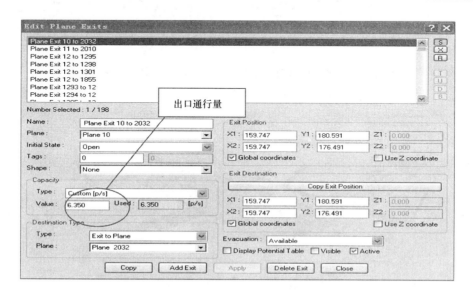

图 6.37 各出口通行量

3. 雍和宫换乘站人员疏散模拟

雍和宫地铁换乘站内的人员疏散模拟方案如下：

（1）工况 1 的情况为 2 号线站台发生突发事件，例如 2 号线发生火灾时，并且每个站台只考虑一辆列车，计算机仿真见图 6.38～图 6.41。

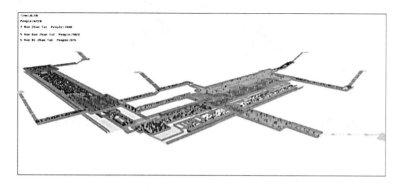

图 6.38 $T=0$：18 时刻人员分布图

（2）工况 2 的情况为 5 号线高站台发生突发事件，2 号线到 5 号线的楼梯必须封闭，其他同工

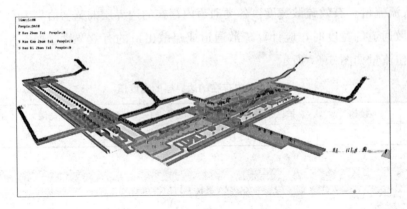

图 6.39　*T*＝5：08 时刻人员分布图（即人员离开站台分布图）

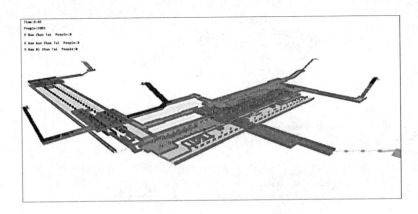

图 6.40　*T*＝9：02 时刻人员分布图（即人员离开站厅分布图）

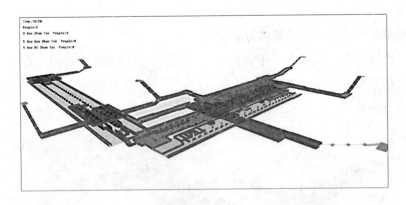

图 6.41　*T*＝12：20 时刻人员分布图（即人员疏散完分布图）

况 1。

（3）工况 3 的情况为 5 号线低站台发生突发事件，2 号线到 5 号线的楼梯也必须封闭，其他同工况 1。

不同工况的仿真疏散行动时间统计结果见表 6.40。

表 6.40   雍和宫车站不同工况下的仿真人员疏散时间

疏散仿真方案	站内疏散人员/人	人员离开站台的疏散时间/s	中国规范360/s	美国规范240/s	总的疏散时间/s	美国规范360/s
工况 1	6220	298	满足	不满足	758	不满足
工况 2	6220	239	满足	不满足	750	不满足
工况 3	6220	287	满足	不满足	818	不满足

本 章 参 考 文 献

[1] Standard for fixed guideway transit and passenger rail systems. NFPA 130, 2003 Edition.

[2] 陈鹏辉. 城市轨道交通自动售检票系统的现状与发展趋势 [J]. 城市轨道交通研究, 2009, (5): 10 - 12.

[3] 韩峰哲. 轨道交通 AFC 系统监控子系统的设计与实现 [D]. 哈尔滨: 哈尔滨工业大学, 2010.

[4] 褚祺晟. 热敏计数系统在上海轨道交通车站大客流预警中的应用 [J]. 中国科技纵横, 2013: 187-188.

[5] 任颐, 毛荣昌. 手机数据与规划智慧化——以无锡市基于手机数据的出行调查为例 [J]. 国际城市规划, 2014.

[6] 戈春珍. 关于手机定位技术应用于广州市交通行业数据采集的可行性探析 [J]. 交通与运输, 2015: 60 - 62.

第7章　消防管理及新技术应用

7.1　消防管理

随着经济社会的不断发展，高层建筑不断增多，地下工程广泛开发利用，石油化工企业和公众聚集场所大量涌现，新技术、新产品不断开发，国家物质财富大量积累，使得消防管理工作的地位和作用越来越重要。

在我国，"消防管理"一词出现于20世纪60年代，如在1963年10月公安部颁发的《公安部关于城市消防管理的规定》中，从文件标题及其内容都提出了"消防管理"这个概念。消防管理应当包括两个方面，一方面是企业的自我管理，即消防安全管理，涉及日常的消防设施的维护保养、消防安全检查、应急预案的编制和演练、消防档案建立等内容；另一方面是政府部门的监督管理，即消防监督管理，是各级政府所属的公安机关消防机构根据法律赋予的职权，依据有关消防法律、法规、规范、标准，对法律授权监督范围内的单位或个人的消防安全工作实施监察督导的管理活动。同时，根据我国的法律法规规定，消防管理还应该贯穿于建筑设计阶段、施工验收阶段、运行和维护阶段整个过程。

7.1.1　建筑设计阶段

7.1.1.1　建设工程消防设计审核

1. 法律依据

建设工程消防设计审核的法律依据为《中华人民共和国消防法》、《建设工程消防监督管理规定》（公安部令第119号）。

2. 审核范围

新建、扩建、改建（含室内外装修、建筑保温、用途变更）建设工程，属《建设工程消防监督管理规定》（公安部令第119号）第十三条、第十四条规定的大型人员密集场所和其他特殊建设工程，建设单位应当将消防设计文件报送公安机关消防机构审核。

《建设工程消防监督管理规定》（公安部令第119号）第十三条规定如下：对具有下列情形之一的人员密集场所，建设单位应当向公安机关消防机构申请消防设计审核，并在建设工程竣工后向出具消防设计审核意见的公安机关消防机构申请消防验收：

（1）建筑总面积大于二万平方米的体育场馆、会堂，公共展览馆、博物馆的展示厅。

（2）建筑总面积大于一万五千平方米的民用机场航站楼、客运车站候车室、客运码头候船厅。

（3）建筑总面积大于一万平方米的宾馆、饭店、商场、市场。

（4）建筑总面积大于二千五百平方米的影剧院，公共图书馆的阅览室，营业性室内健身、休闲场馆，医院的门诊楼，大学的教学楼、图书馆、食堂，劳动密集型企业的生产加工车间，寺庙、教堂。

（5）建筑总面积大于一千平方米的托儿所、幼儿园的儿童用房，儿童游乐厅等室内儿童活动场所，养老院、福利院，医院、疗养院的病房楼，中小学校的教学楼、图书馆、食堂，学校的集体宿舍，劳动密集型企业的员工集体宿舍。

（6）建筑总面积大于五百平方米的歌舞厅、录像厅、放映厅、卡拉 OK 厅、夜总会、游艺厅、桑拿浴室、网吧、酒吧，具有娱乐功能的餐馆、茶馆、咖啡厅。

《建设工程消防监督管理规定》（公安部令第 119 号）第十四条规定：对具有下列情形之一的特殊建设工程，建设单位应当向公安机关消防机构申请消防设计审核，并在建设工程竣工后向出具消防设计审核意见的公安机关消防机构申请消防验收：

（1）设有本规定第十三条所列的人员密集场所的建设工程。

（2）国家机关办公楼、电力调度楼、电信楼、邮政楼、防灾指挥调度楼、广播电视楼、档案楼。

（3）本条第一项、第二项规定以外的单体建筑面积大于四万平方米或者建筑高度超过五十米的公共建筑。

（4）国家标准规定的一类高层住宅建筑。

（5）城市轨道交通、隧道工程，大型发电、变配电工程。

（6）生产、储存、装卸易燃易爆危险物品的工厂、仓库和专用车站、码头，易燃易爆气体和液体的充装站、供应站、调压站。

3. 需提交材料

建设单位申请消防设计审核应当向公安机关消防机构提供下列材料：

（1）建设工程消防设计审核申报表。

（2）建设单位的工商营业执照等合法身份证明文件。

（3）设计单位资质证明文件。

（4）消防设计文件。

（5）法律、行政法规规定的其他材料。

依法需要办理建设工程规划许可的，应当提供建设工程规划许可证明文件；依法需要城乡规划主管部门批准的临时性建筑，属于人员密集场所的，应当提供城乡规划主管部门批准的证明文件。

如果涉及是国家工程建设消防技术标准没有规定的、消防设计文件拟采用的新技术、新工艺、新材料可能影响建设工程消防安全，不符合国家标准规定的、或者拟采用国际标准或者境外消防技术标准的，建设单位除提供上述所列材料外，应当同时提供特殊消防设计文件，或者设计采用的国际标准、境外消防技术标准的中文文本，以及其他有关消防设计的应用实例、产品说明等技术资料。

建设工程消防设计审核工作流程见图 7.1。

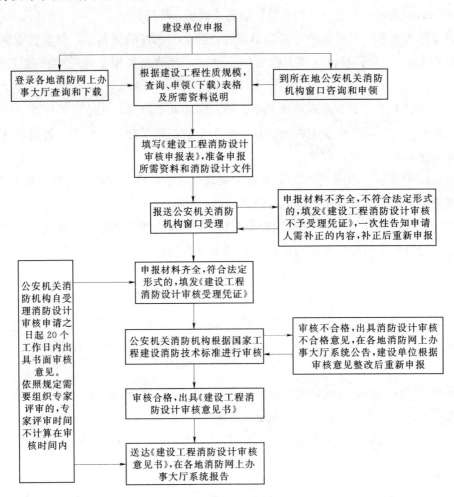

建设单位申报

登录各地消防网上办事大厅查询和下载

根据建设工程性质规模,查询、申领(下载)表格及所需资料说明

到所在地公安机关消防机构窗口咨询和申领

填写《建设工程消防设计审核申报表》,准备申报所需资料和消防设计文件

报送公安机关消防机构窗口受理

申报材料不齐全,不符合法定形式的,填发《建设工程消防设计审核不予受理凭证》,一次性告知申请人需补正的内容,补正后重新申报

公安机关消防机构自受理消防设计审核申请之日起 20 个工作日内出具书面审核意见。依照规定需要组织专家评审的,专家评审时间不计算在审核时间内

申报材料齐全,符合法定形式的,填发《建设工程消防设计审核受理凭证》

公安机关消防机构根据国家工程建设消防技术标准进行审核

审核不合格,出具消防设计审核不合格意见,在各地消防网上办事大厅系统公告,建设单位根据审核意见整改后重新申报

审核合格,出具《建设工程消防设计审核意见书》

送达《建设工程消防设计审核意见书》,在各地消防网上办事大厅系统报告

图 7.1　建设工程消防设计审核工作流程

7.1.1.2　建设工程消防设计备案

1. 法律依据

建设工程消防设计备案的法律依据为《中华人民共和国消防法》《建设工程消防监督管理规定》(公安部令第 119 号)。

2. 备案范围

新建、扩建、改建(含室内外装修、建筑保温、用途变更)建设工程,除《建设工程消防监督管理规定》(公安部令第 119 号)第十三条、第十四条规定的大型人员密集场所和其他特殊建设工程,建设单位应当在取得施工许可、工程竣工验收合格之日起 7 个工作日内,通过省级公安机关消防机构网站进行消防设计、竣工验收消防备案,或者到公安机关消防机构业务受理场所进行消防设计、竣工验收消防备案。

3. 需提交材料

建设单位应当向公安机关消防机构提供下列材料：

（1）建设工程消防设计审核申报表。

（2）建设单位的工商营业执照等合法身份证明文件。

（3）设计单位资质证明文件。

（4）消防设计文件。

（5）施工许可证明文件复印件。

（6）法律、行政法规规定的其他材料。

公安机关消防机构收到消防设计、竣工验收消防备案申报后，对备案材料齐全的，应当出具备案凭证；备案材料不齐全或者不符合法定形式的，应当当场或者在 5 日内一次告知需要补正的全部内容。建设工程消防设计备案抽查工作流程见图 7.2。

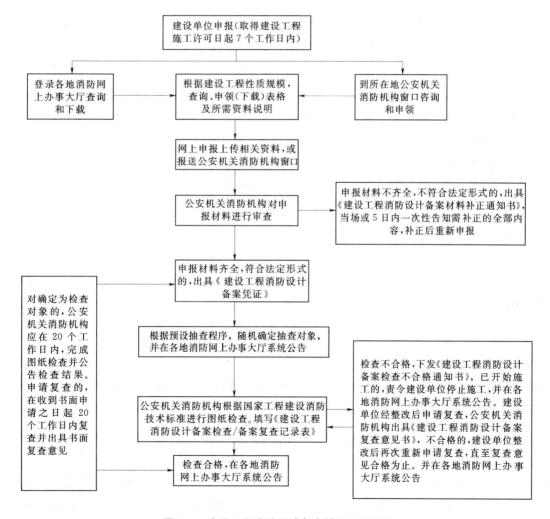

图 7.2　建设工程消防设计备案抽查工作流程

7.1.1.3　建设工程消防性能化设计

1. **法律依据**

建设工程消防设计审核的法律依据为《中华人民共和国消防法》、《建设工程消防监督管理规定》（公安部令第 119 号）、《建设工程消防性能化设计评估应用管理暂行规定》（公消〔2009〕52 号）。

2. **性能化设计流程**

（1）工程建设单位（或设计单位）向当地消防主管部门提出开展性能化设计的申请。申请一般包括工程的概况、工程的特点、工程设计中难以满足现行防火设计规范的内容（一般先报当地消防支队，支队同意后报省消防总队）。

（2）消防主管部门对申请进行批复，明确可以进行性能化设计的范围。

（3）工程建设单位（或设计单位）根据消防主管部门的批复，与性能化设计咨询单位签订咨询服务合同。

（4）工程建设单位（或设计单位）向性能化设计咨询单位提供设计图纸、消防设计说明。

（5）性能化设计咨询单位根据提供的设计资料提出性能化设计初步方案。

（6）性能化设计初步方案取得消防主管部门的认可后，性能化设计咨询单位对现有设计方案的安全性进行评估，并根据评估结果提出设计修改方案。

（7）性能化设计咨询单位针对提出的设计修改方案与工程建设单位（或设计单位）进行沟通，直至三方达成一致意见。

（8）性能化设计咨询单位向工程建设单位（或设计单位）提交性能化设计报告。

（9）工程建设单位（或设计单位）将性能化设计报告和设计图纸报送消防主管部门。

（10）消防主管部门组织专家评审会，对整个消防设计方案进行评审，并出具专家评审意见。

（11）设计单位根据专家评审意见进一步修改完善设计。

（12）工程建设单位将修改后的设计图纸报送消防主管部门审批。

7.1.2　施工验收阶段

7.1.2.1　建设工程消防验收

1. **法律依据**

建设工程消防验收的法律依据为《中华人民共和国消防法》《建设工程消防监督管理规定》（公安部令第 119 号）。

2. **验收范围**

新建、扩建、改建（含室内外装修、建筑保温、用途变更）建设工程，属《建设工程消防监督管理规定》（公安部令第 119 号）第十三条、第十四条规定的大型人员密集场所和其他特殊建设工程，建设单位应当将消防设计文件报送公安机关消防机构审核，并在建设工程竣工后向出具消防设计审核意见的公安机关消防机构申请消防验收。

3. 需提交材料

建设单位申请消防验收应当向公安机关消防机构提供下列材料:

(1) 建设工程消防验收申报表。

(2) 工程竣工验收报告和有关消防设施的工程竣工图纸。

(3) 消防产品质量合格证明文件。

(4) 具有防火性能要求的建筑构件、建筑材料、装修材料符合国家标准或者行业标准的证明文件、出厂合格证。

(5) 消防设施检测合格证明文件。

(6) 施工、工程监理、检测单位的合法身份证明和资质等级证明文件。

(7) 建设单位的工商营业执照等合法身份证明文件。

(8) 法律、行政法规规定的其他材料。

建设工程消防验收工作流程见图 7.3。

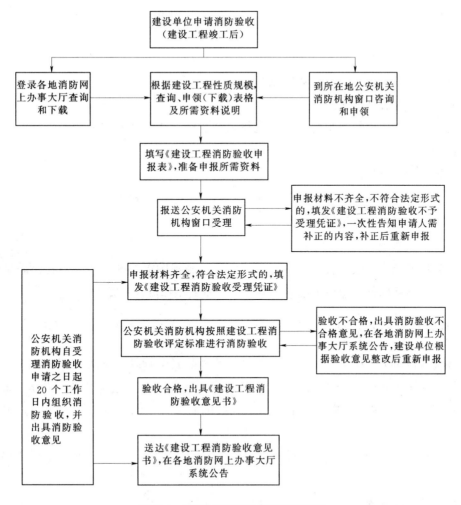

图 7.3 建设工程消防验收工作流程

7.1.2.2　建设工程竣工验收消防备案

1. 法律依据

建设工程竣工验收消防备案的法律依据为《中华人民共和国消防法》《建设工程消防监督管理规定》（公安部令第 119 号）。

2. 备案范围

新建、扩建、改建（含室内外装修、建筑保温、用途变更）建设工程，除《建设工程消防监督管理规定》（公安部令第 119 号）第十三条、第十四条规定的大型人员密集场所和其他特殊建设工程，建设单位应当在取得施工许可、工程竣工验收合格之日起 7 个工作日内，通过省级公安机关消防机构网站进行消防设计、竣工验收消防备案，或者到公安机关消防机构业务受理场所进行消防设计、竣工验收消防备案。

3. 需提交材料

公安机关消防机构收到竣工验收备案后，应出具备案凭证。经消防备案的建设工程，被预设抽查程序确定为抽查对象的，被抽查到的建设单位应当在收到备案凭证之日起五个工作日内向公安机关消防机构提供下列材料：

（1）建设工程消防验收申报表。

（2）工程竣工验收报告和有关消防设施的工程竣工图纸。

（3）消防产品质量合格证明文件。

（4）具有防火性能要求的建筑构件、建筑材料、装修材料符合国家标准或者行业标准的证明文件、出厂合格证。

（5）消防设施检测合格证明文件。

（6）施工、工程监理、检测单位的合法身份证明和资质等级证明文件。

（7）建设单位的工商营业执照等合法身份证明文件。

（8）法律、行政法规规定的其他材料。

按照住房和城乡建设行政主管部门的有关规定进行施工图审查的，还应当提供施工图审查机构出具的审查合格文件复印件。建设工程竣工验收消防备案工作流程见图 7.4。

7.1.3　维护运营阶段及其他

为了加强和规范机关、团体、企业、事业单位的消防安全管理，预防火灾和减少火灾危害，根据《中华人民共和国消防法》，公安部于 2002 年 5 月 1 日发布并实施《机关、团体、企业、事业单位消防安全管理规定》。该规定第十三条指出下列范围的单位是消防安全重点单位，应当实行严格管理：

（1）商场（市场）、宾馆（饭店）、体育场（馆）、会堂、公共娱乐场所等公众聚集场所（以下统称公众聚集场所）。

（2）医院、养老院和寄宿制的学校、托儿所、幼儿园。

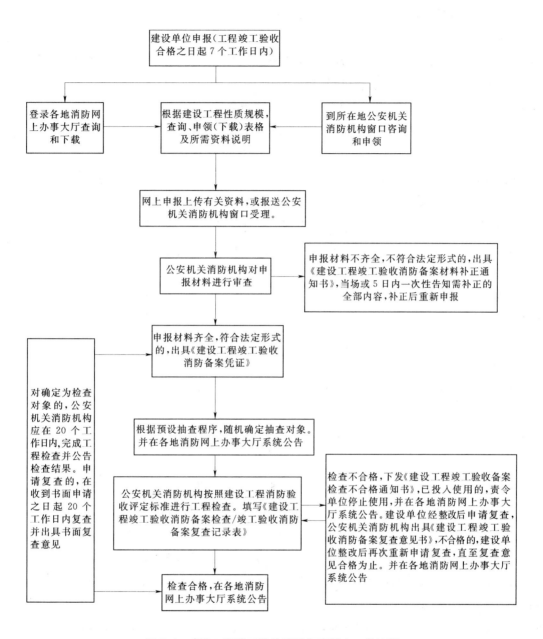

建设单位申报(工程竣工验收合格之日起 7 个工作日内)

登录各地消防网上办事大厅查询和下载

根据建设工程性质规模,查询、申领(下载)表格及所需资料说明

到所在地公安机关消防机构窗口咨询和申领

网上申报上传有关资料,或报送公安机关消防机构窗口受理。

公安机关消防机构对申报材料进行审查

申报材料不齐全,不符合法定形式的,出具《建设工程竣工验收消防备案材料补正通知书》,当场或 5 日内一次性告知需补正的全部内容,补正后重新申报

申报材料齐全,符合法定形式的,出具《建设工程竣工验收消防备案凭证》

对确定为检查对象的,公安机关消防机构应在 20 个工作日内,完成工程检查并公告检查结果。申请复查的,在收到书面申请之日起 20 个工作日内复查并出具书面复查意见

根据预设抽查程序,随机确定抽查对象。并在各地消防网上办事大厅系统公告

公安机关消防机构按照建设工程消防验收评定标准进行工程检查。填写《建设工程竣工验收消防备案检查/竣工验收消防备案复查记录表》

检查不合格,下发《建设工程竣工验收备案检查不合格通知书》,已投入使用的,责令单位停止使用,并在各地消防网上办事大厅系统公告。建设单位经整改后申请复查,公安机关消防机构出具《建设工程竣工验收消防备案复查意见书》,不合格的,建设单位整改后再次重新申请复查,直至复查意见合格为止。并在各地消防网上办事大厅系统公告

检查合格,在各地消防网上办事大厅系统公告

图 7.4 建设工程竣工验收消防备案抽查工作流程

(3) 国家机关。

(4) 广播电台、电视台和邮政、通信枢纽。

(5) 客运车站、码头、民用机场。

(6) 公共图书馆、展览馆、博物馆、档案馆以及具有火灾危险性的文物保护单位。

(7) 发电厂(站)和电网经营企业。

(8) 易燃易爆化学物品的生产、充装、储存、供应、销售单位。

（9）服装、制鞋等劳动密集型生产、加工企业。

（10）重要的科研单位。

（11）其他发生火灾可能性较大以及一旦发生火灾可能造成重大人身伤亡或者财产损失的单位。

高层办公楼（写字楼）、高层公寓楼等高层公共建筑，城市地下铁道、地下观光隧道等地下公共建筑和城市重要的交通隧道，粮、棉、木材、百货等物资集中的大型仓库和堆场，国家和省级等重点工程的施工现场，应当按照该规定对消防安全重点单位的要求，实行严格管理。

7.1.3.1　消防安全责任

1. 消防监督机关

消防监督机关的基本职责如下：

（1）对机关、团体、企业、事业单位遵守消防法律、法规的情况依法进行监督检查，定期对消防安全重点单位进行检查。发现火灾隐患，及时通知有关单位或者个人采取措施，限期消除。

（2）依法审查、验收大型的人员密集场所和其他特殊建设工程，抽查、抽验备案的建设工程，监督城市消防规划的执行。

（3）依法对公众聚集场所使用和开业前的消防安全检查、消防技术服务机构及其执业人员的执业资格和专职消防队建立的验收施行行政许可；依法对大型群众活动的灭火和应急疏散预案、落实消防安全措施的情况进行检查。

（4）监督消防产品和消防工程的质量；组织鉴定和推广消防科学技术研究成果，推动消防科学技术的发展。

（5）组织消防法律、法规的宣传，并督促、指导、协助有关单位做好消防宣传教育工作，推动消防宣传教育，普及消防知识。

（6）将发生火灾可能性较大以及发生火灾可能造成重大的人身伤亡或者财产损失的单位，确定为本行政区域内的消防安全重点单位，并报本级人民政府备案。

（7）领导公安消防队伍，对专职消防队、志愿消防队或义务消防队进行业务指导。

（8）承担重大灾害事故和其他以抢救人员生命为主的应急救援工作。

（9）调查、认定火灾原因，统计火灾损失，依法查处消防安全违法行为；掌握火灾情况，进行火灾统计，分析报告火灾。

（10）根据军事设施主管单位的需要，协助军事设施主管单位开展灭火救援和火灾事故调查工作；但军事设施的消防工作，由其主管单位监督管理。（"军事设施"，是指国家直接用于军事目的的建筑、场地、设备，具体范围依照《中华人民共和国军事设施保护法》的规定确定。）

2. 单位消防责任人

单位的消防安全责任人应当履行下列消防安全职责：

（1）贯彻执行消防法规，保障单位消防安全符合规定，掌握本单位的消防安全情况。

（2）将消防工作与本单位的生产、科研、经营、管理等活动统筹安排，批准实施年度消防工作计划。

（3）为本单位的消防安全提供必要的经费和组织保障。

（4）确定逐级消防安全责任，批准实施消防安全制度和保障消防安全的操作规程。

（5）组织防火检查，督促落实火灾隐患整改，及时处理涉及消防安全的重大问题。

（6）根据消防法规的规定建立专职消防队、义务消防队。

（7）组织制定符合本单位实际的灭火和应急疏散预案，并实施演练。

7.1.3.2 消防安全检查

1. 公安机关消防机构监督检查

公安机关消防机构的消防监督检查形式主要包括对公众聚集场所在投入使用、营业前的消防安全检查；对单位履行法定消防安全职责情况的监督抽查；对举报投诉的消防安全违法行为的核查；对大型群众性活动举办前的消防安全检查；公安派出所日常消防监督检查；根据需要进行的其他消防监督检查。

（1）公众聚集场所在投入使用、营业前的消防安全检查。公众聚集场所在投入使用、营业前，建设单位或者使用单位应当向场所所在地的县级以上地方人民政府公安机关消防机构申请消防安全检查。

《中华人民共和国消防法》第七十三条规定：公众聚集场所，是指宾馆、饭店、商场、集贸市场、客运车站候车室、客运码头候船厅、民用机场航站楼、体育场馆、会堂及公共娱乐场所等。

建设单位或者使用单位申请公众聚集场所投入使用，营业前消防安全检查应当向公安机关消防机构提供下列材料：

1）消防安全检查申报表。

2）营业执照复印件或者工商行政管理机关出具的企业名称预先核准通知书。

3）依法取得的建设工程消防验收或者进行竣工验收消防备案的法律文件复印件。

4）消防安全制度、灭火和应急疏散预案、场所平面布置图。

5）员工岗前消防安全教育培训记录和自动消防系统操作人员取得的消防行业特有工种职业资格证书复印件。

6）法律、行政法规规定的其他材料。

依照《建设工程消防监督管理规定》（公安部令第119号）不需要进行竣工验收消防备案的公众聚集场所申请消防安全检查的，还应当提交场所室内装修消防设计施工图、消防产品质量合格证明文件，以及装修材料防火性能符合消防技术标准的证明文件、出厂合格证。

公安机关消防机构对公众聚集场所投入使用、营业前进行消防安全检查，应当检查下列内容：

1）场所是否依法通过消防验收合格或者进行消防竣工验收备案抽查合格；依法进行消防竣工验收备案且没有进行备案抽查的场所是否符合消防技术标准。

2）消防安全管理制度、灭火和应急疏散预案是否制定。

3）自动消防系统操作人员是否持证上岗，员工是否经过岗前消防安全培训。

4）消防设施、器材是否符合消防技术标准并完好有效。

5）疏散通道、安全出口和消防车通道是否畅通。

6）室内装修装饰材料是否符合消防技术标准。

（2）对单位履行法定消防安全职责情况的监督抽查。公安机关消防机构对单位履行法定消防安全职责情况的监督抽查，应当根据单位的实际情况检查下列内容：

1）建筑物或者场所是否依法通过消防验收或者进行消防竣工验收备案，公众聚集场所是否通过投入使用、营业前的消防安全检查。

2）建筑物或者场所的使用情况是否与消防验收或者进行消防竣工验收备案时确定的使用性质相符。

3）单位消防安全制度、灭火和应急疏散预案是否制定。

4）建筑消防设施是否定期进行全面检测，消防设施、器材和消防安全标志是否定期组织检验、维修，是否完好有效。

5）电器线路、燃气管路是否定期维护保养、检测。

6）疏散通道、安全出口、消防车通道是否畅通，防火分区是否改变，防火间距是否被占用。

7）是否组织防火检查、消防演练和员工消防安全教育培训，自动消防系统操作人员是否持证上岗。

8）生产、储存、经营易燃易爆危险品的场所是否与居住场所设置在同一建筑物内。

9）生产、储存、经营其他物品的场所与居住场所设置在同一建筑物内的，是否符合消防技术标准。

10）其他依法需要检查的内容。

对人员密集场所还应当抽查室内装修装饰材料是否符合消防技术标准。

对消防安全重点单位履行法定消防安全职责情况的监督抽查，除检查上述规定的内容外，还应当检查下列内容：

1）是否确定消防安全管理人。

2）是否开展每日防火巡查并建立巡查记录。

3）是否定期组织消防安全培训和消防演练。

4）是否建立消防档案、确定消防安全重点部位。

对属于人员密集场所的消防安全重点单位，还应当检查单位灭火和应急疏散预案中承担灭火和组织疏散任务的人员是否确定。

（3）大型群众性活动举办前的消防安全检查。在大型群众性活动举办前对活动现场进行消防安全检查，应当重点检查下列内容：

1）室内活动使用的建筑物（场所）是否依法通过消防验收或者进行消防竣工验收备案，公众聚集场所是否通过使用、营业前的消防安全检查。

2）临时搭建的建筑物是否符合消防安全要求。

3）是否制定灭火和应急疏散预案并组织演练。

4）是否明确消防安全责任分工并确定消防安全管理人员。

5）活动现场消防设施、器材是否配备齐全并完好有效。

6）活动现场的疏散通道、安全出口和消防车通道是否畅通。

7）活动现场的疏散指示标志和应急照明是否符合消防技术标准并完好有效。

对大型的人员密集场所和其他特殊建设工程的施工工地进行消防监督检查，应当重点检查施工单位履行下列消防安全职责的情况：

1）是否制定施工现场消防安全制度、灭火和应急疏散预案。

2）对电焊、气焊等明火作业是否有相应的消防安全防护措施。

3）是否设置与施工进度相适应的临时消防水源、安装消火栓并配备水带水枪，消防器材是否配备并完好有效。

4）是否设有消防车通道并畅通。

5）是否组织员工消防安全教育培训和消防演练。

6）员工集体宿舍是否与施工作业区分开设置，员工集体宿舍是否存在违章用火、用电、用油、用气。

（4）公安派出所日常消防监督检查。公安派出所对其日常监督检查范围的单位，应当每年至少进行一次日常消防监督检查，并且检查下列内容：

1）建筑物或者场所是否依法通过消防验收或者进行消防竣工验收备案，公众聚集场所是否依法通过投入使用、营业前的消防安全检查。

2）是否制定消防安全制度。

3）是否组织防火检查、消防安全宣传教育培训、灭火和应急疏散演练。

4）消防车通道、疏散通道、安全出口是否畅通，室内消火栓、疏散指示标志、应急照明、灭火器是否完好有效。

5）生产、储存、经营易燃易爆危险品的场所是否与居住场所设置在同一建筑物内。

对设有消防设施的单位，公安派出所还应当检查单位是否每年对建筑消防设施至少进行一次全面检测。

对居民住宅区的物业服务企业进行日常消防监督检查，公安派出所还应当检查物业服务企业对管理区域内公用消防设施是否进行维护管理。

2. 企业、单位消防安全检查

（1）消防安全重点单位。消防安全重点单位应当进行每日防火巡查，并确定巡查的人员、内容、部位和频次。其他单位可以根据需要组织防火巡查。巡查的内容应当包括：

1）用火、用电有无违章情况。

2）安全出口、疏散通道是否畅通，安全疏散指示标志、应急照明是否完好。

3）消防设施、器材和消防安全标志是否在位、完整。

4) 常闭式防火门是否处于关闭状态，防火卷帘下是否堆放物品影响使用。

5) 消防安全重点部位的人员在岗情况。

6) 其他消防安全情况。

公众聚集场所在营业期间的防火巡查应当至少每 2 小时一次；营业结束时应当对营业现场进行检查，消除遗留火种。医院、养老院、寄宿制的学校、托儿所、幼儿园应当加强夜间防火巡查，其他消防安全重点单位可以结合实际组织夜间防火巡查。

防火巡查人员应当及时纠正违章行为，妥善处置火灾危险，无法当场处置的，应当立即报告。发现初起火灾应当立即报警并及时扑救。

防火巡查应当填写巡查记录，巡查人员及其主管人员应当在巡查记录上签名。

（2）一般企事业单位。企业、单位应当至少每季度进行一次防火检查，其他单位应当至少每月进行一次防火检查。检查的内容应当包括：

1) 火灾隐患的整改情况以及防范措施的落实情况。

2) 安全疏散通道、疏散指示标志、应急照明和安全出口情况。

3) 消防车通道、消防水源情况。

4) 灭火器材配置及有效情况。

5) 用火、用电有无违章情况。

6) 重点工种人员以及其他员工消防知识的掌握情况。

7) 消防安全重点部位的管理情况。

8) 易燃易爆危险物品和场所防火防爆措施的落实情况以及其他重要物资的防火安全情况。

9) 消防控制室值班情况和设施运行、记录情况。

10) 防火巡查情况。

11) 消防安全标志的设置情况和完好、有效情况。

12) 其他需要检查的内容。

防火检查应当填写检查记录。检查人员和被检查部门负责人应当在检查记录上签名。

7.1.3.3 消防设施日常维护管理

根据《建筑消防设施的维护管理》（GB 25201—2010）的规定，建筑消防设施的维护管理包括值班、巡查、检测、维修、保养、建档等工作。

（1）值班。消防控制室、具有消防配电功能的配电室、消防水泵房、防排烟机房等重要的消防设施操作控制场所，应根据工作、生产、经营特点建立值班制度，确保火灾情况下有人能按操作规程及时、正确操作建筑消防设施。消防控制室值班时间和人员应符合以下要求：

1) 实行每日 24h 值班制度。值班人员应通过消防行业特有工种职业技能鉴定，持有初级技能以上等级的职业资格证书。

2) 每班工作时间应不大于 8h，每班人员应不少于 2 人。值班人员对火灾报警控制器进行日检查、接班、交班时，应填写《消防控制室值班记录表》的相关内容。值班期间每 2h 记录一次消防控制室内消防设备的运行情况，及时记录消防控制室内消防设备的火警或故障情况。

3）正常工作状态下，不应将自动喷水灭火系统、防烟排烟系统和联动控制的防火卷帘等防火分隔设施设置在手动控制状态。其他消防设施及其相关设备如设置在手动状态时，应有在火灾情况下迅速将手动控制转换为自动控制的可靠措施。

（2）巡查。建筑消防设施的巡查应由归口管理消防设施的部门或单位实施，按照工作、生产、经营的实际情况，将巡查的职责落实到相关工作岗位。建筑消防设施巡查频次应满足下列要求：

1）公共娱乐场所营业时，应结合公共娱乐场每 2h 巡查一次的要求，视情况将建筑消防设施的巡查部分或全部纳入其中，但全部建筑消防设施应保证每日至少巡查一次。

2）消防安全重点单位，每日巡查一次。

3）其他单位，每周至少巡查一次。

巡查内容包括：消防供配电设施、火灾自动报警系统、电气火灾监控系统、可燃气体探测报警系统、消防供水设施、消火栓（消防炮）灭火系统、自动喷水灭火系统、泡沫灭火系统、气体灭火系统、防烟、排烟系统、应急照明和疏散指示标志、应急广播系统、消防专用电话、防火分隔设施、消防电梯、细水雾灭火系统、干粉灭火系统、灭火器及其他需要巡查的内容。

（3）检测。建筑消防设施应每年至少检测一次，检测对象包括全部系统设备、组件等。设有自动消防系统的宾馆、饭店、商场、市场、公共娱乐场所等人员密集场所、易燃易爆单位以及其他一类高层公共建筑等消防安全重点单位，应自系统投入运行后每一年底前，将年度检测记录报当地公安机关消防机构备案。在重大节日、重大活动前或者期间，应根据当地公安机关消防机构的要求对建筑消防设施进行检测。

检测内容包括：消防供配电设施、火灾自动报警系统、消防供水设施、消火栓（消防炮）灭火系统、自动喷水灭火系统、泡沫灭火系统、气体灭火系统、防烟系统、排烟系统、应急照明系统、应急广播系统、消防专用电话、防火分隔设施、消防电梯、细水雾灭火系统、干粉灭火系统、灭火器及其他需要检测的内容。

（4）维修。单位消防安全管理人对建筑消防设施存在的问题和故障，应立即通知维修人员进行维修。维修期间，应采取确保消防安全的有效措施。故障排除后应进行相应功能试验并经单位消防安全管理人检查确认。维修情况应记入《建筑消防设施故障维修记录表》。

（5）保养。凡依法需要计量检定的建筑消防设施所用称重、测压、测流量等计量仪器仪表以及泄压阀、安全阀等，应按有关规定进行定期校验并提供有效证明文件。单位应储备一定数量的建筑消防设施易损件或与有关产品厂家、供应商签订相关合同，以保证供应。

保养内容包括：

1）对易污染、易腐蚀生锈的消防设备、管道、阀门应定期清洁、除锈、注润滑剂。

2）点型感烟火灾探测器应根据产品说明书的要求定期清洗、标定；产品说明书没有明确要求的，应每二年清洗、标定一次。可燃气体探测器应根据产品说明书的要求定期进行标定。火灾探测器、可燃气体探测器的标定应由生产企业或具备资质的检测机构承担。承担标定的单位应出具标定记录。

3）储存灭火剂和驱动气体的压力容器应按有关气瓶安全监察规程的要求定期进行试验、标识。

4）泡沫、干粉等灭火剂应按产品说明书委托有资质单位进行包括灭火性能在内的测试。

5）以蓄电池作为后备电源的消防设备，应按照产品说明书的要求定期对蓄电池进行维护。

6）其他类型的消防设备应按照产品说明书的要求定期进行维护保养。

7）对于使用周期超过产品说明书标识寿命的易损件、消防设备，以及经检查测试已不能正常使用的火灾探测器、压力容器、灭火剂等产品设备应及时更换。

（6）建档。建筑消防设施档案应包含建筑消防设施基本情况和动态管理情况。基本情况包括建筑消防设施的验收文件和产品、系统使用说明书、系统调试记录、建筑消防设施平面布置图、建筑消防设施系统图等原始技术资料。动态管理情况包括建筑消防设施的值班记录、巡查记录、检测记录、故障维修记录以及维护保养计划表、维护保养记录、自动消防控制室值班人员基本情况档案及培训记录。

建筑消防设施的原始技术资料应长期保存。

7.1.3.4　消防安全宣传教育和培训

单位应当通过多种形式开展经常性的消防安全宣传教育。消防安全重点单位对每名员工应当至少每年进行一次消防安全培训。宣传教育和培训内容应当包括：

（1）有关消防法规、消防安全制度和保障消防安全的操作规程。

（2）本单位、本岗位的火灾危险性和防火措施。

（3）有关消防设施的性能、灭火器材的使用方法。

（4）报火警、扑救初起火灾以及自救逃生的知识和技能。

公众聚集场所对员工的消防安全培训应当至少每半年进行一次，培训的内容还应当包括组织、引导在场群众疏散的知识和技能。

单位应当组织新上岗和进入新岗位的员工进行上岗前的消防安全培训。

7.1.3.5　应急疏散预案和演练

1. 应急疏散预案

（1）目的与原则。为全面贯彻落实"安全第一，预防为主，防消结合、综合治理"的方针，增强建筑整体应对火灾事故的应急处置能力，落实建筑消防安全工作责任制，及时有效地扑救火灾，最大限度地减少火灾事故造成的损失和危害，保障人身和财产安全，应结合建筑实际情况，制定消防应急预案。

制定完善的消防应急预案，可在建筑面临突发火灾事故时，能够统一指挥，及时有效地整合资源，迅速针对假想的火情实施有组织的控制和扑救，避免火灾来临之时慌乱无序，防止贻误战机和漏管失控，最大限度地减少人员伤亡和财产损失。

（2）内容与格式。消防应急预案是针对具体设备、设施、场所和环境，在安全评价的基础上，为降低事故造成的人身、财产与环境损失，就事故发生后的应急救援机构和人员，应急救援的设备、设施、条件和环境，行动的步骤和纲领，控制事故发展的方法和程序等，预先做出的科学而有效的计划和安排。消防应急预案是为了应对各类突发火灾事故，减轻人员伤亡和财产损失而制定的应急预案。

一个完整的应急预案框架或格式通常包括以下六部分：

1）总则：规定应急预案的指导思想、编制目的、工作原则、编制依据、适用范围。

2）组织指挥体系及职责：具体规定应急管理的组织机构与职责、组织体系框架。

3）管理流程：根据应急管理的时间序列，划分为预警预防、应急响应和善后处置三个阶段。

4）保障措施：规定应急预案得以有效实施和更新的基本保障措施，如通信信息、支援与装备、技术；宣传培训演习、监督检查等。

5）附则：包括专业术语、预案管理与更新、跨区域沟通与协作、奖励与责任、制定与解释权、实施或生效时间等。

6）附录：包括各种规范化格式文本、相关机构和人员通讯录。建筑室内疏散路径图（疏散通道、安全出口）、建筑室内外消火栓及消防水源布置图、建筑灭火扑救进攻与撤退路线图等。

以上这六个方面共同构成了应急预案的要件，它们之间相互联系、互为支撑，共同构成了一个完整的应急预案框架。

（3）方法与流程

1）制定方法：

a. 消防应急预案的编制准备。在应急预案编制之前应首先做好充分的准备工作。在预案实际编制工作开始之前应先成立编制组，由编制组执笔编制预案。预案编制组在预案编制的准备阶段要对火灾危险性和应急能力进行分析。

火灾危险性分析主要包括以下几部分内容：要充分考虑地理、技术问题、人、管理等各种因素；尽可能搜集以往发生过的一些案例；各种火灾事故应急处理过程中的经验教训；相关的国家法律、法规和技术标准。

在应急能力分析主要包括以下几部分内容：对每一紧急情况应考虑所需要的资源与能力是否配备齐全；外部资源能否在需要时及时到位；是否还有其他可以优先利用的资源。

预案从编制、维护到实施都应该有各级各部门的广泛参与，在编制过程中或编制完成之后，要征求各部门的意见。

b. 消防应急预案编写。预案编制小组综合应用安全系统工程、防灾减灾、事故致因、计划、组织、决策、战略管理、医学救援、工程救援、事故处理等理论技术，分析事故的发生、发展及其演化的过程，建立应急救援预案体系框架和确定文件要素，系统地描述建筑事故应急救援系统分级标准、组织结构、运作机制、救援力量的构成和职责、应急救援指挥体系、后勤保障体系、现场应急处置程序等内容，并通过事故应急救援训练和演练，检验消防重大事故应急救援预案的科学性、权威性和可操作性。

2）流程：

a. 预防与预警

· 危险源监控

建立重大事故及重大危险源管理系统，全面准确掌握安全预防信息。

加强教育培训，做到人员安全、操作安全。

重点关键部位设置摄像头监控。

明确责任，定期对危险源安全检查。

危险源建立台账、档案。

· 预警行动

应急指挥部依法通过电话、广播等形式发布有关消息和警报，全面组织各项消防救护工作，各有关小组随时准备执行应急任务。

组织有关人员对所属建筑进行全面检查，加强对易燃、易爆物品、有毒有害化学品的管理。加强对其他重要场所的防护，保证消防应急顺利进行。

加强对广大员工的宣传教育，做好员工的思想稳定工作。

加强各类值班、值勤，保持通信畅通，及时掌握全面情况，全力维护公司的正常生产、经营秩序。

按预案落实各项物资准备。

b. 应急响应程序

· 火灾现场人员报警及灭火（初期火灾的控制）

发现烟火时，立即拨通建筑消防控制室电话向消防值班人员报告，并说明自己的姓名、职务、失火地点、火势大小。

按响离自己最近的紧急报警器（手动报警按钮或排烟阀手动按钮）。

在火势较严重的情况下，应立即拨打"119"向公安消防部门报警，报警时须注意说清：所在地点、建筑名称、门牌号码、燃烧物品、面积、电话号码、报警人姓名。在拨打报警电话的同时，组织现场人员用最近的灭火器材控制火情，阻止火势蔓延，尽量把火灾消灭在萌芽状态。

在发现火灾有蔓延扩大趋势，且一时无法扑灭时，应迅速组织引导楼内人员疏散、撤离现场，并清除各种障碍，疏通各种通道，为消防部门的人员、设备进入现场扑救创造条件。

· 消防控制室值班人员

接到报警信号（烟感报警信号、手动按钮报警信号）或报警电话后，问明情况（报警人姓名、职务、失火地点、火势大小、何种物质燃烧以及是否伤人），同时做好记录，迅速通知巡楼队员或最近场点值班队员在最短时间内到达报警现场，对火警确认并反馈；同时在消防主机上进行消音处理，记录火警的组号和位号。

若火警为误报或假火警，应做好复位处理。

若火警真实，确定火灾等级；应迅速用对讲机或电话通知当值主管立即赶赴现场，同时用对讲机连续两遍呼叫各持对讲机岗位。

把监控镜头调到事故区域并录像，记录火警的具体部位、火警大小及严重性、燃烧物质的种类、伤亡损失、到位人员、处理过程等，以便事后以书面形式汇报。

启动消防广播，使用时吐词清楚，重复播放（大家请不要惊慌，本大厦正处于紧急疏散状态，请您关好门窗，利用楼内防毒面具或湿毛巾捂住口鼻，按安全指示方向从楼梯口有秩序靠墙离开）。

电话通知各部门主管（指挥组、灭火救援组、警戒组、设备组、疏散救护组），报告起火时间、地点、火情大小、何种物质燃烧。并要求各部门主管及其成员按消防预案程序做好应急准备。

负责监视火场的即时情况，将现场信息（火势发展、受困人员情况、火灾扑救情况、灭火设施启动情况、消防队员情况等）传达给各个小组负责人以及消防救援指挥人员。

通过电梯对讲机通知电梯中的乘客按下最近楼层的按钮，待电梯门打开后迅速撤离电梯，从紧急通道撤出大厦。

监视消防设备运行状态，若有消防设备没有启动，在联动柜上强制启动。

• 巡楼队员

巡楼队员接到通知，应立即携带灭火器和插孔电话赶到报警现场查看确认：

属火警，就近打破手动报警按钮报火警，同时通过电话插孔或固定消防电话向消防中心报告火灾的发生，并简要说明火灾情况；通知、组织就近疏散；能自己动手灭火的，迅速开展灭火工作，否则就地打开消火栓，展开水带、水枪，等待救援人员的到来。

属自动报警系统误报，即时通知消防监控中心当值护管员复位；若因设备故障不能当场复原的，应及时通知维修组进行检查修复。

• 指挥组

由建筑负责人担任灭火救人工作总指挥，保证通信畅通。

组织火情侦察、掌握火势发展情况，确定火场的主要方向，及时召集力量。

向各组明确布置任务，检查执行情况。

公安消防队到达现场时，及时向公安消防队报告火情，并将指挥权及时移交给公安消防队领导，服从统一指挥，按照统一部署带领员工执行。

• 灭火组

由义务消防队员担任。

接到火警、火灾扑救的命令，带上灭火器材和救生、破门工具，第一时间赶到现场，按照现场指挥人员的统一安排，从疏散楼梯快速上到着火层和相邻的上下层，迅速展开水带，接上水枪和消火栓，先打开消火栓，再打破消火栓按钮，启动水泵，开始灭火和控制火势蔓延。

若有人被困火中，首先以救人为第一目的。

在不明火势大小的情况下，采取谨慎的态度和安全的操作方法。

若有爆炸危险源，应及时清理，消除危险源。

• 警戒组

由义务消防队员担任或由公安机关指派，负责发生火警、火灾的建筑或多层外围的警戒。

第一时间清除进入建筑消防通道的路桩阻挡，保持消防通道的畅通，引导消防车行进。

阻止围观的群众靠近着火的建筑物周围，防止灭火和救人时须打烂的玻璃从高空掉落下来，造成不必要的伤害。

• 设备组

由设备维修人员担任，按照各自的分工，各就各位。

负责供电设备安全的维修工第一时间切断着火楼层的电源，必要时切断整个大楼的非消防电，并确保消防应急用电。

负责水泵运行的维修工到水泵房观察消防水泵的运行状况，必要时，强启消防泵。

在消防中心应留一名维修工，随时根据消防中心监视信号，应急处理不能运行的消防设备，通知关闭相应楼层总电源和大厦空调通风系统，并保障消防设备正常工作。

负责消防电梯的维修工应立即赶至消防监控中心操作或直接打破消防电梯的消防开关玻璃，将消防开关合上，迫降消防电梯，使之处于消防功能服务状态，供消防人员使用；待乘客已安全撤离电梯后立即切断除消防电梯外的其他电梯的所有电源。

• 疏散和救护组

接到火情通报，立即到现场，保证疏散通道及安全出口畅通。

人员的疏散以就近的安全门、疏散楼梯为主，也可根据火场实际情况，灵活机动引导客人疏散，疏散应由管理员组织落实，并在疏散路线上设立岗位，引导和护送客人有秩序地尽快离开。

若是办公类建筑，人员对建筑较为熟悉，可以自行疏散；若是酒店、展览等建筑，建筑内人员对环境不熟悉，此时建筑工作人员有义务指挥和引导客人的疏散。

疏散秩序：先疏散着火层、后疏散着火层以上的楼层，再疏散着火层以下楼层，行动不便和老弱人士由工作人员护送从消防梯疏散。

对受伤的人员进行简单包扎和处理；对重伤者，联系"120"急救中心并护送到医院进行抢救。

c. 善后处置

当遇险人员全部得救，火灾现场得以控制，现场复燃、复爆隐患消除后，经应急指挥部确认，总指挥批准，现场应急行动结束。

应急结束后，由财务中心人员介入与事故调查人员核定事故损失，做好向保险公司的索赔工作。

事故发生后，可依据公司《事故管理办法》的要求，进行事故调查处理。调查结果应及时向有关部门汇报。

事故处置工作结束后，应急指挥部分析总结应急救援经验教训，提出改进应急工作的建议，完成应急总结报告。

d. 组织机构与联系电话（表 7.1、表 7.2）

表 7.1　　　　　　　　　　　　消防应急预案的组织机构表

领　导　小　组	组　　长	副　组　长	成　　员
指挥组			
消防控制室组			
巡楼组			
灭火行动组			
疏散引导组			
安全救护组			
设备组			
火灾现场警戒组			
通信、车辆联络组			
其他			

表 7.2　　　　　　　　　　　　消防应急预案各部门联系电话表

领　导　小　组	电　　话	
	座　机	手　机
指挥组		
消防控制室组		
巡楼组		
灭火行动组		
疏散引导组		
安全救护组		
设备组		
火灾现场警戒组		
通信、车辆联络组		

e. 附图

结合具体项目工程，提供消防应急救援所需的路线及设备布置示意图，包括但不限于以下内容：

• 建筑总平面图。

• 建筑各层平面图的疏散路径图，包括疏散通道、疏散楼梯、消防电梯、安全出口、避难区域等位置，除此之外，还应标出重点部位。

• 建筑室内外消火栓及消防水源布置图。

• 消防灭火扑救的进攻与撤退路线图。

• 建筑内人员分布图。

- 建筑内其他消防设施布置图。

2. 应急疏散预案演练

（1）演练目的：

1）检验各级消防安全责任人、各职能组和有关人员对灭火和应急疏散预案内容、职责的熟悉程度。

2）检验人员安全疏散、初期火灾扑救、消防设施使用等情况。

3）检验本单位在紧急情况下的组织、指挥、通信、救护等方面的能力。

4）检验灭火应急疏散预案的实用性和可操作性。

（2）演练要求：

1）旅馆、商店、公共娱乐场所应至少每半年组织一次消防演练，其他场所应至少每年组织一次。

2）宜选择人员集中、火灾危险性较大和重点部位作为消防演练的目标，根据实际情况，确定火灾模拟形式。

3）消防演练方案可以报告当地公安消防机构，争取其业务指导。

4）消防演练前，应通知场所内的从业人员、顾客或使用人员积极参与；消防演练时，应在建筑入口等显著位置设置"正在消防演练"的标志牌，进行公告。

5）消防演练应按照灭火和应急疏散预案实施。

6）模拟火灾演练中应落实火源及烟气的控制措施，防止造成人员伤害。

7）地铁、高度超过 100m 的多功能建筑等，应适时与当地公安消防队组织联合消防演练。

8）演练结束后，应将消防设施恢复到正常运行状态，做好记录，并及时进行总结。

7.2　BIM 技术及应用

7.2.1　建筑消防信息管理系统的概述

随着城市化进程的加快，现在建筑的设计越来越趋于大空间化，且建筑结构复杂、人员密集，一旦发生火灾，往往会造成重大人员伤亡和财产损失。建立符合现代建筑发展特点的消防信息管理系统，加强火灾救援能力，不仅是顺应消防现代化、信息化、智能化的发展趋势，也是社会迫切需要解决的实际问题。

根据《消防控制室通用技术要求》（GB 25506—2010），消防控制室由火灾报警控制器、消防联动控制器、图形显示装置组成；控制室能监控并显示消防设施运行状态，显示消防安全管理信息；控制室能存储建筑布置图、建筑平面图、应急预案等；消防设备管理要在同一界面显示消防车道、水源位置、相邻建筑的防火间距、建筑面积、高度、性质等信息；有设备报警时，需在布局图中显示输入信号的位置和设备状态。

目前，我国消防信息管理系统建设还处于发展建设阶段，从目前实际应用层面来看，存在如下的不足：

（1）目前较为先进的消防管理系统都以二维平面图显示，对于复杂的大型公共建筑仅参考平面布置图，紧急情况下消防救援人员难以准确了解掌握建筑本身，建筑内部人员也因二维平面图的不直观和难理解而耽误逃生时间。

（2）消防设备的编码信息、位置信息、状态信息和产品信息管理比较分散，不能实现集中查阅、集中处理的功能，因此会降低消防管理效率。

（3）现有系统不具备仿真模拟和后台计算能力，无法为制定消防预案提供决策依据；无法根据火灾发展情况，优化原有逃生路径。

（4）由于社会因素，消防工作人员流动性比较大，而消防管理区域信息量庞大复杂，因此造成人员培训周期长、成本高等问题。

建筑消防信息管理系统，可为消防管理和指挥提供技术支持与决策依据。系统应包含以下信息：建筑物的总平面图、消防设施平面布置图、系统图及安全出口布置图等建筑结构信息；消防设施名称、类型、位置、数量、运行状态等消防设备信息；消防应急灭火预案、应急疏散预案等消防预案信息；建筑着火点位置、到达路径、消防车道、消防水源位置、救援人员位置等消防救援信息。结合建筑信息建模（BIM）和物联网技术，是建筑消防信息管理系统发展的趋势。

建筑消防信息管理系统不仅应具有现行相关规范规定的相应功能，还应适应新时代、新建筑、新功能的需求。BIM 技术和物联网技术的应用，使其具有操作性、可靠性强；快速性、准确性好；可视化、信息化、智能化程度高的优势和特点，有效帮助救援人员和决策者制定科学的火灾应对措施，达到最大限度降低人员伤亡和财产损失的目的。

建筑消防信息管理系统的框架结构如图 7.5 所示。

系统基于 BIM 技术搭建建筑空间信息管理平台，各种统计、分析和模拟功能均展现在其上。系统由可视界面、建筑信息管理、路径规划、火灾报警联动、火灾危险分析、消防救援指挥六大模块组成。三维界面模块基于 BIM 可视化协同技术，通过二维、三维相结合的手段，准确直观地显示使用者要查看的各类建筑结构和设备位置信息；建筑信息管理模块拥有建筑内所有设备和人员的各类信息，可分级、分类统计与显示；路径规划模块可生成疏散路径和消防员救援路径，为制定消防应急预案和指挥员现

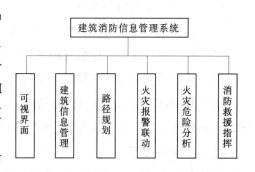

图 7.5　建筑消防管理指挥系统整体框架

场救援指挥提供信息和支持；火灾自动报警模块由火灾探测报警系统和联动控制系统构成，起到探测火情、控制消防设备等功能，是系统的重要组成部分；火灾危险分析模块利用 BIM 数据，结合多种火灾模型算法，对各区域进行火灾危险性评价，消防管理人员根据评价结果制定消防预案；消防救援指挥模块可让消防救援人员在以 BIM 和物联网技术构成的协同平台上进行消防救援指挥，平台

为其提供一系列所需信息,如实时更新的火场情况、消防员位置等,并可对预案路线进行优化,有效提高救援效率。

新型的建筑消防管理平台结合 BIM 和物联网技术,可利用完备的建筑和设备信息完成建筑内部火灾危险度的评估,实现消防设备管理、预案优化、消防设备联动、救援指挥及人员疏散和消防虚拟演习五大功能,从而大大提高建筑消防管理和救援能力。

7.2.2　BIM 技术简介

上一节提到 BIM 技术,那么 BIM 到底是一门什么技术呢?

BIM 是英文 Building Information Modeling 的缩写,中文最常见的叫法是"建筑信息建模",但是这种叫法并不能完整而准确地描述 BIM 的内涵。美国国家 BIM 标准对 BIM 的定义比较完整:"BIM 是一个设施(建设项目)物理和功能特性的数字表达;BIM 是一个共享的知识资源,是一个分享有关这个设施信息,为该设施从概念到拆除的全生命周期中的所有决策提供可靠依据的过程;在项目的不同阶段,不同利益相关方面通过在 BIM 中插入、提取、更新和修改信息,以支持和反映其在各自职责的协同作业。"

BIM 技术的出现带来了建筑工程设计的二次变革,其变化主要体现在以下几个方面:从二维(以下简称 2D)设计转向三维(以下简称 3D)设计;从线条绘图转向构件布置;从单纯几何表现转向全信息模型集成;从各工种单独完成项目转向各工种协同完成项目;从离散的分步设计转向基于同一模型的全过程整体设计;从单一设计交付转向建筑全生命周期支持。可以说 BIM 技术带来的不仅是激动人心的技术冲击,也是新的模式和行业惯例。

美国国家 BIM 标准也由此提出 BIM 和 BIM 交互的需求都应该基于:

(1)一个共享的数字表达。

(2)包含的信息具有协调性、一致性和可计算性,是可以由计算机自动处理的结构化信息。

(3)基于开放标准的信息互用。

(4)能以合同语言定义信息互用的需求。

这正是 BIM 技术具备的优势:在一个项目实体中通过协同设计、参与实现项目的数字化表达,同时项目的实体和功能信息在平台中进行整合、协调、调用以及修改、交互等,最终以客户需要的形式进行输出和应用。

建模是 BIM 技术的基础,模型中包括的信息是 BIM 的核心,BIM 是一个富含项目信息的 3D 或多维建筑模型。在项目的全寿命周期内使用 BIM 被认为是解决目前建筑业信息交互效率低下的有效途径。

随着建筑业的快速发展,BIM 技术在该领域的应用也更为广泛和深入,从规划、设计、施工到运营,从业主、设计院、施工队到设备供应商,从 3D 展示、协调综合、4D/5D 模拟到打通整个产业链,BIM 技术无处不在,无处不体现其强大的市场潜力。

7.2.3 建筑消防信息管理系统的设备管理技术

消防信息管理系统的设备管理功能利用 BIM 参数化设计时的信息，建立建筑信息和设备信息数据库。该数据库包含建筑的结构、面积和功能信息，设备的位置、功能、状态和维护信息。所有信息均采用 IFC 标准的数据模型，有效避免因各类数据没有统一的存储格式，接口互不兼容，导致数据传输不畅、信息查阅不便等问题。

系统可快速准确地查阅建筑内各型消防设备。BIM 模型中的设备规格尺寸与实际设备保持一致，在系统界面输入设备编码、名称、位置等任一条索引信息，系统可快速完成检索、定位，或通过三维漫游直接在可视化界面中点击设备，三维地图界面可显示设备准确位置和周边环境情况以及设备的相关信息，如设备功能、所在位置、供应商、使用期限、联系电话、维护情况、责任人等。

系统具有维护提示和设备远程检查的功能。BIM 可以对设备进行全生命周期管理，如对使用寿命即将到期或需维护保养的设备及时预警和更换配件，防止相关安全事故的发生。日常在设备检查中，管理人员只需手持无线终端设备，对预装有芯片的器材进行扫描和数据采集，所有数据会自动传输到系统中，系统对采集的各种数据进行自动分析后，将对每个区域的总体消防巡查情况做出系统性报告，并且可以和以往巡查的数据进行分析比较，提供给消防部门作为参照，实现远程消防监督检查。

7.2.4 建筑消防信息管理系统的预案优化技术

消防信息管理系统可协助制定应急预案。根据消防应急预案的功能要求和预案制定、预案应用过程中需要考虑的各项因素，强调突出针对性和可操作性。编制步骤如图 7.6 所示，分为建立基础信息库、火灾危险性分析、消防应急预案生成三大步骤。

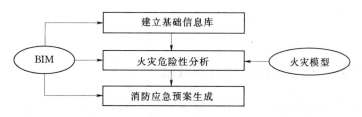

图 7.6 应急救援预案编制步骤

第一步，建立基础信息库。基础信息为大型公共建筑的消防安全和灭火救援的信息数据，主要包括建筑地理位置，周边建筑和街道情况；建筑平面图、建筑面积、高度和耐火等级；建筑人员疏散通道和安全出口的设置位置、数量、形式；建筑内外消防水源、消防车道等。BIM 技术和物联网技术的应用，可为预案编制提供详尽的基础信息。智能消防管理指挥系统可从总体概况、功能分区、内部消防设施、建筑特性等方面分析建筑的消防性能，从而为编制消防救援预案提供客观、详细的基础资料。

第二步，火灾危险性分析。危险性分析包括火灾规模、烟气运动模拟、人员疏散过程模拟。利用火灾动力学模型，结合建筑的基础信息和环境条件，对火灾的发展过程、影响区域、火灾中人员的安全疏散等进行数值模拟和预测，分析火灾可能造成的危害和影响，给出危险性分析结果，为平时预案演练和战时制定应急决策和应急救援方案提供依据。分析所需的建筑结构、布局、面积和高度，建筑内可燃物分布、疏散通道及出口等信息都能从 BIM 信息中获取，BIM 所提供的各类参数信息，全部从参数化设计中提取，是指导施工、进行概预算的信息，可保证其极高的准确性。

在建筑的整个生命周期内，我们无法保证其结构、功能保持不变，内部不再进行装修等情况的发生。BIM 是贯穿建筑全生命周期的技术，建筑内部结构、功能的变更或者二次装修后建筑材料的变化，都可通过 BIM 技术统计、储存并表达。由此可快速准确地统计变更区域的各类火灾因子，实现对建筑火灾危险性跟踪分析，提高火灾危险性分析的准确性与科学性。

第三步，消防应急预案生成。消防应急预案根据基础信息和火灾危险性分析结果，利用 BIM 空间数据信息、显示表达和输出功能为载体，为消防救援提供辅助决策信息。智能消防管理指挥系统可生成人员疏散路线，并通过可视化方式模拟显示。系统结合建筑基础信息和建筑内各区域火灾危险性分析结果，为每个区域规划人员疏散路线。BIM 可提供建筑物的面积信息，出入口及安全通道位置信息和距离信息等。通过后台计算，系统可向决策人员提供建筑内各个区域的最佳疏散路径，用类似于导航系统的表现方式在 3D 地图上显示路径，并可根据人流量情况，计算各区域疏散所需时间。一般情况下，系统会为各区域规划 2～3 条疏散路线，管理人员可由此为基础，制定应急疏散预案。

系统生成的预案可在 3D 界面上进行模拟。BIM 能提供完整的建筑、结构和设备信息，因此可对建筑内多数紧急情况进行仿真模拟。例如，可假设建筑内发生火灾，向系统输入发生火灾的位置、规模等条件，用四维（以下简称 4D）（3D 界面＋时间轴）方式模拟火灾，从报警确认、设备联动、组织人员疏散到消防队进场、火灾被扑灭的全过程。通过 4D 仿真，一方面能提高消防管理人员的基本技能，使其熟练掌握工作流程，缩短人员培训时间；另一方面，可检验应急预案的效果，提高消防管理水平。

7.2.5　建筑消防信息管理系统的消防设备联动

大型公共建筑消防设备大致包括：室内消火栓系统、自动喷水灭火系统、电动防火门、防火卷帘门等防火分割设备，通风、空调、防排烟设备，电梯、断电控制装置，火灾事故广播系统，消防通信系统，声光报警系统等，消防联动控制系统由上述设备的控制装置组成。

一处火灾报警，整层或整栋建筑进入消防状态，这是目前多数大型公共建筑采用的消防设备联动控制方式，这种控制方式存在诸多缺陷和安全隐患，有悖于设计初衷。例如，排烟系统联动时，排烟口的开启应限制在报火警的防烟分区和临近分区内，倘若任意扩大排烟范围，反而会造成烟气扩散，甚至可能因引来烟气的高温使非着火部位自动喷水喷头破裂而无功乱喷，影响灭火效果。对大型公共建筑内的电梯、非消防电源和消防广播等设施，应视火灾发生位置、规模和发展状况控制，不能一遇初期火灾或报警时，就立即自动将电梯降落首层和自动切除非消防电源或非消防电梯电源。上述两种情况会带来整个建筑的秩序混乱，严重影响火灾救援和人员疏散效率，危及人员生命安全。

消防管理系统可有效解决当前消防设备分区控制缺乏依据的问题，实现消防设备分区域联动控制。系统能准确定位火灾发生位置，判断火灾发展趋势，监测烟气蔓延方向；系统具有完整的建筑信息和设备信息，可定位报警设备、监视设备运行状态、远程控制设备，对重点设备可进行单独控制。

消防管理系统可以区域为单位控制消防设备。大型公共建筑多采用性能化防火设计与传统防火分区设计相结合的方法，所以这里的区域对采用传统设计方法的来说，是指一个防火分区；对采用性能化防火设计方法的来说，是指以火灾荷载为依据的，一个防火分区内划分出的若干个小区域。当火灾处于阴燃阶段时将产生大量烟雾，应采取抑制火灾发展，减少烟对人员造成危害的措施。因此，当任一个探测器发生报警时，应停止本区域和临近区域的新风机组或空调机组及其他非消防防风机，关闭空调通风系统的防火阀，防止空调系统的助燃作用和烟囱效应，根据火灾发展情况，逐步扩大联动范围。正常照明和非消防电梯，也遵循此程序，在火灾初期只切断报警区域和相邻区域的正常照明和非消防电梯电源，其他区域维持正常状态，以提高疏散效率；系统实时监控火灾发展情况，及时切断火灾蔓延区域的非消防电源。

消防信息管理系统的设备联动功能，可分区域、分阶段的对消防设备进行联动控制，尽可能降低人员恐慌程度，提高疏散效率，避免疏散时致拥挤踩踏等次生灾害的发生，最大程度减少人员伤亡和财产损失。

7.2.6 建筑消防信息管理系统的救援指挥与人员疏散

消防信息管理系统，应用 BIM 技术、物联网技术、计算机技术、决策科学及其相关理论与方法，为指挥员提供各种信息，辅助指挥员对火灾行为进行快速的估计和判断，在极短时间内制定出灭火方案。依据系统提供的信息和指挥人员的综合判断，以最小的投入、最快的速度、最有效的手段控制火灾的蔓延，以减少人员伤亡和财产损失。

消防信息管理指挥系统信息共享功能服务于管理人员和消防指挥人员，可显著提高建筑火灾确认速度，提升消防部队接警速度，提高火灾救援效率。

系统的优势在于消防信息没有任何盲区。在大型公共建筑中，从 2D 图纸中获得建筑结构和设备空间关系等信息，需要专业的透视思维能力和很强的空间分析能力，即使是专业的设计师也很难做到拿到一张图纸就对设计内容"一目了然"，阻碍了管理人员及时到达报警点确认火灾。建筑内任何一个设备报警，报警信号第一时间传送到系统，系统界面使用 2D 和 3D 协同方式显示报警点的位置，用 3D 界面显示设备的具体安装位置；建筑内每位工作人员携带含有电子射频标签的手持移动设备，平台可根据标签提供的位置细信息，找到离报警点最近的工作人员，并生成最优化的到达路线，工作人员可由手持移动设备接收指令和路线信息，快速准确地到达报警设备所在位置，通过手持设备与控制中心保持联系，确认火灾。

消防信息管理指挥系统可提高消防部队快速反应能力和火灾救援效率。缩短火灾发生到接警的时间是扑灭大型公共建筑初起火灾和防止小火酿成大灾的关键。系统通过公共通信网和专用通信网络快速、准确地将火警信息在最快的时间内传送至消防部门的指挥中心，这些信息包括报警单位的位置、结构、功能；报警时间、到达报警单位最佳路线，周边交通情况；报警点在建筑内的具体位置、报警类型等。消防指挥中心通过对报警信息的分析判断，能得出可能发生的火灾走势、大小，这样大大缩短火灾发生后报警的时间，达到早期发现火警、及时报警、快速扑灭火灾的目的，显著提高消防部队快速反应能力，提高扑灭火灾的成功率。

如有消防指挥车到达现场，建筑内平台可通过专用数据通道，与指挥车进行实时信息共享，传输建筑内部结构信息，进入火场的路线信息，这些信息均可由 3D 视图方式显示，达到火场内外信息协同共享，为制定救援策略提供参考。

7.2.7　建筑消防信息管理系统的消防虚拟演习

该功能基于 BIM 系统化信息化协作功能实现。BIM 拥有完整的建筑和设备信息，因此可假设建筑内发生火灾的位置、规模等条件，模拟火灾时设备运行状况、火灾发展态势和人员疏散情况，进行虚拟消防演习；通过虚拟演习，可查找消防管理漏洞和设备运行缺陷，并辅助决策消防预案的制定。

7.3　虚拟现实技术及应用

7.3.1　虚拟现实技术概述

1. 定义

随着科学技术的飞速发展，人类进入了以计算机和网络技术为核心的信息时代。经过 60 年的发展，计算机技术已被广泛应用于制造业、商业、军事及生活的各个领域，同时，网络技术也迅猛发展，成为人们生活、工作及沟通不可或缺的因素。在这种背景下，虚拟现实技术应运而生。

虚拟现实（Virtual Reality，VR），是利用人工智能、计算机图形学、人机接口、多媒体等技术，使人能感受到特定环境对自我的作用并可与虚拟环境进行视、听、动等动作交互的高级人机交互技术。它于 1989 年诞生在美国，集计算机技术、传感与测量技术、仿真技术、微电子技术于一体，能使人感受到在客观物理世界中所经历的"身临其境"的感觉，甚至能够突破空间、时间以及客观条件的限制，感受到真实世界中无法亲身经历的体验。

其实质是用计算机构建一个虚拟世界并建立一个平台，人们能够通过平台与计算机虚拟世界进行自由交流。在这个世界中，参与者可利用三维鼠标、传感手套、立体眼镜等一系列传感辅助设施（图 7.7～图 7.9），实时地探索或移动其中的对象，在这个过程中，人们是以自然的方式（如头的转动、身体的运动等）向计算机传送各种动作信息的，并且通过视觉、听觉和触觉得到虚拟环境反馈回来的信息。

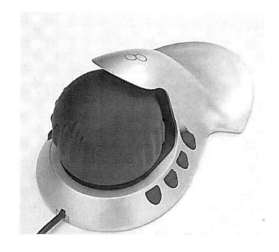

图 7.7　3D 鼠标

图 7.8　传感手套

图 7.9　立体眼镜

2. 特征

虚拟现实技术有 3 个基本特征：沉浸感、交互性、构想，如图 7.10 所示。

（1）沉浸感（Immersion）（图 7.11）。必须存在一个由计算机生成的虚拟环境，使用户暂时脱离现实世界，产生一种现场感。因此，虚拟现实系统超越了传统的计算机接口技术，使得用户和计算机的交互方式更加自然，如同现实中人与环境的交互一样，可以完全沉浸

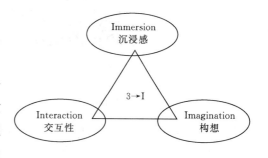

图 7.10　虚拟现实技术的特征

在计算机所创建的虚拟环境中。

图 7.11 沉浸感

（2）交互性（Interaction）（图 7.12）。用户必须能与由计算机生成的虚拟环境进行互动，产生一种参与感。虚拟现实系统超越了传统意义上的 3D 动画，它使得用户不再是被动地接受计算机所给予的信息或者是旁观者，而使用户能够使用交互输入设备（传感器、语音设备等）来操控虚拟物体，改变虚拟世界。

图 7.12 交互性

（3）构想（Imagination）（图 7.13）。用户利用虚拟现实系统可以从定性和定量综合集成的环境中得到感性和理性的认识，从而深化概念和萌发新意。

3. 分类

（1）桌面虚拟现实（图 7.14）。桌面虚拟现实利用个人计算机和低级工作站进行仿真，将计算机

图 7.13 构想

的屏幕作为用户观察虚拟境界的一个窗口。通过各种输入设备实现与虚拟现实世界的充分交互，这些外部设备包括鼠标、追踪球、力矩球等。它要求参与者使用输入设备，通过计算机屏幕观察 360°范围内的虚拟境界，并操纵其中的物体，但这时参与者缺少完全的沉浸，因为它仍然会受到周围现实环境的干扰。桌面虚拟现实最大的特点是缺乏真实的现实体验，但是其成本也相对较低，因而，应用比较广泛。常见的桌面虚拟现实技术有：基于静态图像的虚拟现实 QuickTime VR、虚拟现实造型语言 VRML、桌面 3D 虚拟现实、MUD 等。

图 7.14 桌面虚拟现实技术

（2）沉浸的虚拟现实（图 7.15）。高级虚拟现实系统提供完全沉浸的体验，使用户有一种置身于虚拟境界之中的感觉。它利用头盔式显示器或其他设备，把参与者的视觉、听觉和其他感觉封闭起来，并提供一个新的、虚拟的感觉空间，利用位置跟踪器、数据手套、其他手控输入设备、声音等设备使得参与者产生一种身临其境、全心投入和沉浸其中的感觉。常见的沉浸式系统有：基于头盔式显示器的系统、投影式虚拟现实系统、远程存在系统等。

图 7.15　沉浸的虚拟现实

（3）增强现实性的虚拟现实（图 7.16）。增强现实性的虚拟现实不仅是利用虚拟现实技术来模拟现实世界、仿真现实世界，而且要利用它来增强参与者对真实环境的感受，也就是体验现实中无法感知或不方便感知的感受。典型的实例是战机飞行员的平视显示器，它可以将仪表读数和武器瞄准数据投射到飞行员面前的穿透式屏幕上，使飞行员不必低头读座舱中仪表的数据，集中精力盯住敌人的飞机或纠正导航偏差。

图 7.16　增强现实性的虚拟现实

（4）分布式虚拟现实（图 7.17）。如果多个用户通过计算机网络连接在一起，同时进入一个虚拟

图 7.17 分布式虚拟现实

空间，共同体验虚拟经历，那么虚拟现实则提升到了一个更高的境界，这就是分布式虚拟现实系统。在分布式虚拟现实系统中，多个用户可通过网络对同一虚拟世界进行观察和操作，以达到协同工作的目的。目前最典型的分布式虚拟现实系统是 SIMNET，SIMNET 由坦克仿真器通过网络连接而成，用于部队的联合训练。通过 SIMNET，位于德国的仿真器可以和位于美国的仿真器一起运行在同一个虚拟世界，参与同一场作战演习。

4. 应用

虚拟现实技术已经在军事、航空航天、城市规划、旅游、产品开发、建筑房地产等领域得到了广泛的应用。

（1）灾害救援训练（图 7.18）。自然灾害具有动态性和随机性，灾害救援的实践训练因其客观条

图 7.18 灾害救援训练

件的限制难以实现。但在虚拟现实系统的训练课程里，训练者可以经历各种不同类型、不同程度的自然灾害。

（2）反恐和防暴训练（图 7.19）。这类事件具有多样性和突发性强的特点，可利用虚拟仿真系统里海量的国际通用案例进行相关训练。

图 7.19　反恐和防暴训练

（3）突发事故应急演练（图 7.20）。可利用虚拟现实技术进行个人和相关人员的仿真训练，根据用户量身定制环境，使训练者能够在事故发生后，迅速抓住重点，解决问题。

图 7.20　突发事故应急演练

（4）工业事故处理演练（图 7.21）。可应用虚拟现实系统进行工业事故处理演练，提高事故处理效率。

图 7.21 工业事故处理演练

7.3.2 虚拟现实技术在消防工作中的应用

近年来，火灾科学与虚拟现实技术的结合与应用也逐步成熟。采用虚拟现实技术可以实现对火灾研究数据的直观体现和火灾场景的逼真再现，使人们无需完全依靠真实世界的直接试验，而是通过虚拟世界中的试验和感受，来扩大和深化对火灾的认识。

2007 年 3 月 13 日，公安部印发的《公安消防科学技术"十一五"发展规划》将建筑火灾虚拟现实技术应用研究纳入了 13 个重点课题之一，表明虚拟现实技术在消防领域的应用已经得到了高度重视，并在如下方面发挥了作用。

1. 协助制定消防预案

虚拟现实中的物理模型可以帮助消防部门了解建筑物的位置、内部结构、使用性质、人员、疏散出口和消防设施等情况，研究可能的起火情形，制订合理的消防预案，提高现场作战指挥的效率和能力。

传统的消防预案主要通过文字与 2D 平面图描述建筑物的相关信息和作战部署，对于一些内部结构比较复杂的建筑，难以充分和直观地表现内外部的空间结构特点，也难以描述火势和烟雾在建筑内部的发展和蔓延过程。另外，传统的消防预案还缺乏足够的分析功能，例如难以对火势、烟雾的发展和蔓延进行即时分析和预测，难以对消防设备的使用情况进行即时查询、统计和优化，难以评估建筑内部火和烟雾的蔓延对人员疏散的影响等。为了使消防战士熟悉灭火作战方案和消防设备的操控，保证火灾发生时灭火作战方案能够得到顺利实施，需要举行消防作战演习。类似的，为了保证火灾中人员能够及时安全疏散，以及检查疏散过程中可能出现的问题（例如建筑内部空间过于复杂，疏散标志不够明显等），还需要举行紧急疏散演习。然而，灭火作战演习和紧急疏散演习都存在成本高昂、可重复性差的问题，而且，若在演习中添加火焰和烟雾的效果，考虑火和烟雾对灭火作战和紧急疏散的影响，则在一定程度上可能造成事故，具有一定的危险性。虚拟现实技术为解决上述问题提供了新途径，带来了消防领域工作方式和观念的变革。

利用虚拟现实技术可以模拟发生过的各种灭火战例，根据灭火人员提供的资料，总结灭火经验，形成灭火救援知识库，既有利于消防人员的培训，也为消防指挥决策提供帮助。同时，虚拟现实技术可以为灭火救援预案的演练及评价提供直观的表现手段，针对某建筑制作数字化灭火救援预案，消防人员在虚拟的环境中进行预案的演练工作。这种演练模式，既减少了对环境的污染和对正常社会秩序的影响，又具备较强的可重复性，可以重复设定多种火灾场景，整个系统只是软硬件的一次性投资，应用过程中基本上不存在资源消耗，节约了资金，如图 7.22 所示。

图 7.22　协助制定消防预案

2. 培训消防队伍

（1）传统消防训练方法存在的主要问题。为提高灾害现场消防指战员的适应性和战斗力，消防部队采取多种训练形式，如建设大型模拟训练基地和烟热训练室、体能训练室、毒害品训练室等，以进行专项和综合训练，并可针对特定建筑物开展模拟火灾演练。尽管上述训练模式强调从实战的需要设置训练内容，但是对于作战人员来说，所有的训练内容都按预先设置好的战术程序进行，心理上没有压力和阻碍，很难突破从操场到火场作战存在的实质差距，体现了传统消防训练方法的弊端：

1）由于条件限制，消防人员培训的内容专业化程度很难深入，针对特殊对象的战术训练较少。如对高层火灾扑救战术，传统的训练方法很难针对建筑火灾特点以及建筑火灾的发展规律，寻找火灾的最危险点和最脆弱点，从而很难制定针对性强的作战方案并开展相应的训练；在石油化工厂事故、煤矿事故等不同环境条件下的特殊灾害事故训练方面，很难模拟真实的火灾和爆炸事故场景，也很难针对灾害的特殊性进行专门研究并制定一套系统的演练方案。

2）在心理素质训练方面，传统的基础训练注重体能、理论训练，而消防人员在特殊环境下心理承受能力的训练（如在高温、浓烟的环境下，在高空负荷下等特殊条件下的作战训练等），则主要是利用模拟训练设施来进行，且是一种行之有效的方法，但是其投资规模大，且火灾、爆炸等灾害的模拟重复性差。

3）在消防指挥员的指挥决策训练方面，可以利用消防指挥系统进行针对性的训练和学习，但是现有的系统主要是2D平面系统，2D系统的可视性和真实感较差，受训指挥员很难针对立体空间的特点制定相应的战术方案。

（2）利用虚拟现实技术进行消防训练的优势。虚拟现实技术使得传统的以体能、技能和程序化模式相结合的训练方式得到转变，并可突破时间、空间的限制，得到传统训练条件无法实现的训练体验，弥补了上述传统方式的缺陷。利用虚拟现实技术进行专题模拟和特殊灾害模拟，具有逼真、安全、成本低廉、易于重复等优点，解决了当前训练中普遍存在的真实性差、训练费用高以及非专业化等问题。虚拟现实技术使过去的监控系统2D界面转变为3D界面，可以逼真地显示建筑物的外形，消防指挥员可以根据建筑物的分布情况及时作出营救计划，尽量减少人员和财产损失。虚拟现实技术还可以构建"虚拟火场"，让指挥员和战斗员有直接进入火灾或事故现场的感觉，能够在近似实战的条件下运用装备去完成各种灭火技术和战术训练，提高作战能力，同时能训练消防人员的心理承受能力。其优势主要体现在如下几个方面：

1）虚拟现实技术提供一种体能、技能、智能和亲身体会实战相结合的仿真训练，参战人员会有一种身临其境的感觉，能够感受到火焰喷向自己，周围建筑摇摇欲坠，听到被困人群高声呼救，一切都在近似实战条件下进行。

2）虚拟现实技术可以辅助各种作战任务的展开，通过场景模拟技术，动态实时的立体听觉生成技术，3D定位、方向、触觉反馈传感技术等。利用计算机对火场的各种参数进行合成处理，按照灭火预案基本的组织指挥程序，把任务以数字的方式反映到人的大脑中，按照各自的分工和职能展开灭火作战。

3）虚拟现实技术可以完成对指战员火场作战的体能、智能、技能以及心理素质测试。训练过程中，消防官兵要凭借自己的思维和判断，利用自己体能、技能、智能去排除虚拟环境下的一切障碍，最大限度地开展施救，把火灾危害减到最低程度。

4）虚拟现实与传统消防训练相结合，将大大提高训练的效果。可以设定训练的强度，增加训练难度，限定时间完成某一特定任务，并可以进行一些不能正常开展的剧毒性、危险性科目的训练。积累指战员应对各种火灾的和意外情况的经验，增强其应变能力。

5）另外，利用虚拟现实技术还可以建立消防器材使用教学模拟模块。将消防器材的用途、型号、性能及组成、使用方法、维护方法等基本信息进行数字化采集和存储，建立多维的数据信息，对器材的构造及主要部件可进行拆分讲解及3D视力显示，对消防器材的工作原理和使用方法提供多媒体的教学手段，提供交互式的器材装备辅助训练科目，并可对使用者的操作步骤进行评判。在以上功能的基础上，以特定场景的使用需求或特种消防车型为单位综合演示多器材组合使用方法、装卸方法等，如图7.23所示。

图 7.23　培训消防队伍

(3) 国外消防模拟训练技术研究进展。

英国、美国等发达国家较早将虚拟现实技术应用于消防训练系统的开发，并已将训练系统应用于实际训练，取得了良好的效果。

1) 火灾疏散模拟仿真系统。1993 年英国 Colv Virtual Reality 公司开发了被称为 Vegas 的火灾疏散演示模拟仿真系统。该系统是基于 Dimension Intemational 的 Supers Cape 虚拟现实系统环境开发，以 3D 动画的形式演示火灾发生时人员的疏散情况，使用户具有沉浸感，让用户能够亲身体验火灾发生时的感觉。同时，通过普通用户的参与，可培养人们在火灾发生时良好的逃生自救意识，迅速离开火场或采取报警、营救等措施。应用该系统对地铁、港口等典型建筑物发生火灾时的人员疏散情况进行了模拟仿真验证，取得了良好的效果。

2) 心理训练系统。20 世纪 90 年代初，美国 Alabama 大学的学者用虚拟现实程序训练消防队员，使其通过不熟悉的建筑物找到营救路线，并与用蓝图训练的效果作了比较。Naval Research Laboratory 的研究人员为了训练消防队员的规范操作、反应速度、消除恐惧感而专门设计了虚拟训练系统。在一个模拟的火灾现场，研究者对参加了培训和未参加培训的人员进行了比较，发现参训人员总体的反应速度快，且出现错误操作的概率低很多。

3) 军队消防训练模型。马里兰佛格斯联合公司（消防科学与工程公司）成功地为美国空军和海军开发了计算机化的消防训练模型，与训练飞行员的专门模拟系统相类似。据介绍，消防训练模拟系统采用实时行动序列、屏幕展示和声音等多媒体手段，通过图形方式对学生提出的问题做出详细回答和快速反应。在训练过程中，如果错过某个重要细节，还可以重新得到正确的信息。此外，设计人员还可以重现其中的某个部分。

4）美国新型消防模拟训练系统。美国汉普郡"科尔特"虚拟现实公司研制出的新型消防系统能够提供十余种不同情况的训练方案，可以用来对每个消防队员进行综合训练。该系统可以模拟火灾现场的实际情况，如滚滚浓烟、奔跑的人群以及其他细节，能够给演习者提供逼真的三维场景。另外，受训者根据模拟的火灾灾情做出某种决定后，该系统能马上自动展现这一决定带来的后果，如果演习者决策严重失误，那么模拟的大楼会在火光中"爆炸"。

美国的米克斯公司开发了基于游戏的安防训练系统（Game－based Training Technology，GBTT），并利用分布式虚拟现实技术开发了消防员模拟演练软件，可以实现不同地域的多个用户同时进入虚拟环境，并与系统进行交互，相互配合进行火灾扑救、疏散被困人员等工作，具有较强的真实性，该软件于2006年10月起在美国的消防系统进行培训演练。

5）森林火灾模拟系统。瑞典林雪平大学计算机信息科学系的 Rego Granlund、Erik Berglund、HenrikEfiksson 提出了一种基于网络的 C3 Fire micro－world，C3（command、control、communication）意为"指挥、控制和通信"。该系统采用 JAVA 程序语言进行编写，可以采用不同的方法训练用户之间的协作性和形势意识。模拟训练的环境为森林火灾，用户可以模拟侦查人员、消防队员、消防队指挥员、上一级指挥员和参谋等任何角色进行训练。C3 Fire micro－world 通过模拟出一些紧急情况让用户在网格的终端做出决策。受训人员在网络上有三种可用来信息交互的方式，即 GIS、电子邮件及日志。在某个任务中，模拟训练系统不断地向分队指挥员更新队员的地理位置，参谋人员通过日志和电子邮件从分队指挥员和侦查人员获得现场情况的信息。系统还提供训练回放功能，用于后续的评估。

（4）国内消防模拟训练技术研究进展。

我国在20世纪90年代末提出了将虚拟现实技术应用于消防训练的构想，在火灾可视化、系统交互等方面开展许多卓有成效的研究，研究成果开始应用于实际训练。

1）数字化预案系统。我国的数字化灭火预案系统应用比较广泛，技术越来越成熟。

a. 大连希尔顿酒店《数字化消防灭火预案》。采用 VR 技术建立了该酒店仿真 3D 建筑模型，对其地理位置、周围道路、建筑、水源、建筑内部结构、内部消防设施、功能分区、重点部位、疏散楼梯、防火分区、竖井通道、水管道及流向等进行数字化处理，并以此进行数据分析，形成火情分析、单位自救、调度指挥、灭火措施、注意事项等一整套虚拟火灾灭火救援预案。

b. 江西抚州的《白露山油库灭火预案演示系统》。根据消防演习的具体过程进行设计，分为油库 3D 场景浏览和灭火方案演示两大组成部分。油库 3D 场景浏览主要对整个库区进行 3D 仿真，使参与演练的人员能对库区的具体情况通过电脑随时进行详细了解；灭火方案演示分别采用 2D（Flash 技术）和 3D 仿真（VRML 技术）演示灭火的具体实施过程。

c. 2008 年奥运会全数字消防灭火救援动态预案和互动式训练系统。为满足 2008 年北京奥运会消防安保工作需要，北京市消防总队与清华大学、北京宽信公司合作，研究开发出消防灭火救援数字化预案和互动式训练系统。

2）建筑火灾方面：

a. 中国科学技术大学和中国矿业大学合作，针对大空间建筑火灾的特点，建立了大空间建筑火灾 VR 系统。该系统以 OpenGL 作为 3D 图形显示基础，火灾模型选用场区复合模型。用户借助立体眼镜可以感受周围建筑环境、火灾发生发展状况，借助于鼠标、数据手套等外部设备实现了走动、拾取、使用灭火器灭火等操作，系统具有较好的沉浸性和交互性。系统主要用于培养公民的消防安全意识和扑救初期火灾的能力，还可用于研究火灾条件下人的心理等。

b. 清华大学土木工程系防灾减灾研究所提出了将虚拟现实技术应用于建筑火灾模拟的方法，在交互式虚拟环境中实现了基于火灾数值模拟的火灾场景模拟。该系统主要应用于电子消防预案制作、灭火作战演练、人员疏散演练、建筑性能化防火设计与评估，以及灾害条件下人的疏散行为的研究等。

3）油罐火灾方面：

a. 后勤工程学院开发了基于单机运行的虚拟油库火灾消防模拟训练系统。系统以 OpenGL 和 3DS 软件作为 3D 场景开发工具，建立了主要基于经验公式的油罐火灾模型和油罐火灾消防工程模型，实现了油罐火灾消防模拟训练的实时可视化，主要用于油罐火灾体验和消防战术训练，具有较好的实时性和交互性。

b. 中国人民武警部队学院开发了油罐火灾灭火指挥计算机模拟训练系统。该系统属于分布式仿真系统，由导演部、总指挥部、冷却灭火和供水保障分指挥部等构成，以 GIS 系统和火灾 3D 场景显示作为主要交互界面。系统主要采用 Microsoft COM/DCOM/COM＋技术实现服务器与用户机的信息传输，采用面向对象技术和综合知识库实现火灾态势引导、灭火方案生成和作战方案评判等功能。该系统具有一定的智能推理和训练评估功能，主要用于训练、提高指挥员对于油罐火灾的指挥能力和战术素质。

4）煤矿事故救援训练方面。太原理工大学以 VRML 和 Java 的接口为基础，利用 Java 语言编写程序脚本，结合 VRML 的 Script 节点实现用户对整个煤矿事故救援训练过程的交互控制。该系统对救援训练过程的仿真，可使救护队员在计算机提供的虚拟环境中熟练掌握救援技术。

5）教育方面。沈阳市消防支队设计的 3D 火灾逃生模拟系统是基于 3D 虚拟技术的互动式教育游戏系统，给使用者提供了一个模拟火灾发生后进行逃生自救行为的数字化平台。该系统利用虚拟现实技术，通过参数控制，建立完整的火灾环境，以 3D 互动方式仿真火灾发生和发展的过程，采用游戏向导的学习方法，对系统的使用者在虚拟的火灾灾场的反应、行为进行系统的评价和指导。该系统不仅提供了安全、真实、有效的火灾逃生自救训练平台，同时也宣传消防知识，推广消防经验，对社会以及人民的生活产生积极影响。

随着计算机技术的发展，模拟训练技术也得到了很大的提高。从单机形式到网络化平台，从简单图形技术到立体 3D 现实技术，从简单交互到智能交互，模拟训练系统的操作距离、可视化效果、沉浸感、交互性等都得到了很大的提高。基于网络化的虚拟现实技术为基础的消防模拟训练将成为今后发展的主导方向。

3. 建筑消防安全评估

目前，公安消防部门进行建筑防火设计审核、验收、消防监督检查的方法仍比较简单，主要依靠经验执法，往往工作质量不高，容易遗留火灾隐患。应用虚拟现实技术将使消防执法监督形式变得更加科学，所有隐蔽的、潜在的火灾隐患，通过计算机技术处理，都会暴露在消防人员的眼前。例如，建筑内消防通道的数量、位置是否合理，商场高峰期能容纳人数及通道吞吐量，自动喷水灭火系统的灭火能力等，都可以进行三维实境的效果试验。

4. 公民消防安全教育

虚拟现实技术可以模拟真实世界的火灾环境，让用户亲身体验火灾发生时的感受，可以根据用户的描述，研究火灾发生时人们的心理表现。也可以用多媒体等手段对生活中常见火灾发生的原因及火势发展的原理、消防常识、逃生手段等内容进行模拟演示及讲解，实现网上消防知识教育。通过用户的参与，培养群众的防灾意识和火场逃生能力。

从技术层面上来说，虚拟现实技术确实能够辅助消防战训工作，解决很多现实问题，但就目前国内消防部队的实际情况而言，要想在消防战训工作中运用虚拟现实技术还存在不少的困难和障碍。一是虚拟现实技术推广的成本较高，不是每支消防部队都有条件购买并投入使用；二是虚拟现实技术的实现是一项庞大的系统工程，虽然消防部队近些年引进了不少计算机专业人才，但现实人员配备不论从专业水平还是数量上都远远不能满足需求；三是国内在虚拟现实研究方面刚刚起步，技术上并不是很成熟，还需要进一步的探究和摸索。

7.3.3 实现虚拟现实的关键技术

虚拟现实技术通过 3D 模型建立建筑及相关设备的物理模型，结合数据库技术，建立模拟仿真系统并将其应用于工作中。

1. 3D 建模

根据现有的照片、平面图纸、遥感照片等原始的二维图片，使用 3DMAX 等工具构建模型。

3D 模型是虚拟现实实现过程的第一步，建模的工具多种多样，常用的工具有 3DMAX、MAYA、JAVA3D、AUTOCAD、OPENGL、DIRECTX 等。

2. 场景制作

场景制作是利用处理好的模型构建场景，需考察真实环境并利用软件对现有模型进行重新组合，对场景规划布局、添加绿化、设置动画路径、编辑互动操作界面，最后进行发布。

3. 模型与数据库二次开发

模型与数据库经过二次开发所形成的虚拟现实软件产品是 3D 模型的深层应用，也是虚拟现实技术应用的目标。使用 VR 技术与多媒体及可视化技术相结合，可以创造虚拟的真实环境，可以将孤单的数据公式、计算数值用完全真实的立体效果表示出来，并且人们可以交互式地控制这种表示结果，通过动态改变参数来观察计算结果。

4. 三维实时交互和视景管理软件

3D 实时交互和视景管理软件又称为 3D 引擎，是用户开发应用程序的支持工具。引擎的基本功能是 3D 数据库的实时显示，提供控制三维数据库中的各种参数的接口，是封装图形、声音的实现平台。同时，引擎还为复杂的应用如碰撞检测、智能目标、景物动态生成等提供内部支持。

5. 以模型驱动的应用程序开发

用户程序的开发是针对各种典型火灾场景和灭火预案，建立描述虚拟环境中不同特征景物的模型，并将这些模型分解为对三维数据库的控制，通过引擎提供的各种模块实现对对象的控制。另外，还要进行交互过程设计，用户界面设计及评价系统设计，最终实现整个系统的集成。

7.3.4　虚拟现实技术消防应用案例

1. 消防参谋系统

传统消防系统存在如下缺点：

1）监控界面主要采用 2D 图形显示方式，不能准确地反映建筑物的外形，特别是不能准确反映通道的走向、门窗的位置等关键信息，火灾时只能靠消防人员的经验和侦察才能确定建筑物关键信息。

2）救援指挥系统落后——主要采用对讲机联系。

3）被动式消防——接到系统报警，消防人员才会到火灾现场对火情进行勘察和扑救。

为了更好地弥补上述缺点，北京工业大学电子信息与控制工程学院的甄军涛、尹金玉等提出了"消防参谋系统"的概念：系统的监控界面采用虚拟现实技术，通过网络同消防部门的计算机相互连接，使得消防系统不但具有火灾报警功能，而且具有建筑物结构 3D 显示、火灾分布 3D 显示、消防人员 GPS 卫星定位及 3D 显示和虚拟训练等功能，这将带来如下优势：

1）采用 3D 图形作为监控界面，使消防人员在不进入火场的情况下，通过 3D 建筑模型对整个建筑物的结构有一个清楚的了解，同时通过消防系统对建筑物内各个传感器实时采集的数据进行科学分析，配合摄像头等监控设备，可以获取发生火灾的具体位置，通道的走向，甚至火势的大小、火场内被困人员所在的位置等信息，并把这些信息标注在 3D 建筑物模型上。

2）采用 GPS 卫星定位系统为消防人员导航，把每个消防人员所在的位置标注在 3D 监控界面上，方便消防指挥进行协调调度。

3）采用 3D 的消防系统监控界面进行虚拟训练，在没有火警的情况下，使得消防人员更好地了解管辖区内建筑物的详细信息和救援方案。

消防参谋系统主要技术如下：

（1）系统构架。消防参谋系统监控程序主要包括以下模块：3D 浏览器模块、JAVA 交互模块、SOCKET 通信模块、数据库管理模块、传感器通信模块、控制输出模块、网络传输模块等，如图 7.24 所示。各模块功能如下：

1）核心控制模块：接收传感器模块、网络模块的数据输入，并将这些数据提交给相应的模块进

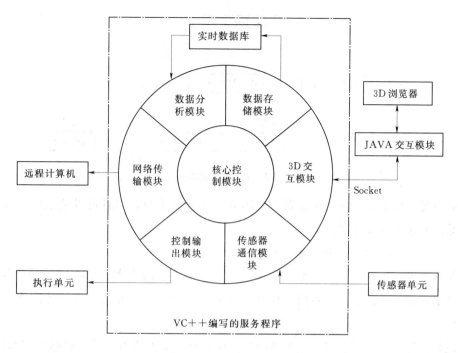

图 7.24　系统组织框图

行处理。

2) 3D 交互模块：通过 SOCKET 与三维虚拟现实系统进行交互，获得用户的鼠标或键盘输入信息，并将这些输入信息解析成相应的控制命令字，通过核心控制模块提交到控制输出模块，控制下位机设备的状态。

3) 远程计算机：对网络传输模块发送过来的数据，通过内置的火灾专家系统分析，估测出火势的大小和火场的分布，在 3D 建筑图上表示出来，通过和远程计算机相连接的 GPS，将每一个亲临现场的消防人员的位置在 3D 建筑图上标示出来。

（2）3D 建筑虚拟场景设计。使用 VRML2.0 和 3Dmax 等三维建模软件建立 3D 模型，采用分层次创建、最后集成的方法建立基本的建筑模块模型，如：墙体、窗体、门、柱子、家具等，如图 7.25 所示。

（3）使用 Socket 实现 VC++ 与 VRML 的交互。最后，作者使用 JAVA 和 VRML 进行三维虚拟场景交互，使用 VC++ 开发系统的监控程序，使用 Socket 实现 JAVA 服务程序和消防系统监控程序的数据交换。

通过以上设计，作者采用虚拟现实技术研究的消防参谋系统监控程序给用户提供了一个非常直观的监控界面，使用户更加清楚所监控建筑物的内部结构和传感器的实际状况。一旦发生火情，消防人员可以通过远程计算机了解发生火灾的建筑物结构，帮助消防人员制定救火方案，为救火赢得宝贵的时间。而且借助于电脑的三维虚拟技术，消防人员可以进行虚拟训练，让消防人员对所辖区域范围内的建筑物结构有更深入的了解。借助于 GPS，可以将亲临现场的消防人员的位置实时地在

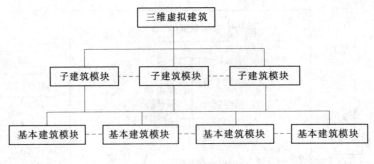

图 7.25 层次结构图

三维虚拟环境中显示出来，不仅大大提高了消防人员的安全系数，而且可以使消防指挥人员了解救火的现场情况，方便指挥和调度。

2. 基于火灾模型的消防虚拟现实体系结构

为了实现火灾发展过程的仿真、准确分析火灾过程中人员的伤害、给出最佳的扑救方案，研究者首先要有科学精确的火灾模型，然后需要在此基础上，将火势、扑救和环境等因素的相互作用动态地表现出来。

为了实现此目标，深圳信息职业技术学院徐守祥、梁永生等使用美国国家标准技术研究所（National Institute of Standards and Technology，NIST）提供的火灾动态模拟器（Fire Dynamics Simulator，FDS）创建火灾模型；以有限状态机（Finite State Machine，FSM）控制的动态循环结构为核心，以 3D 网络游戏引擎为平台，使用粒子系统、触发器、人工智能、碰撞检测、天空盒等仿真技术，建立了一个火势、环境和扑救循环作用的消防虚拟现实体系结构。

(1) 系统主要特点如下：

1）多平台动态数据共享架构。使用 FDS 创建火灾模型需要虚拟环境的气象条件、建筑模型、扑救等动态变化的输入信息；而 FDS 的火灾模型数据又是应用平台火势发展的主要输入条件。因此必然涉及数字城市、FDS 火灾模型、游戏引擎、数据挖掘、VR 接口等多种处理平台。因此，选择以互联网络技术平台为基础，以 3D 网络游戏引擎为核心，实现多种处理平台的数据共享，既发挥了火灾模型的仿真性，又模拟了火灾发生条件的真实性，并且实现了高沉浸感的虚拟现实交互方式。

2）有限状态机控制的动态循环结构。以 FDS 为基础实现高仿真的火灾发展模型、人员伤害模型、火灾扑救模型。其各处理组件是相互作用的，FDS 火灾模型是演练的前提，火灾发展过程的仿真是其他仿真的基础，根据火灾发生时的条件，动态获得虚拟火灾环境的变化，通过 FDS 得出火灾产生、燃烧、蔓延、过火和熄灭过程的动态数据，然后将这些动态数据提交给火灾发展仿真组件，由该组件得到火灾发展的 3D 动态仿真数据，从而驱动 3D 网络游戏引擎产生实际火势发展和蔓延的仿真模型，整个结构根据火灾发展的状态建立有限状态机模型（FSM），控制系统的运行。

(2) 消防虚拟现实的体系结构需解决以下问题：

1）根据建筑信息建模（Building Information Modeling，BIM）和虚拟动态环境形成 FDS 的输入文件，由 FDS 给出火灾模型的输出文件，根据该输出文件，形成虚拟的火灾仿真。在这个过程中有两方面的问题要解决，一是解决虚拟火灾条件的动态获取，并形成 FDS 的输入格式，要研究数据动态获取和格式转化的方法；二是要解决将 FDS 的火灾模型数据，动态调整虚拟火灾的发展趋势，要研究火灾数据驱动虚拟火灾发展仿真的方法，解决多处理组件间数据的共享问题，解决火灾发展 FSM 建模的问题。

2）虚拟火灾中的人员具有多种角色，除了参与演练的人员化身角色外，还需要通过人工智能（AI）技术产生各种大众电脑角色（NPC），甚至包括破坏消防规章的角色，这样形成火灾逃生、自救的大型演练场面，在这样的大型虚拟火灾状况下，要模拟不同人员遇到火灾时的处理方法，同时确定整个火灾扑救过程中的人员伤害状况。解决这些问题，要研究两方面的算法，一是驱动不同电脑角色（NPC）进行逃生的仿真算法，二是根据人员逃生的过程得出人员伤害的算法，要解决人员伤害 FSM 建模的问题。

3）火灾的人员疏散和扑救过程决定火灾处理的有效性，通过各种虚拟火灾的不同状况模拟不同的处理方法，形成火灾处理的分析报告，要解决火灾扑救 FSM 建模的问题，同时，由于要考虑对 FDS 的反馈，所以要解决整个体系结构的处理循环问题。

（3）关键技术。实现火灾及其扑救的仿真是消防演练应用平台的核心内容，包括火灾发展仿真、人员伤害仿真、火灾扑救仿真。图 7.26 是体系结构研究中涉及的主要技术和理论。

作者通过有限状态机模型（FSM）控制整个火灾的发展过程，火和烟的实现是由粒子系统（FSM1）完成。

扑救过程：使用有限状态机模型（FSM）协调消防员的事件、状态和动作，其路径选择需要路径规划的算法支持，例如启发式搜索算法 A*，扑救行动是对火灾的阻隔，表示为 FSM2（A*，阻隔）。

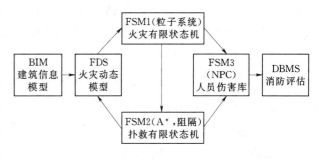

图 7.26 主要技术和理论的应用

人员伤害过程：依赖人在火灾各阶段的时间长短等因素，在群体演练中需要大量的电脑角色（NPC），角色的活动需人工智能（AI）的支持。NPC 的火场活动控制 FSM 表示为 FSM3（NPC）。

消防过程的评估：借助数据库管理系统（DBMS），数据的获得依赖人员的伤害情况和扑救过程。

（4）总体架构。本系统是网络环境下的群体消防演练平台，图 7.27 给出了消防虚拟现实系统体系结构：一个多服务器、多平台的网络环境，集成了数字城市、网络游戏和数据挖掘等多种信息科学技术，图中的虚线矩形框为主要算法，灰色框是控制该结构的核心算法，实线矩形框表示系统的处理组件，多波浪矩形框表示系统预处理及输入数据文件，单波浪矩形框表示系统后处理及输出数据文档，圆柱体表示系统的数据库，分别负责存放和管理虚拟世界与消防有关的信息以及消防演练过程的信息，箭头表示数据的流向。

体系结构的实现分为四个方面：

1）建立虚拟世界。将来可参照标准建立建筑信息建模（BIM），并建立通用的数据和处理组件，

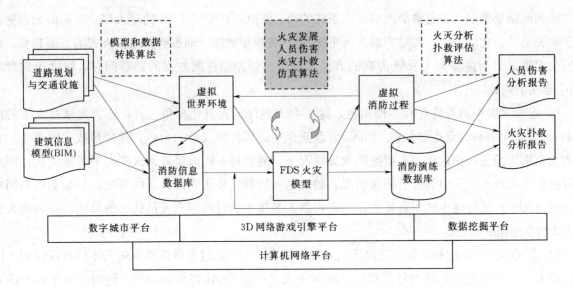

图 7.27 体系结构

然后在游戏引擎的支持下建立虚拟世界，同时将消防信息记录到数据库中。

2）研究核心算法。火灾发展过程是一个动态的模拟过程，是虚拟世界、FDS 火灾模型和消防过程的循环处理过程，这一过程涉及到虚拟世界的自然气象、生活环境、建筑结构、人员活动、消防扑救等多种变化因素，因此需要多个 FSM 的循环结构来支持，重点解决火灾影响因素数据的规范性和场景模型数据应用的实时性问题，从而保证平台间的数据共享和仿真结果的真实感。

3）分析演练数据。依据消防信息数据库，进行消防演练分析、火灾扑救评估，得到人员伤害和火灾扑救的分析报告，为消防安全的应急处理提供依据。评估参数包括演练人员的能量值和生命值；逃生、扑救的时间长短；结合最佳逃生或救援路线得出综合评价结果等。

4）实现虚拟现实。实现三维场景信号输出、立体眼镜接口、定位头盔接口和力反馈手柄的接口。

（5）实验系统设计。为实现消防演练的虚拟现实应用平台，建立如图 7.28 所示试验系统模块结构。

实验系统的四个方面设计目标：

1）验证虚拟世界的正确性。验证由 BIM 通过数据和模型的转换算法得到的虚拟世界的正确性，数据格式满足 FDS 火灾模拟软件的要求。

2）验证核心算法的正确性和时效性。消防虚拟现实的基础是火灾模型，核心算法就是通过该模型实现火灾发展过程、人员伤害和疏散扑救的仿真，在虚拟现实的消防演练中，沉浸感和实时性是决定算法是否满足要求的关键技术指标。

3）分析算法执行的有效性。虚拟演练结果的正确性是核心算法有效性的保证，这里重点通过人员伤害与扑救效果的分析验证核心算法的有效性。

4）验证体系结构的适应性。虚拟现实系统最终要通过头盔显示器、位置跟踪器和数据手套等实

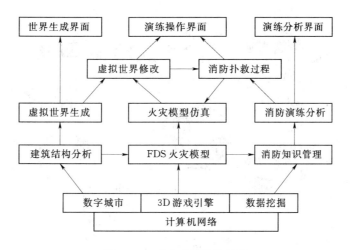

图 7.28　试验系统模块结构

现高沉浸感，所以通过与这些设备的联机实验，验证体系结构对这些设备的适应性。实验系统组成联想服务器 2 台，一台作为 3D 网络游戏服务器，另一台作为系统模型转换和消防分析评估服务器；电脑 40 台，主要用于消防演练的客户端；局域网环境、数据传输系统、音响设备、显示设备；最终的实验环境选在国内开放的虚拟现实实验室进行，主要的配置是头盔显示器、位置跟踪器和数据手套。

　　作者以火灾软件模型和数字城市为基础，提出了一个基于 3D 网络游戏引擎的消防虚拟现实体系结构，给出了一个火灾发展、人员伤害、火灾疏散与扑救相互作用仿真的解决方案，是虚拟现实技术在消防中应用的有益探索。

7.4　物联网技术及应用

7.4.1　物联网技术概述

1. 定义

物联网（Intemet of things）是通过射频识别（RFID）、红外感应器、全球定位系统、激光扫描器等信息传感设备，按约定的协议，把物品与互联网连接起来，进行信息交换和通信，实现智能化识别、定位、跟踪、监控和管理的网络，如图 7.29 所示。

　　物联网概念（图 7.29）最初源于美国麻省理工学院（MIT）的 Auto - ID 实验室 1999 年在建立自动识别中心（Auto - IDLabs）时提出的网络无线射频识别（RFID）系统——把所有物品通过射频识别等信息传感设备与互联网连接起来，实现智能化识别和管理。同年在美国召开的移动计算和网络国际会议上 Mobi - Coml999 提出了传感网是下一个世纪人类面临的又一个发展机遇。

　　2005 年国际电信联盟（ITU）在突尼斯举行的信息社会世界峰会（WSIS）上正式确定了"物联

图 7.29　物联网概念

网"的概念，ITU 发布了报告《ITU Intemet reports 2005—the Intemet of things》，报告中指出：信息与通信技术（ICT）的目标已经从满足人与人之间的沟通，发展到实现人与物、物与物之间的连接与沟通，无所不在的物联网通信时代即将来临。物联网使我们在信息与通信技术的世界里获得一个新的沟通维度，将任何时间、任何地点、连接任何人，扩展到连接任何物品，万物的连接就形成了物联网。

2. 特征

从通信对象和过程来看，物联网的核心是物与物、人与物之间的信息交互。其基本特征为全面感知、可靠传送和智能处理。

全面感知：利用射频识别、二维码、传感器等技术设备对物体进行实时信息采集和获取。

可靠传送：将物体信息接入网络，依托数据通信，实时进行物体信息的可靠交互和共享。

智能处理：利用各种智能计算技术，对海量的物体数据和信息进行处理分析，实现智能化的决策和控制。

从信息科学的视角可抽象出描述物联网关键节点的信息功能模型：

（1）信息获取功能：包括信息的感知和识别，信息感知指对事物状态及其变化方式的敏感和知觉；信息识别指能把所感受到的事物运动状态及其变化方式表示出来。

（2）信息传输功能：包括信息的发送、传输和接收，把事物状态及其变化从一点传送到另一点，即通信。

（3）信息处理功能：对信息进行加工、分析，获取知识，实现对事物的认知以及决策。

（4）信息施效功能：指信息最终发挥效用的过程，如通过调节对象事物的状态及其变换方式，使对象处于预期的运动状态。

3. 架构

物联网的感知环节具有很强的异构性，因此它需要一个开放的、分层的、可扩展的网络体系结构为框架，以实现异构信息之间的互联、互通与互操作。目前，国内物联网的体系框架多采用 ITU. T 在 Y. 2002 建议的 USN 高层架构，架构自下而上分别为感知层（底层传感器网络）、传输层（泛在传感器网络接入网络、泛在传感器网络基础骨干网络、泛在传感器网络中间件）及应用层（泛在传感器网络应用平台），如图 7.30 所示。

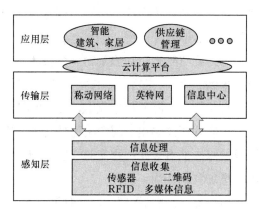

图 7.30 物联网架构图

USN 分层框架的最大特点在于依托下一代网络（NGN）架构，将各种传感器网络在最靠近用户的地方组成无所不在的网络环境，用户在此环境中使用各种服务，NGN 则作为核心的基础设施为 USN 提供支持。ITU 的技术路线将人与物、物与物之间的通信作为泛在网络的一个重要功能，统一纳入了泛在网络体系中。

欧洲电信标准化协会机器对机器技术委员会（ETSIM2M TC），从端到端的角度研究机器对机器通信，提出了简单的 M2M 架构：物联网技术层次由感知层、传输层和应用层组成。

第一层：感知层。以 EPC、RFID、传感器等传感技术为基础，实现信息采集和"物"的识别。

第二层：传输层。通过现有的互联网、通信网、广电网以及各种接入网和专用网，实现数据的传输与计算。

第三层：应用层。由个人计算机、手机、输入输出控制终端等终端设备以及数据中心所构成的系统或专用网络，实现所感知信息的应用服务。

4. 应用

（1）智能电网（图 7.31）。智能电网是物联网第一重要的运用。它利用传感器、嵌入式处理器、数字化通信和 IT 技术，构建具备智能判断与自适应调节能力的多种能源统一入网和分布式管理的智能化网络系统。它对电网、客户的用电信息进行实时监控和采集，采用最经济与最安全的输配电方式将电能输送给终端用户，实现对电能的最优配置与利用，提高电网运行的可靠性和能源利用效率。

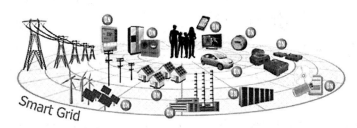

图 7.31 智能电网

（2）智能交通。智能交通是利用先进的通信、计算机、自动控制、传感器技术，实现对交通的实时控制与指挥。

智能交通是解决交通道路拥堵、提高行车安全、提高运行效率的重要途径。目前我国已经有 20 多个省（自治区、直辖市）实现公路联网监控、交通事故检测、路况气象等应用，路网检测信息采集设备的设置密度在逐步加大，有些高速公路实现了全程监控，并可以对长途客运危险货物运输车辆进行动态监管。

　　（3）物流管理。物流是物联网技术应用最普遍的行业之一。通过在物流商品中引入传感节点，可将采购、生产、包装、运输、销售等供应链上的每一个环节进行精确掌握，对物流的全程服务实现信息化管理，降低物流成本，提高效益。

　　物联网概念的提出起源于物品管理，因此物联网与物流有着天然联系。其关键技术（如物体标识及追踪）能有效实现物流的智能管理、整合物流业务流程、加强物流管理的合理化，降低物流成本，增加利润。

　　（4）商品/物品管理。通过物联网技术，可将商品名称、品种、产地、批次及生产、加工、运输、存储、销售等环节的信息，都存于电子标签中，当出现质量问题时，可追溯全过程。同时也可以把商品信息传送到公共数据库，有效地识别假冒伪劣产品。使用物联网技术也可以对家庭/工作物品进行远程遥控或监测，如图 7.32 所示。

图 7.32　对物品进行远程管理

7.4.2　物联网技术在消防工作中的应用

1. 危险源远程监测与管理

　　借助物联网技术，通过在危险品存放地点部署内置物联网模块的统一环境感知智能终端，组成环境感知网络，对大气、水、罐区气体浓度、装置压力等环境信息进行实时监测。监测信息通过统一的通信协议和物联网管理平台送至指挥中心，由中心服务器对感知的环境数据进行分析和聚合处理，一旦发现异常情况即通过短信、语音实时报警。前端感知终端可以支持红外、气体、烟感等多路的无线或有线传输传感器，由此指挥中心可以实时了解重要部位的状况，从而实现对危险品存放点的安全管理。

危险品运输车辆，也由 GPS 监测其轨迹，对于所运送的危险品则可通过监测阀门、车柜门关闭情况了解安全状态，及时发现潜在的风险。

2. 消防设施的智能管理

借助于 RFID 技术，研究者或使用者可对消防车、消火栓、灭火器及其他灭火救援设施进行标记，建立基于物联网技术的消防设施智能管理系统，统一管理消防设施，这不仅有助于单体建筑的消防管理，也有助于消防部门平时的消防检查和火灾时的应急救援。

3. 应急指挥和救援

借助于 GIS 技术和 GPS 技术，可对消防车等可移动灭火设施、医护车辆、应急救援人员的位置进行

图 7.33　远程指挥和监测

实时显示，实现一张图式的应急指挥，并动态显示投入现场的装备数量和实时位置、可供调用的装备数量等，及时掌握应急救援情况，提高效率，整个指挥网络如图 7.33 所示。

7.4.3　物联网关键技术

物联网技术涉及多个领域，且不同的行业具有不同的应用需求和技术形态。物联网的技术构成主要包括感知与标识技术、网络与通信技术、计算与服务技术及管理与支撑技术四大体系。

1. 感知与标识技术

感知和标识技术是物联网的基础，负责采集物理事件和数据，实现对物理世界的感知和识别，如传感器（图 7.34）、RFID、二维码等。

（1）传感技术。传感技术利用传感器和多跳自组织传感器网络，协作感知、采集网络覆盖区域中对象的信息。传感器技术主要依靠敏感机理、敏感材料、工艺设备和计测技术，依据物理世界的变化做出相应反应。

（2）识别技术。对物理世界的识别是实现全面感知的基础。识别技术首先要解决的是对对象的标识，需要研究物联网的标识体系，进而融合、兼容现有各种传感器及数据类型，并适当考虑未来的识别数据兼容性。识别技术包括物体识别、位置识别和地理识别，物联网标识技术主要包括二维码和 RFID 标识，如图 7.35 所示。

2. 网络与通信技术

网络是物联网信息传递和服务的基础，物联网通过泛在的互联网，实现感知信息的可靠传送，如图 7.36 所示。

物联网的网络技术涵盖泛在接入和骨干传输等多项内容。以互联网协议版本 6（IPv6）为核心的下一代网络，是物联网进一步发展的良好基础。

而以传感器网络为代表的末梢网络在物联网体系中面临与骨干网络的接入问题，其网络技术应

(a)拉绳位移传感器

(b)湿度传感器

(c)压力传感器

(d)加速度传感器

图 7.34　传感器

(a)二维码

(b)RFID 标识

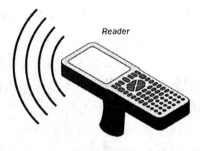

(c)阅读器

图 7.35　识别技术

兼容并协同工作，这需要研究固定、无线和移动网及 Ad. hoc 网技术、自治计算与联网技术等。物联网终端一般使用工业科学医疗（ISM）频段进行通信（免许可证的 2.4GHz ISM 频段全世界都可通用），频段内包括大量的物联网设备以及现有的无线保真（Wi－Fi）、超宽带（UWB）、ZigBee、蓝牙等设备，频谱空间极其拥挤，这会制约物联网的大规模应用。为提升频谱资源的利用率，让更多物联网业务能实现空间并存，需建立统一标准，提高物联网规模化应用的频谱保障能力，保证异种物联网的共存，并实现其互联互通互操作。

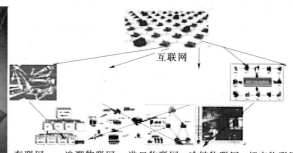

车联网　　追溯物联网　　港口物联网　　冷链物联网　超市物联网

安防物联网（视频）

图 7.36　物联网通过互联网进行信息传递

3. 数据处理与服务技术

（1）数据处理。海量感知数据的计算与处理技术是物联网应用大规模发展后，面临的重大挑战。需要研究海量感知信息的数据融合、高效存储、语义集成、并行处理、知识发现和数据挖掘等关键技术，攻克物联网"云计算"中的虚拟化、网格计算、服务化和智能化技术。其核心是采用云计算技术实现信息存储资源和计算能力的分布式共享，为海量信息的高效利用提供支撑。

（2）服务计算。需求推动技术发展。随着社会发展，市场不断对物联网的服务提出新的要求，也引领着物联网技术在行业中不断发展。应提炼行业需求的共性技术，研究物联网技术在不同需求下的规范化、通用化服务体系及其支撑环境，面向服务不断完善计算技术。

4. 管理与支撑技术

管理与支撑技术是保证物联网实现可运行、可管理、可控制的关键，它主要包括测量分析、网络管理和安全保障等。随着物联网网络规模的扩大、承载业务的增多、需求的多元化和服务质量要求的提高，影响网络正常运行的因素不断增多，如何合理配置资源，提高效率是决定物联网能否快速发展的重要条件。

（1）测量分析。测量是解决网络可知性的基本方法。随着网络复杂性的提高与新型业务的不断涌现，需研究高效的物联网测量分析关键技术，建立面向服务感知的物联网测量机制与方法。

（2）网络管理。物联网具有"自治、开放、多样"的自然特性，这些自然特性与网络运行管理的基本需求存在着突出矛盾，需研究新型物联网管理模型与关键技术，保证网络系统正常、高效地运行。

（3）安全保障。安全是基于网络的各种系统运行的重要基础之一，物联网的开放性、包容性和匿名性也决定了不可避免地存在信息安全隐患。需不断完善物联网安全关键技术，满足机密性、真实性、完整性、抗抵赖性四大要求，同时还需解决好它们与物联网用户的隐私保护与信任管理问题。

7.4.4　物联网技术消防应用案例

1. 消防安全重点单位远程监控预警系统

为确保"政治中心区"和"十八大"涉会场所的消防安全，北京消防总队应用物联网技术组织开发了消防安全重点单位远程监控预警系统。

　　系统依托"政治中心区"综合管理物联网应用示范工程，利用市政府物联数据专网，实时采集社会单位的消防安全管理信息、火灾报警信息及消防设施的运行维护信息，实施 24h 远程监控。并建立统一的信息应用平台和工作机制，及时将相关信息通知 119 指挥中心、联网单位及其主管部门以及消防设施的维保单位，做到有隐患及时发现、有故障及时排除、有火警及时处置，提高社会单位的消防安全管理水平。

　　2. 社会单位消防信息管理平台和文物古建筑火灾监控系统

　　山西省消防总队与清华大学合作，应用物联网技术建立社会单位消防信息管理平台（见图 7.37）和文物古建筑火灾监控系统，对大型超市、公共娱乐场所等人员密集场所和文物古建筑实行实时监控，全面掌握单位消防安全管理、电气线路和建筑消防设施运行、值班人员在岗在位情况。物联网技术的应用一方面可以督促社会单位实施防火巡查、维修消防设施、宣传消防知识、发现处置火警、提示逃生路线，另一方面可以为消防部门提供社会单位的消防安全管理状况，提高消防监督执法的针对性和效能。

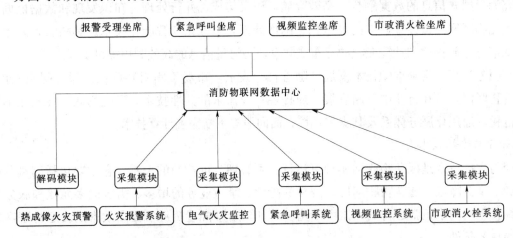

图 7.37　社会单位消防信息管理平台架构

　　3. 消防给水系统远程监测与专家诊断平台

　　浙江省消防总队针对社会单位消防设施维护管理不善的问题，应用物联网技术组织开发了消防给水系统远程监测与专家诊断平台，实时采集消防系统管网水压、水池水位、水泵控制器状态以及阀门状态等工作信息，通过网络或无线通信方式传送到管理平台。社会单位的各级管理人员可以对本单位建筑消防设施实现 24h 远程监测，专家诊断系统可以实时分析监测点的数据，并对接收到的系统非正常工作信息进行分析，及早发现消防设施出现的故障，有针对性地提出专业的维护方案，通知社会单位或者维保企业及时维修，有效提高建筑消防设施的可靠性。该系统已在杭州电子科技大学、浙江省烟草公司杭州市公司等单位进行试用。

　　4. 家庭火灾智能救助系统

　　江苏省无锡市消防支队针对独居老人家庭亡人火灾高发的突出问题，由市政府出资，面向残障人士和 70 岁以上的独居老人家庭，组织开发了基于物联网与中国移动 TD-SCDMA 融合的家庭火灾智能救助系统，利用无线传感技术探测、监控房间内的火灾报警信息和紧急求助信息，并整合 GIS 地图功能，通过无线传输把用户姓名、住址、联系方式等信息显示在 119 指挥中心的电子地图上，同时传送到消防巡逻救助车、社区值班室以及亲属的手机上，做到早报警、早灭火、早救助，实现了紧急事件和住宅火灾的远程智能监控和救助。该系统已联网 7 000 余户，累计接收火警 107 起，大大降低了居民家庭亡人火灾发生率。目前，无锡市消防支队正在协调相关部门将该系统推广到其他社会单位和场所，以提高全市的火灾防控和应急救援水平。

本 章 参 考 文 献

［1］ 黄太云 . 中华人民共和国消防法解读［M］. 北京：中国法制出版社，2008.

［2］ 中华人民共和国公安部 . 建设工程消防监督管理规定［S］. 公安部令第 119 号.

［3］ 中华人民共和国公安部 . 建设工程消防性能化设计评估应用管理暂行规定［S］. 公消［2009］52 号.

［4］ 中国国家标准化管理委员会 . GB 25201—2010 建筑消防设施的维护管理［S］. 北京：中国计划出版社，2010.

［5］ 中国国家标准化管理委员会 . GB 25506—2010 消防控制室通用技术要求［S］. 北京：中国计划出版社，2010.

［6］ 郑端文 . 消防安全管理［M］. 北京：化学工业出版社，2009.

［7］ 邰杨 . 浅谈铁路消防应急预案的编制与管理［J］. 哈尔滨铁道科技，2010：22 - 24.

［8］ 孙其博，刘杰，等 . 物联网：概念、架构与关键技术研究综述［J］. 北京邮电大学学报，2010. 33（3）：1 - 9.

［9］ 王蔚，南江林，等 . 物联网技术应用与社会消防安全管理［J］. 消防管理研究，2012，31（8）：864 - 867.

［10］ 田长云 . 消防物联网技术在古建筑消防的创新应用［J］. 甘肃科技. 2013，18（29）：66 - 69.

［11］ 唐斌 . 虚拟现实技术在消防战训工作中的应用［J］. 中国新技术新产品，2010（16）：31.

［12］ 庞松鹤 . 虚拟现实技术及其应用［J］. 电脑知识与技术，2009，5（32）：9069 - 9071.

［13］ 曾颖，汪青节 . 虚拟现实技术在消防中的应用［J］. 消防科学与技术，2006，25：66 - 67.

［14］ 刘艳，邢志祥，等 . 虚拟现实技术在消防模拟训练中的应用研究进展［J］. 消防科学与技术，2009，28（3）：214 - 216.

［15］ 甄军涛，尹金玉，等 . 虚拟现实技术在消防系统中的应用［J］. 微计算机信息，2004，20（10）：107 - 108.

［16］ 徐守祥，梁永生，等 . 基于火灾模型的消防虚拟现实体系结构［J］. 系统仿真学报，2009，21（1）：255 - 268.

［17］ 蔡光荣 . 虚拟实境技术结合遥测卫星影像分析应用于草岭潭土石流危险溪流之判释［C］//第四届海峡两岸山地灾害与环境保育学术论文集. 2004：441 - 448.

［18］ 陈首彬，郑亚圣，等 . 郑州市防汛信息系统设计［J］. 科技信息，2013，24：244 - 245.

［19］ 江志英 . 灾难仿真系统平台设计与开发［D］. 北京：北京化工大学，2011.

［20］ 李德仁，邵振峰，等 . 从数字城市到智慧城市的理论与实践［J］. 地理空间信息，2011（6）：1 - 5.

［21］ International Telecommunication Union UIT. ITU Internet Reports 2005：The Internet of things［R］. 2005.

［22］ 刘强，崔莉，等 . 物联网关键技术与应用［J］. 计算机科学，2010，37（6）：66 - 67.

［23］ 李航，陈后金 . 物联网的关键技术及其应用前景［J］. 中国科技论坛，2011（1）：81 - 85.

［24］ 王霄，宗艳霞，等 . 基于物联网技术的城市防灾减灾应急指挥仿真［J］. 计算机仿真，2015（3）：441 - 448.

［25］ 张卫，徐均，等 . 基于物联网的滑坡地质灾害预警系统的设计［J］. 单片机与嵌入式系统应用，2013，13（2）：66 - 69.

［26］ 高韬，姚振静，等 . 采用物联网技术的震后多生命体目标定位研究［J］. 应用基础与工程科学学报，2013（5）：991 - 1003.

［27］ 李成渊，蒋勋 . 物联网关键技术在国内外发展现状的词频分析研究——基于 Engineering Index（2006～2014）［J］. 西南民族大学学报（人文社科版），2015（6）：232 - 235.